NATIONAL GEOGRAPHIC

W0355526

# Unsere erde

Nordrhein-Westfalen

## 1

**Gymnasium G9**

*Herausgegeben von*
Martina Flath
Ellen Rudyk

in Zusammenarbeit
mit der Verlagsredaktion

Cornelsen

Autorinnen und Autoren: Henriette Dieterle, Peter Fischer, Martina Flath,
Kerstin Hepp, Frank V. Kühnen, Susanne McClelland, Jürgen Neumann,
Birgit Willenberg und Ellen Rudyk
Redaktion: Michael Kunz und Hans-Ragnar Steininger
Bildassistenz: Elisabeth Denis
Atlasteil: Michael Kunz
Grafik und Illustration: Volkhard Binder, Franz-Josef Domke,
Otto Götzl, Oliver Hauptstock, Matthias Pflügner, Volkmar Rinke,
Dieter Stade, Hans Wunderlich, Wolfgang Zieger
Karten: Oliver Hauptstock, cartomedia, Dortmund;
Peter Kast, Ingenieurbüro für Kartographie, Wismar

Umschlaggestaltung: Corinna Babylon, Berlin
Layout und technische Umsetzung: zweiband.media, Berlin
Titelfoto: Alpen bei Garmisch-Partenkirchen
(Foto: ClickAlps/Lookphotos)

**www.cornelsen.de**



1. Auflage, 1. Druck 2019

Alle Drucke dieser Auflage sind inhaltlich unverändert und können im Unterricht nebeneinander verwendet werden.



Druck: Firmengruppe APPL, aprinta Druck, Wemding

ISBN 978-3-06-230144-5 (Schülerbuch)
ISBN 978-3-06-230145-2 (E-Book)

PEFC
PEFC/04-32-0928

**PEFC zertifiziert**
Dieses Produkt stammt aus nachhaltig bewirtschafteten Wäldern und kontrollierten Quellen.

**www.pefc.de**

# Inhaltsverzeichnis

# Erdkunde – ein neues Unterrichtsfach

**M1** *Die Welt entdecken – Erdkunde*

## Die Erde erkunden

In dem neuen Unterrichtsfach Erdkunde beschäftigst du dich mit der Erde, ihrem Aussehen, der Nutzung durch den Menschen und den Veränderungen durch natürliche Ereignisse oder menschliche Eingriffe. Erdkunde begegnet dir auf Schritt und Tritt, ganz gleich ob du einen Stein aufhebst, in die Schule fährst oder eine Reise machst, Gegenstände nutzt oder etwas isst, in einem See schwimmst oder im Gebirge oder in Wäldern wanderst.
Geographen erkunden Räume, zum Beispiel eine Naturlandschaft, eine Stadt, einen Staat, Gebirge oder Meere. Je nachdem, welcher Teilbereich des Faches sie besonders interessiert, stellen sie ganz unterschiedliche Fragen an den jeweiligen Raum.

Im Erdkundeunterricht untersuchst du,

- **wie ein Raum beschaffen ist:** Ist die Landschaft eben oder gebirgig? Gibt es dort gute oder schlechte Böden? Regnet es viel oder wenig, ist es warm oder kalt?
- **wie man sich im Raum orientiert:** Wie heißt die Hauptstadt von Spanien? Wo liegen die Wüsten der Erde? Wie kannst du dich mithilfe eines Stadtplans in einer dir fremden Stadt zurechtfinden? Wie liest du Karten?
- **wie die Natur den Raum gestaltet:** Wie sind die Berge und Täler der Erde entstanden? Welchen Einfluss hat das Klima? Wie verändern Erdbeben, Vulkanausbrüche, Überschwemmungen und andere Naturereignisse den Raum?
- **wie der Mensch den Raum nutzt und verändert:** Wo und wie leben die Menschen? Wie nutzen sie den Raum zum Beispiel für Landwirtschaft, Bergbau und Industrie oder den Bau von Verkehrswegen? Wie verändert der Mensch dabei den Raum nach seinen Bedürfnissen? Wo wurde zum Beispiel aus einem Waldgebiet ein Flughafen, aus einer landwirtschaftlich genutzten Fläche ein Wohn- oder ein Industriegebiet, aus einem Fischerdorf ein Touristenzentrum?
- **wie der Mensch verantwortungsvoll mit der Erde umgeht:** Wie wirkt sich das Verhalten auf die Umwelt aus? Welche Lösungen gibt es, damit der Lebensraum auch für die Menschen in der Zukunft erhalten bleibt?

**Geographie**
Der Begriff *Geographie* setzt sich zusammen aus den griechischen Wörtern *geo = Erde* und *graphi = Schrift*, was man mit *Erdbeschreibung* übersetzen könnte. Deshalb wird das Unterrichtsfach *Erdkunde* auch *Geographie* genannt. Wissenschaftler, die sich mit der Erkundung der Erde beschäftigen, bezeichnet man als *Geographen*.

**M 2** *Begriffserklärung*

Das neue Unterrichtsfach Erdkunde hilft dir, die Erde kennenzulernen und dich auf ihr zurechtzufinden. Dazu benötigst du Materialien wie Karten, Bilder, Modelle, Grafiken und Texte. Du führst geographische Versuche durch und manchmal ist es auch notwendig, die Schule zu verlassen und Erkundungen auf dem Land oder in der Stadt durchzuführen.

**M 3** *Erdkundeunterricht mit dem Globus*

**M 4** *Karte, Kompass, Modell, GPS – nur einige von vielen Arbeitsmitteln der Erdkunde*

# Unsere erde – dein neues Erdkundebuch

Jedes Kapitel startet mit einem großen Bild, auf dem es viel zu entdecken gibt.

In der rechten Spalte erfährst du, was du zum Ende des Kapitels wissen und können solltest.

- Ein **roter Spiegelstrich** fordert dich dazu auf, dich in Räumen zu orientieren.
- Der **gelbe Spiegelstrich** zeigt dir, welches geographische Wissen du beherrschen sollst.
- Der **grüne Spiegelstrich** gibt an, welche Medien und Methoden du in diesem Kapitel anwenden wirst.
- Der **blaue Spiegelstrich** zeigt dir, welche geographischen Sachverhalte und Probleme du bewerten und beurteilen sollst.

Das klappt – eine **ausklappbare Kartenseite** zu Kapitelbeginn. Du klappst sie aus und kannst dich bei den einzelnen Themen des Erdkundebuches jederzeit orientieren, wo Städte, Landschaften, Flüsse und Länder liegen.

Alles klar? Der **„check-it“**-Kasten zu Beginn jeder Themenseite zeigt dir, farblich ebenso markiert wie zu Beginn jeden Kapitels, welche unterschiedlichen Fähigkeiten (Kompetenzen) du nach der Bearbeitung beherrschen solltest.

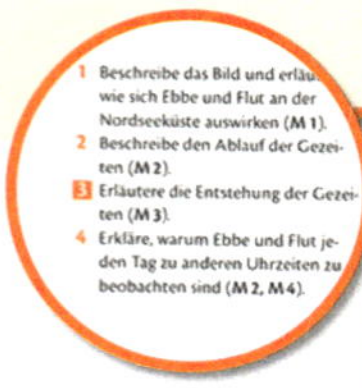


Mithilfe der differenzierten **Arbeitsaufträge** kannst du überprüfen, ob du die im „check-it“-Kasten genannten Kompetenzen beherrschst. Wenn du so **3** gekennzeichnete Aufgaben nicht sofort lösen kannst – kein Problem! Im Anhang erhältst du dazu Lösungstipps.

Über den **Webcode** kannst du uns im Internet unter www.cornelsen.de/webcodes besuchen. Auf dieser Website findest du ein Feld, in das du die Buchstabenkombination eingibst, die du unter dem Webcode findest, zum Beispiel **busotu**. Du findest dort weiterführende Links oder Downloads zu dem Thema der Seite.

**Geo-Aktiv**
Hier findest du Anregungen, selbst aktiv zu werden, zum Beispiel beim Durchführen einer Schulrallye oder beim Erkunden eines landwirtschaftlichen Betriebes.

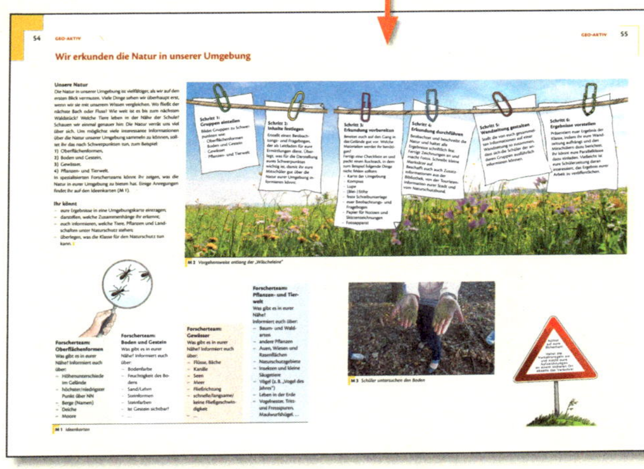


**Geo-Medien und Methoden**
Hier kannst du Schritt für Schritt wichtige Medien und Methoden für das Fach Erdkunde lernen, zum Beispiel das Lesen von Klimadiagrammen oder das Arbeiten mit einem Stadtplan.

**Geo-Check**
Am Ende jedes Kapitels kannst du dein Wissen und Können testen.

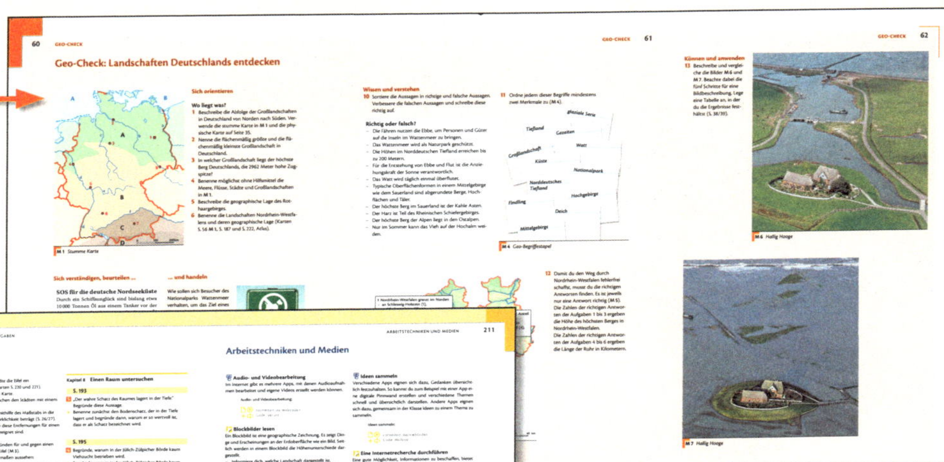


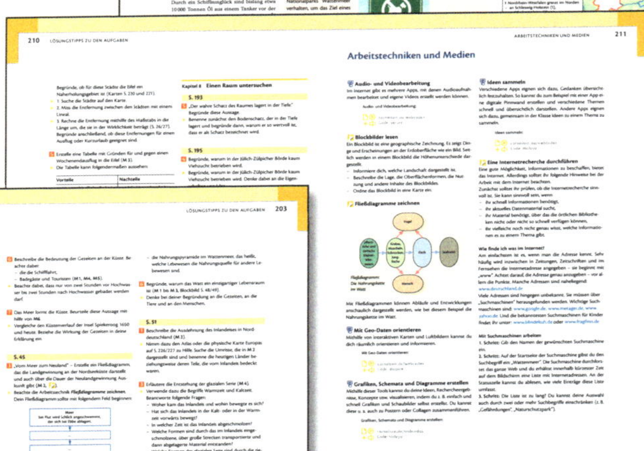


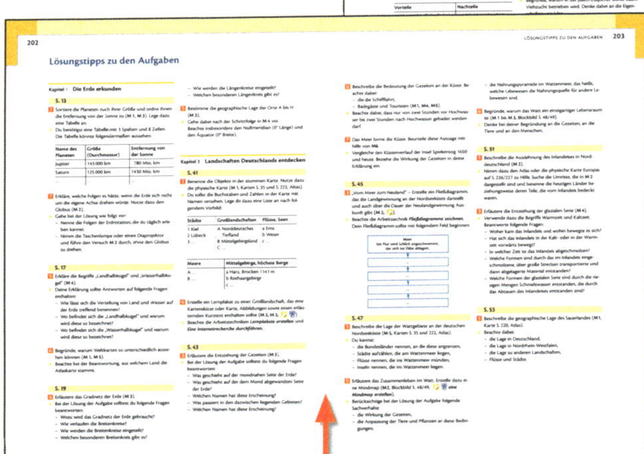


Im **Atlasteil** findest du zu allen wichtigen Themen im Buch die passende Atlaskarte. Welche Karte die richtige ist, erfährst du im Atlasregister.

Der **Anhang** bietet dir unterschiedliche Hilfen: **Lösungstipps** zu den Aufgaben, die so **1** gekennzeichnet sind, das **Lexikon,** um Begriffe zu erklären, und Erklärungen zu den Aufgaben. Außerdem findest du Beschreibungen zu **Arbeitstechniken** und **Medien**, die auf den Themenseiten mit einem Symbol gekennzeichnet sind.

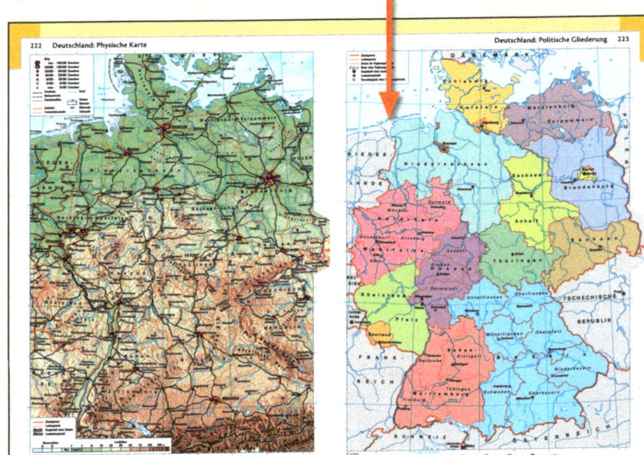

# 1 Die Erde erkunden

**Unsere Erde – nur ein Planet?**
Wenn wir in den klaren Nachthimmel schauen, können wir erahnen, wie riesig das Weltall ist. Mithilfe eines Fernrohrs können wir viele Sterne und Sternsysteme erkennen. Eines davon ist die Milchstraße, die als Zeichnung hier abgebildet ist. Sie ist so groß, dass das Licht 100 000 Jahre von einem zum anderen Ende braucht! Unser Sonnensystem ist ein winzig kleiner Teil der Milchstraße und in ihm findet man unsere Erde, die du erkunden wirst.

**In diesem Kapitel lernst du**
- dich im Gradnetz und nach Himmelsrichtungen zu orientieren,
- Merkmale des Sonnensystems zu beschreiben,
- Ozeane und Kontinente zu vergleichen,
- das Gradnetz der Erde zu erläutern,
- die Folgen der Erdrotation zu erklären,
- den Umlauf der Erde um die Sonne zu beschreiben und Folgen darzulegen,
- Stadtpläne und physische Karten zu lesen.

**Du nutzt dazu**
- den Globus,
- den Atlas,
- Karten,
- Stadtpläne,
- Grafiken,
- Bilder,
- eine Schulrallye,
- das Internet und
- digitale Anwendungen.

Hier findest du alle Darstellungstexte zum Anhören:

cornelsen.de/webcodes
Code: nudafo

# Unsere Erde – ein Planet im Sonnensystem

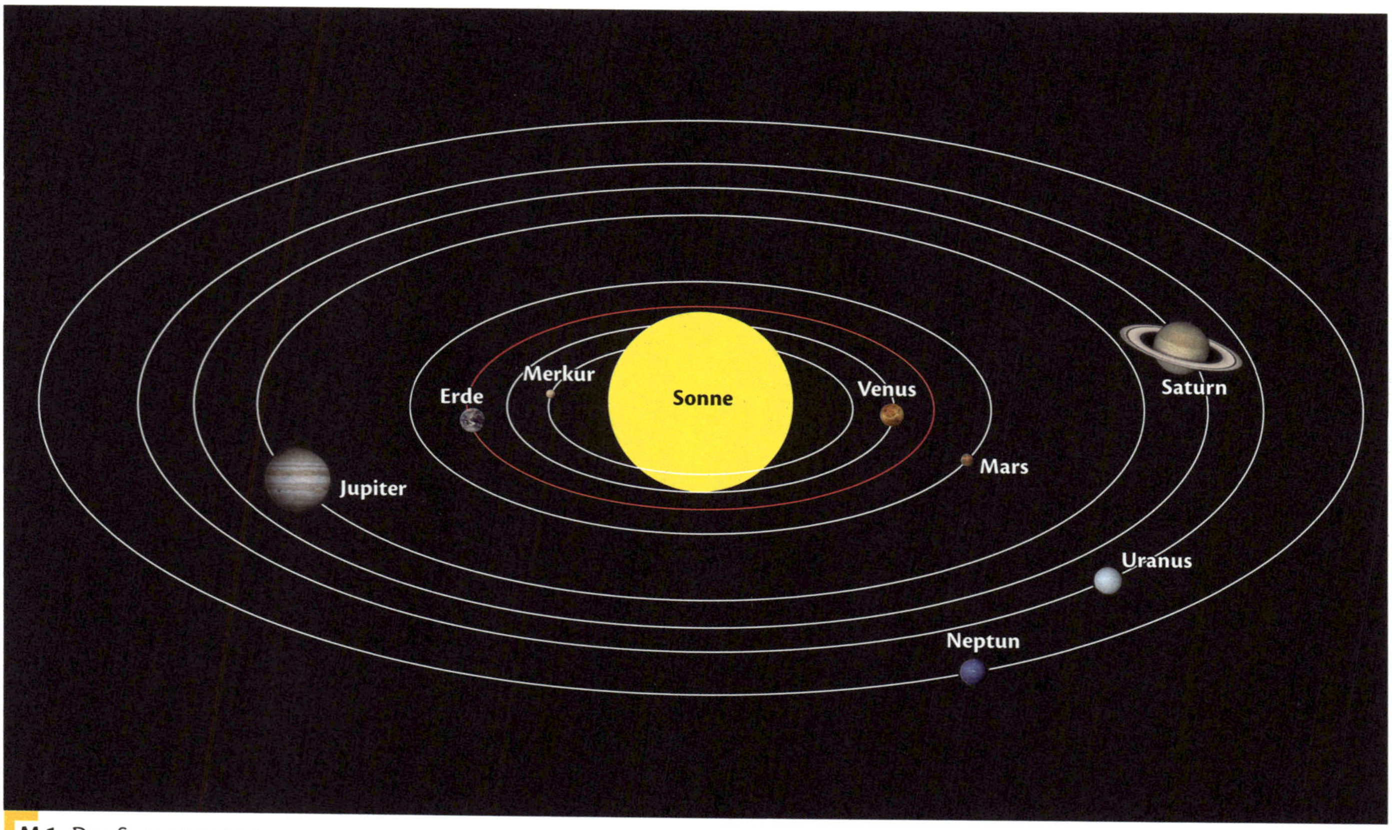


**M 1** *Das Sonnensystem*

**check-it**
- Merkmale unseres Sonnensystems beschreiben
- die Erdrotation beschreiben
- Folgen der Erdrotation erklären
- Informationen in einer Tabelle darstellen
- einen Versuch durchführen

## Unser Sonnensystem

Unsere Erde ist einer von vielen Himmelskörpern, die die Sonne umkreisen. Diese Himmelskörper nennen wir **Planeten.** Die acht Planeten erhalten ihr Licht von der Sonne und bilden zusammen mit ihr das **Sonnensystem.** Um sieben Planeten kreisen außerdem ein oder mehrere Monde. Die Menschen verdanken ihr Leben den einzigartigen Bedingungen, die auf dem Planeten Erde herrschen.

## Glücksfall Erde

Im Gegensatz zu den anderen Planeten unseres Sonnensystems besitzt die Erde eine Lufthülle. Sie ermöglicht das Leben von Pflanzen, Tieren und Menschen. Gleichzeitig schützt die Lufthülle die Erde vor gefährlichen Sonnenstrahlen. Der Planet Erde verfügt über das lebensnotwendige Wasser. Durch den richtigen Abstand zur Sonne ist es auf der Erde weder zu heiß noch zu kalt.

**Versuch**

- Material: Taschenlampe, Globus (möglichst groß), verdunkeltes Klassenzimmer
- Durchführung: Den Globus so aufstellen, dass der Lichtkegel der Taschenlampe die Breite des Durchmessers vom Globus hat. Den angestrahlten Globus langsam linksherum drehen.

**M 2** *Versuch: Entstehung von Tag und Nacht*

## Die doppelte Bewegung der Erde

Früher dachten die Menschen, dass sich die Sonne um die Erde bewegt. Vor fast 500 Jahren aber verblüffte der Astronom Nikolaus Kopernikus mit der Erkenntnis: „Die Sonne hat ihren festen Platz im Weltraum und die Erde bewegt sich um die Sonne."
Dafür braucht sie 365 Tage und 6 Stunden. Das ist das Sonnenjahr. Wir rechnen aber im Kalenderjahr mit vollen Tagen und nicht mit Stunden. Deshalb werden alle 4 Jahre die zusätzlichen Stunden (4 × 6 Stunden = 24 Stunden = 1 Tag) im **Schaltjahr** untergebracht. Dieser Schalttag ist alle 4 Jahre der 29. Februar.
Die Erde dreht sich auch in 24 Stunden einmal um ihre eigene Achse. Diese Bewegung heißt **Erdrotation**. Sie ist für die Entstehung von Tag und Nacht verantwortlich. Da sich die Erde von Westen nach Osten um ihre eigene Achse dreht, geht die Sonne morgens im Osten auf und abends im Westen unter.

1 Beschreibe die Lage der Planeten zueinander. Beachte dabei die Reihenfolge. Beginne mit der Sonne (**M 1**).
2 Sortiere die Planeten nach ihrer Größe und ordne ihnen die Entfernung von der Sonne zu (**M 1, M 3**). Lege dazu eine Tabelle an.
3 Bilde einen Merksatz: Je größer die Entfernung der Planeten von der Sonne, desto ... (**M 3**).
4 Erkläre, warum die Erde ein Sonderfall unter den Planeten ist.
5 Erkläre die Erdrotation und ihre Folgen (**M 2**).
6 Stelle fest, wie viele Tage ein Schaltjahr hat.
7 Erkläre, welche Folgen es hätte, wenn die Erde sich nicht um die eigene Achse drehen würde. Nutze dazu den Globus (**M 2**).

Hier findest du zusätzliche Informationen und Links:

cornelsen.de/webcodes
Code: nasiju

| | Entfernung zur Sonne (in Mio. km) | Umlaufzeit um die Sonne | Durchmesser (in km) |
|---|---|---|---|
| Neptun | 4 500 | 164 Jahre 282 Tage | 49 500 |
| Uranus | 2 870 | 84 Jahre 5 Tage | 51 100 |
| Saturn | 1 430 | 29 Jahre 167 Tage | 120 500 |
| Jupiter | 780 | 11 Jahre 314 Tage | 143 000 |
| Mars | 230 | 1 Jahre 322 Tage | 6 800 |
| Erde | 150 | 1 Jahr | 12 800 |
| Venus | 108 | 225 Tage | 12 100 |
| Merkur | 58 | 88 Tage | 4 900 |

**M 3** *Die Planeten unseres Sonnensystems*

# Unsere Erde hat eine lange Geschichte

**check-it**
- die Zeitabschnitte der Erdgeschichte benennen
- Zeitabschnitten wichtige Ereignisse zuordnen
- Bedeutung von Fossilien erklären

**M 1** *Die Erdoberfläche vor 4,5 Milliarden Jahren*

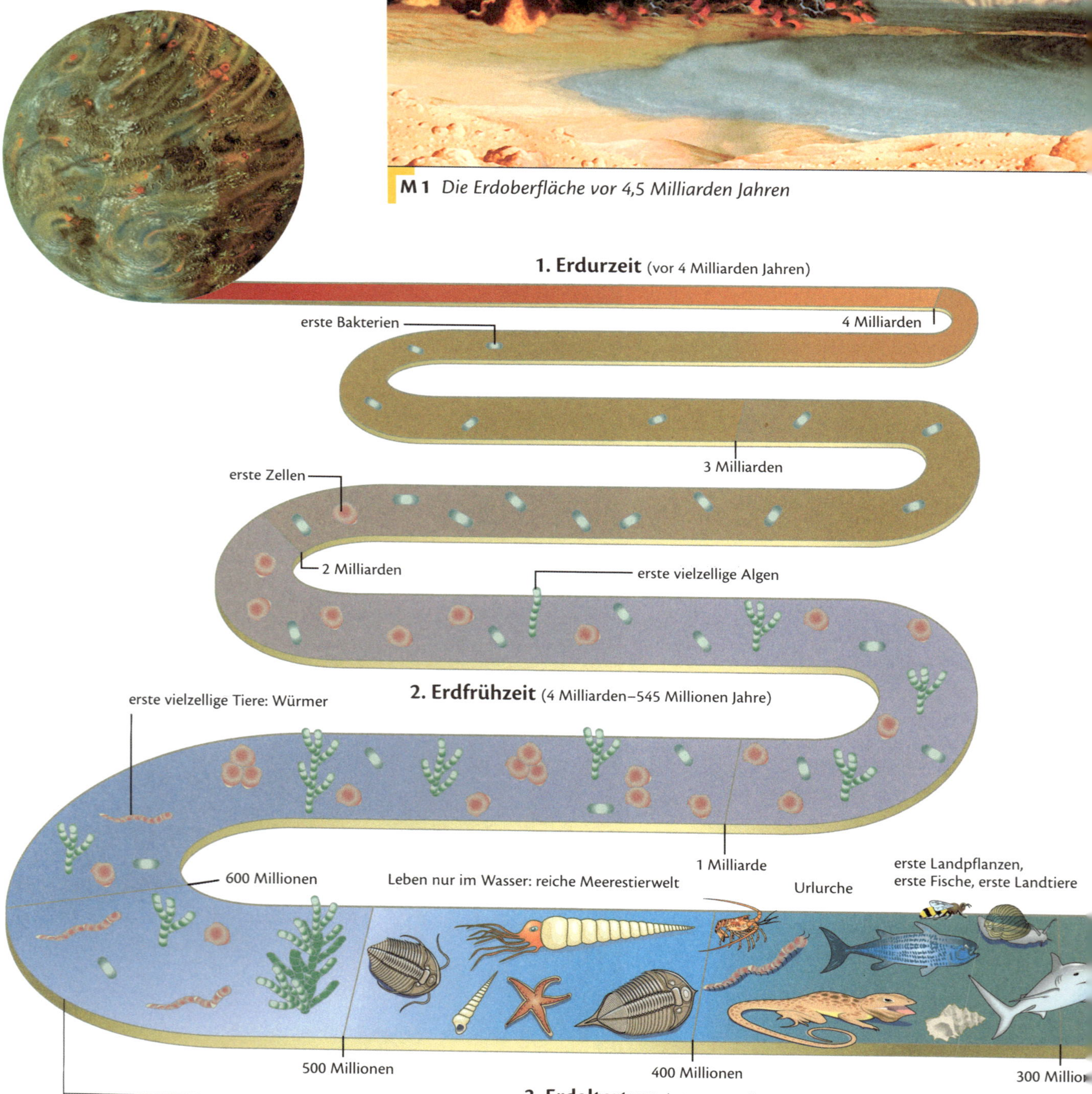


**M 2** *Die Entwicklung der Lebewesen auf der Erde*

Anhand von Fossilienfunden können wir uns heute ein Bild machen, wie es in ganz früher Zeit auf der Erde aussah. Im Laufe der Erdgeschichte veränderte sich auf der Erdoberfläche die Verteilung von Meer und Land immer wieder. Eine Zeit lang befand sich in weiten Teilen ein großes Meer, dann trocknete es allmählich aus. Das Land hob sich an einer Stelle, an anderer senkte es sich ab. Gesteinsschichten entstanden und wurden wieder abgetragen. Tiere und Pflanzen, die während der Entstehung der Gesteinsschichten dort lebten, kann man heute als **Fossilien** im Gestein entdecken. Je nach Gestalt oder Art der Versteinerung können Wissenschaftler feststellen, wann das Gestein entstanden ist.

**M 3** *Zeitzeugen der Erdgeschichte*

## Ein Blick in die Erdgeschichte

Die Entwicklungsgeschichte der Erde reicht fast 5 Milliarden Jahre zurück. Damals bildeten sich aus heißem Gas und Staub unsere Sonne und unser Sonnensystem. Die Erde war fast 4000 °C heiß. Nur ganz allmählich kühlte sie sich ab. Es sollte noch 2,5 Milliarden Jahre dauern, bis aus dem zerklüfteten Felsbrocken die Erde wurde, auf der wir jetzt leben.

## Die Einteilung der Erdgeschichte

Der unvorstellbar lange Zeitraum der Erdgeschichte wird in fünf große **Erdzeitalter** eingeteilt. Die Einteilung der Zeitabschnitte ist mit der Entwicklung des Lebens, dem Bilden von Kontinenten und Meeren sowie dem Entstehen und Vergehen von Gebirgen verbunden.

## Das Leben auf der Erde

Dinosaurier sind die bekanntesten Tiere aus früherer Zeit. Allerdings sind sie nicht die ersten Bewohner der Erde gewesen. Viele Pflanzen und Tiere haben sich entwickelt, aber genauso viele Arten sind wieder von der Erde verschwunden und wie die Dinosaurier ausgestorben. Menschen gibt es erst seit rund zwei Millionen Jahren.

1 Beschreibe die Entwicklung des Lebens (**M 2**).
2 Lege eine Tabelle an. Trage darin die Erdzeitalter ein und nenne jeweils den Zeitraum sowie die Lebewesen (**M 2**).
3 Erkläre, wie man mit Fossilien die Geschichte der Erde nachvollziehen kann (**M 3**).

Hier findest du zusätzliche Informationen und Links:

cornelsen.de/webcodes
Code: fubuxi

# Das Gesicht der Erde – Kontinente und Ozeane

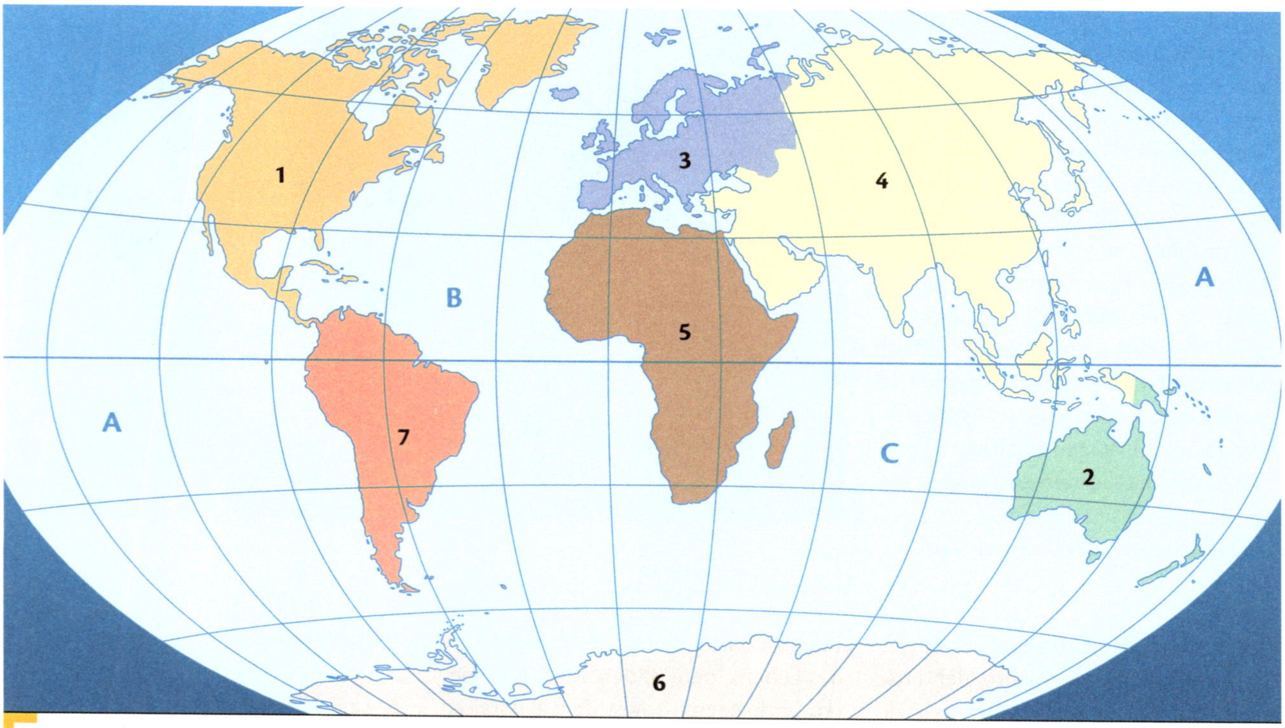


**M 1** *Kontinente und Ozeane*

**check-it**
- Namen der Kontinente und Ozeane benennen
- ihre Lage beschreiben und ihre Größe vergleichen
- unterschiedliche Sichtweisen auf die Erde darlegen
- Karten und Größen vergleichen
- ein Quiz erstellen

## Die Gliederung der Erde

„Der blaue Planet" – spätestens seit Astronauten das erste Mal die Erde aus dem All betrachteten, trägt die Erde diesen Beinamen. Nicht zu Unrecht: Immerhin bedecken **Ozeane** und Meere zwei Drittel der Erdoberfläche. Die Erde ist ein „Wasserplanet". Als Festland oder **Kontinente** werden die großen zusammenhängenden Landmassen der Erde bezeichnet, die wie riesige Inseln aus den Weltmeeren herausragen. Jeder Kontinent hat seine unverwechselbaren Umrisse mit Buchten, Inseln und Halbinseln. Am Rand der Ozeane liegt eine Reihe von kleineren Meeren, die durch Halbinseln von den Ozeanen getrennt sind.

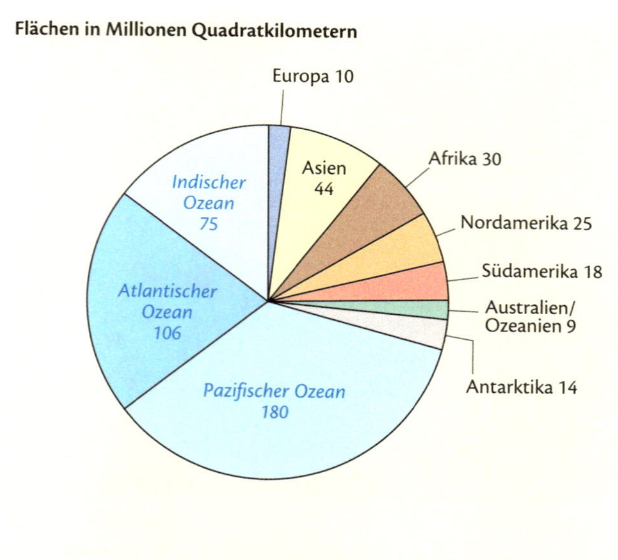


**M 2** *Verteilung von Wasser und Land auf der Erde*

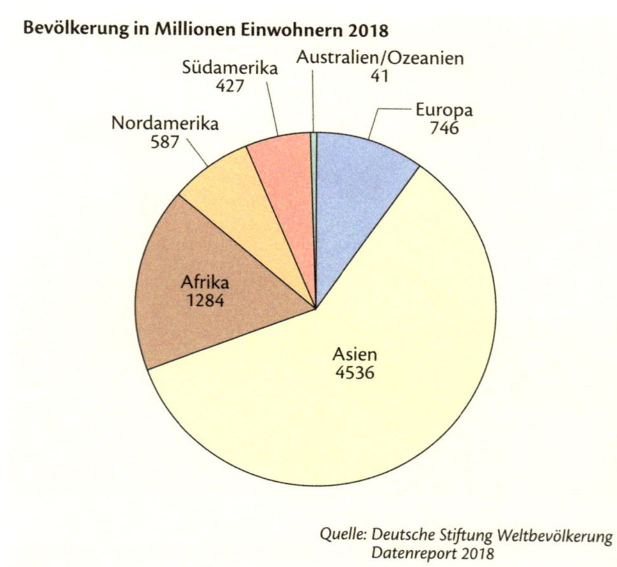


**M 3** *Einwohnerzahl auf den Kontinenten*

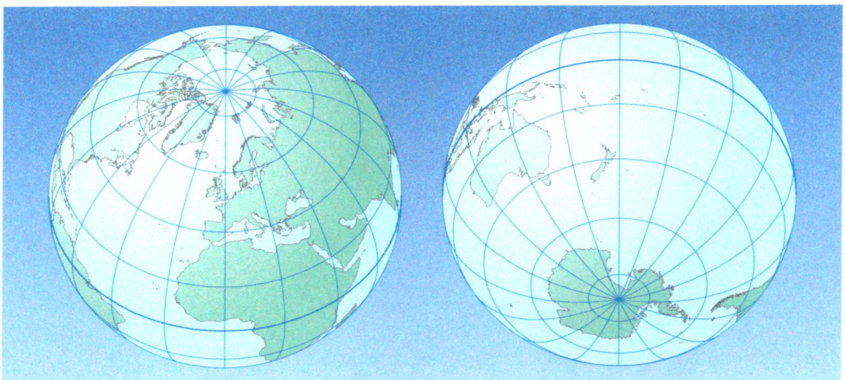

**M 4** *Landhalbkugel und Wasserhalbkugel der Erde*

## Wie kamen die Kontinente zu ihren Namen?

Die Griechen nannten schon vor über 2000 Jahren das westlich von ihnen gelegene Land „Europa“, was so viel wie „Land des Sonnenuntergangs“ bedeutet. Das östlich gelegene „Land des Sonnenaufgangs“ bezeichneten sie als „Asien“.

Die Römer gaben dem südlichen Küstenland des Mittelmeeres den Namen Afrika, weil dort das Volk der Afri lebte. Der italienische Seefahrer Amerigo Vespucci wurde durch Zufall Namenspatron Amerikas. Er segelte mehrmals nach Südamerika. Deshalb wurde sein Name auf einer der ersten Weltkarten und einem Globus dort eingetragen, wo er gelandet war. Dieser Name breitete sich sehr schnell als Bezeichnung für den neuen Kontinent aus.

Australien ist der „Südkontinent“, denn lateinisch australis bedeutet „südlich“. Schon die Griechen nannten die im Norden gelegenen Land- und Meeresgebiete „Arktis“ (= Nordpolargebiet). Antarktis sind die auf der anderen Seite (anti = gegen) der Arktis gelegenen Gebiete, also die Landmassen und Meere rund um den Südpol. Der Kontinent trägt den Namen Antarktika, wird aber häufig als Antarktis bezeichnet.

1 Benenne die Kontinente und Ozeane und vergleiche deren Größe (**M 1, M 2**).

2 „Die Erde ist ein Wasserplanet.“ Prüfe die Richtigkeit dieser Aussage und begründe (**M 2**).

3 Ordne die Kontinente nach ihrer Einwohnerzahl. Beginne mit dem einwohnerstärksten Kontinent (**M 3**).

4 Erstelle ein Quiz. Berücksichtige dabei:
- die Lage der Kontinente,
- ihre Lage zu den Ozeanen und
- Staaten, die auf den Kontinenten liegen

(S. 228/229, Atlas, MK ***Ein Quiz erstellen***).

5 Erkläre die Begriffe „Landhalbkugel“ und „Wasserhalbkugel“ (**M 4**).

6 Begründe, warum Weltkarten so unterschiedlich aussehen können (**M 1, M 5**).

Hier findest du zusätzliche Informationen und Links:

cornelsen.de/webcodes
Code: nadoce

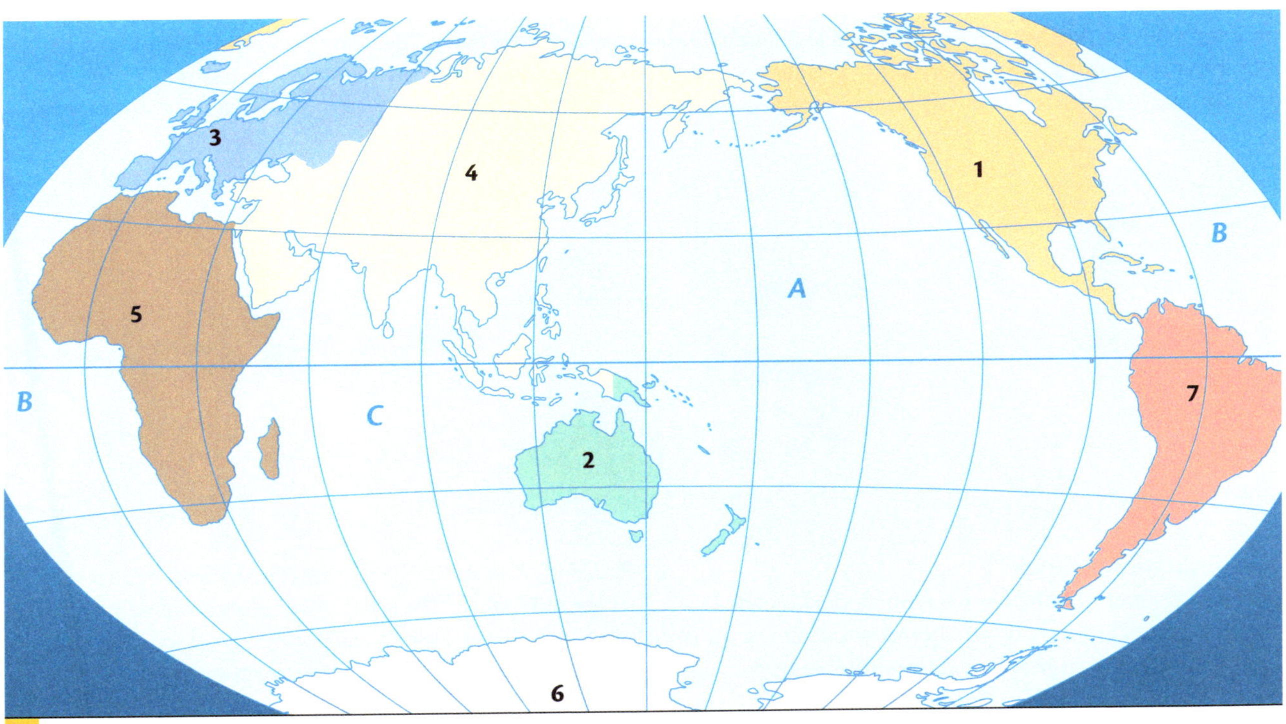


**M 5** *Eine Karte aus einem australischen Atlas*

# Der Globus – ein Modell der Erde

**M 1** *Unser Planet Erde aus dem All betrachtet und als Globus*

**check-it**
- im Gradnetz orientieren
- das Gradnetz der Erde beschreiben und erläutern
- mit dem Globus arbeiten
- Lage von Orten im Gradnetz bestimmen

## Der Globus

Bereits Ende des 15. Jahrhunderts ließ Martin Behaim in Nürnberg den ersten Erdglobus bauen. Der **Globus** gibt unsere Erde in einem verkleinerten Abbild wieder. Die Größenverhältnisse, die Formen der Kontinente und der Meere stimmen mit der Wirklichkeit überein. Damit man einen bestimmten Ort auf dem Globus (oder auf einer Karte) finden kann, hat man die Erde mit einem gedachten Netz von Linien überzogen, dem **Gradnetz.**

## Das Gradnetz der Erde

Das Gradnetz besteht aus waagerechten und senkrechten Linien. Die senkrechten Linien, die die Erde umspannen, heißen **Längenkreise.** Ein halber Längenkreis, der vom **Nordpol** zum **Südpol** verläuft, wird **Meridian** genannt. Die waagerechten Linien heißen **Breitenkreise.** Um Breitenkreise und Meridiane durchzuzählen, benutzt man eine Gradeinteilung. Der Null-Meridian teilt die Erde in eine West- und eine Osthalbkugel. Er verläuft durch die Sternwarte von Greenwich, einem Vorort von London. Von dort aus zählt man 180 Längengrade nach Osten und 180 Längengrade nach Westen.

Der Null-Breitenkreis ist der **Äquator.** Er ist der längste Breitenkreis: 40 076 Kilometer. Der Äquator teilt die Erde in eine Nord- und eine Südhalbkugel.

Die geographische Lage eines Ortes wird durch Breiten- und Längengrade angegeben. Man sagt z. B.: Köln liegt 51 Grad nördlicher Breite und 7 Grad östlicher Länge (51° n. Br., 7° ö. L.).

**Die Erde ist eine Kugel**

Bereits vor über 2200 Jahren berechnete der Grieche Eratosthenes den Erdumfang annähernd genau. Er war entgegen der allgemeinen Meinung davon überzeugt, dass die Erde eine Kugel sei. Wenn er im Hafen stand, beobachtete er die ankommenden Schiffe. Sie tauchten allmählich aus dem Wasser auf, wenn sie sich näherten. Daraus schloss er, dass die Erdoberfläche gekrümmt sein müsse.

**M 2** *Die Erde ist eine Kugel*

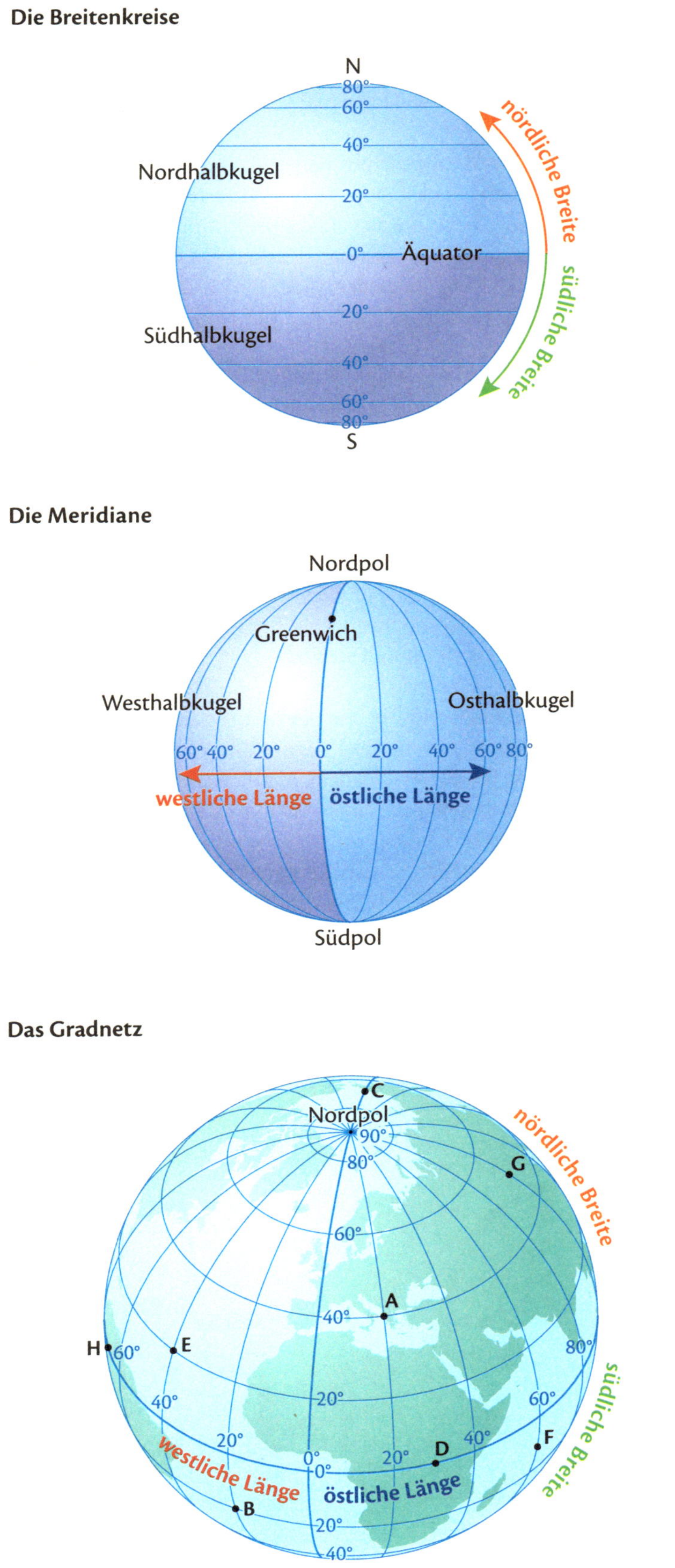


**M 3** *Globus mit Gradnetz*

### So bestimmst du die Lage eines Ortes im Gradnetz

**1. Schritt: Die geographische Breite**

- Ermittle, ob der Ort nördlich oder südlich des Äquators liegt (N oder S).
- Nenne die beiden Breitenkreise, zwischen denen sich der Ort befindet.
- Bestimme die geographische Breite in Grad. Zur Lageangabe benutzt du die niedrigere Gradzahl.

**2. Schritt: Die geographische Länge**

- Ermittle, ob der Ort westlich oder östlich des Null-Meridians liegt (W oder O).
- Nenne die beiden Meridiane, zwischen denen sich der Ort befindet.
- Bestimme die geographische Länge in Grad. Zur Lageangabe benutzt du die niedrigere Gradzahl.

**3. Schritt: Angabe der Lage im Gradnetz**

- Gib zuerst die Breitenlage und dann die geographische Länge des Ortes an. In **M 3** hat z. B. der Ort D die Lage 0°/30° O.

**M 4** *Lagebestimmung eines Ortes*

1 Zeige auf einem Globus Nordpol und Südpol, den Äquator, die Erdachse, Nord-, West-, Süd- und Osthalbkugel (**M 1**).

2 Überlege, an welcher Stelle du „auftauchen" würdest, wenn du quer durch die Erde hindurch reisen könntest.

3 Stelle die Beobachtungen von Eratosthenes nach. Nutze dazu einen Globus oder einen großen Ball (**M 2**).

4 Erläutere das Gradnetz der Erde (**M 3**).

5 Bestimme die geographische Lage der Orte A bis H (**M 3**).

6 Suche die Städte mit den folgenden Lageangaben (**M 4,** Karte S. 226/227).
**a)** 54° N/12° O **b)** 52° N/0° W
**c)** 50° N/14° O **d)** 40° N/4° W

7 Bastelt einen Globus mithilfe der Schnittvorlage des Webcodes.

Hier findest du die Vorlage für den Globus:

cornelsen.de/webcodes
Code: dofuwa

# Wir orientieren uns nach Himmelsrichtungen

M 1 *Zugvögel finden ihren Weg*

## Wo liegt die Lösung dieses Rätsels?

Zugvögel – über Tausende von Kilometern sind sie unterwegs und finden ihren Weg sogar im Dunkeln. Auch Brieftauben finden stets zurück. Was hilft ihnen, sich zu orientieren? Haben sie einen inneren Kompass?

## Magnet Erde

Unsere Erde wirkt wie ein großer Magnet. Um sich herum hat sie ein unsichtbares Feld magnetischer Linien, das von Norden nach Süden ausgerichtet ist und das einige Hunderttausend Kilometer ins All hinausragt. Natürlich ist die Magnetkraft der Erde viel größer als die von jedem kleinen Metallmagneten.

Das wohl bekannteste Beispiel für die Magnetkraft der Erde ist der **Kompass.** Seit Jahrhunderten ist er eine unersetzbare Hilfe für die Orientierung auf der Erde. Mit ihm können wir überall die Himmelsrichtungen bestimmen: auf dem Land, in der Luft, auf dem Meer und sogar unter Wasser. Das **Magnetfeld** der Erde erklärt auch, warum Zugvögel und Brieftauben ihren Weg so sicher finden: Sie spüren das Magnetfeld und richten ihren Flug danach.

## Wie funktioniert ein Kompass?

Der Kompass besteht aus einer **Windrose** und einer magnetischen Nadel, die sich frei auf einem Stift dreht. Die frei schwingende Kompassnadel richtet sich in Nord-Süd-Richtung aus. Eine Spitze der Nadel wird von einem Pol der Erde angezogen, die andere Spitze der Nadel von dem anderen Pol.

## So stellst du die Nordrichtung fest

- Halte den Kompass waagerecht.
- Drehe den Stellring mit der Windrose so weit, dass das **N** auf der Windrose und das Dreieck auf dem Gehäuse übereinstimmen.
- Drehe dich mit dem Kompass, bis die gefärbte Spitze der Magnetnadel auf **N** zeigt.
- Lies die Nordrichtung und die anderen Himmelsrichtungen von der Windrose ab.

1 Nenne Begriffe, in denen eine Himmelsrichtung vorkommt, zum Beispiel „Ostsee".

2 Beschreibe verschiedene Möglichkeiten, Himmelsrichtungen ohne einen Kompass zu bestimmen (**M 5** bis **M 7**).

3 Gehe auf den Schulhof und bestimme die Nordrichtung mithilfe des Kompasses und der Armbanduhr (**M 3, M 6**).

4 Bestimmt in Gruppen die Lage verschiedener markanter Punkte auf dem Schulhof. Jede Gruppe sollte eine andere Orientierungsmöglichkeit nutzen (**M 3, M 5** bis **M 7**).

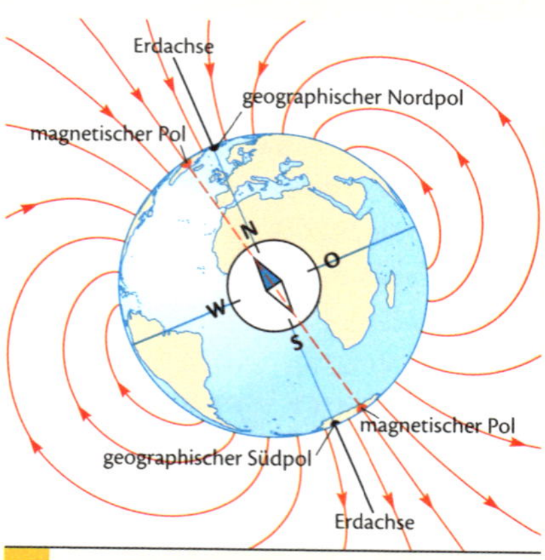


M 2 *Magnetfeld der Erde*

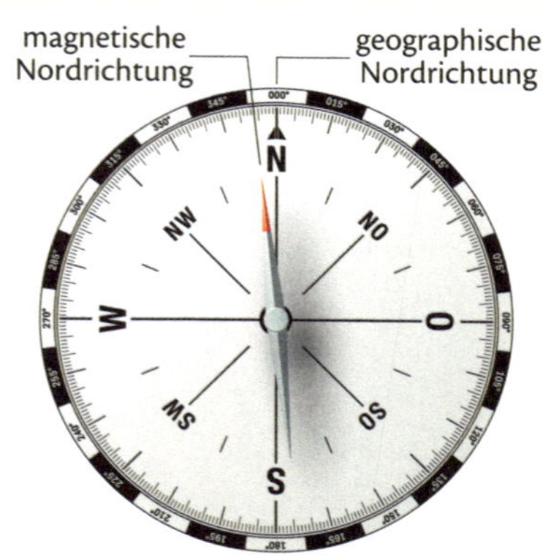


M 3 *Kompass*

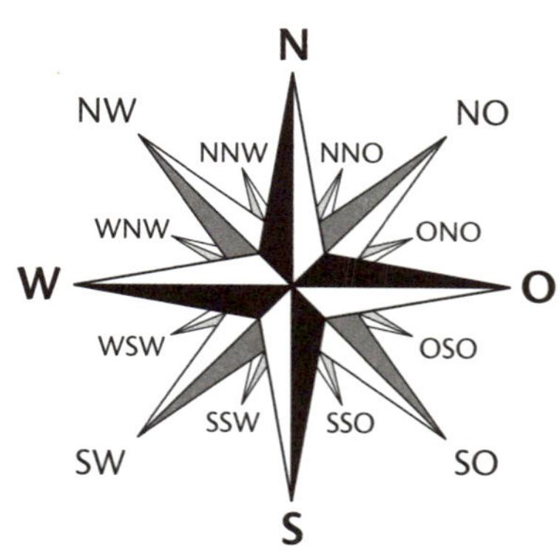


M 4 *Windrose*

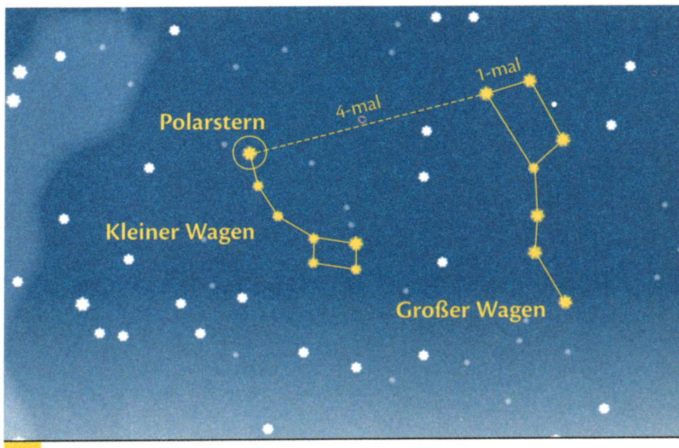


Suche am Nachthimmel das auffällige Sternbild des Großen Wagens. Verbinde in Gedanken die beiden hinteren Sterne (hinter der Achse) des Großen Wagens. Verlängere diese gedachte Linie. Dann stößt du auf den hellen Polarstern. Er zeigt dir, wo Norden ist.

**Hinweis:** Im Allgemeinen sind Karten eingenordet, das heißt oben ist Norden, unten Süden, links Westen und rechts Osten.

**M 5** *Bestimmen der Himmelsrichtungen nach dem Polarstern*

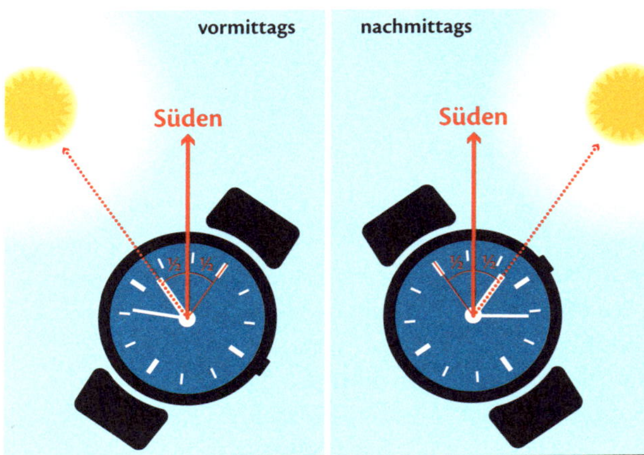


Gehe so vor: Halte die Uhr waagerecht. Richte den kleinen Zeiger auf die Sonne. Süden liegt nun genau in der Mitte zwischen dem kleinen Zeiger und der 12 auf dem Ziffernblatt. Beachte: Vormittags liegt Süden links von der 12, nachmittags rechts von der 12. (Während der Sommerzeit ist von 13 Uhr auszugehen, also der 1 auf dem Ziffernblatt.)

**M 6** *Bestimmen der Himmelsrichtungen mit der Armbanduhr*

Hier findest du zusätzliche Informationen und Links:

cornelsen.de/webcodes
Code: dikawu

- Frei stehende Bäume haben durch die häufigen Nordwestwinde einen nach Südosten weisenden Kronenwuchs.
- Die Jahresringe von Baumstümpfen liegen gewöhnlich auf der Nordwestseite am dichtesten.
- Die grünere und feuchtere Seite von Bäumen zeigt häufig die Westrichtung an, weil von dieser Seite die regenreichen Westwinde kommen.

- Alte Kirchen stehen in den meisten Fällen mit dem Turm nach Westen und mit dem Chor nach Osten.
- Ameisenhaufen liegen meist südlich von Bäumen und Sträuchern. Die Südseite der Ameisenhaufen fällt sanft, die Nordseite steiler ab.
- An frei stehenden Sträuchern und Bäumen reifen die Beeren und Früchte an der Südseite zuerst.
- Der Schnee taut an der Südseite von Dächern und Hängen zuerst.

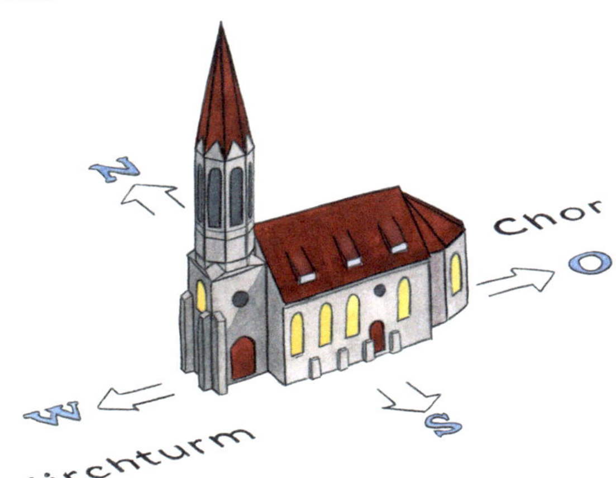


**M 7** *Bestimmen der Himmelsrichtungen mithilfe von Beobachtungen*

# Schulrallye – eine erste Orientierung in der neuen Schule

**Herzlich willkommen in deiner neuen Schule!**
Viel Neues und Interessantes erwartet dich. Du lernst deine Mitschülerinnen und Mitschüler, die Lehrerinnen und Lehrer und die Angestellten der Schule kennen. Du bekommst einen Einblick in neue Unterrichtsfächer und wirst lernen, dich im neuen Schulhaus zu orientieren.
So ein Schulgebäude ist groß und hat viel zu bieten. Deshalb ist es wichtig, sich einen Überblick über die Gebäude und Räume zu verschaffen. Damit dir das gelingt, kannst du mit deiner neuen Klasse eine Schulrallye durchführen. Eine Anregung hierfür findest du auf dieser Doppelseite.

## Die Rallye

Zur Vorbereitung der Schulrallye solltet ihr euch überlegen, was es in eurer Schule alles zu erkunden gibt. Vorschläge findet ihr auf Seite 23. Stellt einen ähnlichen Fragebogen für eure Rallye zusammen.
Die Rallye macht mehr Spaß, wenn wenigstens zwei Schüler zusammen auf die Suche gehen. Jede Gruppe braucht:
- eine feste Schreibunterlage,
- einen Stift zum Notieren der Antworten,
- eine Armbanduhr, die die richtige Zeit anzeigt,
- vielleicht einen Plan der Schule (siehe **M 1**) und
- digitale Anwendungen (Google Maps, OpenStreetMap u. a.).

Legt nun die Gruppen und deren Startpunkte fest. Vereinbart eine genaue Zeit, wann ihr euch im Klassenzimmer wieder treffen wollt. Wer zu spät kommt, der bekommt Punkte abgezogen.
Führt anschließend eure Schulrallye durch und sucht mithilfe des Fragebogens die Antworten auf eure Fragen. Beachtet dabei, dass die anderen Schüler währenddessen Unterricht haben: Kündigt eure Schulrallye bei der Schulleitung an und geht leise durch das Schulgebäude. Teilt euch dabei die Zeit gut ein. Viel Spaß beim Erforschen der neuen Schule!

**Ihr könnt**
- eine Urkunde oder einen Preis an die Gruppe mit der höchsten Punktzahl vergeben,
- die Schulrallye für die nächsten fünften Klassen weiter ausarbeiten,
- eine kleine Schulrallye für euren Klassenlehrer entwerfen (MK).

Hier findest du den Fragebogen für die Schulrallye als Download:

cornelsen.de/webcodes
Code: riruju

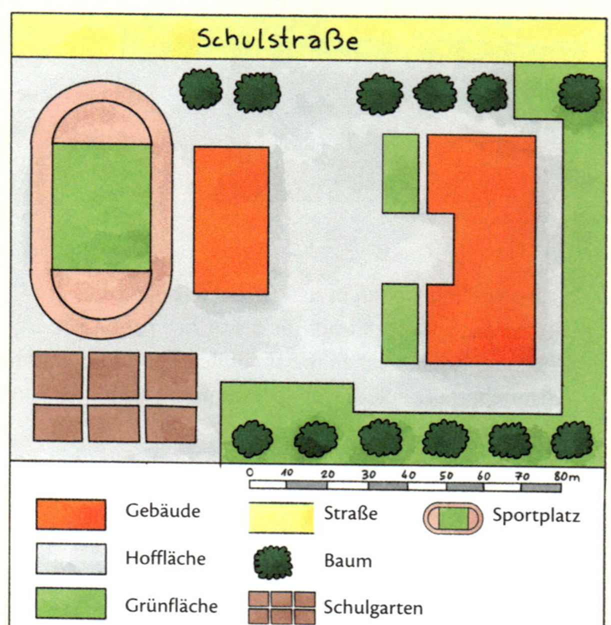


**M 1** *Die Draufsicht dient der Orientierung*

# Schulrallye-Fragebogen

Namen der Gruppenmitglieder: ______________________________ Klasse: ________

## Fragen zur Geschichte der Schule

| Nr. | Frage | Antwort | Punkte |
|---|---|---|---|
| 1. | Wie heißt die Schule? | | 2 |
| 2. | Nach wem oder was wurde die Schule benannt? | | 2 |
| 3. | Wann wurde sie erbaut? | | 2 |

## Fragen zum Gebäude

| Nr. | Frage | Antwort | Punkte |
|---|---|---|---|
| 4. | Wie viele Eingänge hat das Hauptgebäude? | | 2 |
| 5. | In welche Himmelsrichtung zeigt der Haupteingang? | | 2 |
| 6. | Wie viele Etagen (Stockwerke) hat das Gebäude? | | 2 |
| 7. | Welche Zimmernummer hat das Lehrerzimmer? | | 2 |
| 8. | Welche Zimmernummer hat das neue Klassenzimmer? | | 2 |
| 9. | Wo befindet sich ein Glaskasten/das schwarze Brett, wo wichtige Informationen für Schüler zu finden sind? | | 2 |
| 10. | Wie viele Papierkörbe gibt es auf dem Schulhof? | | 2 |
| 11. | Wie viele Stufen musst du vom Hof bis zu deinem Klassenraum hinaufsteigen? | | 2 |
| 12. | Wie viele Kunsträume hat die Schule? | | 2 |
| 13. | Welche Farbe hat die Türklinke des Biologieraums? | | 2 |

## Fragen zum Angebot der Schule

| Nr. | Frage | Antwort | Punkte |
|---|---|---|---|
| 14. | Welche Fremdsprachen werden an der Schule unterrichtet? | | 2 |
| 15. | Wie heißt der Raum, in dem der „Bücherwurm" lebt? | | 2 |
| 16. | Gibt es ein Streitschlichterbüro? Wenn ja, welche Zimmernummer hat es? | | 2 |
| 17. | Wo werden in der großen Pause Getränke verkauft? | | 2 |

## Fragen zu den Mitarbeitern und Schülern der Schule

| Nr. | Frage | Antwort | Punkte |
|---|---|---|---|
| 18. | Wie viele Schüler gehen auf die Schule? | | 2 |
| 19. | Wie lautet der vollständige Name der Schulleiterin oder des Schulleiters? | | 2 |
| 20. | Wie heißt die Schulsekretärin oder der Schulsekretär? | | 2 |

**Siegerermittlung:**
**Bitte von der Lehrerin oder vom Lehrer ausfüllen lassen!**

| | | |
|---|---|---|
| erreichte Punktzahl: | | |
| Punkteabzug wegen Verspätung (2 min = 1 Punkt): | | Platz: |
| Gesamtpunktzahl: | | |

# Wir arbeiten mit dem Stadtplan und dem Maßstab

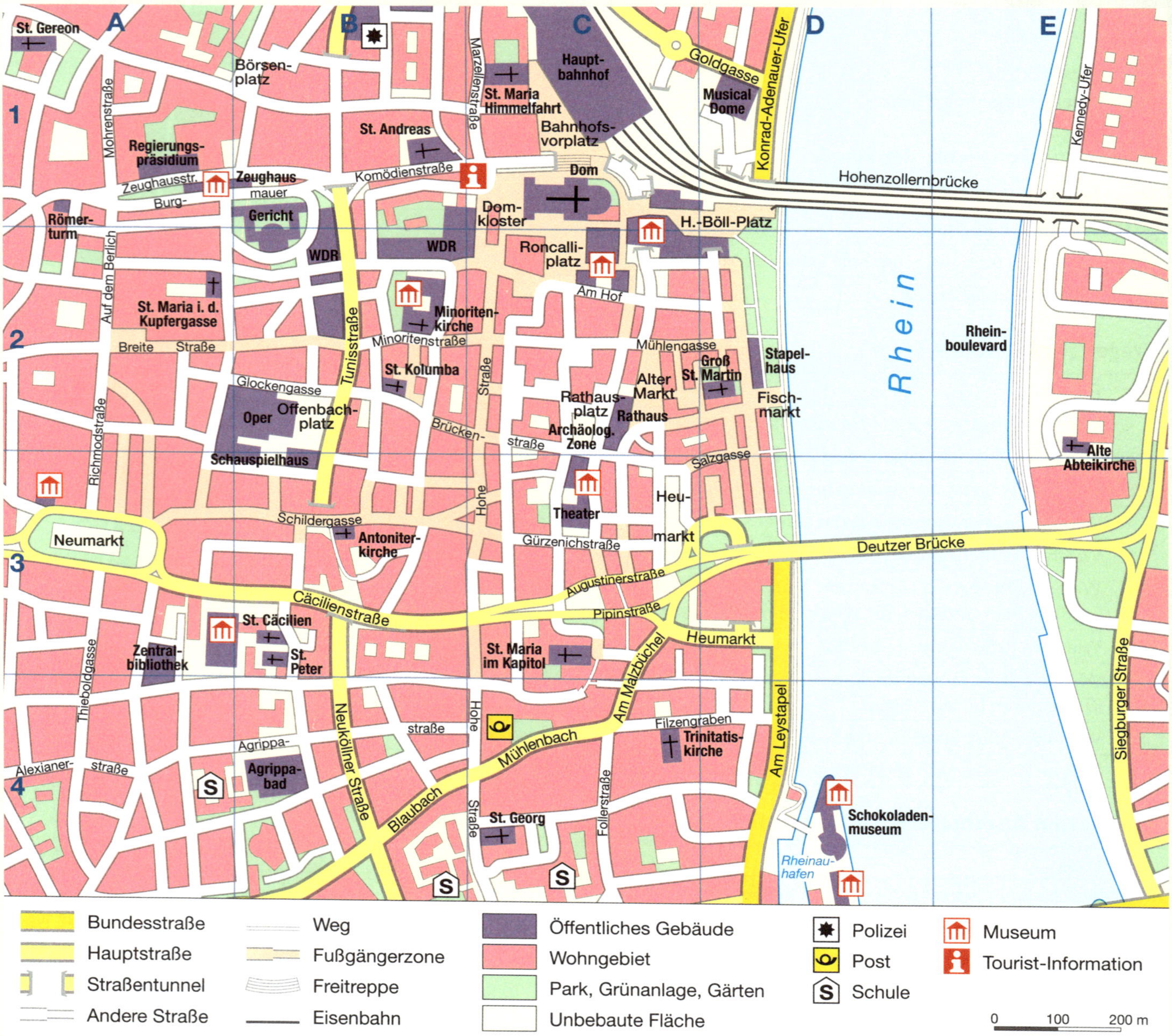


**M 1** *Ausschnitt aus dem Stadtplan von Köln 1 : 10 000*

**check-it**
- Merkmale eines Stadtplanes benennen
- auf dem Stadtplan orientieren
- Schrittfolge für die Arbeit mit einem Stadtplan kennen und anwenden
- mit dem Maßstab rechnen und Entfernungen bestimmen

## Auf dem Weg ins Schokoladenmuseum

„Wo sind wir denn jetzt? Ich glaube, wir haben uns verlaufen", sagt Niklas. Gemeinsam mit Anna will er allein vom Hauptbahnhof zum Schokoladenmuseum laufen. Anna schaut nach den Straßenschildern und liest: „Hohe Straße", „Am Hof". „Das Museum ist aber am Rheinauhafen", sagt Niklas. „Zum Glück habe ich einen Stadtplan mitgenommen."

## Checkliste zur Arbeit mit dem Stadtplan

- **1. Schritt:** Nenne die Stadt, die im Plan abgebildet ist.
- **2. Schritt:** Informiere dich in der Legende über die Farben, Symbole und den Maßstab des Planes.
- **3. Schritt:** Überprüfe, ob ein Pfeil für die Nordrichtung eingetragen ist. Wenn nicht, kannst du davon ausgehen, dass oben auf dem Plan Norden ist.
- **4. Schritt:** Suche wichtige Gebäude, große Straßen und Plätze und gib deren Lage durch die Buchstaben und Ziffern der Planquadrate an.
- **5. Schritt:** Nutze den Stadtplan auch für die Wegbeschreibungen zwischen zwei Zielen.

**M 2** *Ein ICE in der Wirklichkeit und im Modell*

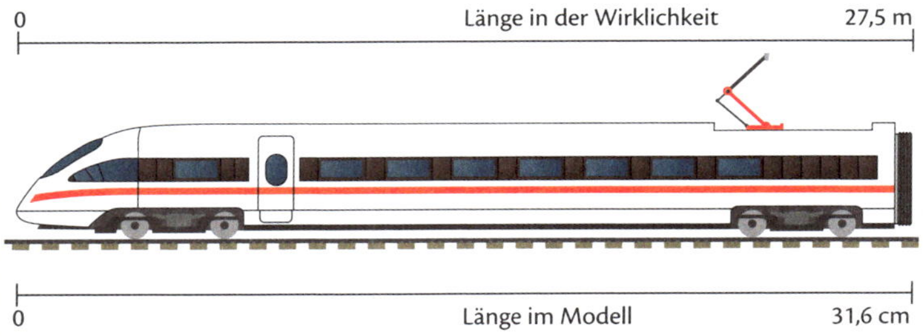


**M 3** *Länge eines ICE in der Wirklichkeit und im Modell*

**Was Maßstabszahlen bedeuten:**

| | 1 cm auf der Karte entspricht |
|---|---|
| 1 : 5000 | 5000 cm = 50 m in der Wirklichkeit |
| 1 : 25 000 | 25 000 cm = 250 m in der Wirklichkeit |
| 1 : 100 000 | 100 000 cm = 1000 m = 1 km in der Wirklichkeit |

**Kartenmaßstab**

| | |
|---|---|
| 1 : 5 000 | großer Maßstab |
| 1 : 25 000 | großer Maßstab |
| 1 : 100 000 | mittlerer Maßstab |
| 1 : 500 000 | kleiner Maßstab |
| 1 : 10 000 000 | kleiner Maßstab |

**M 4** *Maßstabszahlen*

## Beispiel für das Arbeiten mit dem Stadtplan

- **1. Schritt:** Der Stadtplanausschnitt zeigt Köln.
- **2. Schritt:** Straßen sind in weißer oder gelber Farbe eingezeichnet. Bebautes Gelände ist in rot, Parks und Grünanlagen sind in grüner Farbe gekennzeichnet. Wasserflächen haben blaue Farbe. Der Maßstab beträgt 1 : 10 000, also entspricht 1 cm auf der Karte 100 m in der Wirklichkeit.
- **3. Schritt:** Es ist kein Pfeil für die Nordrichtung eingezeichnet, sodass oben auf dem Stadtplan Norden ist.
- **4. Schritt:** Zu sehen sind unter anderem der Dom (C1), der Neumarkt (A3), die Schildergasse (B3). Auffallend ist auch die Deutzer Brücke (D3/E3).
- **5. Schritt:** Vom Hauptbahnhof (C1) zum Schokoladenmuseum am Rheinauhafen (D4) gibt es mehrere Wege. Der kürzeste Weg führt am Dom vorbei zur Hohenzollernbrücke am Rhein. Dann nach Süden an der Uferpromenade entlang, am Stapelhaus und Fischmarkt vorbei und unter der Deutzer Brücke hindurch. Der Straße Am Leystapel folgend erreicht man den Rheinauhafen, überquert die kleine Brücke und steht dann direkt vor dem Schokoladenmuseum.

## Der Maßstab

Karten sind verkleinerte Abbildungen der Wirklichkeit. Über das Maß der Verkleinerung gibt uns der **Maßstab** Auskunft. Er ist auf jeder Karte angegeben, entweder als Maßstabszahl oder als Maßstabsleiste.

## Checkliste zur Bestimmung der Entfernung mit der Maßstabszahl

- **1. Schritt:** Wähle dir zwei Punkte auf der Karte.
- **2. Schritt:** Miss die Entfernung mit deinem Lineal.
- **3. Schritt:** Rechne die Entfernung mithilfe des Maßstabs in die Länge um, die sie in Wirklichkeit beträgt.

## Beispiel für das Rechnen mit einem Maßstab

- **1. Schritt:** Wir benutzen dazu den Stadtplan **M 1**. Es ist die Entfernung (Luftlinie) zwischen dem Agrippabad (B4) und dem Musical Dome (D1) zu bestimmen.
- **2. Schritt:** Mit dem Lineal messen wir 13 cm.
- **3. Schritt:** Der Maßstab ist 1 : 10 000. Somit beträgt die Entfernung 13 cm mal 10 000 cm = 13 mal 100 m = 1300 m = 1,3 km.

1 Arbeite mit dem Stadtplan von Köln (**M 1**).
Gib an, in welchen Planquadraten die Oper, der Dom und der Heumarkt liegen. Gib an, welche Signaturen die Kirchen und die Fußgängerzone haben.

2 Miss die tatsächliche Entfernung (Luftlinie) zwischen dem Dom und der Mitte des Neumarktes sowie dem nördlichen und südlichen Ende der Fußgängerzone.

3 Du möchtest dich mit deinen Freunden, die noch am Hauptbahnhof sind, am Theater treffen.
Gib ihnen eine Wegbeschreibung, wie sie dich dort am schnellsten treffen können.

# Wir lesen physische Karten

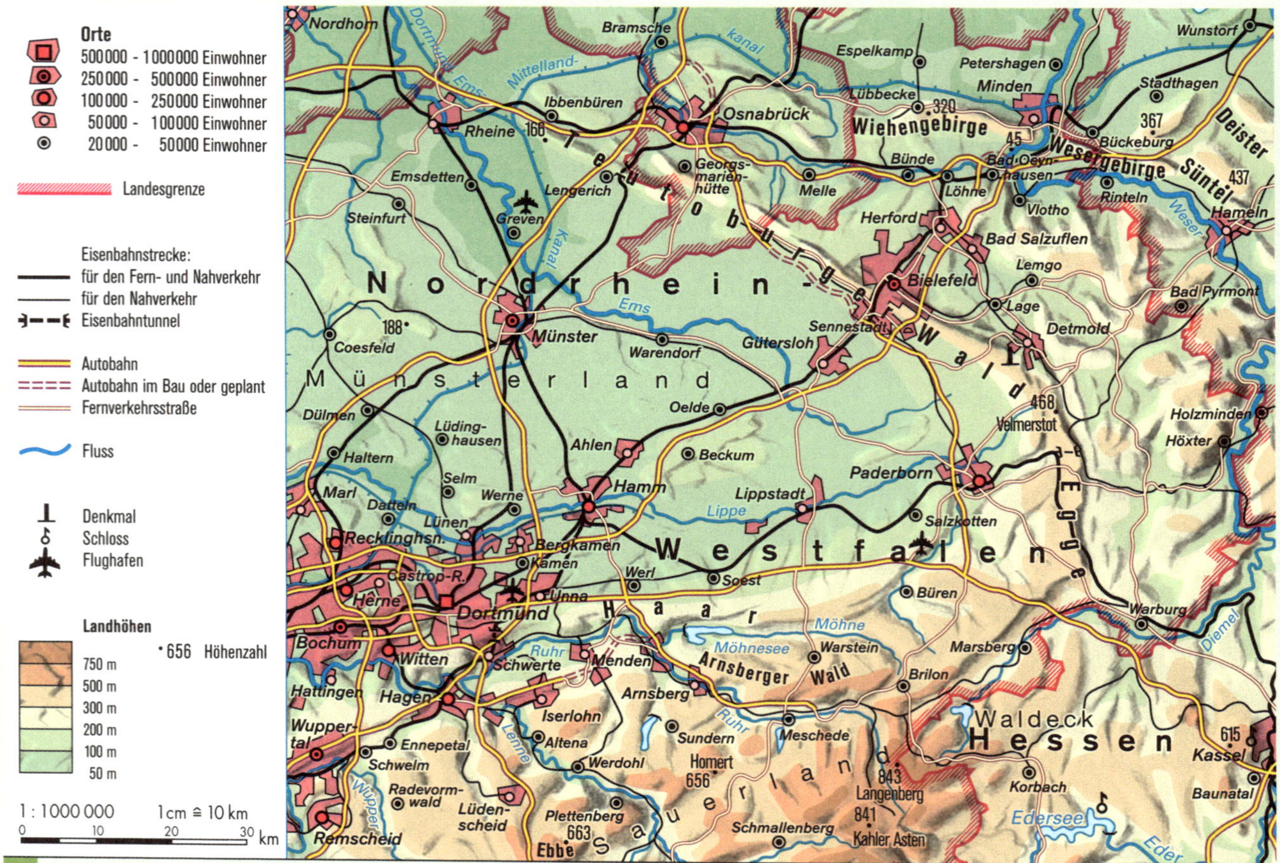


**M 1** *Physische Karte Nordrhein-Westfalen (Ausschnitt)*

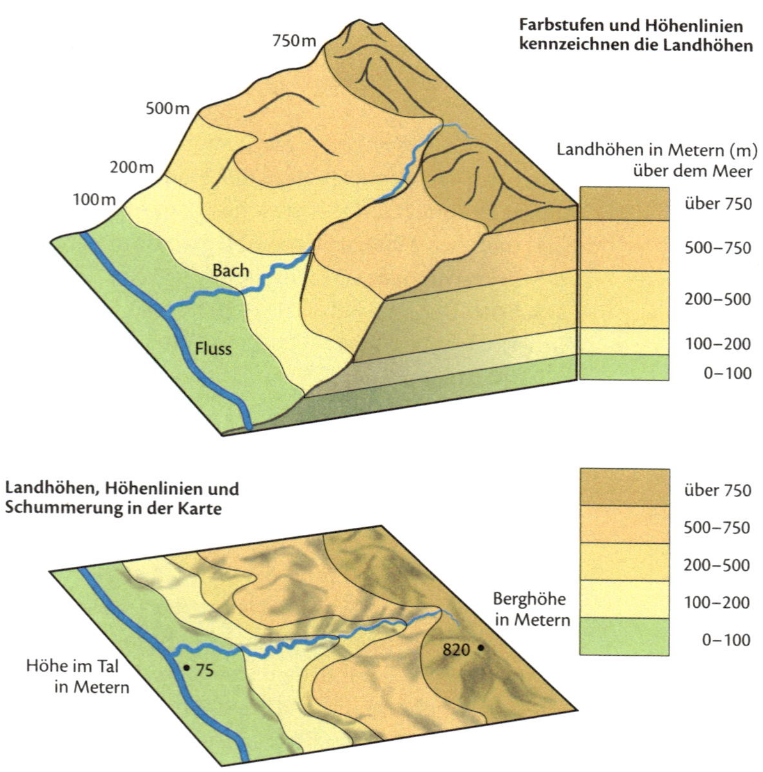


**Höhenpunkte:** Geländepunkte auf Karten, die mit einer Höhenangabe versehen sind. Alle Höhenangaben beziehen sich auf den **Meeresspiegel**. Dieser ist gleich **Normalnull (NN)**.

**Höhenlinien:** Linien, die Punkte gleicher Höhe auf Karten miteinander verbinden. Wenn die Höhenlinien weit auseinander liegen, ist das Gelände flach; wenn sie dicht beieinander liegen, steigt es steil an. **Höhenschichten** liegen zwischen zwei Höhenlinien und kennzeichnen eine Höhenlage. Unterschiedliche Höhenlagen werden durch verschiedene Farben sichtbar gemacht. Im Blockbild wird dies anschaulich dargestellt.

**Schummerung:** Grauer Schatten, der über die Höhenlinien gedruckt wird, damit Berge, Berghänge und andere Geländeformen plastisch erscheinen und dadurch leichter vorstellbar sind.

**M 2** *Höhendarstellung im Blockbild und auf der Karte*

**check-it**
- die Begriffe physische Karte, Höhenpunkt, Höhenlinie, Höhenschicht, Schummerung und Normalnull (NN) kennen
- Höhendarstellungen auf der physischen Karte verstehen
- das Vorgehen beim Lesen einer physischen Karte kennen und anwenden

Die **physische Karte** zeigt, wo Orte, Gebirge und andere Landschaften liegen. Sie gibt aber auch Auskunft über den Verlauf von Grenzen, Flüssen, großen Straßen und Eisenbahnlinien.
Durch **Höhenpunkte** und **Höhenschichten** kann man feststellen, in welcher **Höhenlage** ein Ort oder eine Landschaft liegt. Die physische Karte wird oft genutzt, um sich zu orientieren.
In der physischen Karte wird die Wirklichkeit durch Linien, Zeichen und Farben dargestellt. Diese Kartensprache wird in der **Legende** erklärt.

## Checkliste zum Lesen einer physischen Karte

**1. Schritt:** Orientiere dich über den Karteninhalt.
Lies den Kartentitel und suche die Legende.
**2. Schritt:** Lies die Legende.
Ermittle den Maßstab der Karte.
Informiere dich über die Bedeutung der Zeichen, Linien und Farben.
**3. Schritt:** Beschreibe den Karteninhalt.
Du kannst zum Beispiel die Lage von Landschaften und Orten, die Fließrichtung von Flüssen, den Verlauf von Verkehrswegen und Grenzen beschreiben sowie die Höhenlage von Städten, Landschaften und Bergen ermitteln.

## Beispiel für das Lesen einer physischen Karte (M1)

**1. Schritt:** Orientieren über den Karteninhalt.
Die Karte stellt den östlichen Teil von Nordrhein-Westfalen dar. Die Legende befindet sich am linken Kartenrand.
**2. Schritt:** Lesen der Legende.
Die Karte hat den Maßstab 1:1 000 000, das heißt, 1 cm auf der Karte sind 10 km in der Wirklichkeit.
Die Orte sind als Punkte oder Quadrate abgebildet, Flüsse sind blaue Linien, Grenzen rote Linien, Eisenbahnen schwarze Linien, Autobahnen und Fernstraßen gelbliche Linien mit unterschiedlichen farbigen Rändern.
Die Höhenlage wird durch farbige Höhenschichten dargestellt, Höhenpunkte sind schwarze Dreiecke und Punkte.
**3. Schritt:** Beschreiben des Karteninhalts an Beispielen.
- Stadt über 500 000 Einwohner: Dortmund
- Städte über 250 000 Einwohner: Bielefeld, Münster
- Städte über 100 000 Einwohner: Hamm, Paderborn
- Flüsse: Ems, Lippe, Ruhr, Möhne, Diemel, Lenne
- Höhenzüge: Teutoburger Wald, Egge, Arnsberger Wald, Ebbe, Rothaargebirge
- Eisenbahnverbindungen: Dortmund–Lünen–Münster, Dortmund–Hamm–Bielefeld, Dortmund–Paderborn, Hagen–Bochum, Hagen–Lennestadt
- Höhenlagen: Langenberg 843 Meter, Kahler Asten 841 Meter, Nordhelle 663 Meter
- Lage von Orten: Dortmund liegt an dem nach Norden führenden Dortmund-Ems-Kanal, Hamm an der Lippe und am Datteln-Hamm-Kanal. In Dortmund laufen viele Verkehrswege zusammen.
- Fließrichtung von Flüssen: Die Ruhr und die Lenne entspringen im Rothaargebirge und fließen nach Westen.

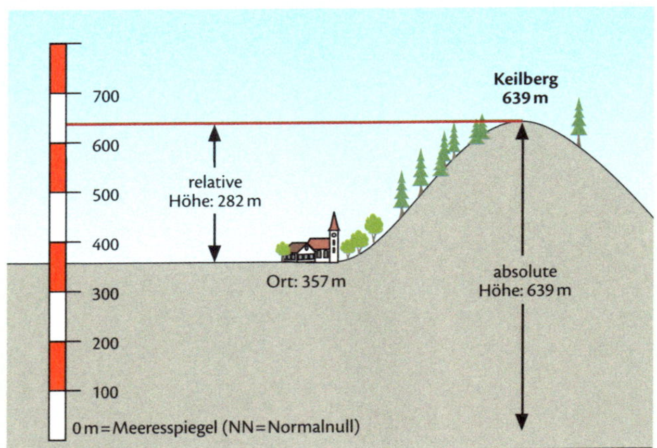

**M 3** *Höhenmessung*

1. Erläutere, welche Möglichkeiten es gibt, Höhen auf Karten darzustellen (**M 1** und **M 2**).
2. Welches Hilfsmittel wird angewandt, um Oberflächenformen auf Karten leichter vorstellbar zu machen (**M 2**)?
3. Nenne die Höhe der Quelle des Baches und die Höhe seiner Mündung in den Fluss (**M 2**).
   Begründe, warum du keine exakten Höhen angeben kannst.
4. Beschreibe, wie die Höhe im Gelände vermessen werden kann (**M 3**).
5. Welche Informationen kannst du aus der physischen Karte Nordrhein-Westfalens entnehmen? Stelle eine Liste zusammen (**M 1**).
6. Ermittle die Aussagen der Karte (**M 1**) zu Arnsberg.
7. Ordne den Kartenausschnitt (**M 1**) in die physische Karte Deutschlands (auf Seite 35) ein. Beschreibe die Unterschiede zwischen beiden Karten.

# Der Atlas – gewusst wo, gewusst wie!

**check-it**
- Bestandteile des Atlas benennen
- Kartenweiser, Inhaltsverzeichnis und Namensverzeichnis nutzen
- Orte, Gewässer, Gebirge u. a. im Atlas finden

**Was ist ein Atlas?**

Der Atlas ist ein Kartenbuch. In ihm sind physische Karten (zum Beispiel auf Seite 222) und thematische Karten (zum Beispiel auf Seite 224) zusammengefasst. Die Karten zeigen verschiedene Gebiete der Erde in unterschiedlichen Maßstäben.

**Wie ist der Atlas aufgebaut?**

Der Atlas besteht meist aus drei großen Teilen: Kartenweiser und Inhaltsverzeichnis, Kartenteil, Namensverzeichnis (Register).

Der **Kartenweiser (die Kartenübersicht)** zeigt, welche Kartenblätter im Atlas vorhanden sind. Er erleichtert damit die Orientierung über den Inhalt des Atlas. Um eine Atlaskarte im Kartenweiser zu suchen, muss man ungefähr wissen, wo sich das gesuchte Gebiet befindet.

Im **Inhaltsverzeichnis** sind alle Karten mit Seitenangaben aufgeführt. Die Karten werden in allen Atlanten nach Kontinenten geordnet.

Das **Namensverzeichnis (Register)** befindet sich hinter dem Kartenteil im Atlas. Hier sind die Namen aller in die Atlaskarten eingetragenen Orte, Staaten, Gebirge, Flüsse, Seen, Landschaften, Inseln, Halbinseln und Meere in alphabetischer Reihenfolge aufgeführt. Zum gesuchten Namen werden die Kartenseite und die Lage im **Gradnetzfeld** angegeben.

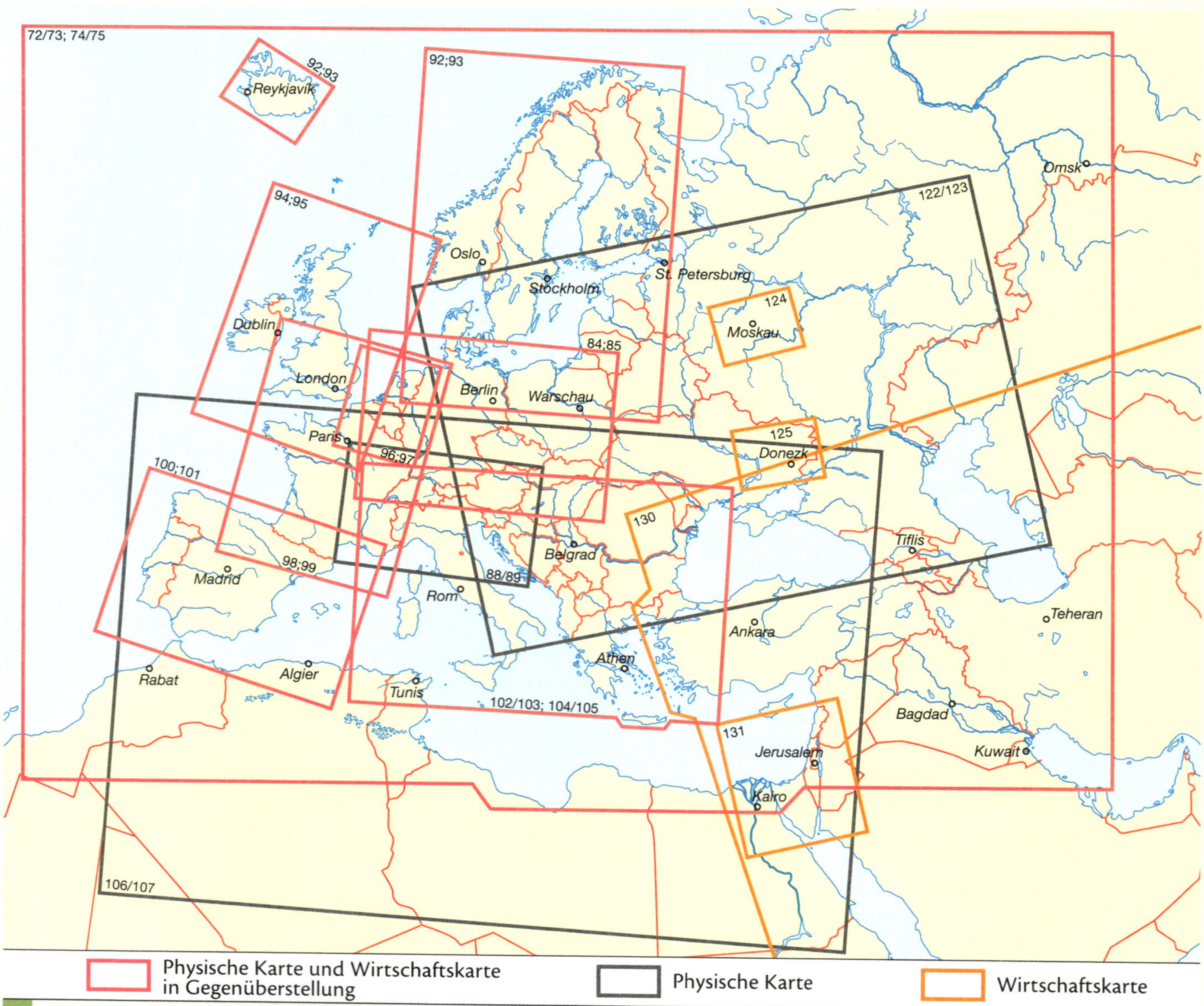


**M 1** *Beispiel für einen Kartenweiser zu Europa*

## Checkliste zur Arbeit mit dem Atlas

### Wie findest du die geeignete Atlaskarte?

- Orientiere dich im Kartenweiser und/oder im Inhaltsverzeichnis über das Angebot an Karten.
- Wähle eine geeignete Atlaskarte aus.
- Prüfe anhand des Kartenthemas, des Kartenausschnittes, des Maßstabes und der Zeichenerklärung (Legende), ob die Karte wirklich geeignet ist.

## Beispiel: Suche eine geeignete Atlaskarte zum Thema: Wirtschaft in Italien

Der Kartenweiser (**M 1**) zum Thema Italien zeigt, dass Italien beziehungsweise Teile Italiens auf mehreren Karten zu finden sind, zum Beispiel auf den Karten Seiten 106/107 und 102/103. Wenn du in einem Atlas nachschlagen würdest, könntest du feststellen, dass die Karte auf Seite 102/103 aufgrund ihres Maßstabs und ihres Themas besser geeignet ist.

### Wie findest du einen Namen im Register?

- Suche den Namen im alphabetisch geordneten Register.
- Stelle fest, ob es sich um einen Fluss, einen Ort, einen Staat oder einen anderen Sachverhalt handelt.
- Entnimm die Angaben zur Kartenseite und zum Gradnetzfeld.
- Schlage die angegebene Karte auf und suche das Objekt im Gradnetzfeld.

### Aufgabe: Suche Luxemburg

- Das Register (S. 230–235) zeigt: Luxemburg, Staat, also das Land Luxemburg, und Luxemburg, Stadt, das heißt die Hauptstadt von Luxemburg.
- Luxemburg, Staat 226/227 JK 6
- Luxemburg, Stadt 222 AB 4
- Luxemburg ist ein kleines Land, das von Frankreich, Deutschland und Belgien begrenzt wird.

**M 2** *Deutschlandkarte mit Gradnetzfeldern*

1. Suche im Kartenweiser (**M 1**) geeignete Karten zu folgenden Themen: Mittelmeer, Großbritannien, Spanien, Island.
2. Nenne die Städte, auf die in der Karte **M 2** die folgenden Angaben zutreffen: D 2, BC 2, A 4, D 1, B 4.
3. Suche im Register des Atlas einen Namen. Lasse einen Mitschüler diesen Namen im Register mit den dazugehörenden Angaben aufsuchen und anschließend auf der Atlaskarte zeigen. Tauscht danach die Rollen beim Suchen und Finden.
4. Weise mit Beispielen aus dem Atlas nach, dass folgende Aussage richtig ist: Der Atlas enthält Karten unterschiedlicher Maßstäbe zu verschiedenen Themen und Räumen.

### Was ist ein Gradnetzfeld?

Das Gradnetz teilt eine Karte ein und wird wie die Planquadrate eines Stadtplans genutzt. Die einzelnen Abschnitte bezeichnen die Lage eines Objekts im Gradnetzfeld (zum Beispiel liegt Erfurt in **M 2** im Gradnetzfeld C 3).

# Wir erkunden unsere Schule mit digitalen Karten und Luftbildern

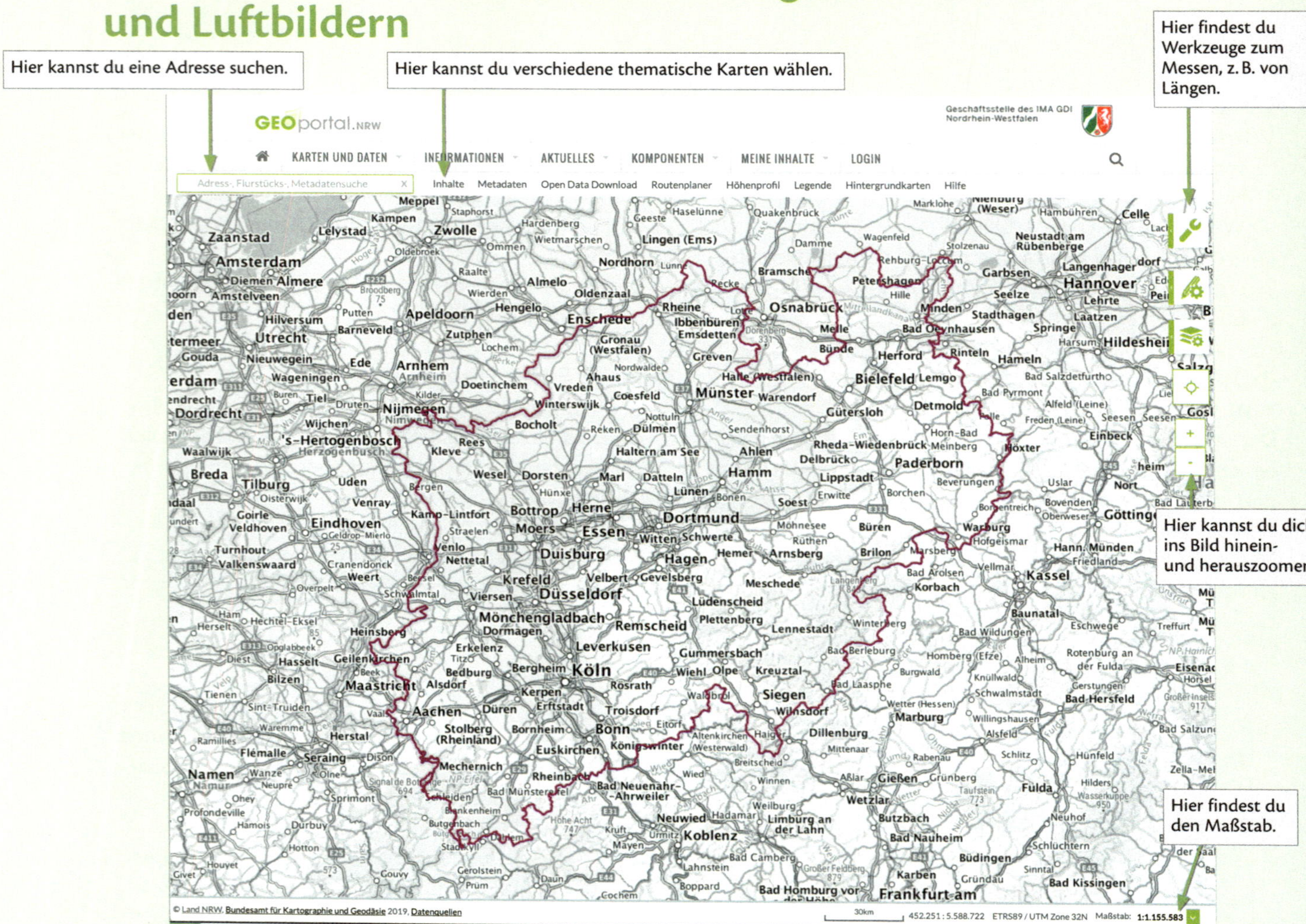


**M 1** *Die Startseite eines Geoportals*

**check-it**
- Unterschiede zwischen Karte und Luftbild erklären
- Informationen mit digitalen Karten beschaffen
- deine Schule im Luftbild verorten und die Lage der Gebäude beschreiben

**M 2** *Senkrechtluftbild vom Ratsgymnasium in Bielefeld*

## Luftbilder und digitale Karten

Um die Erde kreisen viele Satelliten, die stetig von der Erde Fotos machen. Fotos von der Erdoberfläche in Nordrhein-Westfalen kannst du dir in verschiedenen Geoportalen ansehen und direkt mit Kartenausschnitten vergleichen. In der Regel handelt es sich aber nicht um aktuelle Aufnahmen.

### Arbeit mit einem Geoportal

1. Öffne die digitalen Karten und Luftbilder, indem du die Internetadresse in das Adressfeld des Internetbrowsers eingibst.
2. Gib die Zieladresse in das Suchfeld ein.
3. Zoome in den richtigen Ausschnitt.
4. Auf der Internetseite findest du im Menü Werkzeuge, z. B. um Entfernungen zu messen. Dort gibt es aber auch verschiedene Themen von Karten, z. B. zum Wandern oder Radfahren.

Hier findest du Links zu Geoportalen:

cornelsen.de/webcodes
Code: cotebe

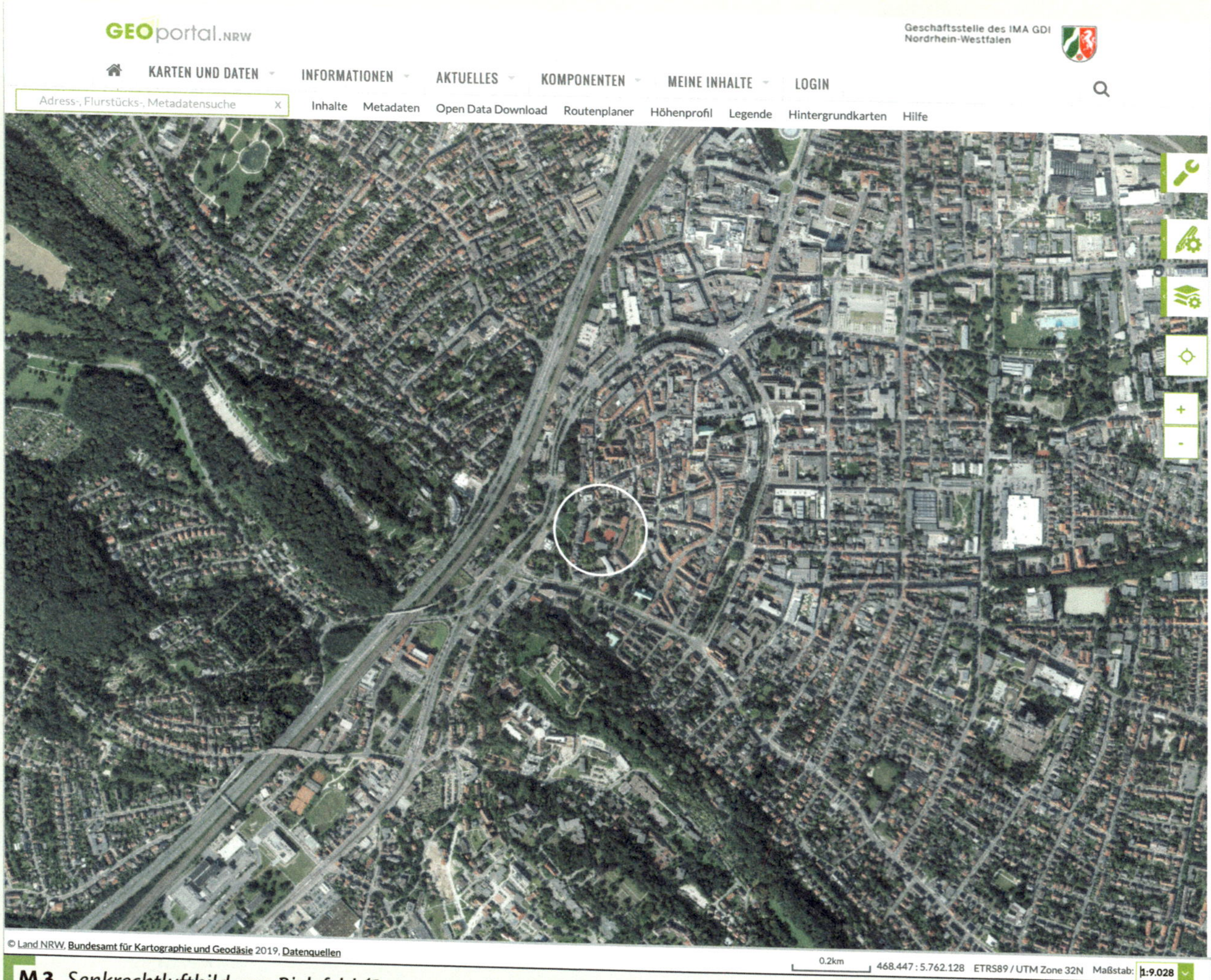


**M 3** *Senkrechtluftbild von Bielefeld (Ratsgymnasium mit einem Kreis markiert)*

## Vom Weltraum zur Schule

Unsere Reise geht zum Ratsgymnasium in Bielefeld. Zuerst tippen wir unser Ziel, die Adresse des Ratsgymnasiums „Nebelswall, 33602 Bielefeld", bei dem Geoportal ein. Das Programm zoomt nun immer näher an unser Ziel heran. Zunächst erscheint ein Luftbild mit einem Teil von Bielefeld. Luftbilder sind Aufnahmen, die „von oben" fotografiert wurden. Meistens fotografiert ein Satellit das Luftbild. Am unteren rechten Rand der Aufnahme oder auch der Karte findest du die Maßstabsleiste. Bei **M 2** und **M 3** handelt es sich um Senkrechtluftbilder. Diese wurden genau senkrecht von oben fotografiert. Sie unterscheiden sich nur im Maßstab voneinander. Das Senkrechtluftbild von Bielefeld (**M 3**) hat einen Maßstab von 1:9028, das Bild vom Ratsgymnasium (**M 2**) einen Maßstab von 1:1128. Luftbilder stellen eine Momentaufnahme dar. So erkennst du Autos, die gerade im Augenblick der Aufnahme auf der Straße fahren. Auch Schatten sind sichtbar.

## Das Geoportal kann mehr

Mit einem Geoportal kannst du noch viele weitere interessante Informationen abrufen. Du kannst zum Beispiel:

- neben der Streckenmessung auch die Größe des Schulgebäudes oder des Schulhofes messen,
- das Luftbild mit Straßennamen oder auch mit den Grundstücksgrenzen anzeigen lassen,
- dir verschiedene Themen anzeigen lassen, zum Beispiel Wander- und Radwege, aber auch Badeanstalten, Freizeitparks, Tiergärten und vieles mehr,
- das Thema wechseln, zum Beispiel „Freizeit und Tourismus", „Gewerbe und Wirtschaft" oder „Familie, Kinder und Jugend".

1 Erkläre den Unterschied zwischen einer Karte und einem Luftbild (**M 1, M 2**).

2\. Beschreibe mithilfe eines Geoportals die Lage sowie das Aussehen deiner Schule. Miss auch die Größe der Gebäude sowie des Schulhofes (MK ***Mit Geo-Daten orientieren***).

# Geo-Check: Die Erde erkunden

## Sich orientieren

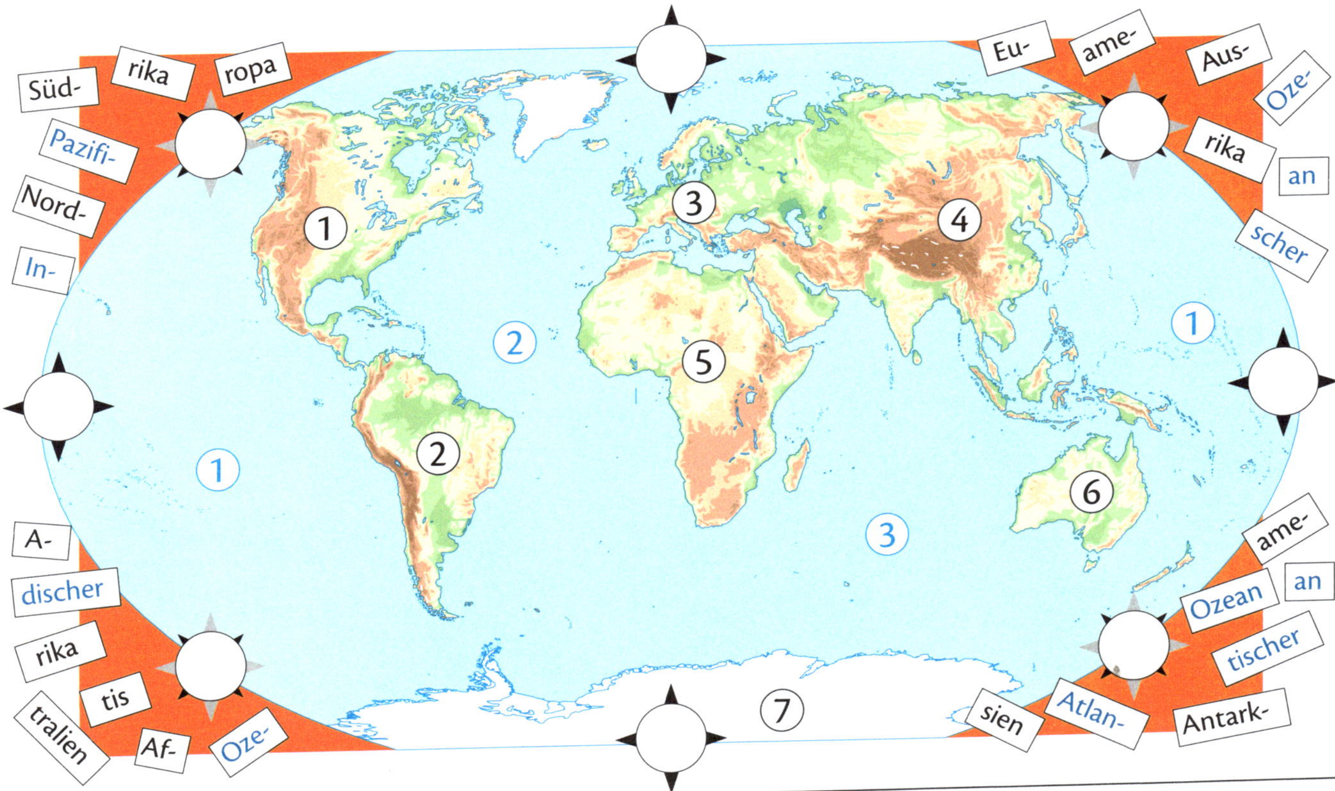


**M 1** *Kontinente und Ozeane*

**1** Ordne den Ziffern die Kontinente und Ozeane mithilfe der Puzzleteile zu (**M 1**).

**2** Schreibe im Uhrzeigersinn die in der Karte eingezeichneten Himmelsrichtungen in dein Heft auf. Beginne auf der Weltkarte am oberen Rand (**M 1**).

**3** Vervollständige mit den richtigen Himmelsrichtungen.
- Europa liegt … von Afrika.
- Afrika liegt … von Australien.
- Asien liegt … von Europa.
- Afrika liegt … von Südamerika.
- Nordamerika liegt … von der Antarktis.

**4** Ordne den Buchstaben die genannten Begriffe zu:
Westhalbkugel – Osthalbkugel – Null-Meridian – westliche Länge – östliche Länge – Längenhalbkreis (Meridian) (**M 2**).

**5** Ordne den Buchstaben die genannten Begriffe zu:
Nordhalbkugel – Südhalbkugel – Äquator – nördliche Breite – südliche Breite – Breitenkreis (**M 3**).

**6** Bestimme die Lage der Punkte A bis K im Gradnetz (**M 4**).

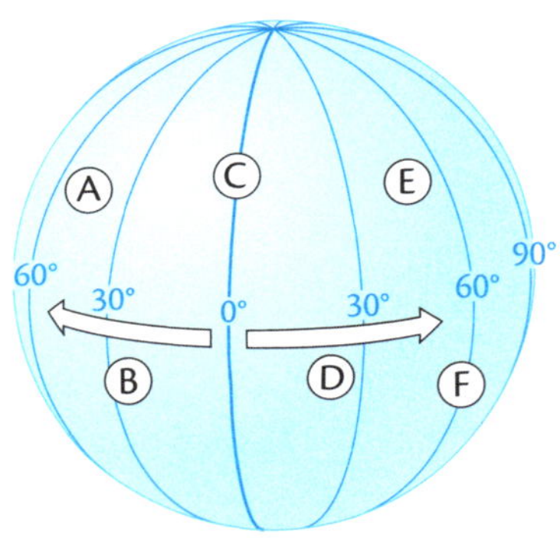


**M 2** *Meridiane*

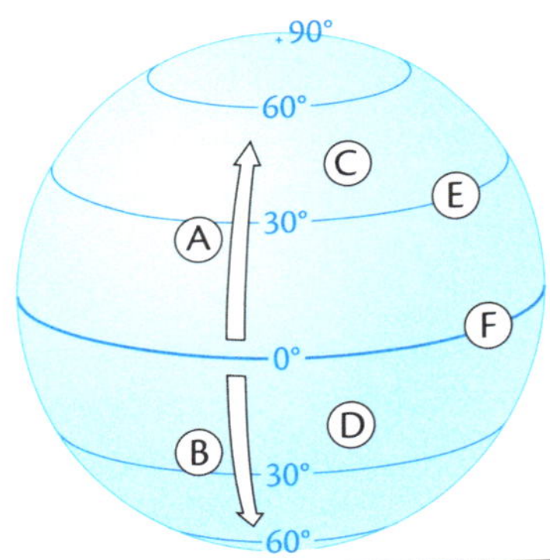


**M 3** *Breitenkreise*

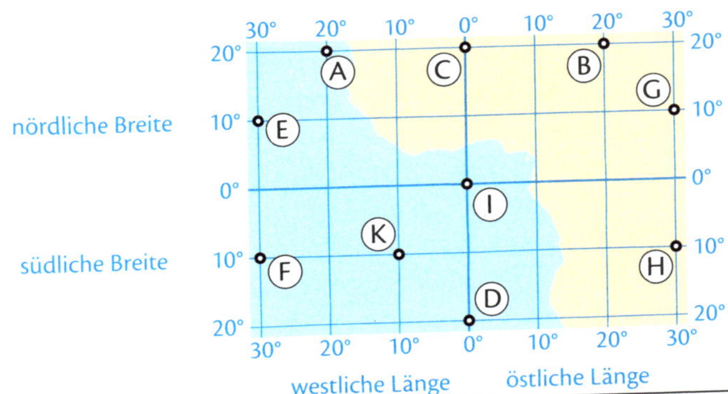


**M 4** *Gradnetz*

# 2 Landschaften Deutschlands entdecken

## Wissen und verstehen

**7** Ordne jedem dieser Begriffe mindestens zwei Merkmale zu, die ihn erklären oder beschreiben (**M 5**).

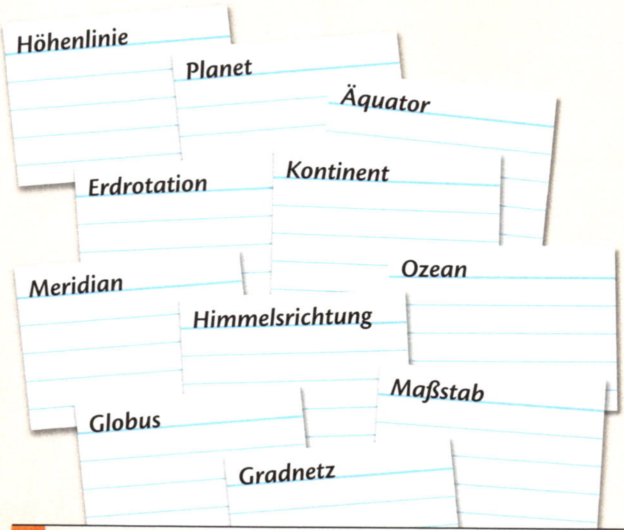


**M 5** *Geo-Begriffestapel*

**8** Welcher Begriff passt nicht zu den anderen? Notiere den richtigen Buchstaben. In der Reihenfolge der Aufgaben ergibt sich ein Lösungswort, das beim Erkunden der Erde nützlich ist (**M 6**).

| | | | | | |
|---|---|---|---|---|---|
| **1)** | K | östliche Länge | **6)** | G | Äquator |
| | F | westliche Länge | | R | Südpol |
| | W | Hosenlänge | | L | Nordpol |
| | S | Längengrad | | A | Polen |
| **2)** | I | Weltumseglung | **7)** | S | Erdaltertum |
| | E | Urlaubsreisen | | R | Erdapfel |
| | A | Entdeckungsreisen | | T | Erdneuzeit |
| | U | Satelliten | | B | Erdmittelalter |
| **3)** | S | Atlantischer Ozean | **8)** | A | Globus |
| | R | Pazifischer Ozean | | M | Karte |
| | M | Indischer Ozean | | L | Atlas |
| | L | Chinesischer Ozean | | T | Speiseplan |
| **4)** | T | Ansichtskarte | **9)** | N | Afrika |
| | K | Stadtplan | | M | Asien |
| | M | Senkrechtluftbild | | E | USA |
| | N | Physische Karte | | T | Nordamerika |
| **5)** | A | Merkur | | | |
| | I | Venus | | | |
| | O | Erde | | | |
| | K | Mond | | | |

**M 6** *1 aus 4*

**9** Sortiere die Aussagen in richtige und falsche Aussagen. Verbessere die falschen Aussagen und schreibe sie richtig auf.

**Richtig oder falsch?**
- Die Sonne bewegt sich um die Erde.
- Asien ist der flächenmäßig größte Kontinent der Erde.
- Der Pazifische Ozean ist der kleinste Ozean der Erde.
- Ein Schaltjahr dauert 365 Tage und sechs Stunden.
- In einer Höhenschicht haben alle Punkte die gleiche Höhe.
- Der Äquator ist der größte Längenkreis.
- Die Erde ist ein Himmelskörper, der nicht von einem Mond umkreist wird.
- Die geographische Lage eines Ortes wird durch Breiten- und Längengrade angegeben.

## Sich verständigen, beurteilen und handeln

**10** Auf dem 10. Breitengrad und dem 40. Längengrad liegt ein Ort. Begründe, ob diese Angaben zur Bestimmung des Ortes ausreichen.

**11** Nur eine der folgenden Aussagen ist richtig. Begründe deine Entscheidung.
- Die Erde dreht sich von West nach Ost um ihre eigene Achse.
- Die Erde dreht sich von Ost nach West um ihre eigene Achse.
- Die Sonne dreht sich um die Erde von West nach Ost.
- Die Sonne dreht sich um die Erde von Ost nach West.

## Können und anwenden

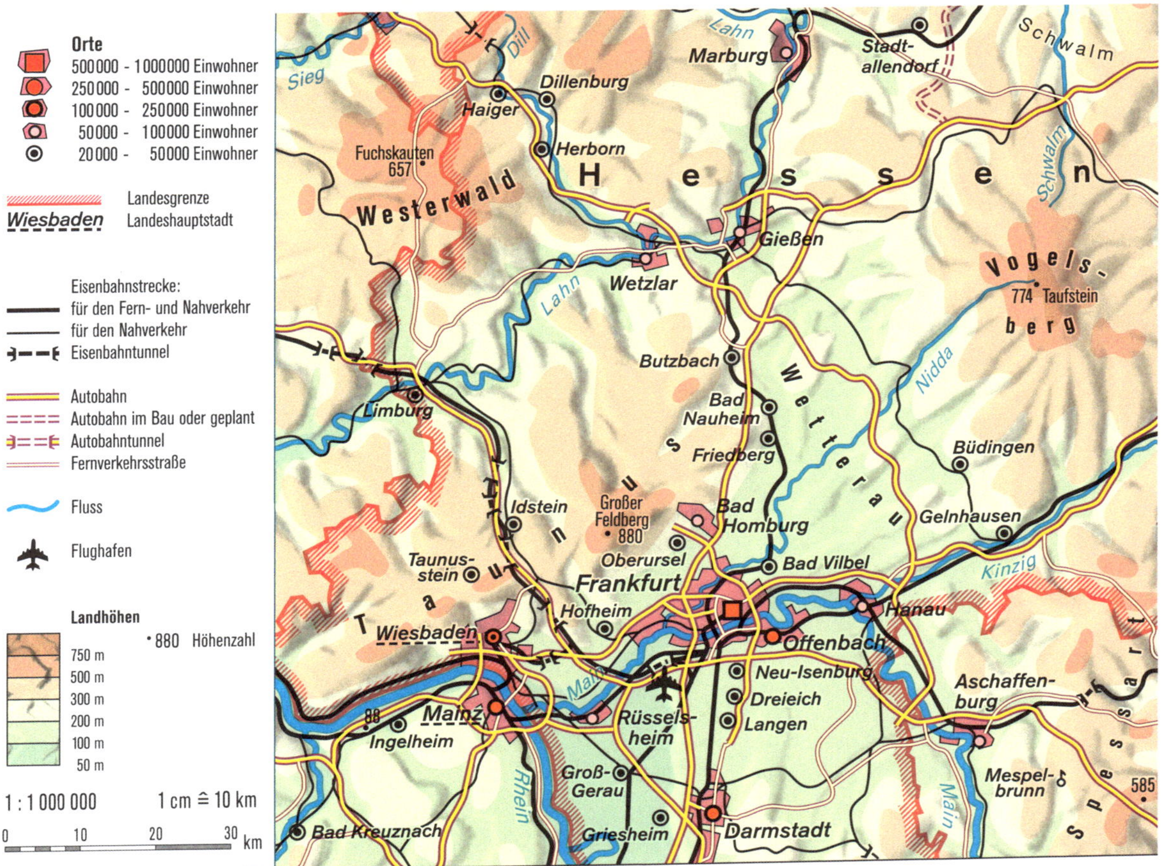


**M7** *Physische Karte Hessen (Ausschnitt)*

**12** Die physische Karte (**M7**) ist im Maßstab 1 : 1 000 000 dargestellt. Gib an, wie viele Kilometer in der Wirklichkeit einem Zentimeter auf der Karte entsprechen.

**13** Übertrage die Tabelle in dein Heft und vervollständige sie.

| von–nach | Zentimeter auf der Karte | Kilometer in der Wirklichkeit |
|---|---|---|
| Mainz–Hanau | … | … |
| Offenbach–Marburg | … | … |

**14** Übertrage die unten stehende Tabelle mit zusätzlichen Zeilen in dein Heft. Suche folgende Objekte im Namensverzeichnis (Register) des Atlas und trage das Suchergebnis in die Tabelle ein.
Objekte: Karlsruhe, Ungarn, Odenwald, Elbe, Harz, Rhein, Bodensee, Silberberg, Hannover, Rügen

| Name des Ortes | Seite im Atlas | Angaben zum Gradnetzfeld |
|---|---|---|
| | | |
| | | |

**15** Benenne die drei großen Teile, aus denen der Atlas besteht.

**16** Erkläre, wobei dir der Kartenweiser hilft.

**M8** *Schulatlas*

# Physische Karte Deutschlands

## Karibik? Mallorca? Nordsee!

Das Wattenmeer an der Nordseeküste ist eine eindrucksvolle Landschaft, die immer wieder zu überraschen vermag. Und Deutschland hat viele Gesichter: Von der Küste bis zu den Alpen gibt es vielfältige Landschaften zu entdecken, in denen einmalige Schätze der Natur zu finden sind.

**In diesem Kapitel lernst du**

- die Großlandschaften Deutschlands und Landschaften Nordrhein-Westfalens zu benennen,
- die Entstehung der Gezeiten und ihre Auswirkungen zu erläutern,
- das Wattenmeer zu beschreiben,
- das Sauerland als Mittelgebirge kennen,
- Naturräume und Vegetationszonen Europas zu benennen,
- die Merkmale und Oberflächenformen der Alpen zu beschreiben.

**Dazu nutzt du**

- Bilder,
- physische Karten,
- Blockbilder,
- den Atlas,
- Kartenskizzen,
- eine Erkundung der Natur in deiner Umgebung,
- das Internet und
- digitale Anwendungen.

**Du beurteilst,**

- welche Gefahren dem Wattenmeer drohen und
- welche Schutzmaßnahmen man ergreifen kann.

Hier findest du alle Darstellungstexte zum Anhören:

cornelsen.de/webcodes
Code: heheme

*Kutter im Wattenmeer vor der Insel Melum*

# Wir beschreiben Bilder

**M 1** *Norddeutsches Tiefland*

**M 2** *Mittelgebirgsland (Schwarzwald)*

**check-it**
- Großlandschaften auf der physischen Karte verorten
- Großlandschaften Deutschlands nennen
- Schritte einer Bildbeschreibung kennen und anwenden

## Ein Land – viele Landschaften

Von der Nordsee bis zu den Alpen finden wir eine Vielzahl von Landschaften in Deutschland. Aber so unterschiedlich diese Landschaften auch sind – sie lassen sich in ein einfaches Schema einordnen, das uns die Orientierung erleichtert: die **Großlandschaften**.

1 Stelle fest, wie die drei Großlandschaften Deutschlands heißen (**M 1** bis **M 3**).

2 Für genaues und anschauliches Beschreiben braucht man passende Adjektive (hügelig, flach ...). Finde zu jeder Großlandschaft zwei treffende Adjektive. Sammelt eure Ergebnisse an der Tafel.

3 Kläre, nach welchen Gesichtspunkten die Großlandschaften jeweils beschrieben wurden (Oberflächenformen, Höhenunterschiede, Pflanzenwelt und Gewässer).

4 Erstelle eine schriftliche Bildbeschreibung für die in **M 2** und **M 3** dargestellten Landschaften. Berücksichtige hierzu die Hinweise auf dieser Seite (Checkliste und Beispiel für eine Bildbeschreibung).

5 Versuche die Großlandschaften **M 1** bis **M 3** in die physische Karte (S. 35) grob einzuordnen. Welche Landschaft befindet sich eher im nördlichen, welche im mittleren und welche im südlichen Teil der Karte?

6 Begründe deine Einordnung und beziehe dich dabei auf die Kartenlegende.

**M 3** *Alpenvorland/Alpen*

## Checkliste für eine Bildbeschreibung

**1. Schritt:** Gliedere das Bild in Vordergrund, Mittelgrund und Hintergrund. Teile es in eine rechte und linke Bildseite.

**2. Schritt:** Informiere dich über den Titel (oder das Thema) und den Aufnahmeort des Bildes.

**3. Schritt:** Lege Gesichtspunkte fest, nach denen du den Bildinhalt beschreiben willst. Wähle zum Beispiel Oberflächenformen, Gewässer, Pflanzen- und Tierwelt, Siedlungen, Verkehrswege, Nutzung der Flächen, Industriebetriebe.

**4. Schritt:** Beschreibe die Bildausschnitte nacheinander nach den ausgewählten Gesichtspunkten.

**5. Schritt:** Ordne das Bild in eine Karte ein.

**M 4** *Ruhrtal bei Mülheim an der Ruhr*

## Beispiel für eine Bildbeschreibung

**1. Schritt:** siehe **M 4**

**2. Schritt:** Der Titel des Bildes lautet „Ruhrtal bei Mülheim an der Ruhr".

**3. Schritt:** Hauptgesichtspunkte der Beschreibung sind:

- Oberflächenformen
- Gewässer
- Verkehrswege
- Nutzung der Flächen
- Siedlungen

**4. Schritt:** Das Bild zeigt in der Mitte einen Fluss, der durch ein ebenes Gebiet fließt. Links und rechts schließen sich leicht hügelige Landschaften an. Der Fluss fließt also durch ein Flusstal. Der Fluss und das Flusstal werden von einer hohen Autobahnbrücke überspannt. Außerdem verläuft im Tal an beiden Seiten des Flusses jeweils eine Landstraße. Die Flächen im Bildvordergrund werden unterschiedlich genutzt: Neben Ackerflächen, Wiesen und Weiden sind einzelne Gehöfte, ein Campingplatz und im rechten Bildmittelgrund eine kleinere Siedlung zu erkennen. Im linken Bildhintergrund ist eine größere Ortschaft zu sehen. Am rechten Bildrand schließt ein größeres Waldgebiet an, das vermutlich auf einem Höhenzug liegt.

**5. Schritt:** Die Einordnung in die Karte zeigt, dass es sich bei der Autobahnbrücke um die Ruhrtalbrücke der Autobahn A52 über die Ruhr handelt. Im Bildhintergrund ist der südöstlich der Brücke gelegene Essener Stadtteil Kettwig erkennbar. Die Aufnahmerichtung des Bildes ist also Südosten. Anhand des Schattens der Brückenpfeiler kann angenommen werden, dass die Sonne zum Zeitpunkt der Bildaufnahme im Süden stand. Das Bild wurde außerdem vermutlich im Sommer aufgenommen.

# Deutschland zwischen Küste und Alpen

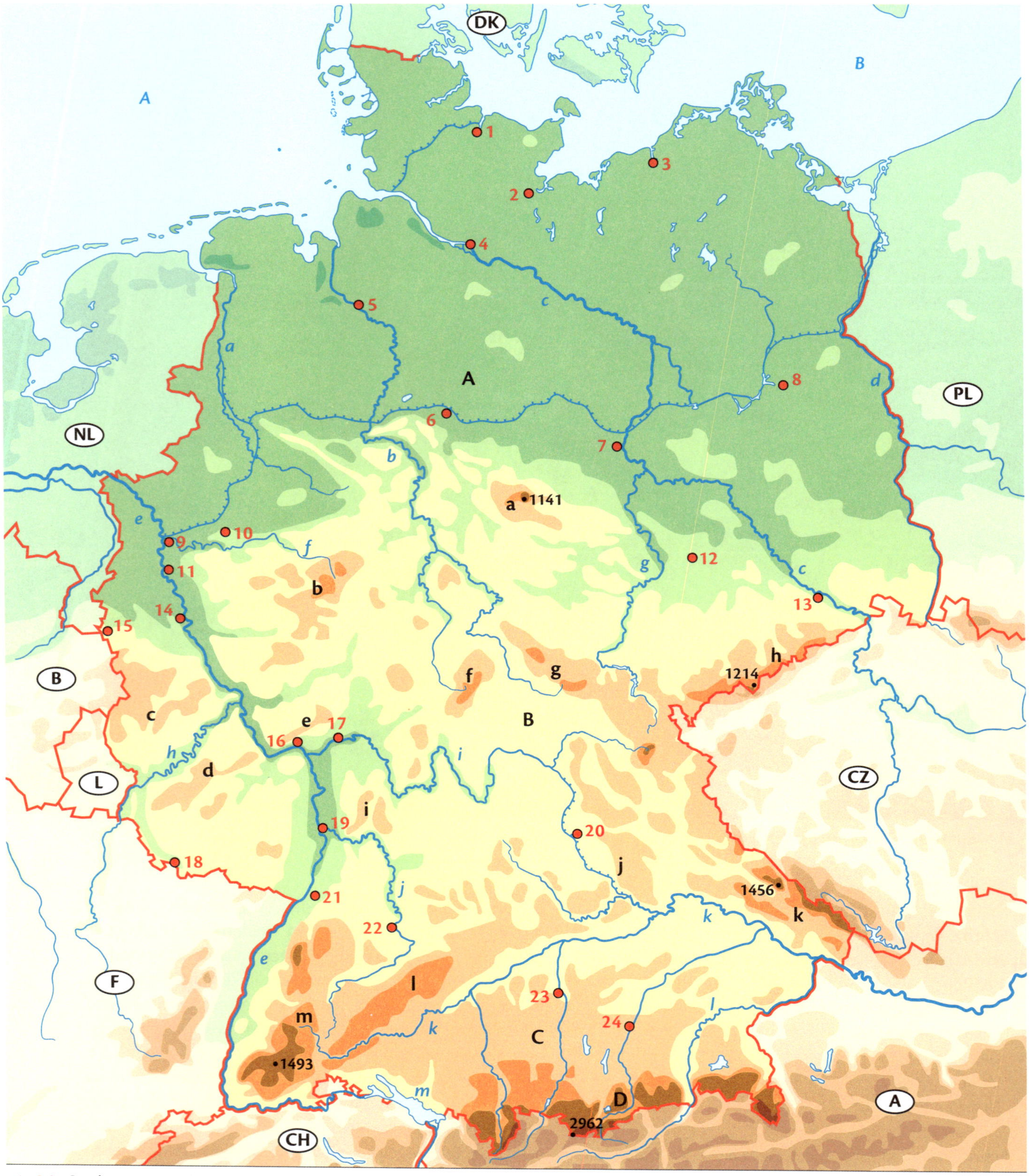


| | | | | | |
|---|---|---|---|---|---|
| 1–24 | Stadt | A–D | Großlandschaft | | |
| A–B | Meer | a–m | Mittelgebirge | | |
| a–m | Fluss, See | •1493 | Höchster Berg | | |

unter 0 | 0 | 100 | 200 | 500 | 750 | 1000 | 2000 m

0 | 40 | 80 km

**M 1** *Stumme Karte: Deutschland*

1 *Die **Zugspitze** ist mit 2962 Metern der höchste Berg in Deutschland. Er gehört zum Wettersteingebirge, das im südlichen Bayern an der Grenze zu Österreich liegt. Auf seinem Gipfel, der durch Bergbahnen erschlossen ist, befindet sich eine Wetterstation.*

2 *Im Süden von Deutschland liegt das **Allgäu.** Mit seinen Wiesen und Weiden, Feldern und Wäldern bildet es eine reizvolle Landschaft am Rand der Alpen.*

3 ***Sylt** ist eine Nordseeinsel. Sie ist mit einem Eisenbahndamm mit dem Festland verbunden. Durch Sturmfluten wird sie von Jahr zu Jahr an ihrer Westküste kleiner.*

4 *Die Saale durchfließt die **Magdeburger Börde** zwischen Magdeburg und Halle. Auf sehr guten Böden werden vor allem Weizen und Zuckerrüben angebaut.*

5 *Der **Schwarzwald** ist ein waldreiches Mittelgebirge im Südwesten Deutschlands. Der höchste Berg des Schwarzwaldes ist der Feldberg mit 1493 Metern.*

**M 2** *Vom Meer zu den Alpen*

**check-it**
- den Großlandschaften Gebirge, Flüsse, Seen, Inseln und anderes zuordnen
- mit stummen Karten arbeiten
- physische Karten lesen
- eine Internetrecherche durchführen
- mit digitalen Anwendungen arbeiten

**1** Benenne die Objekte in der stummen Karte. Nutze dazu die physische Karte (**M 1,** Karten S. 35 und S. 222, Atlas).

2 Beschreibe die Bilder und ordne sie den Großlandschaften Deutschlands zu (**M 2**).

Hier findest du zusätzliche Informationen und Links:

cornelsen.de/webcodes
Code: cinusa

3 Bildet drei Gruppen und beschreibt je eine Großlandschaft Deutschlands nach folgenden Merkmalen:

- ✓ Grenzen
- ✓ Höhenlage
- ✓ Oberflächenformen
- ✓ Gewässer
- ✓ Städte
- ✓ Landschaften

Nutzt dazu auch das Lexikon.

**4** Erstelle ein Lernplakat zu einer Großlandschaft, das eine Kartenskizze oder Karte, Abbildungen sowie einen erläuternden Kurztext enthalten sollte (**M 2, M 3,** MK).

**M 3** *Großlandschaften Deutschlands*

# Die Nordseeküste – das Wasser kommt und geht

**M 1** *Wo ist das Meer hin?*

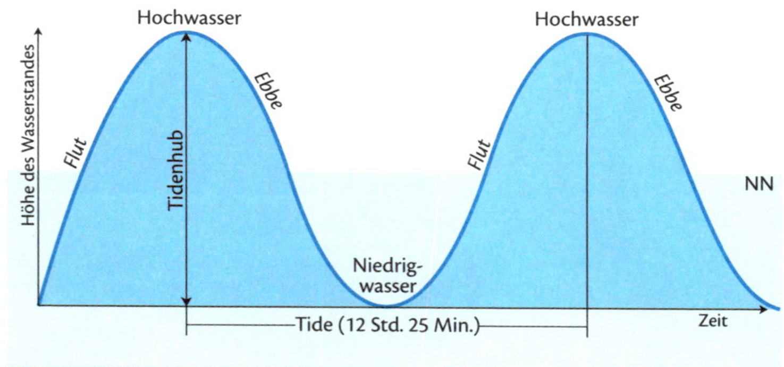


**M 2** *Ebbe und Flut*

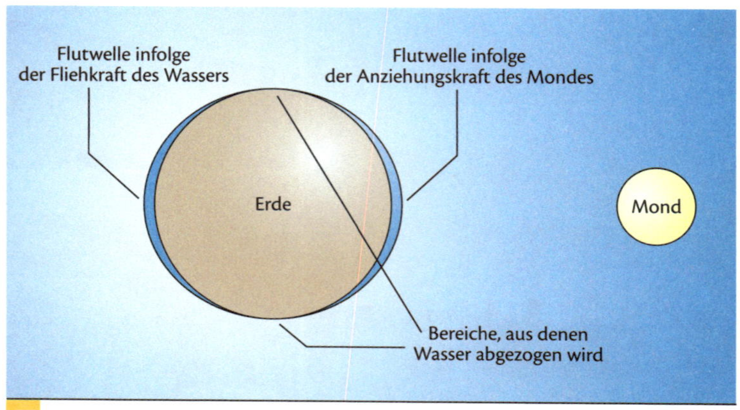


**M 3** *So entstehen Ebbe und Flut*

**check-it**

- Ursachen für die Entstehung von Ebbe und Flut erläutern
- Auswirkungen der Gezeiten auf die Nordseeküste und das Leben der Menschen beschreiben
- Grafiken auswerten
- eine Internetrecherche durchführen
- eine Aussage beurteilen

## Die Nordseeküste – eine Gezeitenküste

So mancher Urlauber an der Nordseeküste hat sich schon erstaunt die Augen gerieben: Dort, wo er am Morgen noch im Meer gebadet hatte, erstreckt sich nun eine weite Fläche von Sand und Schlick. Nur in der Ferne ist das Wasser noch zu sehen.

An der Nordseeküste ändert der Wasserstand regelmäßig seine Höhe. Zweimal am Tag steigt das Wasser langsam an bis zum **Hochwasser.** Diesen Vorgang nennt man **Flut.** Nach dem Hochwasser geht das Wasser regelmäßig zurück, es ist **Ebbe.** Ebbe und Flut werden als **Gezeiten** bezeichnet. Den Unterschied zwischen Hoch- und Niedrigwasser nennt man **Tidenhub** (Tide = Zeit).

## Ebbe und Flut

Die Ursache für die Entstehung der Gezeiten ist die Anziehungskraft des Mondes. Auf der mondnahen Seite der Erde wirkt die Anziehungskraft des Mondes. Dadurch wird hier das Meerwasser zum Mond hingezogen, es entsteht Flut. Auf der vom Mond abgekehrten Seite der Erde bewirkt eine Ausgleichskraft, dass sich der Meeresspiegel hier auch anhebt – das Wasser bewegt sich hier also vom Mond weg. Deshalb entsteht auch hier ein zweiter Wasserberg – ebenfalls die Flut. Aus den dazwischen liegenden Gebieten fließt das Wasser wie bei einer gewaltigen Wellenbewegung ab. Dort herrscht Ebbe. Der Wechsel von einem Niedrigwasser zum nächsten dauert etwa 12 Stunden und 25 Minuten. Aus diesem Grund treten Ebbe und Flut jeden Tag um etwa 50 Minuten später ein. Diese Zeitverschiebung entspricht der täglichen Verschiebung des Mondaufgangs.

Im Gezeitenkalender stehen die Zeiten für den Wechsel der Gezeiten für viele Küstenorte für ein Jahr im Voraus, damit die Menschen wissen, wann Hochwasser und wann Niedrigwasser ist. Er ist für die Schifffahrt, aber auch für die Touristen eine wichtige Orientierungshilfe.

## Das Meer formt die Küste

Ebbe und Flut sind mitverantwortlich für ständige Strömungen, denen die Meere und Küsten ausgesetzt sind. Meeresströmungen und Winde transportieren im Laufe der Zeit viel Material. An den Ostfriesischen Inseln, zu denen Spiekeroog gehört, kann man beobachten, dass sich die Inseln allmählich von Westen nach Osten verlagern. Grund hierfür ist, dass dort häufig Winde aus Westen wehen.

| Tag | Hochwasser | Niedrigwasser | Hochwasser | Niedrigwasser |
|---|---|---|---|---|
| 13.08. | 01:12 Uhr | 07:35 Uhr | 13:23 Uhr | 19:58 Uhr |
| 14.08 | 01:48 Uhr | 08:10 Uhr | 13:55 Uhr | 20:30 Uhr |
| 15.08. | 02:18 Uhr | 08:39 Uhr | 14:25 Uhr | 20:58 Uhr |
| 16.08. | 02:48 Uhr | 09:05 Uhr | 14:56 Uhr | 21:26 Uhr |
| 17.08. | 03:22 Uhr | 09:34 Uhr | 15:29 Uhr | 21:56 Uhr |
| 18.08. | 03:58 Uhr | 10:06 Uhr | 16:04 Uhr | 22:27 Uhr |
| 19.08. | 04:34 Uhr | 10:39 Uhr | 16:39 Uhr | 22:57 Uhr |
| 20.08. | 05:08 Uhr | 11:13 Uhr | 17:16 Uhr | 23:29 Uhr |

**M 4** *Beispiel für einen Gezeitenkalender für Spiekeroog*

**M 5** *Fahrrinne bei Ebbe*

1 Beschreibe das Bild und erläutere, wie sich Ebbe und Flut an der Nordseeküste auswirken (**M 1**).

2 Beschreibe den Ablauf der Gezeiten (**M 2**).

3 Erläutere die Entstehung der Gezeiten (**M 3**).

4 Erkläre, warum Ebbe und Flut jeden Tag zu anderen Uhrzeiten zu beobachten sind (**M 2, M 4**).

5 Recherchiere einen aktuellen Gezeitenkalender für die Insel Wangerooge (***Eine Internetrecherche durchführen***).

6 Beschreibe die Bedeutung der Gezeiten an der Küste. Beachte dabei:
- die Schifffahrt,
- Badegäste und Touristen (**M 1, M 4, M 5**).

7 Das Meer formt die Küste. Beurteile diese Aussage mithilfe von **M 6.**

8 Plane einen Urlaubstag an der Nordsee. Du möchtest baden und mit dem Schiff fahren (**M 4**).

Hier findest du zusätzliche Informationen und Links:

cornelsen.de/webcodes
Code: busotu

**M 6** *Nordseeinsel Spiekeroog*

# Deiche – Küstenschutz und Landgewinnung

**M 1** *Sturmflut an der Nordseeküste*

**check-it**

- Auswirkungen von Sturmfluten auf die Nordseeküste und ihre Bewohner kennen
- Maßnahmen zum Küstenschutz und zur Landgewinnung beschreiben
- Zusammenhang zwischen Küstenschutz und Landgewinnung erklären
- Blockbilder lesen und vergleichen
- Notwendigkeit des Baus von Deichen beurteilen

## Sturmfluten – eine ständige Gefahr

Weht an der deutschen Nordseeküste längere Zeit ein starker Nordweststurm, können **Sturmfluten** entstehen. Das geschieht besonders häufig im Frühjahr, Herbst und Winter. Dann treibt der **Sturm** die Wassermassen gegen die Küste und in die Flussmündungen hinein. Bei einer Sturmflut ist der Wasserstand wesentlich höher als bei einer normalen Flut. Das Meer wird zu einer Bedrohung für Menschen und Tiere und es kann Weide- und Ackerflächen sowie Siedlungen und Verkehrswege zerstören. In früheren Jahrhunderten versanken durch Sturmfluten ganze Küstenstreifen und Inseln im Meer.

## Deiche schützen die Küste

Früher lebten die Menschen auf Hügeln (Warften), die allerdings nur wenig vor dem Hochwasser schützten. Seit rund 900 Jahren errichten sie Erddämme, sogenannte **Deiche.**

Deiche bestehen aus einer Kombination von Sand und Klei (wasserundurchlässiger Boden). Der Sand wird von Saugbaggern vom Meeresboden ab- und in das Deichbett hineingepumpt. Abgedeckt wird dieser Sandkern durch eine verfestigte Kleischicht. Sie verhindert, dass der Deich durch Regen- oder Meerwasser aufgelöst werden kann.

## Neues Land wird gewonnen

An der Nordsee nutzt man die Gezeiten, um neues Land zu gewinnen. Landgewinnung ist dabei heute nur noch eine Maßnahme des Küstenschutzes, da neues Ackerland nicht mehr benötigt wird.

Bei jeder Flut bringen die Wellen Sand sowie kleine Tier- und Pflanzenteilchen mit. Diese lagern sich ständig ab und

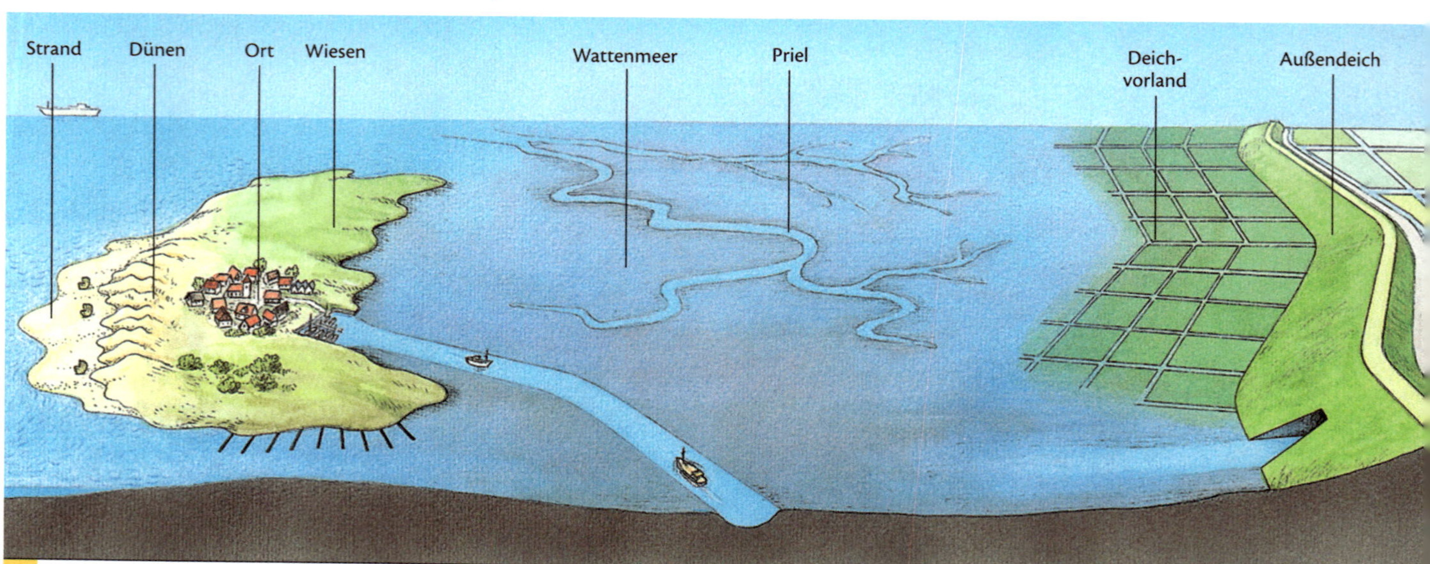


**M 2** *Blockbild der Nordseeküste vom Meer zum Festland*

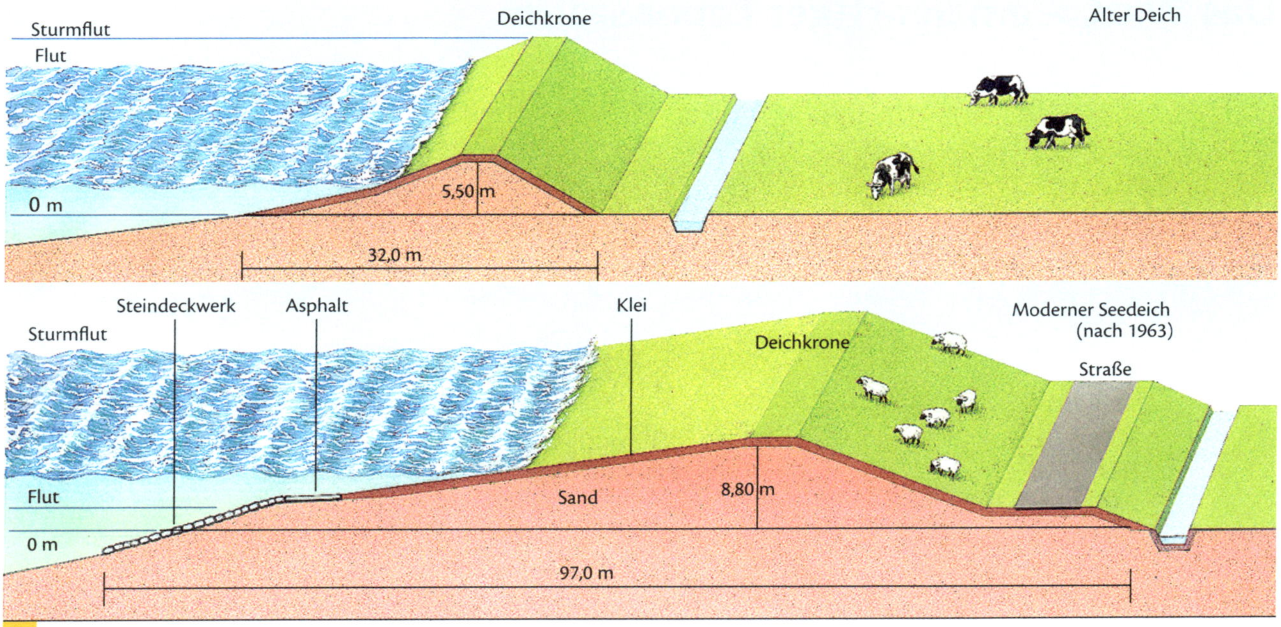


**M 3** *Querschnitt durch einen alten und einen neuen Deich*

bilden Schlick. Der Mensch nutzte diese „Anlieferung des Meeres" und schuf künstlich einen bis zu 25 Kilometer breiten Streifen entlang der Meeresküste. Dieser Bereich wird als **Marsch** bezeichnet.

Zur Beschleunigung der Ablagerung von Schlick aus der Nordsee (Aufschlickung) werden Lahnungsfelder angelegt. Hierbei handelt es sich um doppelte Reihen von Holzpfählen, die in den Wattboden gerammt werden. Zwischen diese Pfähle werden Zweige und Reisigbündel gepackt. Mithilfe der Lahnungsfelder kommt das auflaufende Wasser schneller zur Ruhe und Sand sowie Schlick lagern sich ab. Dadurch wächst der Meeresboden allmählich in die Höhe, jedes Jahr ungefähr um drei bis fünf Zentimeter.

### Erste Pflanzen besiedeln das Deichvorland

Als erste Pflanze siedelt sich auf den neuen Böden der Queller an. Er „liebt" salzhaltigen Boden und hält ihn mit seinen Wurzeln fest. Allmählich wachsen auf dem Vorland kurze, harte Gräser. Aus ihnen entstehen Salzwiesen, die als Schafweiden genutzt werden können. Regenfälle vermindern mit der Zeit den Salzgehalt des Bodens. Nach 30 bis 40 Jahren liegt das Land etwa einen halben Meter über dem mittleren Hochwasser. Dann wird es eingedeicht und als Ackerland genutzt.

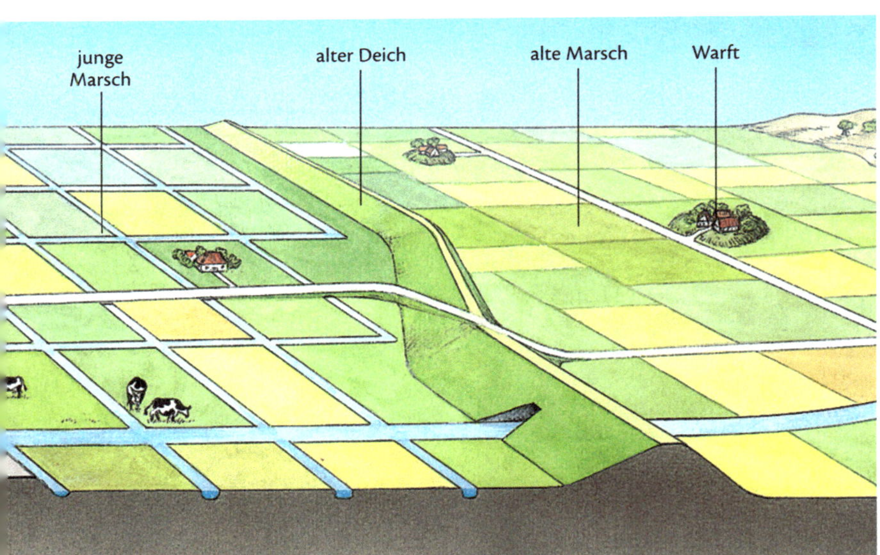


1 Berichte über die Auswirkungen von Sturmfluten an der deutschen Nordseeküste (**M 1**, ***Eine Internetrecherche durchführen***).
2 Vergleiche einen alten und einen neuen Deich und benenne die Unterschiede (**M 3**).
3 „Vom Meer zum Neuland" – Erstelle ein Fließdiagramm, das die Landgewinnung an der Nordseeküste darstellt und auch über die Dauer der Neulandgewinnung Auskunft gibt (**M 2**, ).
4 Werte das Blockbild aus: Berichte in einem kurzen Vortrag über Aussehen und Nutzung der Nordseeküste vom offenen Meer bis zum Festland (**M 2**, ***Blockbilder lesen***).
5 „Wer nicht deichen will, muss weichen." – Erkläre dieses Sprichwort.
6 Erkläre, warum die Landgewinnung dem Küstenschutz dient (**M 2, M 3**).

Hier findest du zusätzliche Informationen und Links:

cornelsen.de/webcodes
Code: guqiju

# Das Watt – einzigartiger Lebensraum

**M 1** *Seehunde auf einer Sandbank im Watt*

**check-it**
- geographische Lage des Wattenmeeres beschreiben
- Merkmale und Bedingungen des Lebensraumes Wattenmeer erläutern
- Blockbilder auswerten
- eine Mindmap erstellen
- Notwendigkeit des Naturschutzes begründen
- Schlussfolgerungen für das Verhalten im Nationalpark ziehen

## Das Wattenmeer

Als **Wattenmeer** bezeichnet man den flachen Teil des Meeres im Küstenbereich, der zweimal täglich bei Ebbe trockenfällt bzw. bei Flut von Wasser bedeckt ist. Das Watt bildete sich bereits vor vielen Jahrtausenden an der deutschen Nordseeküste. Es umfasst sowohl die Festlandsküste als auch die Inseln mit ihren Sandbänken. Das Watt besteht aus zehn bis zwanzig Meter dicken Ablagerungen aus Sand und Schlamm. Diese Ablagerungen werden auch als „Schlick" bezeichnet. Als Grenze des Wattenmeeres zur offenen Nordsee ist die 10-Meter-Tiefenlinie festgelegt worden. Die äußeren Bereiche einschließlich der tiefen **Priele**

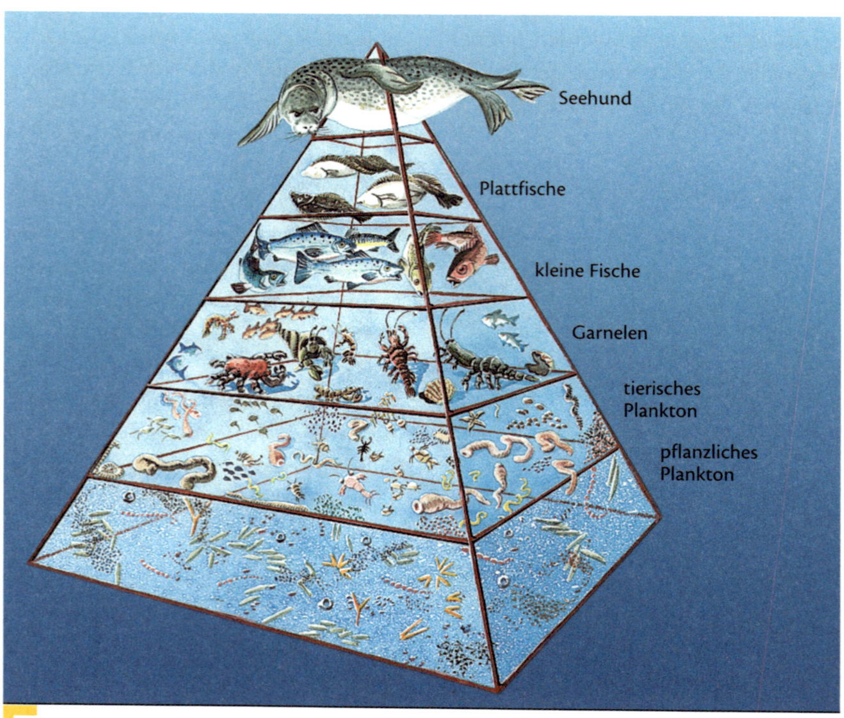


**M 2** *Für jeden etwas – Nahrungspyramide im Watt*

**M 3** *Warnschild*

(Rinnen im Watt) sind ständig von Wasser bedeckt.
Bei Flut strömt das Wasser zuerst in den Prielen aufs Watt. Diese sind zum Teil einige Meter tief und haben eine starke Strömung, sodass sie für Wattwanderer gefährlich werden können.

## Nationalpark Wattenmeer

Weil das Wattenmeer einer der wenigen noch natürlichen Lebensräume in Deutschland ist, wurde es dem besonderen Schutz dreier Nationalparks unterstellt: Schleswig-Holsteinisches Wattenmeer, Hamburgisches Wattenmeer und Niedersächsisches Wattenmeer.
Die Fläche der **Nationalparks** ist in drei Schutzzonen unterteilt: In der Zone 1 gelten die strengsten Regeln. Hier sollen die Rast- und Brutplätze für Seevögel sowie die Seehundbänke geschützt werden. In Zone 2 ist ein Betreten erlaubt, jedoch nicht während der Brutzeit (zwischen dem 1. April und dem 31. Juli). In der Zone 3 befinden sich Badestrände, Kur- und Erholungseinrichtungen, aber keine Wohnhäuser.

1. Beschreibe die Lage der Wattgebiete an der deutschen Nordseeküste (**M 5,** Karten S. 35 und S. 222, Atlas).
2. Nenne und beschreibe die Lebensräume im Wattenmeer (**M 1**, Blockbild S. 48/49, ***Blockbilder lesen***).
3. Erläutere, wie sich der Seehund seinem Lebensraum Wattenmeer angepasst hat (**M 1, M 2,** Blockbild S. 48/49).
4. Lege eine Tabelle an, in die du einträgst, wie man sich im Nationalpark Wattenmeer richtig verhält (**M 4, M 5**).
5. Erläutere das Zusammenleben im Watt. Erstelle dazu eine Mindmap (**M 2**, Blockbild S. 48/49, ***Eine Mindmap erstellen***).
6. Begründe, warum das Watt ein einzigartiger Lebensraum ist (**M 1** bis **M 3,** Blockbild S. 48/49).
7. Erkläre, warum der Seehund besonders unter Umweltschäden im Watt leidet (**M 2,** Blockbild S. 48/49).

**M 4** *Richtiges Verhalten im Nationalpark Wattenmeer*

Hier findest du zusätzliche Informationen und Links:

cornelsen.de/webcodes
Code: tuhato

**M 5** *Nationalpark Wattenmeer*

# Ökosystem Wattenmeer

*Strandläufer*

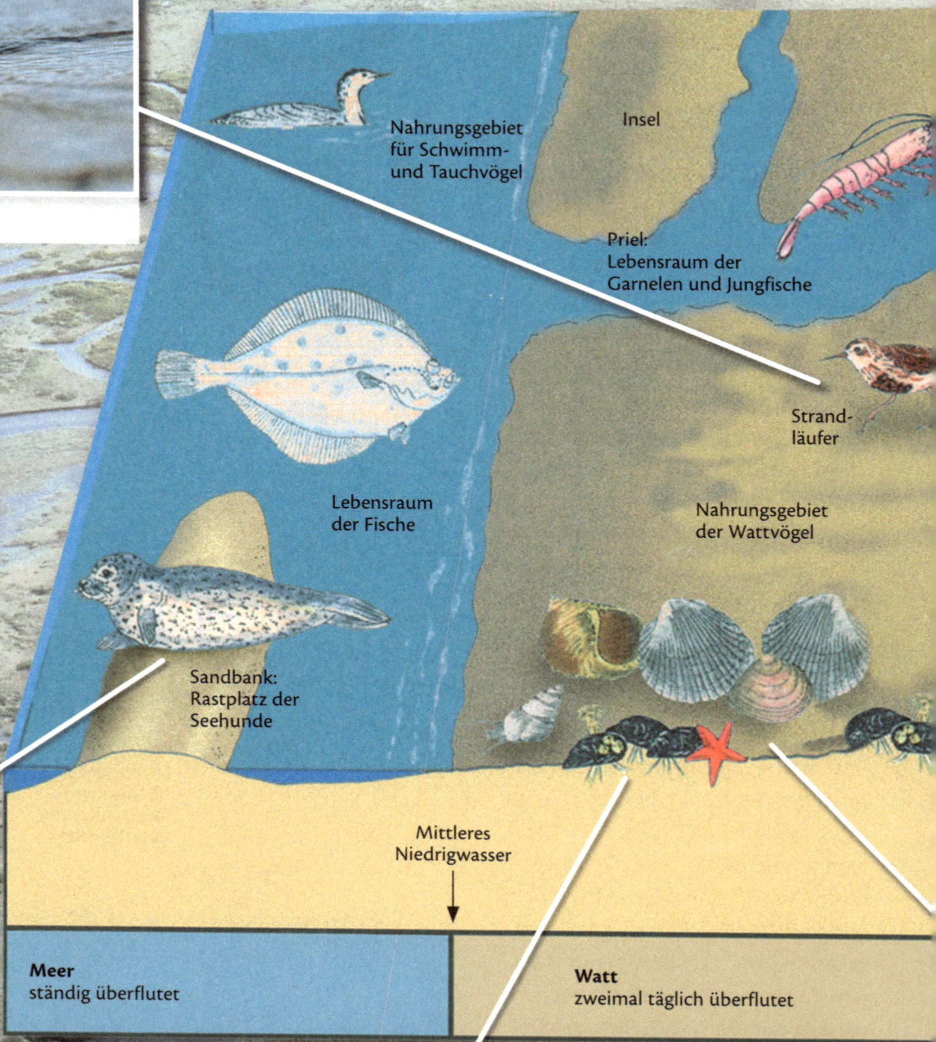

*Seehund*

*Herzmuscheln und Gehäuseschnecken*

Hier findest du zusätzliche Informationen und Links:
cornelsen.de/webcodes
Code: sejega

*Nest einer Lachmöwe*

*Strandschnecken und Strandkrabbe*

*Wattwurm*

# Das Norddeutsche Tiefland – vom Eis geformt

**M 1** *Mecklenburgische Seenplatte*

**check-it**
- die Teile der glazialen Serie kennen und sie der Tätigkeit des Eises sowie des Schmelzwassers zuordnen
- heutige Oberflächenformen den Teilen der glazialen Serie zuordnen
- Blockbilder auswerten
- eine Internetrecherche durchführen

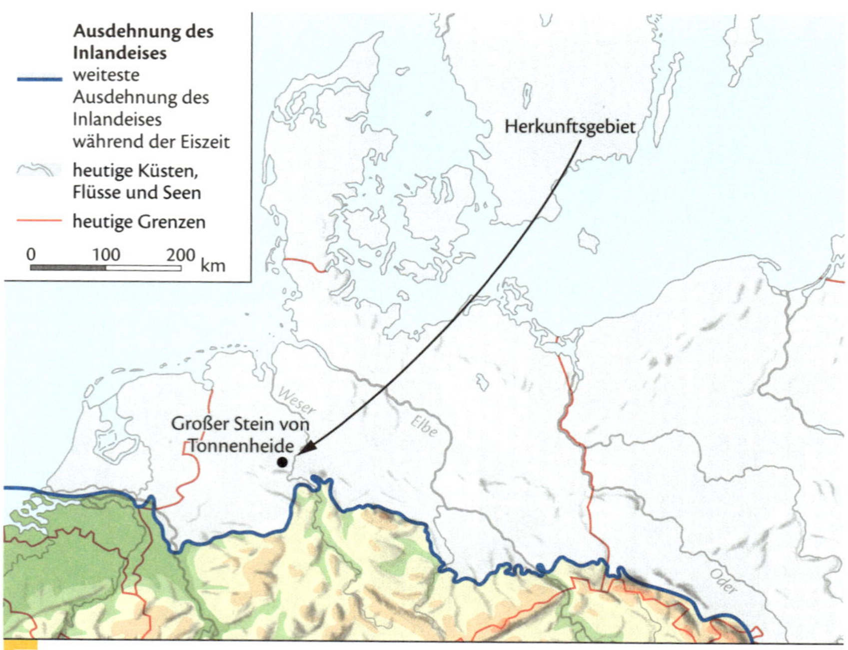


**M 2** *Ausdehnung des Inlandeises*

## Findlinge – die ersten Einwanderer in Westfalen

An vielen Stellen im Norddeutschen Tiefland findet man große, oft Tonnen schwere Gesteinsblöcke. Sie werden Findlinge genannt, stammen aus Skandinavien und sind eingefroren im Eis zu uns transportiert worden.

## Das Eiszeitalter

Im **Eiszeitalter** herrschten in Europa in bestimmten Zeitabschnitten sehr niedrige Temperaturen. Die **Niederschläge** fielen ganzjährig als Schnee. Es entstanden riesige Gletscher, die auch als **Inlandeis** bezeichnet werden. Diese Zeiten nennt man **Kaltzeiten.**

Unter dem Druck der gewaltigen Eismasse begann sich das Eis nach Süden bis an den Rand des Mittelgebirgslandes zu bewegen. Dabei wurde tonnenweise Gestein aus dem Untergrund herausgebrochen, im Eis eingefroren, beim Transport zerstoßen und zerrieben.

Es gab aber auch Zeitabschnitte, die wärmer waren. Diese werden als **Warmzeiten** bezeichnet. Dann schmolz das Inlandeis ab und zog sich nach Nordosten zurück. Das Eiszeitalter dauerte etwa zwei Millionen Jahre. Kaltzeiten und Warmzeiten wechselten mehrmals.

## Inlandeis und Schmelzwasser formten die Oberfläche

Die Hügelketten und Seenplatten, die flachwelligen Ackerflächen und die breiten Flusstäler im Norddeutschen Tiefland sind durch die Arbeit des Eises und des Schmelzwassers entstanden.

In Kaltzeiten bewegte sich der riesige Eispanzer des Inlandeises fließend vorwärts. In Warmzeiten kam das Inlandeis zum Stehen und begann abzuschmelzen. Am Grund des Eispanzers wurde fein zerriebenes, lehmiges Material in der **Grundmoräne** abgelagert. In Mulden und Rinnen sammelte sich Wasser. So entstanden Seen, die aber im Laufe der Jahrtausende auch wieder versandet und damit verschwunden sind.
Die mitgebrachten Gesteinsmassen blieben an der Stirn des Eises in wallartigen Hügelketten aus Steinen, Kies und Sand liegen. Dabei wurde die **Endmoräne** aufgeschüttet.
Beim Abtauen des Inlandeises entstanden große Mengen an Schmelzwasser. Das Schmelzwasser hat feines Material, vor allem Sand, ausgeschwemmt und über große Flächen verteilt. Diese werden als **Sander** bezeichnet.
Das Schmelzwasser selbst sammelte sich in den **Urstromtälern** und floss in Richtung Nordwesten ab. Grundmoränen, Endmoränen, Sander und Urstromtäler haben sich in jeder Kaltzeit in derselben Reihenfolge gebildet. Deshalb spricht man von der **glazialen** (= eiszeitlichen) **Serie.**

1 Beschreibe die Ausdehnung des Inlandeises in Norddeutschland (**M 2**).
2 Erkläre mithilfe des Textes, wie der Findling in Tonnenheide dorthin gekommen ist (**M 2, M 3**).
3 Erläutere die Entstehung der glazialen Serie (**M 4**).
4 Beschreibe das Bild und ordne es in die Blockbilder ein (**M 1, M 4**).
5 Informiere dich im Internet über Findlinge in Westfalen und berichte in der Klasse (**_Eine Internetrecherche durchführen_**).

Hier findest du zusätzliche Informationen und Links:

cornelsen.de/webcodes
Code: tihava

**M 3** *Großer Stein von Tonnenheide*

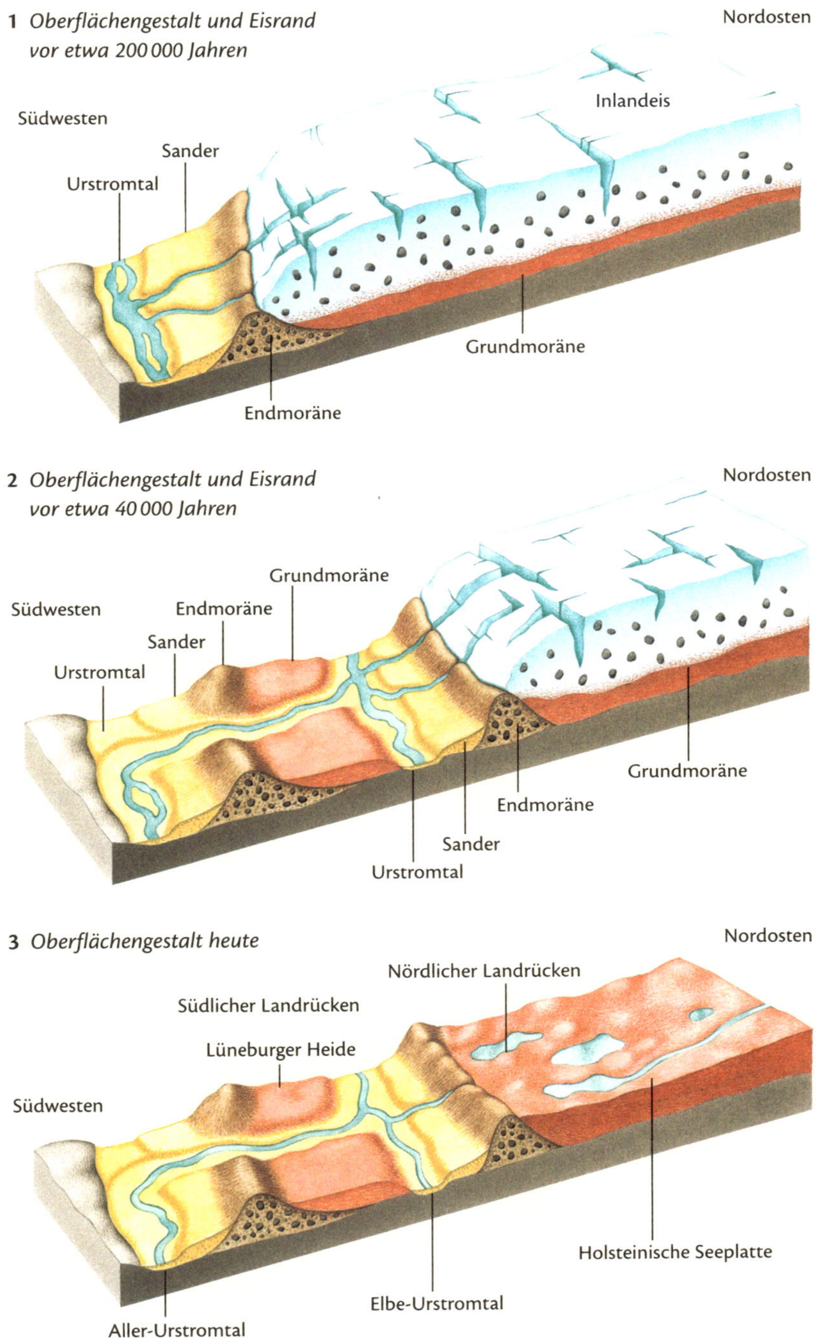


**M 4** *Entstehung der glazialen Serie und heutige Oberflächenformen*

# Das Sauerland – ein Mittelgebirge

**check-it**
- geographische Lage und Gliederung des Sauerlandes beschreiben
- Oberflächenformen eines Mittelgebirges benennen
- Panoramakarte lesen
- eine digitale Reiseroute planen

## Was ist ein Mittelgebirge?

Ein **Mittelgebirge** erreicht Höhen von 500 bis 1500 Metern. Typische Oberflächenformen sind abgerundete Berge, wellige Hochflächen und unterschiedlich geformte Täler. Die Mittelgebirge sind waldreich. In den unteren Höhenlagen werden sie oft landwirtschaftlich genutzt. Die forstwirtschaftliche Nutzung hat aber die größte Bedeutung.

## Das Sauerland

Ein Flug über das Sauerland zeigt ein Bergland mit Hochflächen, vielen Kuppen und Bergrücken. Einige sprechen sogar vom „Land der tausend Berge". Die vielen Bergkuppen sind mit Wald bedeckt. Anders als etwa in der Westfälischen Bucht mit ihren Eichen und Kiefern herrschen hier überwiegend Fichten vor. Die Täler sind tief eingeschnitten. Das Rothaargebirge ist der höchste Teil des Sauerlandes. Es liegt 770 bis 843 Meter hoch. Auf der Hochfläche von Winterberg erhebt sich der 841 Meter hohe Kahle Asten. Von hier aus laufen die Höhenzüge wie Strahlen in alle Richtungen. Um das Rothaargebirge gruppieren sich tiefer gelegene Hochflächen und Senken. Der nördlichste Teil des Sauerlandes wird durch den Höhenzug der Haar eingenommen. Die Haar erreicht Höhen von 200 bis 389 Meter. Sie grenzt das Sauerland gegen die Westfälische Bucht ab.

**M1** *Panoramakarte Biggesee und Rothaargebirge*

**M 2** *Kahler Asten*

**M 3** *Biggesee*

## Der „Wasserturm des Ruhrgebiets"

Das Sauerland eignet sich wegen der hohen Niederschläge besonders gut für das Aufstauen der Flüsse und die Anlage von Stauseen. Bei starken Niederschlägen wird das Wasser gestaut und bei Trockenheit wieder abgelassen. So füllt man den Unterlauf der Ruhr auf und erreicht damit einen gleichmäßigen Wasserstand. Dadurch lässt sich das Ruhrgebiet leichter mit Trinkwasser und Wasser für die Industrie versorgen.

Im Sauerland gibt es fast 20 Seen und Talsperren. Die größte Talsperre ist der Biggesee. Das Biggetal wurde 1965 geflutet. Vorher wohnten hier mehrere tausend Menschen, die ihre Wohnungen verlassen mussten. Ein Teil von ihnen zog in die benachbarten Dörfer und Städte, die übrigen Einwohner in neu erbaute Ortschaften in der Nähe.

Der Stausee speichert das Wasser von Bigge und Lenne. Der Listersee ist ein Vorbecken. Der Biggesee hat eine Länge von 20 Kilometern und eine Tiefe von 52 Metern. Er gibt nicht nur Wasser an die Ruhr ab, sondern dient auch dem Hochwasserschutz. Außerdem erzeugt ein Wasserkraftwerk elektrischen Strom.

Die Stauseen haben aber nicht nur die Landschaft umgestaltet, sie sind inzwischen auch zu beliebten Freizeit- und Erholungsgebieten geworden. Im Sommer verkehren Ausflugsschiffe auf den Stauseen der Talsperren. Wer Lust hat, kann mit Paddel- und Ruderbooten fahren oder einfach nur segeln, wandern und angeln.

1 Beschreibe die geographische Lage des Sauerlandes (**M1**, Karte S. 220, Atlas).

2 Lege auf die Panoramakarte ein Blatt Transparentpapier und fertige eine Kartenskizze mit folgenden Inhalten an:
- Umriss,
- die Biggetalsperre,
- die Orte Olpe, Attendorn und Lennestadt.

3 Nenne die höchsten Berge im Sauerland und Flüsse, die im Rothaargebirge entspringen und nach Westen fließen (Karte S. 220, Atlas).

4 Beschreibe die Bilder und ordne sie in die Karte ein (**M 1** bis **M 3**, Karte S. 220, Atlas).

5 Bildet Gruppen und plant einen Ausflug zur Biggetalsperre. Erstellt einen digitalen Reiseplan mit Fotos und einer kurzen Beschreibung der Reiseziele (MK ***Eine Internetrecherche durchführen***).

Hier findest du zusätzliche Informationen und Links:

cornelsen.de/webcodes
Code: fapiku

# Wir erkunden die Natur in unserer Umgebung

## Unsere Natur

Die Natur in unserer Umgebung ist vielfältiger, als wir auf den ersten Blick vermuten. Viele Dinge sehen wir überhaupt erst, wenn wir sie mit unserem Wissen vergleichen. Wo fließt der nächste Bach oder Fluss? Wie weit ist es bis zum nächsten Waldstück? Welche Tiere leben in der Nähe der Schule? Schauen wir einmal genauer hin: Die Natur verrät uns viel über sich. Um möglichst viele interessante Informationen über die Natur unserer Umgebung sammeln zu können, solltet ihr das nach Schwerpunkten tun, zum Beispiel:

**1)** Oberflächenformen,
**2)** Boden und Gestein,
**3)** Gewässer,
**4)** Pflanzen- und Tierwelt.

In spezialisierten Forscherteams könnt ihr zeigen, was die Natur in eurer Umgebung zu bieten hat. Einige Anregungen findet ihr auf den Ideenkarten **(M 1)**.

## Ihr könnt

- eure Ergebnisse in eine Umgebungskarte eintragen;
- darstellen, welche Zusammenhänge ihr erkennt;
- euch informieren, welche Tiere, Pflanzen und Landschaften unter Naturschutz stehen;
- überlegen, was die Klasse für den Naturschutz tun kann.

**M 2** *Vorgehensweise entlang der „Wäscheleine"*

**Forscherteam: Oberflächenformen**
Was gibt es in eurer Nähe? Informiert euch über:
- Höhenunterschiede im Gelände
- höchster/niedrigster Punkt über NN
- Berge (Namen)
- Deiche
- Moore

**Forscherteam: Boden und Gestein**
Was gibt es in eurer Nähe? Informiert euch über:
- Bodenfarbe
- Feuchtigkeit des Bodens
- Sand/Lehm
- Steinformen
- Steinfarben
- Ist Gestein sichtbar?
- ...

**Forscherteam: Gewässer**
Was gibt es in eurer Nähe? Informiert euch über:
- Flüsse, Bäche
- Kanäle
- Seen
- Meer
- Fließrichtung
- schnelle/langsame/keine Fließgeschwindigkeit
- ...

**Forscherteam: Pflanzen- und Tierwelt**
Was gibt es in eurer Nähe?
Informiert euch über:
- Baum- und Waldarten
- andere Pflanzen
- Auen, Wiesen und Rasenflächen
- Naturschutzgebiete
- Insekten und kleine Säugetiere
- Vögel (z. B. „Vogel des Jahres")
- Leben in der Erde
- Vogelnester, Tritt- und Fressspuren, Maulwurfshügel, ...

**M 1** *Ideenkarten*

**Schritt 3:**
**Erkundung vorbereiten**

Bereitet euch auf den Gang in das Gelände gut vor. Welche Materialien werdet ihr benötigen?
Fertigt eine Checkliste an und packt einen Rucksack, in dem zum Beispiel folgende Dinge nicht fehlen sollten:

- Karte der Umgebung
- Kompass
- Lupe
- (Blei-) Stifte
- feste Schreibunterlage
- euer Beobachtungs- und Fragebogen
- Papier für Notizen und Skizzenzeichnungen
- Fotoapparat

**Schritt 4:**
**Erkundung durchführen**

Beobachtet und beschreibt die Natur und haltet alle Ergebnisse schriftlich fest. Fertigt Zeichnungen an und macht Fotos. Schreibt kleine Merksätze auf.
Beschafft euch auch Zusatzinformationen aus der Bibliothek, von der Touristeninformation eurer Stadt und vom Naturschutzbund.

**Schritt 5:**
**Wandzeitung gestalten**

Stellt die von euch gesammelten Informationen auf einer Wandzeitung so zusammen, dass sich die Schüler der anderen Gruppen ausführlich informieren können.

**Schritt 6:**
**Ergebnisse vorstellen**

Präsentiert euer Ergebnis der Klasse, indem ihr eure Wandzeitung aufhängt und den Mitschülern dazu berichtet. Ihr könnt eure Parallelklasse dazu einladen. Vielleicht ist eure Schülerzeitung daran interessiert, das Ergebnis eurer Arbeit zu veröffentlichen.

**M 3** *Schüler untersuchen den Boden*

# Landschaften in Nordrhein-Westfalen

**M 1** *Landschaften in Nordrhein-Westfalen*

**check-it**
- geographische Lage der Landschaften Nordrhein-Westfalens beschreiben
- Merkmale der Landschaften benennen und vergleichen
- Tabelle anlegen und mit Inhalten füllen
- eine Mindmap erstellen

## Landschaftliche Vielfalt

Tiefland und Flüsse, Berg- und Hügelland sowie Mittelgebirge bestimmen das abwechslungsreiche Landschaftsbild in Nordrhein-Westfalen. Nordrhein-Westfalen hat Anteil am Norddeutschen Tiefland und am Mittelgebirgsland.

## Das Rheinische Schiefergebirge

Der Rhein und die Vorkommen an **Schiefer** haben dem Rheinischen Schiefergebirge seinen Namen gegeben. Der Rhein teilt das Gebirge in einen links- und einen rechtsrheinischen Teil. Zu Nordrhein-Westfalen gehören das Sauerland und Teile der Eifel. Das Rheinische Schiefergebirge ist ein altes Gebirge, das bereits vor Millionen Jahren entstanden ist.

## Weserbergland

Wie ein Keil ragt das Bergland in das Norddeutsche Tiefland hinein. Der Mittelgebirgslandschaft gab die Weser ihren Namen. Diese bahnte sich an der Porta Westfalica zwischen Wiehengebirge und Wesergebirge einen Durchbruch in das Norddeutsche Tiefland. Die durchschnittlichen Höhen im Weserbergland gehen kaum über 300 Meter hinaus. Landschaftsprägend ist das zwischen Teutoburger Wald und Wiehengebirge gelegene Ravensberger Hügelland. Es wird sehr stark landwirtschaftlich genutzt. Der Waldanteil ist im Weserbergland bis auf die Bergketten nicht besonders hoch.

## Westfälische Bucht

Drei Mittelgebirge umrahmen die Tieflandsbucht, die sich nach Westen und Nordwesten öffnet. Die Landschaft ist meist eben oder nur flachwellig. Im Durchschnitt werden nur geringe Höhen zwischen 40 bis 100 Metern erreicht. Ausnahmen sind die Hohe Mark mit 146 Metern sowie die aus Kalkstein bestehenden Baumberge und Beckumer Berge. Sie steigen bis zu 188 beziehungsweise 174 Metern auf. Der größte Teil der Westfälischen Bucht wird landwirtschaftlich genutzt, während der Waldanteil gering ist. Die Soester Börde zeichnet sich durch fruchtbaren Boden aus **Löss** aus.

## Sauerland

Die Mittelgebirgslandschaft steigt von Nordwesten bis zum 843 Meter hohen Langenberg im Rothaargebirge an. Der Langenberg markiert die Landesgrenze zwischen Nordrhein-Westfalen und Hessen. Im Rothaargebirge entspringen die Ruhr, die Eder, die Lahn, die Sieg und die Lenne. Die Täler sind tief eingeschnitten. Der Waldanteil im Sauerland ist sehr hoch. Im Süden grenzen die Sieg und das Siegerland das Sauerland zum Westerwald hin ab. Das Land am Oberlauf der Sieg ist sehr waldreich, steigt aber nicht über 670 Meter an.

## Bergisches Land

Das Bergische Land ist Teil des Rheinischen Schiefergebirges. Nach Osten geht es in das Sauerland über, nach Westen hin fällt es von 520 Meter sanft zum Rhein hin ab. Hier geht auch die Waldbedeckung zurück. Die Täler der kleineren Flüsse und Bäche sind zum Teil sehr eng. In der Landschaft wechseln sich Wälder und Wiesen ab. Bergisches Land und Sauerland werden manchmal auch als Mittelgebirgslandschaft „Süderbergland" bezeichnet.

**M 2** *Niederrheinisches Tiefland*

**M 3** *Westfälische Bucht*

**M 4** *Sauerland*

**M 5** *Eifel*

## Niederrheinisches Tiefland

Das Tiefland gehört zum Nordteil der Niederrheinischen Bucht und wird vom Rhein durchflossen. Die Höhenlage – im Durchschnitt weniger als hundert Meter über dem Meeresspiegel – bestimmt die landwirtschaftliche Nutzung: In den Niederungen herrscht Grünland vor, auf höher gelegenen Flächen wird Ackerbau betrieben.

## Kölner Bucht

Die vom Rhein durchzogene Tiefebene wird auch als Niederrheinische Bucht bezeichnet. Sie ist überwiegend flach mit Höhen zwischen 38 bis 173 Metern. Westlich von Köln erstreckt sich der 50 Kilometer lange Höhenzug der Ville. Im Süden und Südosten steigt das Land langsam zum Rheinischen Schiefergebirge an, im Nordosten geht die Bucht in die breiten Täler von Rhein und Maas über.

## Eifel

Das Mittelgebirge ist Teil des Rheinischen Schiefergebirges auf der linken Seite des Rheins. Zu Nordrhein-Westfalen gehört die Nordeifel. Das Hohe Venn mit dem Hauptrücken in Belgien fällt gleichmäßig nach Nordwesten ab. Höchste Erhebung ist der 690 Meter hohe Zitterwald. Die Nordeifel ist das Quellgebiet von Rur, Urft und Erft. Die Täler der Flüsse sind eng und windungsreich. Geschlossene Waldflächen wie auf der Ostseite des Hohen Venns wechseln mit Hochflächen und Grünlandnutzung ab.

1 Nenne die Abfolge der Landschaften Nordrhein-Westfalens von Nordosten nach Südwesten (**M 1**).

2 Beschreibe die Bilder und ordne sie den Landschaften zu (**M 1** bis **M 5**).

3 Stelle die Merkmale der Landschaften in einer Tabelle dar. Ordne jeder Landschaft Städte und kleine Landschaften zu (**M 1** bis **M 5**, Karte S. 220).

4 Ordne die Landschaften Nordrhein-Westfalens den Großlandschaften Deutschlands zu. Erstelle dazu eine Mindmap (**M 1**, Karte S. 41 **M 3**, MK ***Eine Mindmap erstellen***).

Hier findest du zusätzliche Informationen und Links:

cornelsen.de/webcodes
Code: toyofi

# Die Alpen – ein Hochgebirge

**M 1** *Der Montblanc – höchster Berg der Alpen*

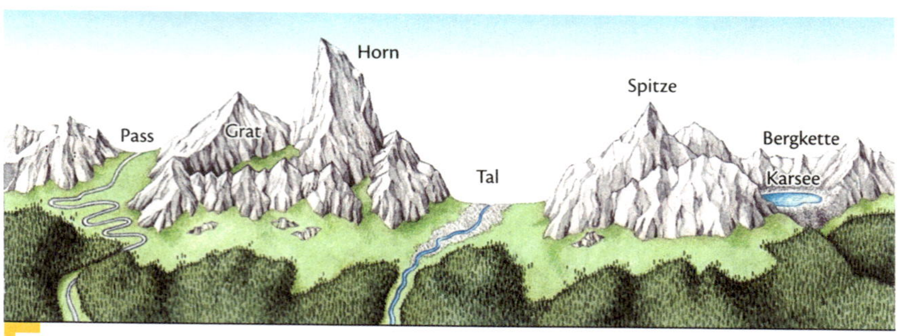


**M 2** *Oberflächenformen im Hochgebirge*

## Das Hochgebirge

Im **Hochgebirge** sind die Höhenunterschiede auf engem Raum sehr groß. Deshalb prägen steile Hänge und tiefe Schluchten, scharfe Grate und senkrechte Felswände das Landschaftsbild. Die Berge erreichen Höhen von über 1500 Metern.

Die Gesamtlänge der Alpen von Westen nach Osten beträgt etwa 1200 Kilometer, die Nord-Süd-Ausdehnung im Westen 150 bis 200 Kilometer, im Osten bis 300 Kilometer. Eine Furche, die vom Bodensee durch das Rheintal zum Comer See führt, markiert die Grenze zwischen den West- und Ostalpen. Der höchste Berg der Alpen ist der Montblanc (4810 m) in den Westalpen. In den Ostalpen werden solche Höhen nicht erreicht.

## Höhenstufen der Pflanzenwelt

Mit der Höhe nimmt die Temperatur im Gebirge ab. Deshalb werden, je höher man kommt, die Monate, in denen Pflanzen wachsen können, immer weniger. In den höchsten Lagen können nur noch besonders widerstandsfähige Pflanzen überleben, denn sie müssen neben langen Wintern auch hohe

**check-it**
- geographische Lage der Alpen beschreiben
- Merkmale und Oberflächenformen eines Hochgebirges benennen
- Höhenstufen der Pflanzenwelt beschreiben
- Nutzung durch Bergbauern erklären
- Lernplakat gestalten

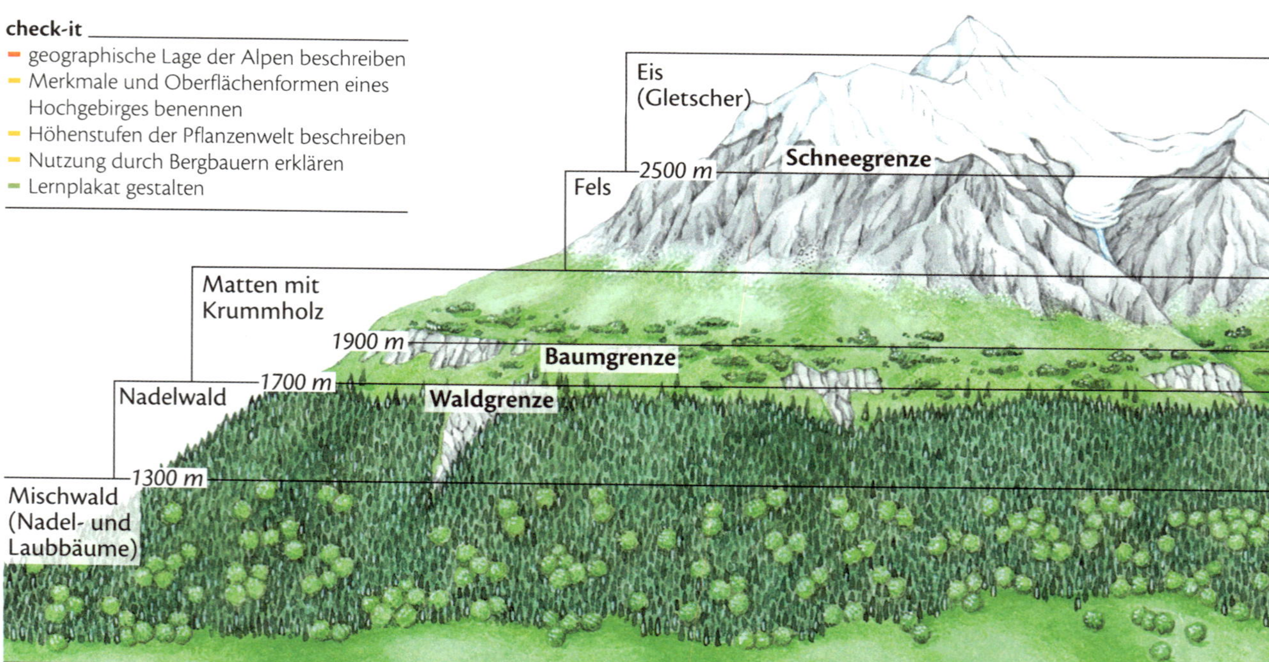


**M 3** *Höhenstufen der Pflanzenwelt auf der Alpennordseite*

**Mitte Oktober – Anfang Juni**
Auf dem Talhof: Versorgen des Viehs in den Ställen (füttern, melken, Stall säubern).
Arbeiten im Wald (Holz fällen u.a.). Im Frühjahr Ausbringen von Dünger, Reparaturarbeiten auf den Almen.

**Anfang Juni – Mitte Juli**
Im Tal: 1. Heuernte.
Auf der Voralm: Weiden des Milchviehs und des Jungviehs, Melken des Milchviehs.
Heuernte. Milchtransport zum Talhof.

**Mitte Juli – Mitte September**
Im Tal: 2. Heuernte.
Auf der Voralm: Weiden und Melken des Milchviehs, Verarbeitung der Milch zu Käse.
Auf der Hochalm: Weiden des Jungviehs.

**Mitte September – Mitte Oktober**
Zurücktreiben des Jungviehs von der Hochalm zur Voralm, anschließend Zurücktreiben des gesamten Viehs zum Talhof (Almabtrieb).

**M 4** *Das Arbeitsjahr eines Bergbauern*

Windgeschwindigkeiten überstehen. Außerdem steht ihnen nur eine dünne Bodenschicht zur Verfügung. Die Pflanzen benötigen daher eine besonders lange Zeit, um wieder nachzuwachsen. Viele Alpenpflanzen stehen deshalb unter **Naturschutz.**

## Nutzung durch Bergbauern

Da Ackerbau in den Alpen nur im Tal möglich ist, werden die höheren Gebiete in den Sommermonaten als Weiden für das Vieh genutzt.

Auf den meisten **Almen** werden Kälber aufgezogen oder die Bergbauern betreiben Milchwirtschaft.

Milchalmen bestehen aus einem Almgebäude und dem Stall für das Melken der Kühe. Außerdem gibt es eine Milchkammer mit einer Einrichtung zur Milchkühlung.

Almen, die so weit abgelegen sind, dass die Frischmilch nicht täglich zur Molkerei transportiert werden kann, haben sich auf die Herstellung von Käse spezialisiert. Die Milch wird dort zu Hartkäse verarbeitet, der lange reift und gelagert werden kann.

Almen sind nicht sehr groß. Das Gras auf den Almen wächst nur wenige Monate im Jahr und ernährt deshalb keine großen Herden. Die Bergbauern haben meist acht bis zehn Milchkühe und einige Kälber. Das bringt nicht sehr viel ein, sodass immer mehr Bergbauern ihre Höfe aufgeben oder sich ein zusätzliches Einkommen suchen. Dieses finden sie zum Beispiel im Tourismus. Viele Almen sind heute bewirtschaftet und bieten Wanderern einfache Speisen und Getränke sowie teilweise auch Übernachtungsmöglichkeiten an.

1 Beschreibe die geographische Lage der Alpen und benenne die Staaten, die Anteil an den Alpen haben (Karte S. 226/227, Atlas).
2 Der höchste Berg der Alpen ist der Montblanc. Formuliere eine entsprechende Aussage für die deutschen Alpen. Beschreibe die geographische Lage beider Berge (**M 1**, Karten S. 222 und S. 226/227, Atlas).
3 Benenne die Merkmale eines Hochgebirges (**M 1** bis **M 3**).
4 Wandere in Gedanken vom Tal zum Gipfel. Beschreibe die Höhenstufen der Pflanzendecke, die du durchquerst (**M 3**).
5 Erläutere, auf welcher Höhenstufe der Pflanzenwelt sich die Almen auf der Alpennordseite befinden (**M 3** bis **M 5**).
6 Erkläre, wie die hochgelegenen Gebiete der Alpen durch die Bergbauern genutzt werden (**M 4, M 5**).
7 Erkläre, warum viele Bergbauern vor allem im Winter einer zusätzlichen Arbeit nachgehen.

Hier findest du zusätzliche Informationen und Links:

cornelsen.de/webcodes
Code: miqumi

**M 5** *Alm in der Schweiz*

# Geo-Check: Landschaften Deutschlands entdecken

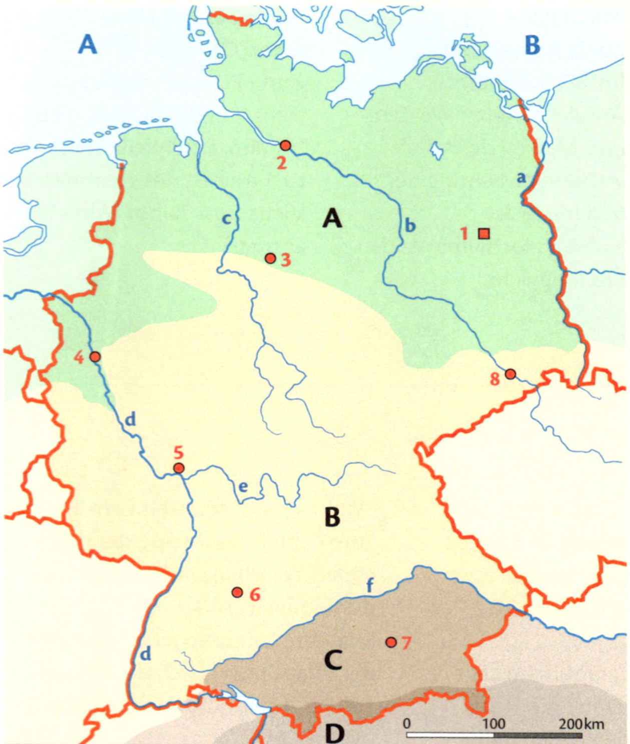


M 1 *Stumme Karte*

## Sich orientieren

### Wo liegt was?

1 Beschreibe die Abfolge der Großlandschaften in Deutschland von Norden nach Süden. Verwende die stumme Karte in **M 1** und die physische Karte auf Seite 35.

2 Nenne die flächenmäßig größte und die flächenmäßig kleinste Großlandschaft in Deutschland.

3 In welcher Großlandschaft liegt der höchste Berg Deutschlands, die 2962 Meter hohe Zugspitze?

4 Benenne möglichst ohne Hilfsmittel die Meere, Flüsse, Städte und Großlandschaften in **M 1**.

5 Beschreibe die geographische Lage des Rothaargebirges.

6 Benenne die Landschaften Nordrhein-Westfalens und deren geographische Lage (Karten S. 56 **M 1**, S. 187 und S. 222, Atlas).

## Sich verständigen, beurteilen ...

**SOS für die deutsche Nordseeküste**

Durch ein Schiffsunglück sind bislang etwa 10 000 Tonnen Öl aus einem Tanker vor der deutschen Nordseeküste ausgelaufen. Das Öl schwimmt wie ein riesiger schwarzer Teppich auf dem Wasser. Nur ein geringer Teil des Öles wird durch die Luft aufgenommen, es verdunstet. Der größte Teil des Öles verbindet sich mit dem Wasser. Millionen schwarzer Ölperlen werden zu einer dickflüssigen, klebrigen Mischung aus Öl und Wasser. Diese Öl-Wasser-Mischung treibt durch die Bewegung des Wassers auf die deutsche Nordseeküste zu.

M 2 *Zeitungsmeldung*

7 Beurteile, welche Teile der Nordseeküste von einer solchen Ölverschmutzung besonders betroffen wären (**M 2**).

8 Diskutiert, welche Gefahren von einem solchen Schiffsunglück für die Tiere und Pflanzen im Wattenmeer ausgehen würden.

## ... und handeln

Wie sollen sich Besucher des Nationalparks Wattenmeer verhalten, um das Ziel eines Nationalparks, „Natur Natur sein zu lassen", zu unterstützen?

M 3 *Richtiges Verhalten im Nationalpark*

9 Gestalte ein Lernplakat. Benutze zur Veranschaulichung der Verhaltensregeln Symbole, wie sie oben abgebildet sind (**M 3**).

# 3 Stadt und Land als Lebensräume vergleichen

**Stadt oder Land?**
Einerseits ein Häusermeer, das aber viel zu bieten hat, zum Beispiel an Geschäften und kulturellen Einrichtungen – andererseits Felder, Wiesen und Wälder mit kleinen Ortschaften. Doch auch auf dem Land ist viel los! Da fällt es schwer, den besten Lebensraum zu finden.

## Wissen und verstehen

**10** Sortiere die Aussagen in richtige und falsche Aussagen. Verbessere die falschen Aussagen und schreibe diese richtig auf.

### Richtig oder falsch?

- Die Fähren nutzen die Ebbe, um Personen und Güter auf die Inseln im Wattenmeer zu bringen.
- Das Wattenmeer wird als Naturpark geschützt.
- Die Höhen im Norddeutschen Tiefland erreichen bis zu 200 Metern.
- Für die Entstehung von Ebbe und Flut ist die Anziehungskraft der Sonne verantwortlich.
- Das Watt wird täglich einmal überflutet.
- Typische Oberflächenformen in einem Mittelgebirge wie dem Sauerland sind abgerundete Berge, Hochflächen und Täler.
- Der höchste Berg im Sauerland ist der Kahle Asten.
- Der Harz ist Teil des Rheinischen Schiefergebirges.
- Der höchste Berg der Alpen liegt in den Ostalpen.
- Nur im Sommer kann das Vieh auf der Hochalm weiden.

**11** Ordne jedem dieser Begriffe mindestens zwei Merkmale zu (**M 4**).

**M 4** *Geo-Begriffestapel*

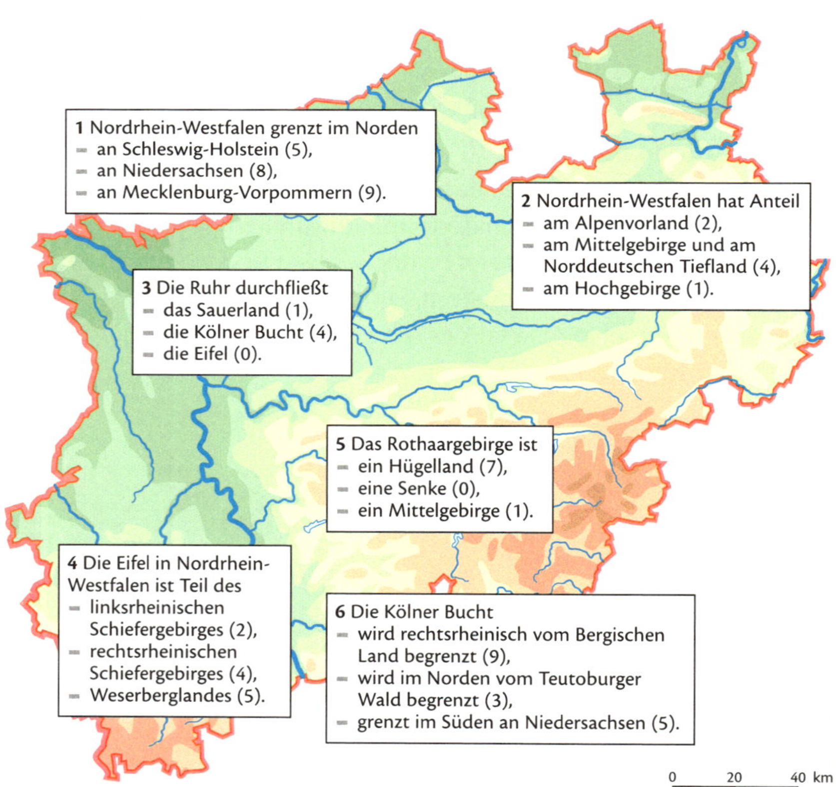


**M 5** *Fehlerfrei durch Nordrhein-Westfalen*

**12** Damit du den Weg durch Nordrhein-Westfalen fehlerfrei schaffst, musst du die richtigen Antworten finden. Es ist jeweils nur eine Antwort richtig (**M 5**).
Die Zahlen der richtigen Antworten der Aufgaben 1 bis 3 ergeben die Höhe des höchsten Berges in Nordrhein-Westfalen.
Die Zahlen der richtigen Antworten der Aufgaben 4 bis 6 ergeben die Länge der Ruhr in Kilometern.

## Können und anwenden

**13** Beschreibe und vergleiche die Bilder **M 6** und **M 7**. Beachte dabei die fünf Schritte für eine Bildbeschreibung. Lege eine Tabelle an, in der du die Ergebnisse festhältst (S. 38/39).

**M 6** *Hallig Hooge*

**M 7** *Hallig Hooge*

# Düsseldorf und Berlin

*Innenstadt von Düsseldorf*

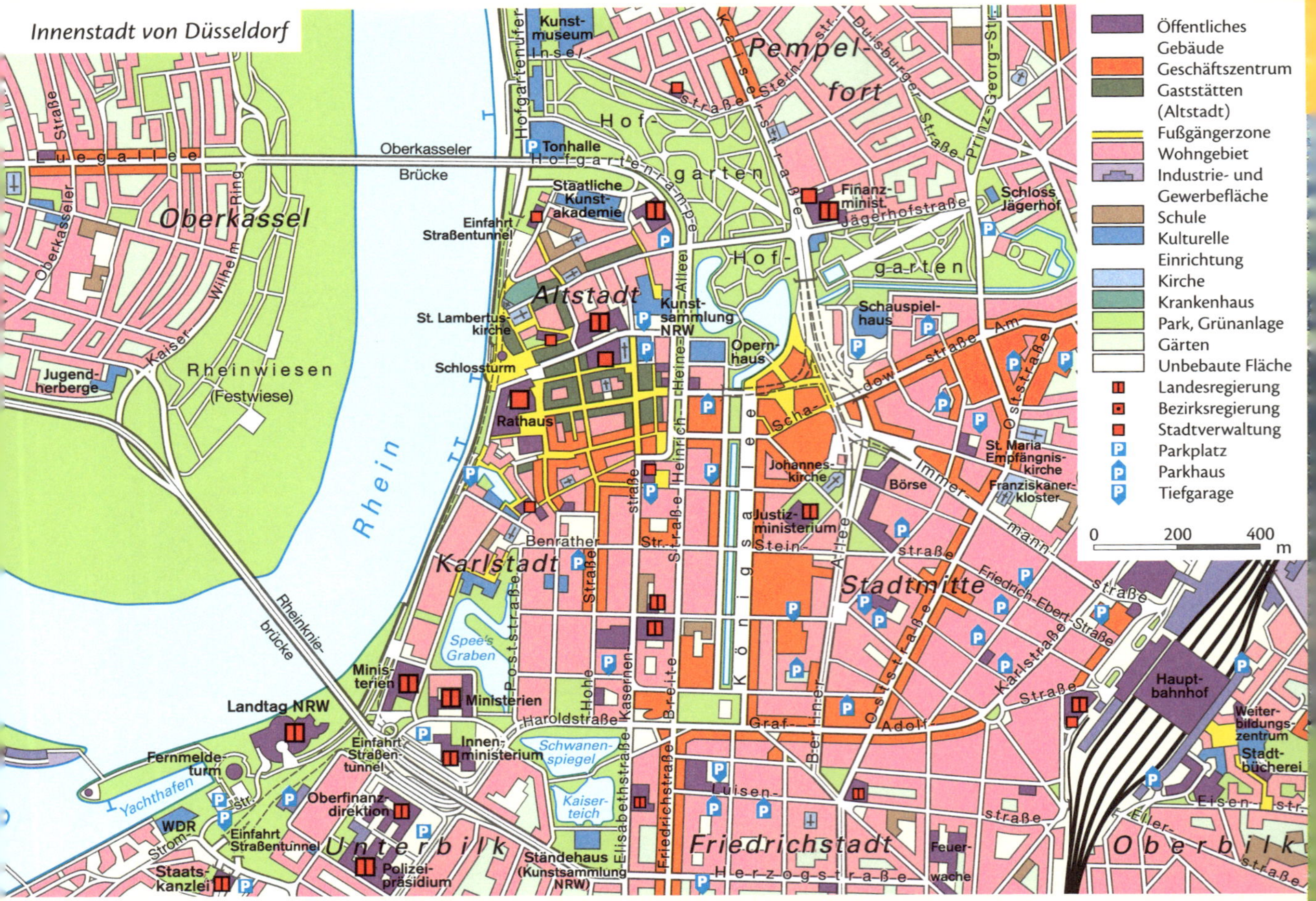


*Bundeshauptstadt Berlin*

**In diesem Kapitel lernst du**
- die Bundesländer Deutschlands und ihre Hauptstädte zu benennen,
- Merkmale einer Stadt zu beschreiben,
- die Bedeutung der Landeshauptstadt Düsseldorf und der Bundeshauptstadt Berlin zu erläutern,
- die Verflechtung von Stadt und Land zu erläutern.

**Dazu nutzt du**
- Bilder,
- das Internet,
- digitale Anwendungen,
- Stadtpläne und
- die Erkundung einer Stadt.

**Du beurteilst,**
- welche Vor- und Nachteile das Leben in der Stadt und auf dem Land hat.

Hier findest du alle Darstellungstexte zum Anhören:

cornelsen.de/webcodes
Code: bedonu

*Links: Landschaft bei Heiligenhaus*
*Rechts: Köln mit Rheinauhafen und Dom*

# Was ist eine Stadt?

**M 1** *Innenstadt von Köln*

| **Bezeichnung** | Einwohnerzahl |
|---|---|
| **Millionenstadt** | über 1 Million |
| **Großstadt** | über 100 000 |
| **Mittelstadt** | 20 000 bis 100 000 |
| **Kleinstadt** | ab 5000 |
| **Landstadt** | weniger als 5000 |

**Deutschland**
4 Millionenstädte, 76 Großstädte,
591 Mittelstädte, 2159 Kleinstädte

**Nordrhein-Westfalen**
1 Millionenstadt, 29 Großstädte,
141 Mittelstädte

**M 4** *Stadtgrößen in Deutschland (2017)*

**check-it**
- Städte nach ihrer Größe einordnen
- Merkmale einer Stadt benennen
- Verkehrsknoten erklären
- Tabellen und Fotos auswerten
- eine Kartenskizze zeichnen
- eine Mindmap erstellen

## Häuser- und Menschenmassen

Jeder war schon einmal in einer Stadt. Wer nicht in einer Stadt wohnt, wird dennoch häufiger die nächstgelegene Stadt besuchen. Jede Stadt bietet viel und hat ihre Besonderheiten. Es gibt aber auch einige Merkmale, die alle Städte gemeinsam haben.
Eine Stadt ist eine größere geschlossene Siedlung am Schnittpunkt von Verkehrswegen. Wer in eine Stadt kommt, dem fallen die eng zusammenstehenden Gebäude, der dichte Verkehr sowie die vielen Menschen auf. In Deutschland muss eine Stadt mindestens 2000 Einwohner haben. Die Einwohnerzahl allein macht aber noch keine Stadt aus. Ein Merkmal der Stadt ist die hohe **Bevölkerungsdichte**. Obwohl sie in einer Stadt im Durchschnitt hoch ist, gibt es doch große Unterschiede von Stadt zu Stadt. Aber auch innerhalb einer Stadt verändert sich die Bevölkerungsdichte von der Innenstadt zum Stadtrand hin oder von dicht bebauten Wohngebieten hin zu Gebieten mit Einfamilienhäusern mit Gärten.

**M 2** *Köln – dicht und hoch bebaut*

| **Deutschland** | 232 |
|---|---|
| Berlin | 4 055 |
| **Nordrhein-Westfalen** | 525 |
| Köln | 2 668 |
| Düsseldorf | 2 839 |
| Dortmund | 2 090 |
| Essen | 2 774 |
| Duisburg | 2 140 |
| Bonn | 2 307 |
| Münster | 1 034 |
| Aachen | 1 531 |
| Hagen | 1 170 |
| Bad Salzuflen | 538 |
| Jülich | 360 |
| Höxter | 184 |

*Quelle: Statistisches Bundesamt 2018*

**M 3** *Bevölkerungsdichte (Einwohner pro Quadratkilometer) 2017*

## Bebauungshöhe und -dichte

Schon aus der Ferne erkennt man Städte in der Regel anhand ihrer hohen und eng zusammenstehenden Gebäude. Das Innere der Städte ist gekennzeichnet durch Straßen, Fuß- und Radwege, Plätze und dicht nebeneinanderstehende Häuser. Da Baugrund nur begrenzt vorhanden ist, sind die Grundstückspreise besonders in den Innenstädten sehr hoch. Um Kosten zu sparen und den Baugrund optimal zu nutzen, haben die Gebäude einen vergleichsweise kleinen **Grundriss**, während sie im **Aufriss** sehr viele Stockwerke haben. Die höchsten Wohngebäude

Kölns haben rund 40 Stockwerke. Zum Stadtrand hin wird die Bebauung weniger dicht. Dort findet man neben Reihenhäusern auch freistehende Einfamilienhäuser mit Garten.
Die meisten Städte in Deutschland haben eine lange Geschichte. In der heutigen Innenstadt liegen meist die ältesten Teile der Stadt. Dies erkennt man häufig auch am **Baustil** der Gebäude. So stehen Häuser und Kirchen aus dem Mittelalter neben Wohn- und Geschäftshäusern aus den letzten Jahrhunderten und modernen Gebäuden.

## Kreuzungspunkte des Verkehrs

Typisch für eine Stadt sind die gut ausgebauten, vielfältigen **Verkehrswege** zur Fortbewegung der Menschen und zum Transport von Gütern. Damit weniger Personen mit dem eigenen Auto in die Städte fahren, werden für den Personenverkehr in den Städten Busse und Straßenbahnen, S- und U-Bahnen eingesetzt. Daneben sind Radwege oder Fahrradspuren angelegt.
Städte sind darüber hinaus mit dem eigenen **Umland** sowie anderen Regionen mit einem gut ausgebauten Straßen- und Autobahnnetz sowie Eisenbahnverbindungen verbunden. Viele größere Städte verfügen auch über einen Flughafen.
Kreuzen oder verbinden sich Verkehrswege, bilden sich Verkehrsknoten. Abhängig von der Art des Verkehrsmittels wird nach Eisenbahn-, Autobahn- und Wasserstraßenknoten unterschieden.

1 Nenne Merkmale einer Stadt am Beispiel von Köln (**M 1** bis **M 7**).
2 Trage in eine Kartenskizze von Nordrhein-Westfalen die in **M 3** genannten Städte ein und beschreibe ihre Lage (**M 3**, Karte S. 220).
3 Erkläre den Begriff Verkehrsknoten und wende ihn auf Köln an (**M 6**, Karte S. 220).
4 Bildet Gruppen und wählt jeweils eine Stadt Nordrhein-Westfalens aus. Begründet mithilfe einer Mindmap, warum es sich um eine Stadt handelt (**M 3**, **M 4**, ***Eine Mindmap erstellen***).

**M 5** *Historische Gebäude in der Altstadt von Köln*

**M 6** *Bahnhof Köln Messe/Deutz*

**M 7** *Fahrradständer am Bahnhof Köln West*

# Eine Stadt hat viele Gesichter

**check-it**
- Stadtviertel auf einem Stadtplan lokalisieren
- Funktionen einer Stadt benennen
- Gliederung in Stadtviertel beschreiben
- einen Stadtplan lesen
- ein Video erstellen

## Funktionen einer Stadt

Eine Stadt hat viel zu bieten. Für sehr viele Menschen ist sie der **Wohnort**. Sie leben zum großen Teil in der Stadt, weil sich dort auch eine Vielzahl von **Arbeitsplätzen** befinden. Zur **Versorgung** mit Lebensmitteln und anderen Waren gibt es Geschäfte mit einem vielfältigen Warenangebot. Kinder und Jugendliche gehen in der Stadt zur Schule. Weitere **Bildungseinrichtungen** wie Universitäten und Hochschulen sind vor allem in den Großstädten angesiedelt. Zur **Erholung** stehen in den Städten Sportplätze und -hallen, Schwimmbäder oder kulturelle Einrichtungen wie Theater, Kinos und Museen zur Verfügung.

## Stadtgliederung

Besonders dicht bebaut ist der Stadtkern, das Zentrum der Stadt. Der Stadtkern wird auch als **City** bezeichnet. Neben den zahlreichen Einzelhandelsgeschäften sind dort Banken sowie verschiedene öffentliche Einrichtungen wie Museen und Verwaltungsgebäude zu finden. Hier befinden sich häufig auch die ältesten Teile der Stadt, die Altstadt. Deshalb sind die Straßen sehr schmal und werden heute oft als Fußgängerzone genutzt. Damit die City auch ohne eigenes Auto gut erreichbar ist, wurde in den meisten Städten der öffentliche Nahverkehr in die Innenstädte gut ausgebaut.

Außerhalb des Stadtkerns ist die Bebauung weniger dicht. Einfamilienhäuser mit Gartengrundstücken stehen neben Mehrfamilienhäusern.

Am Rand des Stadtkerns liegen in der Regel der Bahnhof und in seiner Nähe die Stadtviertel der Gewerbe- und Industrieanlagen. Rund um den Stadtkern verlaufen oft Ring- und Ausfallstraßen.

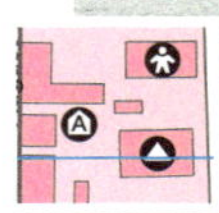

Im Zentrum findet man viele Fachgeschäfte, Kaufhäuser, Arztpraxen, Banken, Versicherungen und Gaststätten. Auch das Rathaus, Behörden und Rechtsanwälte haben hier ihre Büros. Die Hauptgeschäftsstraßen sind meistens Fußgängerzonen. Tagsüber drängen sich hier viele Menschen. Abends und nachts sind die Fußgängerzonen jedoch häufig fast menschenleer, da nur wenige Menschen im Stadtzentrum wohnen.

**M 1** *Geschäfts- und Verwaltungsviertel*

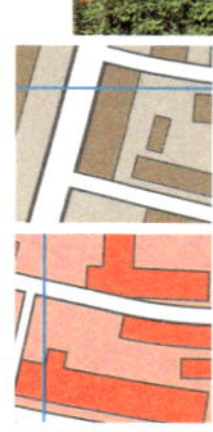

Die Wohn- und Mischviertel in der Nähe des Stadtzentrums bestehen meistens aus älteren mehrgeschossigen Wohnblöcken. In den Innenhöfen oder Untergeschossen befinden sich Handwerksbetriebe, Büros, Gaststätten oder kleine Läden. Je weiter man sich vom Stadtzentrum entfernt, desto aufgelockerter wird die Bebauung. Die Wohnhäuser haben häufig Gärten. Am Stadtrand liegen die Neubaugebiete mit Reihen- und Einfamilienhäusern.

**M 2** *Wohn- und Mischviertel*

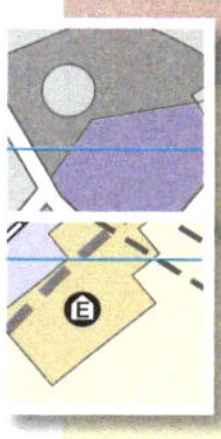

Große Industrie- und Gewerbeviertel befinden sich in der Nähe der Hauptverkehrswege. So können Rohstoffe und Waren schnell angeliefert beziehungsweise abtransportiert werden. Sie liegen häufig auch am Stadtrand. Dort ist noch ausreichend Platz und der Baugrund ist billiger als im Stadtzentrum.

**M3** *Industrie- und Gewerbeviertel*

Grün- und Erholungsflächen können Parks, Tennis-, Sport- oder Fußballplätze sowie Freibäder sein. Auch Kleingartenanlagen, Spielplätze oder Minigolfanlagen gehören dazu. Sie bieten den Stadtbewohnern die Möglichkeit, sich innerhalb der Stadt im Grünen zu erholen oder Sport zu treiben. Grün- und Erholungsgebiete gibt es überall in der Stadt.

**M4** *Grün-, Freizeit- und Erholungsflächen*

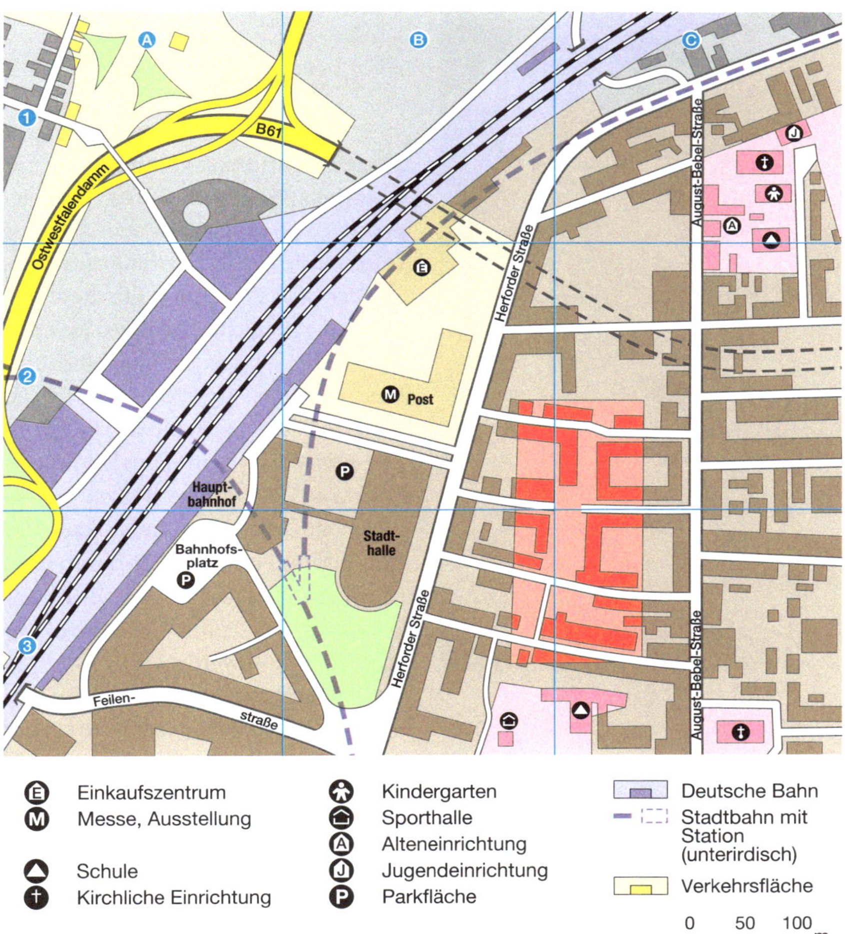


**M5** *Ausschnitt aus einem Stadtplan*

1 Nenne die Merkmale einer Stadt (Foto S. 65).

2 Suche die Stadtviertel auf dem Stadtplan und beschreibe ihre Lage (**M 1** bis **M 5**).

3 Beschreibe die vier Stadtviertel anhand der Fotos (**M 1** bis **M 4**).

4 Lege eine Tabelle an und ordne die Stadtviertel den Bereichen „Wohnen", „Arbeiten" und „Freizeit" zu. Beachte, dass manche Viertel auch mehreren Bereichen zugeordnet werden können (**M 1** bis **M 4**).

5 Berichte, zu welchem Zweck du dich in der Stadt aufhältst und welche Viertel du dabei aufsuchst.

6 Miss auf dem Stadtplan die Entfernung vom Hauptbahnhof zur Jugendeinrichtung und vom Hauptbahnhof zum Einkaufszentrum. Wie viele Meter sind es in der Wirklichkeit (**M 5**)?

7 Erkundet die Umgebung eurer Schule. Erstellt ein Video von eurem Erkundungsgang, in dem die Art und Dichte der Bebauung deutlich wird. Wertet euer Video aus und ordnet die Umgebung der Schule einem Stadtviertel zu (MK ***Audio- und Videobearbeitung***).

# Düsseldorf – unsere Landeshauptstadt

**M 1** *Der Landtag von Nordrhein-Westfalen, rechts das „Stadttor"*

**M 2** *Der Landtag von oben*

| | |
|---|---|
| **Einwohner** | 639 407 |
| **Stadtgebiet** | insgesamt 217 km² (davon linksrheinisch 12,8 km²) |
| **Sehenswürdigkeiten** | z. B. Altstadt, Burgplatz, Rheinuferpromenade, Königsallee, Landtag, Medienhafen, Rheinturm, Messegelände, Schloss Benrath |

**M 3** *Düsseldorf in Zahlen (2018)*

**check-it**
- geographische Lage von Düsseldorf beschreiben
- Merkmale einer Landeshauptstadt nennen
- Bedeutung von Düsseldorf erläutern
- eine Stadtbesichtigung planen

## Sitz der Landesregierung

Nordrhein-Westfalen wurde 1946 gegründet. Seine Landeshauptstadt ist Düsseldorf. Die Landeshauptstadt ist Sitz der Landesregierung. Für diese entstanden zahlreiche neue Gebäude. Eines davon ist das Landtagsgebäude. Hier tagen die Abgeordneten, das sind die gewählten Vertreter der Bürgerinnen und Bürger von ganz Nordrhein-Westfalen. Die Abgeordneten treffen sich in einem großen runden Raum im Landtag, im Plenarsaal. Sie besprechen Dinge, die alle Menschen in Nordrhein-Westfalen angehen, zum Beispiel wo Schulen gebaut werden.

Die Ministerpräsidentin oder der Ministerpräsident haben ihre Büros in der Staatskanzlei. Das ist ein modernes Bürohochhaus, nicht weit vom Landtag entfernt. Es wird auch Stadttor genannt.

Die große Bedeutung von Düsseldorf lässt sich auch daran ablesen, dass der Westdeutsche Rundfunk in der Landeshauptstadt ein großes Landesstu-

dio hat. Außerdem haben sich fast 500 japanische Firmen in Düsseldorf niedergelassen.
Die Düsseldorfer Altstadt ist schon über 700 Jahre alt. Sie ist bis heute das Zentrum der Landeshauptstadt geblieben. Ihre Fläche beträgt gerade einmal 800 mal 800 Meter. Fast alle Besucher Düsseldorfs kommen hierher. Die Menschen lieben die engen Gassen und die mehr als 200 Restaurants, Gaststätten und Cafés. Abends ist besonders viel los. Tagsüber laden Geschäfte, Shops und Boutiquen zum Einkaufsbummel ein.

### „Kultur ist cool!"

Aber die Altstadt dient nicht nur der **Versorgung**, sondern auch der **Bildung** und **Forschung**. Die Museen bieten für jeden Geschmack etwas. Kunstinteressierte gehen in die Kunstsammlung. Dort finden nicht nur Führungen und Kurse, sondern auch Ferienaktionen für Kinder statt.
In Düsseldorf laden Museen die ganze Familie zu einem Rundgang ein. Es gibt viele unterschiedliche Aktionen und Führungen in den Museen. Auch viele Theater bieten Programme für Kinder und Jugendliche an. Wer möchte, kann das Marionetten-, Puppen- oder Kinder- und Jugendtheater besuchen.

1 Beschreibe die geographische Lage von Düsseldorf (Karte S. 220, Atlas).
2 Nenne Gebäude, die zur Landesregierung gehören, und beschreibe ihre Lage (**M 1, M 2,** Karte S. 63 oben).
3 Erläutere die Bedeutung von Düsseldorf (**M 1** bis **M 5**).
4 Ben bekommt Besuch von seinem Cousin Leon. Er möchte mit ihm Düsseldorf besichtigen. Zur Vorbereitung sammelt er Ideen für eine Besichtigungstour (**M 1** bis **M 5**; Karte S. 63 oben, ***Internetrecherche, Ideen sammeln***).

Hier findest du zusätzliche Informationen und Links:

cornelsen.de/webcodes
Code: puduni

**M 4** *Die Altstadt von Düsseldorf*

**M 5** *Der Medienhafen*

*Hallo Arne,*
*meine Eltern und ich holen dich vom Bahnhof ab. Wir machen gleich einen Stadtbummel. Zuerst gehen wir zum Rheinturm. Von dort oben haben wir einen tollen Blick auf Düsseldorf. Wenn du Lust hast, sehen wir uns den Medienhafen näher an. Oder wir spazieren gleich die Rheinuferpromenade entlang. Dort zeige ich dir den Landtag. Bis zur Altstadt ist es nicht mehr so weit. Am Schlossturm können wir eine kleine Pause machen. Ich erzähle dir dann, was ich über unsere Landeshauptstadt weiß.*
*Tschüss Jörn*

**M 6** *Zu Besuch in Düsseldorf*

# Deutschland und seine Bundesländer

**check-it**
- Bundesländer und ihre Hauptstädte benennen und lokalisieren
- Nachbarländer Deutschlands benennen
- Bundesländer vergleichen
- politische Karte lesen
- ein Quiz erstellen
- eine Internetrecherche durchführen

## Deutschland und seine Bundesländer

Wir sprechen von Deutschland, doch der richtige Name unseres Staates lautet Bundesrepublik Deutschland. Die Bundesrepublik besteht aus einem Bund, das heißt einem Zusammenschluss von 16 Bundesländern. Hamburg, Bremen und die Bundeshauptstadt Berlin sind Stadtstaaten, die 13 anderen Bundesländer sind Flächenstaaten. In den Landeshauptstädten der Bundesländer haben die Landtage und die Landesregierungen ihren Sitz. Sie entscheiden über Angelegenheiten des Bundeslandes, wie zum Beispiel die Schul- und Kulturpolitik.

Die Bundesrepublik Deutschland wurde im Jahre 1949 gegründet und bestand zunächst aus elf Bundesländern. 1990 wurden die Bundesländer Brandenburg, Mecklenburg-Vorpommern, Sachsen-Anhalt, Sachsen und Thüringen neu gegründet. Sie traten am 3. Oktober 1990 der Bundesrepublik Deutschland bei.

1 Benenne die Nachbarländer Deutschlands (**M 4**, Karte S. 223, Atlas).

2 Fertige eine Tabelle an, in der du den Bundesländern ihre Landeshauptstädte zuordnest (**M 4**).

3 Ordne die Bundesländer Deutschlands
**a)** nach der Flächengröße und
**b)** nach der Einwohnerzahl (**M 3**).

4 Begründe, warum in Berlin, Hamburg und Bremen viel mehr Einwohner auf einem Quadratkilometer leben als in den anderen Bundesländern (**M 3**).

5 Arbeitet in Gruppen. Erstellt jeweils ein Quiz zu den Bundesländern, das ihr dann von den anderen Gruppen lösen lasst (**M 3** und **M 4**, ***Ein Quiz erstellen***).

6 Beschreibe die Fahne Deutschlands und das Wappen von Nordrhein-Westfalen. Recherchiere im Internet über die Bedeutung des Wappens und fasse deine Ergebnisse in einem Kurzvortrag zusammen (**M 1**, **M 2**).

Hier findest du zusätzliche Informationen und Links:

cornelsen.de/webcodes
Code: dojuha

**M 1** *Fahne der Bundesrepublik Deutschland*

**M 2** *Wappen von Nordrhein-Westfalen*

| | Fläche in km² | Einwohner 2017 | Einwohner je km² |
|---|---|---|---|
| Baden-Württemberg | 35 748 | 11 023 425 | 308 |
| Bayern | 70 542 | 12 997 204 | 184 |
| Berlin | 891 | 3 613 495 | 4055 |
| Brandenburg | 29 654 | 2 504 040 | 84 |
| Bremen | 419 | 681 032 | 1624 |
| Hamburg | 755 | 1 830 584 | 2424 |
| Hessen | 21 116 | 6 243 262 | 296 |
| Mecklenburg-Vorpommern | 23 294 | 1 611 119 | 69 |
| Niedersachsen | 47 710 | 7 962 775 | 167 |
| Nordrhein-Westfalen | 34 112 | 17 912 134 | 525 |
| Rheinland-Pfalz | 19 858 | 4 073 679 | 205 |
| Saarland | 2 571 | 994 187 | 387 |
| Sachsen | 18 450 | 4 081 308 | 221 |
| Sachsen-Anhalt | 20 454 | 2 223 081 | 109 |
| Schleswig-Holstein | 15 804 | 2 889 821 | 183 |
| Thüringen | 16 202 | 2 151 205 | 133 |
| **Deutschland** | **357 582** | **82 792 351** | **232** |

*Quelle: Statistisches Bundesamt 2018*

**M 3** *Fläche und Einwohner der Bundesländer*

**M 4** *Die politische Gliederung der Bundesrepublik Deutschland*

# Bundeshauptstadt Berlin

**M 1** *Schrägluftbild des Regierungsviertels in Berlin (2015)*

**check-it**
- Gebäude auf Luftbild und Karte lokalisieren
- Lage und Ausdehnung Berlins beschreiben
- Geschichte Berlins erläutern
- Funktionen Berlins als Bundeshauptstadt kennen
- Regierungsgebäude benennen
- eine Mindmap erstellen
- Bedeutung Berlins als Bundeshauptstadt beurteilen

## Bundeshauptstadt …

Nach der Wiedervereinigung beschloss das deutsche Parlament, dass Berlin wieder deutsche Hauptstadt werden sollte. In den folgenden Jahren entstand rund um das völlig umgebaute Reichstagsgebäude, in dem der Bundestag untergebracht ist, das Regierungsviertel. Im Schloss Bellevue wurde der Sitz des Bundespräsidenten eingerichtet.

| | |
|---|---|
| 1871 | Nach der Vereinigung der zahlreichen deutschen Kleinstaaten wird Berlin Hauptstadt des Deutschen Reiches. |
| 1920 | Berlin hat bereits 3,8 Mio. Einwohner und ist größte Industriestadt und ein kulturelles Zentrum Europas. |
| 1945 | Ende des Zweiten Weltkriegs: Deutschland und Berlin werden von den Siegermächten in vier Sektoren geteilt. |
| 1949 | Gründung der Bundesrepublik Deutschland und der Deutschen Demokratischen Republik (DDR); Berlin (Ost) wird Hauptstadt der DDR. |
| 1961 | Die DDR baut quer durch Berlin eine Mauer, die Berlin (Ost) und Berlin (West) trennt. |
| 1989 | Die Berliner Mauer fällt, die innerdeutschen Grenzen werden geöffnet. |

**M 2** *Aus der Geschichte Berlins*

## … und Weltstadt

Mit rund 3,6 Millionen Einwohnern ist Berlin die größte Stadt Deutschlands und als **Bundeshauptstadt** das politische Zentrum. Regierung und Parlament, Ministerien, die Vertretungen der Landesregierungen und Botschaften anderer Staaten, aber auch alle wichtigen Rundfunk- und Fernsehanstalten sowie Pressehäuser haben ihren Sitz in der Stadt. Berlin ist somit auch ein wichtiges Medienzentrum. Täglich kommen sowohl aus beruflichen als auch aus privaten Gründen viele Besucher aus aller Welt in die Bundeshauptstadt. Der Tourismus ist der Wirtschaftszweig mit den höchsten Wachstumszahlen in Berlin. In der Weltstadt Berlin finden die Touristen neben eleganten Geschäftsstraßen eine Vielzahl von Museen sowie anderen kulturellen Einrichtungen vor. Auch der Messestandort Berlin hat internationale Bedeutung.

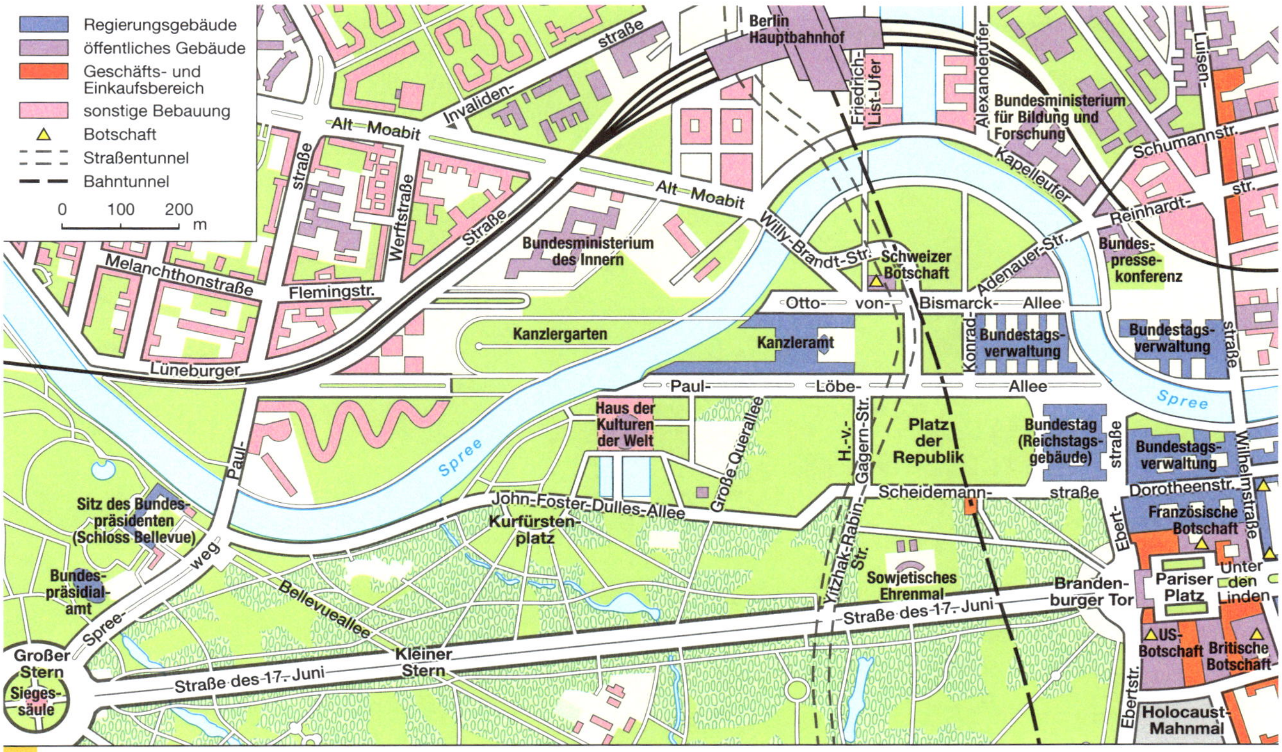


**M 3** *Das Regierungsviertel im Stadtplan*

**M 4** *Schloss Bellevue – Amtssitz des Bundespräsidenten*

**M 5** *Berliner Wappen*

## Wissenschafts- und Wirtschaftszentrum

In Berlin sind eine Vielzahl von Universitäten, Hochschulen und Forschungseinrichtungen angesiedelt. Diese arbeiten eng mit der Industrie zusammen, sodass in Berlin Produkte der Zukunftstechnologien entwickelt und produziert werden, wie zum Beispiel aus den Bereichen Bio- und Medizintechnik, Informations- und Kommunikationstechnik sowie Medien und Verkehrstechnik.

1 Berichte, wann Berlin im Laufe seiner Geschichte die Hauptstadt Deutschlands war (**M 2**).

2 Beschreibe den Verlauf der Spree durch Berlin. Miss die Länge und nenne die Stadtteile, die der Fluss von Osten nach Westen durchfließt. In welchen Fluss mündet die Spree (Karten S. 63 unten, S. 35 und S. 222, Atlas)?

3 Erstelle eine Mindmap, welche Funktionen eine Bundeshauptstadt hat. Vergleiche mit der Landeshauptstadt Düsseldorf (S. 68/69, *Eine Mindmap erstellen*).

4 Nenne die Gebäude im Regierungsviertel und beschreibe ihre Lage (**M 1, M 3, M 4**).

5 Orientiere dich auf dem Schrägluftbild: Beschreibe den Verlauf der Spree, die Lage des Hauptbahnhofs und des Bundestags (**M 1, M 3**).

6 Beurteile die Bedeutung Berlins als Bundeshauptstadt.

Hier findest du zusätzliche Informationen und Links:

cornelsen.de/webcodes
Code: gixawa

# Wir erkunden eine Stadt

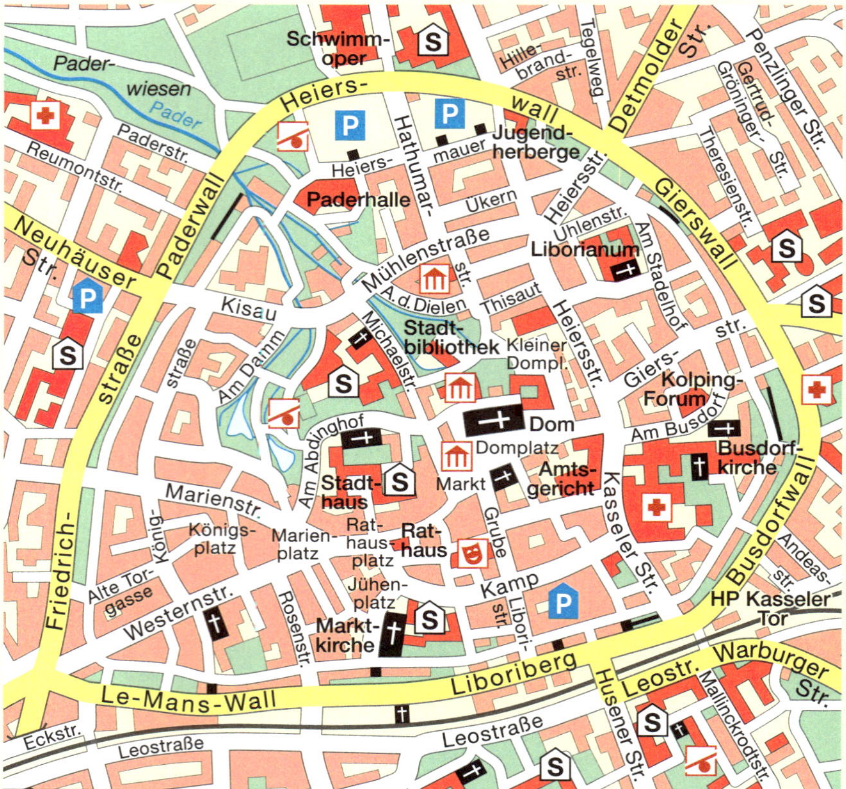


**M 1** *Stadtplan der Innenstadt von Paderborn*

Kennst du deine Stadt? „Ja klar“, denkst du – aber kennst du sie so richtig mit allem, was sie zu bieten hat? Du weißt vielleicht, wo ihr einkaufen geht, kennst einige Sehenswürdigkeiten und weißt, wo die nächste Bushaltestelle ist. Aber eine Stadt hat viele Gesichter – und wir wollen diese erkunden.

**M 2** *Schülerinnen und Schüler bei der Stadterkundung*

## 1. Schritt: Wir planen die Erkundung

Bevor wir unsere Stadt erkunden, gibt es einiges zu bedenken und zu planen.

### Zuerst müsst ihr festlegen, was ihr genau erkunden wollt:

Ihr könnt erkunden, wie die Straßen oder Häuser genutzt werden, und eine **Nutzungskartierung** erstellen, ihr könnt eine **Stadtviertelerkundung** durchführen, erforschen, wie sich die Stadt heute im Vergleich zu früher verändert hat, oder ihr erkundet, welche Sehenswürdigkeiten wo in der Stadt zu finden sind.

**Entscheidet euch, ob ihr in Gruppen oder im Klassenverband arbeiten wollt.**

### A) Nutzungskartierung einer Geschäftsstraße

- Wähle mithilfe des Stadtplans das Untersuchungsgebiet aus.
- Erstelle eine Kartiervorlage, indem du zum Beispiel den Stadtplan vergrößert kopierst.
- Fotografiere die Straße.
- Befrage eventuell Anwohner, Ladenbesitzer oder Gastronomen zur Nutzung.
- Kartiere die Nutzung.

### B) Ein Stadtviertel erkunden

Wählt mithilfe des Stadtplans mehrere unterschiedliche Stadtviertel aus und grenzt das Untersuchungsgebiet ab. Entwickelt einen Untersuchungsbogen und stellt Fragen zusammen. Hier ein Beispiel:

### Historische Entwicklung der Altstadt

Untersucht den Stadtplan und die Altstadt selbst mithilfe der folgenden Fragen. Ihr könnt euch gerne aufteilen!

- Gab es früher eine Stadtmauer? Wenn ja, wo war sie? Gibt es sie heute noch?
- Sind noch Stadttore erhalten?
- Welche Kirchen gibt es – und wie alt sind sie?
- Wo befinden sich historische Gebäude wie zum Beispiel Burgen, Brunnen oder Denkmäler?
- Markiert diese Besonderheiten im Stadtplan oder erstellt eine Stadtplanskizze.
- Fotografiert Sehenswürdigkeiten und historische Gebäude.
- Informiert euch zum Beispiel im Stadtarchiv, im Stadtmuseum, in Reiseführern oder auf der Homepage eurer Stadt über die geschichtlichen Hintergründe.
- Notiert euch zu ausgewählten Sehenswürdigkeiten oder Strukturen die gesammelten Informationen.

## 2. Schritt: Wir führen die Stadterkundung durch

Nachdem die Planungen und Vorbereitungen abgeschlossen sind, kann die eigentliche Stadterkundung stattfinden.

### Durchführung:

- Achtet darauf, dass die Arbeitsmittel vollständig sind.
- Begebt euch in das ausgewählte Untersuchungsgebiet.
- Markiert auf dem Stadtplan die Straßen oder das Stadtviertel, das ihr untersuchen wollt.
- Legt fest, wie lange die Erkundung dauern soll.
- Verteilt gegebenenfalls die Aufgaben: Wer fotografiert? – Wer skizziert? – Wer führt Befragungen zum Beispiel der Geschäftsleute durch?
- Markiert in eurem Stadtplan, welche Gebäude ihr fotografiert oder zu welchem Gebäude/welcher Straße ihr Informationen gesammelt habt, damit bei der Auswertung eine Zuordnung und Verortung möglich ist.

**M3** *Arbeitsmittel für die Erkundung*

## 3. Schritt: Wir werten die Stadterkundung aus und präsentieren die Ergebnisse

Bereits vor der Stadterkundung solltet ihr überlegen, wie die Ergebnisse der Stadterkundung gesammelt und zusammengestellt werden.

### Folgende Möglichkeiten bestehen:

- Ihr könnt auf Plakaten oder Schautafeln eure Fotos, Zeichnungen, Kartenskizzen, Texte präsentieren und eure Erkenntnisse und Schlussfolgerungen darstellen.
- Eine weitere Möglichkeit ist die Ergebnissicherung mithilfe eines Erkundungstagebuchs, in dem ihr alle Ergebnisse der einzelnen Arbeitsgruppen sammelt.
- Ihr könnt am Computer mithilfe eines Präsentationsprogramms einen Vortrag gestalten, in den ihr eure Fotos, Skizzen und Schlussfolgerungen einbaut.
- Welche Schlussfolgerungen könnt ihr aus eurer Erkundung ziehen? Könnte man zum Beispiel das Stadtviertel noch kinderfreundlicher gestalten? Gäbe es Anreize, um noch mehr Touristen anzulocken? Müsste man ein Stadtviertel vielleicht dringend erneuern? Sollte man eine neue Ampel oder einen Zebrastreifen ergänzen, damit das Viertel sicherer wird?

**M4** *Schautafel: Nutzungskartierung einer Fußgängerzone*

Wenn ihr eure Ergebnisse präsentieren wollt, überlegt, wen ihr zur Präsentation der Ergebnisse einladen wollt: eure Parallelklasse, die ganze Schule, eure Eltern oder auch Mitarbeiter der Stadtverwaltung.

# Stadt und Umland – eng verflochten

**check-it**
- Stadt-Umland-Beziehungen beschreiben
- Begriff Suburbanisierung erklären
- Ursachen und Auswirkungen der hohen Pendlerzahlen erörtern
- Verflechtung von Stadt und Umland erläutern

## Die Stadt – Zentrum für das Umland

Die Städte und ihr Umland, das Gebiet, das sie umgibt, sind auf vielfältige Weise miteinander verbunden. In den Städten gibt es viele Angebote, wie zum Beispiel spezielle Geschäfte, Krankenhäuser und Fachärzte, kulturelle Einrichtungen wie Museen, Theater oder Kinos, Banken und Versicherungen oder weiterführende Schulen und Universitäten, die nicht nur von den Stadtbewohnern genutzt werden, sondern auch von den Menschen, die im Umland der Städte wohnen. Sie nehmen weite Wege in Kauf, um als **Einkaufs-** oder **Freizeitpendler** die besonderen Angebote der Stadt nutzen zu können.

**„WDR, 7:32 Uhr. Die aktuellen Verkehrsmeldungen: A 4 zwischen Kreuz Kerpen und Köln-Eifeltor stockender Verkehr …“**
Adrians Vater schaltet das Radio ab. Er ist froh, dass er die S-Bahn benutzen kann. Die Familie wohnt in Düren. Der Vater arbeitet in Köln. Die S-Bahn-Fahrt in die Innenstadt dauert etwa 40 Minuten. Vom Hauptbahnhof Köln läuft er zu Fuß zu seiner Arbeitsstelle.

*Welche Produkte verkaufen Sie direkt in Ihrem Hofladen?*
Landwirt: Bei uns gibt es frisches Gemüse, Salat und Obst. Besonders gerne werden Marmeladen und Apfelsaft gekauft. Meine Frau stellt beides aus unseren eigenen Früchten selbst her.
*Wer sind denn Ihre Kunden?*
Zu uns kommen Stammkunden von hier und aus Köln. Mittwochs und samstags haben wir dort auch einen Stand auf dem Wochenmarkt.

**M 2** *Stadt und Umland ergänzen sich*

## Das Umland – nicht nur Natur

Viele Menschen finden in Städten Arbeitsplätze. Deshalb steigt die Bevölkerung an und Wohnungen werden knapp und teuer. Im Umland großer Städte ist meist ausreichend Platz vorhanden und Grundstückspreise sowie Mieten sind in der Regel niedriger als in der Stadt. Aus diesem Grund ziehen viele Familien dorthin ins Grüne. Am Rand der Umlandgemeinden entstanden große Neubaugebiete mit Einfamilienhäusern oder kleineren Wohnanlagen. Zunächst ziehen die Menschen aus der Stadt in die stadtnahen Umlandgemeinden. Wenn das Bevölkerungswachstum jedoch weiter anhält, dehnt sich die bebaute Fläche zwischen Stadt und Umland immer weiter aus. Auch Einkaufszentren und Industriebetriebe, die viel Platz benötigen, siedeln sich im Umland an. Dieser Vorgang wird als **Suburbanisierung** bezeichnet.

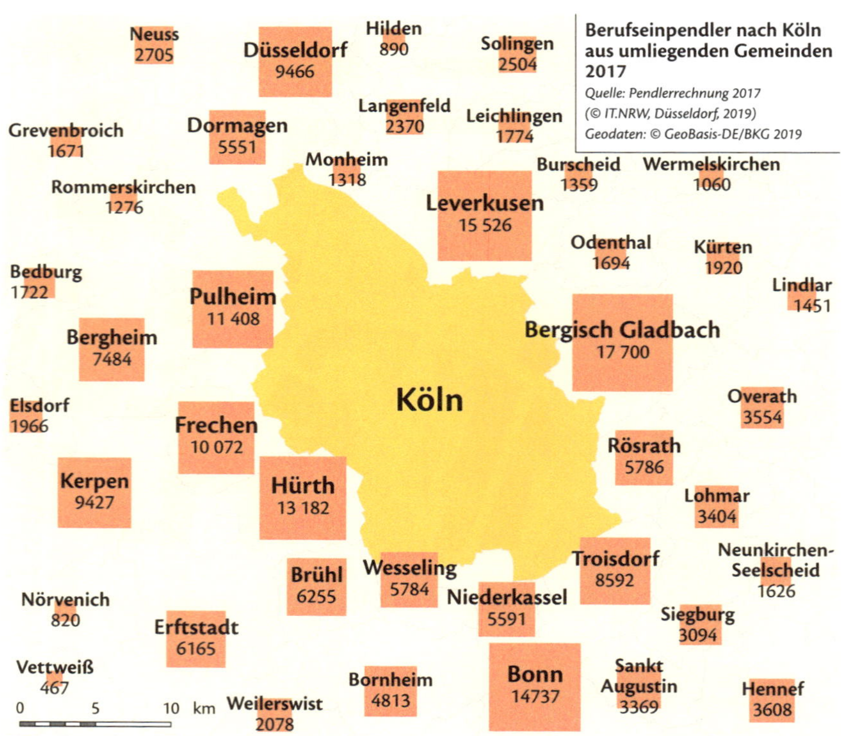


**M 1** *Einpendler nach Köln aus dem Umland*

## Pendler

Viele Bewohner des Umlandes pendeln täglich in die Stadt, um dort zu arbeiten, zu studieren oder die Schule zu besuchen. Sie müssen oft weite Wege zurücklegen, da die Wohn- und die Arbeitsstätten der Menschen weit auseinander liegen. Wegen der vielen Pendler sind morgens nicht nur die Straßen, sondern auch Busse und Bahnen in die Städte total überfüllt. Abends wollen dann alle wieder nach Hause in die Umlandgemeinden. Deshalb staut sich am Abend der Verkehr aus der Stadt heraus und auch Busse und Bahnen stadtauswärts sind überfüllt. Um die Situation zu entlasten, werden neue Verkehrswege gebaut, sodass weitere Flächen bebaut werden.

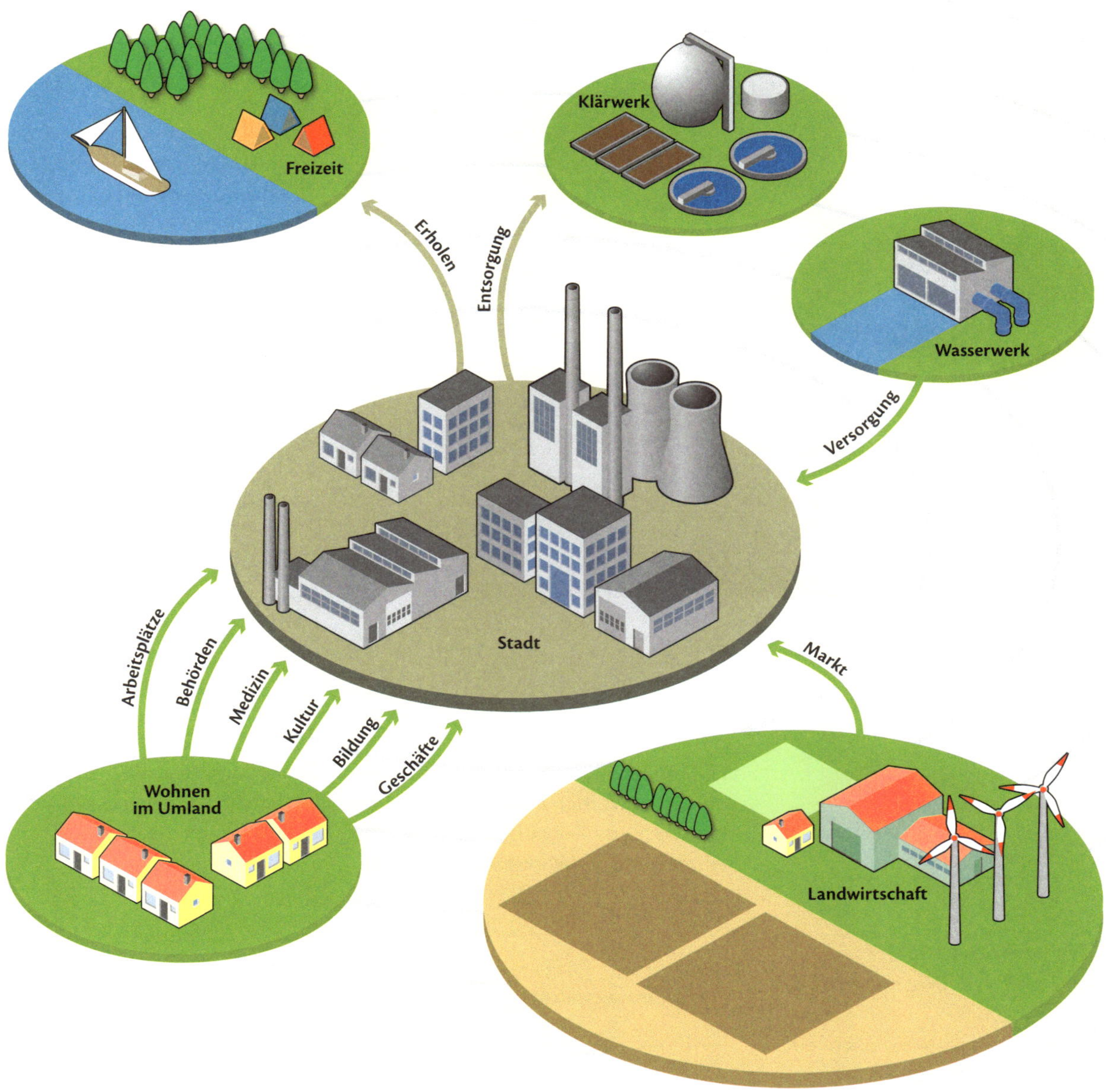


**M 3** *Stadt und Umland sind eng verflochten*

1 Berichte, wenn du im Umland wohnst, wozu du in die Stadt kommst, und wenn du in der Stadt wohnst, wozu du ins Umland fährst.

2 Erkläre an einem Beispiel, was man unter Suburbanisierung versteht (**M 3**).

3 Erstelle eine Rangliste, aus welchen Gemeinden die meisten Einpendler nach Köln kommen (**M 1**).

4 Erläutere, weshalb Menschen vom Umland in die Stadt pendeln (**M 3**).

5 Nenne Probleme, die auftreten können, wenn viele Menschen vom Wohnort zum Arbeitsplatz in der Stadt pendeln (**M 1**, **M 2**).

6 Stadt und Umland sind eng verbunden. Erläutere diese Aussage (**M 1** bis **M 3**).

7 Viele Schülerinnen und Schüler fahren vom Umland in die Stadt zur Schule. Befragt sie und erstellt Videos oder Audioaufnahmen von ihren Berichten zu Erfahrungen und Erlebnissen auf dem Weg zur Schule (MK ***Audio- und Videobearbeitung***).

# Das Umland verändert sich – Verdichtungsräume entstehen

**M 1** *Neubaugebiet im Umland von Köln*

Ein Verdichtungsraum ist durch folgende Merkmale gekennzeichnet:
- In ihm leben mehr als 150 000 Menschen auf mehr als 100 Quadratkilometern.
- Es leben mehr als 1000 Menschen auf einem Quadratkilometer.
- Hier gibt es eine hohe Zahl an Arbeitsplätzen.

Ein Verdichtungsraum muss nicht mit Stadtgrenzen oder Grenzen eines Bundeslandes übereinstimmen.

**M 2** *Merkmale eines Verdichtungsraums*

**check-it**
- Wandel von Dörfern im stadtnahen Raum erläutern
- Begriff Verdichtungsraum erklären
- Verdichtungsräume verorten
- Veränderungen im stadtnahen ländlichen Raum beurteilen

## Dörfer verändern sich

Früher arbeiteten in einem **Dorf** die meisten Bewohner in der Landwirtschaft. Daneben gab es noch einige Handwerksbetriebe, kleine Läden und ein Gasthaus.

Heute arbeiten in den stadtnahen Dörfern nur noch wenige Menschen in der Landwirtschaft. Auch die meisten Handwerksbetriebe sind aus den Dörfern verschwunden. In vielen Dörfern gibt es noch eine Metzgerei und einen Bäckerladen. Vor allem in den Dörfern im Umland der größeren Städte haben sich am Dorfrand Supermärkte oder Einkaufsmärkte angesiedelt oder die Dorfbewohner kaufen ihre Lebensmittel in der Stadt.

Das Aussehen der Dörfer im Umland der größeren Städte hat sich in den letzten Jahrzehnten wegen der Suburbanisierung stark verändert. Viele Menschen, vor allem Familien mit Kindern, ziehen es vor, auf dem Land zu wohnen, obwohl sie in der Stadt arbeiten. So sind in den Umlandgemeinden größerer Städte große Neubaugebiete mit Einfamilienhäusern entstanden. Bauernhäuser wurden umgebaut zu Wohnhäusern, aus Scheunen und Ställen wurden kleine Werkstätten, Gasthäuser oder Wohnungen. Entlang der Straßen und Eisenbahnlinien haben sich Gewerbegebiete angesiedelt. So entstehen auch wieder neue Arbeitsplätze in den Dörfern.

| Verdichtungsraum | Fläche in km² | Einwohner |
|---|---|---|
| Rhein-Ruhr | 8 984,47 | 11 084 366 |
| Berlin | 2 793,98 | 4 469 449 |
| Rhein-Main | 2 554,57 | 3 105 832 |
| Stuttgart | 2 972,65 | 2 966 440 |
| München | 2 000,18 | 2 336 169 |
| Hamburg | 1 382,57 | 2 320 575 |
| Rhein-Neckar | 1 338,58 | 1 400 533 |
| Nürnberg/Fürth/Erlangen | 1 563,45 | 1 217 722 |
| Halle/Leipzig | 1 248,30 | 1 027 669 |
| Bielefeld | 1 158,34 | 926 761 |
| Chemnitz/Zwickau | 2 039,55 | 883 743 |
| Hannover | 573,47 | 792 433 |
| Dresden | 645,13 | 783 977 |
| Saar | 1 308,33 | 763 815 |

*Quelle: Statistisches Bundesamt 2018*

**M 3** *Fläche und Einwohner ausgewählter Verdichtungsräume (2017)*

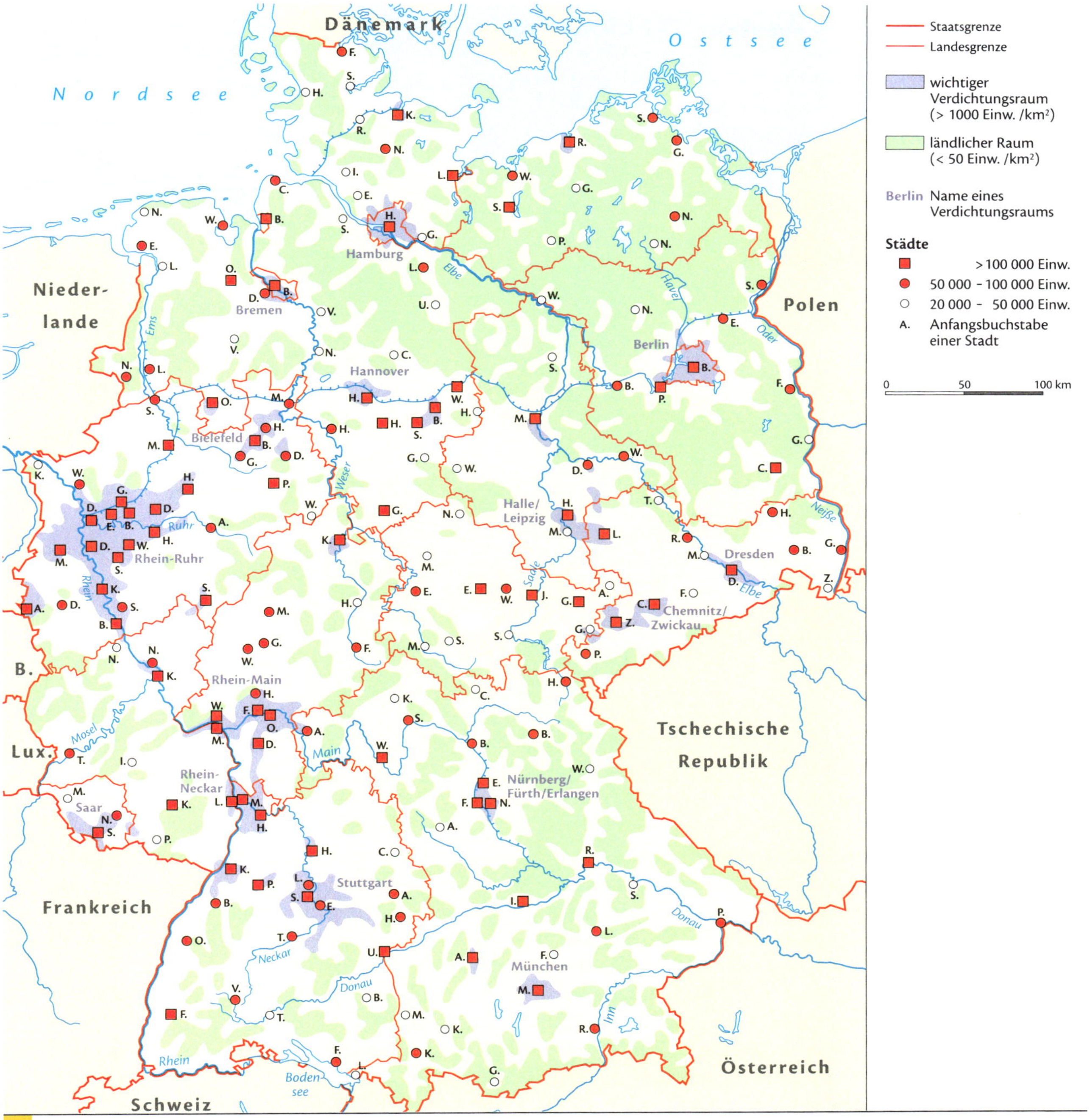


**M 4** *Verdichtungsräume in Deutschland*

## Verdichtungsräume entstehen

Verdichtungsräume sind Räume mit besonders hoher Bevölkerungsdichte und großer Wirtschaftsleistung. Sie bestehen aus einer oder mehreren großen Städten und ihrem Umland. Verdichtungsräume üben eine starke Anziehungskraft aus, da sie nicht nur über gute Bildungseinrichtungen, Krankenhäuser und Ärzte, Geschäfte und kulturelle Angebote sowie eine gute Verkehrsanbindung verfügen, sondern auch eine Vielzahl von Arbeitsplätzen zur Verfügung stellen. So hält der Zuzug in die Verdichtungsräume weiter an. Immer mehr Wohnsiedlungen, Gewerbegebiete und Verkehrswege entstehen. So gingen 2013 in Deutschland täglich mehr als 60 Hektar Landwirtschafts- und Erholungsfläche durch Bebauung verloren. Das entspricht etwa einer Fläche von 86 Fußballfeldern. Allein in Nordrhein-Westfalen werden täglich etwa 9 Hektar bebaut, was der Fläche von 13 Fußballfeldern entspricht.

1 Erläutere die Veränderungen im stadtnahen ländlichen Raum (**M 1**).

2 Erkläre, was man unter einem Verdichtungsraum versteht (**M 2**).

3 Benenne die Verdichtungsräume in Nordrhein-Westfalen und beschreibe ihre Lage (**M 4**).

4 Vergleiche die Verdichtungsräume hinsichtlich ihrer Größe und Einwohnerzahl (**M 3**).

5 Bildet Gruppen und diskutiert die Vor- und Nachteile der Veränderungen im Umland aus der Sicht eines Landwirts, einer Bewohnerin einer Neubausiedlung, eines Naturschützers und eines Dorfpolitikers.

# Wir untersuchen den Verkehr

**M 1** *Verkehrszählung an einer Kreuzung*

## Die Verkehrszählung – eine Informationsquelle

Viele Menschen klagen über die Lärm- und Abgasbelästigung durch den Straßenverkehr. Fußgänger möchten, dass an viel befahrenen Straßen Fußgängerampeln errichtet werden. Autofahrer wünschen sich längere Grünphasen an den Ampeln und weniger Verkehrsschilder. Radfahrer wollen mehr Radwege und Fahrradstellplätze. Die Stadtverwaltung erwägt den Bau einer Umgehungsstraße. Die Verkehrsbetriebe sind bemüht, die Buslinien so zu führen, dass sie den Wünschen der Benutzer entsprechen. Verkehrswege und Verkehrsmittel sind vielfältig und genauso vielfältig sind die Entscheidungen, die rund um den Verkehr getroffen werden müssen. Als Grundlage für solche Entscheidungen benötigt man Informationen. Diese wiederum erhält man unter anderem durch Verkehrszählungen.

## Führt doch selbst einmal eine Verkehrszählung durch!

Mögliche Orte der Verkehrszählung:
- Umgebung der Schule,
- Wohngebiet,
- Hauptverkehrsstraße,
- Einkaufszentrum,
- zentraler Platz,
- Kreuzung,
- Fußgängerüberweg mit und ohne Ampel,
- Freizeiteinrichtungen wie Schwimmbad, Sportplatz u. a.

## Tipps zum Vorbereiten der Verkehrszählung

Stellt euch bei der Vorbereitung die folgenden Fragen:
- Was wollen wir über den Verkehr erfahren?
- Was müssen wir zählen, um diese Informationen zu erhalten?
- Was müssen wir beachten, damit unser Ergebnis zuverlässig ist?
- Zu welcher Tageszeit, an welchem Wochentag sollten wir zählen?
- Wo müssen die Zählposten stehen, damit sie das, was sie zählen sollen, auch wirklich sehen?
- Welche Hilfsmittel brauchen wir für die Zählung (Campingstuhl, Schreibunterlage, Zähllisten, Stifte)?
- Wie muss eine Zählliste aussehen? Ein Muster liefert **M 2.**
- Wie viele Zähllisten werden an einer Zählstelle benötigt, zum Beispiel getrennte Listen für Fahrtrichtungen (stadteinwärts, stadtauswärts), Linksabbieger, Rechtsabbieger, Geradeausfahrer?

## Tipps zum Durchführen der Verkehrszählung

- Seid vorsichtig und achtet auf eure Sicherheit.
- Informiert eventuell die Polizei über euer Vorhaben.
- Tragt zweckmäßige, dem Wetter angepasste Kleidung.

| Name *Sabine Heimerl* | | | Tag *Donnerstag, 17. Mai* | | |
|---|---|---|---|---|---|
| **Zeit** | **Pkw** | **Lkw** | **Bus** | **Motorrad** | **Fahrrad** |
| 16.00–16.15 | 卌 卌 卌 \|\| | \|\|\|\| | \|\| | 卌 | 卌 \| |
| 16.15–16.30 | 卌 卌 卌 卌 卌 | 卌 \|\| | \|\|\| | 卌 \| | \|\|\| |
| 16.30–16.45 | 卌 卌 卌 卌 \|\| | \|\|\| | \|\|\|\| | 卌 卌 | \|\|\|\| |
| 16.45–17.00 | 卌 卌 卌 卌 卌 卌 \|\| | 卌 卌 \| | \|\|\|\| | 卌 卌 \|\| | 卌 卌 |
| 17.00–17.15 | 卌 卌 卌 卌 卌 卌 卌 \|\|\| | 卌 | 卌 \| | 卌 卌 卌 \|\|\| | 卌 卌 \| |
| 17.15–17.30 | | | | | |

**M2** *Muster einer Zählliste*

## Tipps zum Auswerten der Verkehrszählung

- Fertigt mithilfe des Stadtplanes eine Skizze an, in der ihr die Nummern und Lage aller Zählstellen eintragt.
- Stellt die Ergebnisse jeder Zählstelle zeichnerisch dar. Anregungen geben euch **M 3** und **M 4**.
- Vergleicht die Zählergebnisse an einer Zählstelle zu verschiedenen Zählzeiten sowie die Ergebnisse an den verschiedenen Zählstellen untereinander.
- Überlegt, wie ihr eure Ergebnisse in der Schule oder in der Gemeinde bekannt machen könnt.

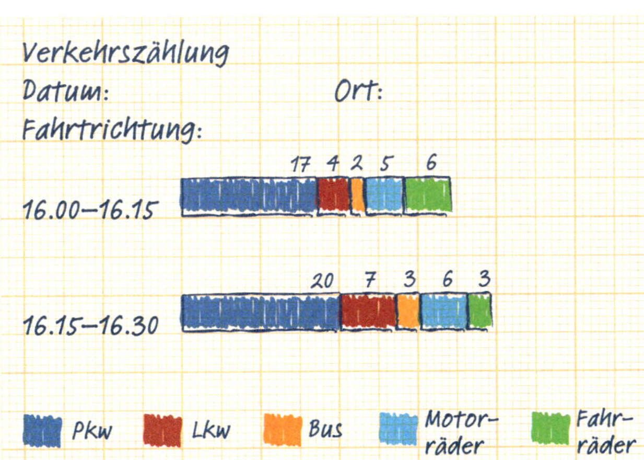


**M 3** *Zählergebnisse als Streifendiagramm*

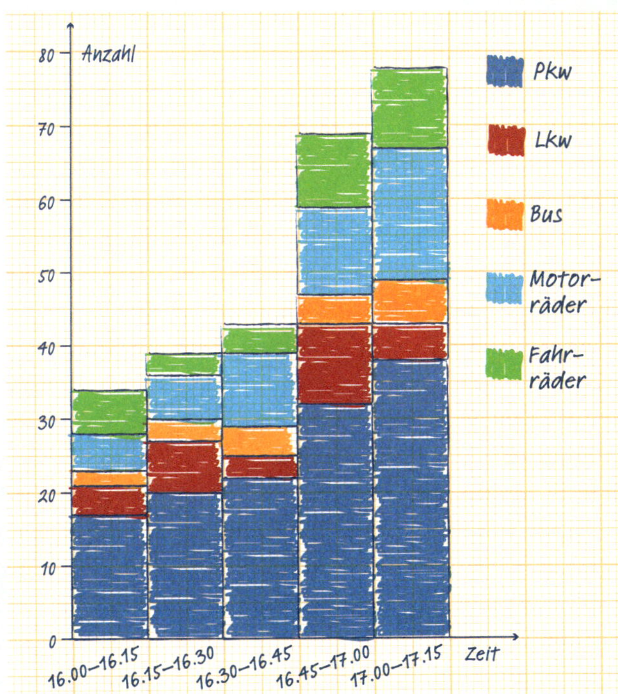


**M 4** *Zählergebnisse als Säulendiagramm*

# In der Stadt bleiben – oder aufs Land ziehen?

**M 1** *Familie Roth hat sich entschieden*

**M 2** *Dorf Rolfzen (Steinheim)*

**M 3** *Neubaugebiet in Übach-Palenberg*

**M 4** *Eine Stadtbewohnerin, ein Stadtpolitiker, eine Dorfbewohnerin und ein Dorfpolitiker diskutieren*

## Wo wir leben

In Deutschland leben die meisten Menschen in einer Stadt. Doch auch das Leben auf dem Land ist für viele – und nicht nur für Landwirte, die dort auch ihre Arbeitsplätze haben – attraktiv. Gerade Familien mit Kindern oder Menschen, die sich ein eigenes Haus mit großem Garten wünschen, ziehen aus der Stadt in die umliegenden Gemeinden. Dort gibt es mehr Freiflächen und Naturnähe. Außerdem sind die Grundstückspreise niedriger.

Mit öffentlichen Verkehrsmitteln oder dem eigenen Auto ist man dennoch relativ schnell in der Stadt, am Arbeitsplatz oder in der Schule. Viele Dörfer in Großstadtnähe wachsen deshalb sehr schnell und entwickeln sich zu kleinen Städten.

## „Geographische" Entscheidungen treffen

Vielleicht habt ihr in der Familie auch schon einmal diskutiert, ob ihr lieber in der Stadt oder auf dem Land wohnen wollt.

Nachdem ihr in den letzten Unterrichtsstunden schon viel über Städte und ihr Umland erfahren habt, könnt ihr dieses Wissen nun anwenden, um zu einer „geographischen" Entscheidung zu kommen.

## Ihr könnt

- eure Vorstellungen vom Leben in einem Dorf sammeln und sie mit den Abbildungen **M 2** und **M 3** vergleichen,
- je eine Gruppe bilden mit Schülerinnen und Schülern, die auf dem Dorf wohnen, und mit Schülerinnen und Schülern, die in der Stadt wohnen. Jede Gruppe listet auf, was sie gut oder schlecht an ihrem Wohnort findet. Stellt die Ergebnisse vor.
- die Argumente der Familie Roth in zwei Tabellen festhalten (**M 1**):

| Dorf | | Stadt | |
|---|---|---|---|
| Vorteile | Nachteile | Vorteile | Nachteile |
| | | | |

- die Argumente der Diskussionsteilnehmer (**M 4**) ebenfalls in die Tabelle einordnen,
- in einem Rollenspiel
  a) die Diskussion in der Familie und/oder
  b) die Diskussion der Politiker nachspielen.
- zu Beginn und am Ende der Unterrichtsstunde abstimmen, wer auf dem Dorf oder in der Stadt leben will. Ist es zu Meinungsänderungen gekommen?

# Stadt der Zukunft – eine lebenswerte Stadt?

**M1** *Unterwegs in der Stadt*

**check-it**
- Umweltprobleme in der Stadt benennen
- Bedeutung von Pflanzen für die Stadt erläutern
- umweltverträgliche Formen des Verkehrs und der Energiegewinnung beschreiben
- eine Mindmap erstellen
- Vorschläge für eine lebenswerte Stadt der Zukunft entwerfen und diskutieren

## Macht Stadtluft krank?

In Städten leben und arbeiten viele Menschen auf engem Raum. Sie fahren mit dem Auto, sie benötigen elektrische Energie, heizen ihre Wohnungen und Häuser und produzieren Müll. Industriebetriebe und Kraftwerke erzeugen Abgase. Dies sind nur einige Beispiele, die zeigen, dass die Luft in den Städten viele Schadstoffe enthält. Dadurch sinkt die Lebensqualität in den Städten und die Gesundheit der Bewohner ist bedroht.

## Grün in der Stadt

Grünflächen in der Stadt wie private Gärten, Stadtparks und -wälder, Sportstätten, Forst- und Landwirtschaftsflächen reinigen die Luft, wirken ausgleichend auf die Temperaturen und dämpfen den Lärm. Sie sind Lebensraum für Pflanzen und Tiere und dienen der Erholung der Stadtbewohner. Größere Parks, Stadtwälder oder bewachsene Flusstäler innerhalb der Stadt bilden Frischluftschneisen, in denen sich die Luft ungehindert von Gebäuden austauschen kann. Deshalb achten Stadtplaner und Umweltschützer darauf, dass Frischluftschneisen und Grünflächen erhalten bleiben.

Durch das Wachstum der Städte sind in den letzten Jahrzehnten große Flächen mit Siedlungen und Verkehrswegen bebaut worden und Grünflächen sind verloren gegangen. Dies soll zukünftig vermieden werden. Folgende Maßnahmen werden bei der Stadtplanung berücksichtigt, um Grünflächen in den Städten zu erhalten oder neu zu schaffen:

- Freiflächen am Stadtrand sollen erhalten werden,
- an Straßenrändern werden Bäume gepflanzt und Grünflächen angelegt,
- auf Parkplätzen und Höfen werden Steine verlegt, die wasserdurchlässig sind,
- es werden bevorzugt einheimische Pflanzen gepflanzt.

**M2** *Grün in der Stadt – begrüntes Flachdach*

**M3** *Bedeutung von Grünflächen in der Stadt*

## Umweltfreundliche Energien

Auch durch umweltfreundlichere Formen des Heizens lässt sich die Luft in den Städten verbessern. In vielen Neubaugebieten wird ein Großteil der benötigten Energie für die Heizung und das Warmwasser über Sonnenkollektoren erzeugt.

In anderen Wohngebieten sieht man gar keine Schornsteine mehr auf den Dächern. Die Häuser besitzen keine eigene Heizung mehr, sondern werden über ein Fernwärmenetz beheizt. Industriebetriebe oder Müllverbrennungsanlagen geben ihre überschüssige Energie in ein Wärmenetz, mit dem dann benachbarte Wohngebiete beheizt werden können.

**M 4** *Solaranlagen auf den Dächern einer Neubausiedlung*

## Ohne Auto mobil

Fragt man Bewohner einer beliebigen Stadt, was sie am meisten in ihrer Stadt stört, wird das Problem „Straßenverkehr" oft an erster Stelle genannt. Eine energiesparende und umweltfreundliche Alternative zum eigenen Auto ist der öffentliche Nahverkehr (Busse, U- und S-Bahnen, Straßenbahn). Viele Busse in den Städten sind bereits als Elektro-Busse unterwegs, die keine Abgase mehr erzeugen.

Der öffentliche Nahverkehr hat jedoch den Nachteil, dass man sich an Fahrpläne halten muss und der direkte Transport von Tür zu Tür in der Regel nicht möglich ist. Beim Umsteigen hat man häufig längere Wartezeiten.

Hier ist das Carsharing (das Teilen oder gemeinschaftliche Nutzen von Autos) eine gute Alternative. Die Autos parken zum Beispiel an Bahnhöfen, Flugplätzen oder auf öffentlichen Parkplätzen. Sie werden vorab reserviert und können dann für eine festgelegte Zeit genutzt werden.

Viele Städte setzen auch auf den Ausbau des Radwegenetzes. Sie möchten das Fahrrad als abgasfreies und gesundes Verkehrsmittel weiter fördern, denn viele Wege in der Stadt lassen sich auch mit dem Fahrrad zurücklegen.

1 Macht eine Umfrage unter euren Mitschülerinnen und Mitschülern, was ihnen am Leben in der Stadt am besten gefällt oder was sie am meisten stört.

2 Listet die Probleme auf, die sich im Stadtverkehr für die Menschen und die Umwelt ergeben (**M 1**).

3 Erläutere, welche Bedeutung Grünflächen für eine Stadt haben (**M 2** und **M 3**).

4 Erstelle eine Mindmap zu Möglichkeiten des umweltfreundlichen Beheizens von Wohnhäusern (**M 4**, MK ***Eine Mindmap erstellen***).

5 Lege eine Tabelle an, in die du die fahrradfreundlichen Städte nach Bundesländern sortierst (**M 5**).

6 Bildet Gruppen und entwerft eine lebenswerte Stadt der Zukunft. Diskutiert eure Ergebnisse in der Klasse (**M 2** bis **M 5**, MK ***Ideen sammeln***).

| Die 10 Spitzenreiter | |
|---|---|
| Karlsruhe | 3,15 |
| Münster | 3,25 |
| Göttingen | 3,35 |
| Erlangen | 3,39 |
| Freiburg im Breisgau | 3,42 |
| Oldenburg | 3,54 |
| Bremen | 3,55 |
| Heidelberg | 3,57 |
| Potsdam | 3,62 |
| Offenbach am Main | 3,63 |

| Die 10 Schlusslichter | |
|---|---|
| Remscheid | 4,71 |
| Hagen | 4,68 |
| Bergisch Gladbach | 4,60 |
| Koblenz | 4,59 |
| Pforzheim | 4,55 |
| Solingen | 4,45 |
| Wiesbaden | 4,42 |
| Bremerhaven | 4,41 |
| Haale (Saale) | 4,40 |
| Mönchengladbach | 4,40 |

Bewertet wurden Sicherheit, Radnetz, Erreichbarkeit, Akzeptanz, Diebstahlgefahr u. a. (Ranking nach Schulnoten)

*Quelle: ADFC 2019*

**M 5** *Fahrradfreundliche Großstädte in Deutschland (2018)*

# Geo-Check: Stadt und Land als Lebensräume vergleichen

## Sich orientieren

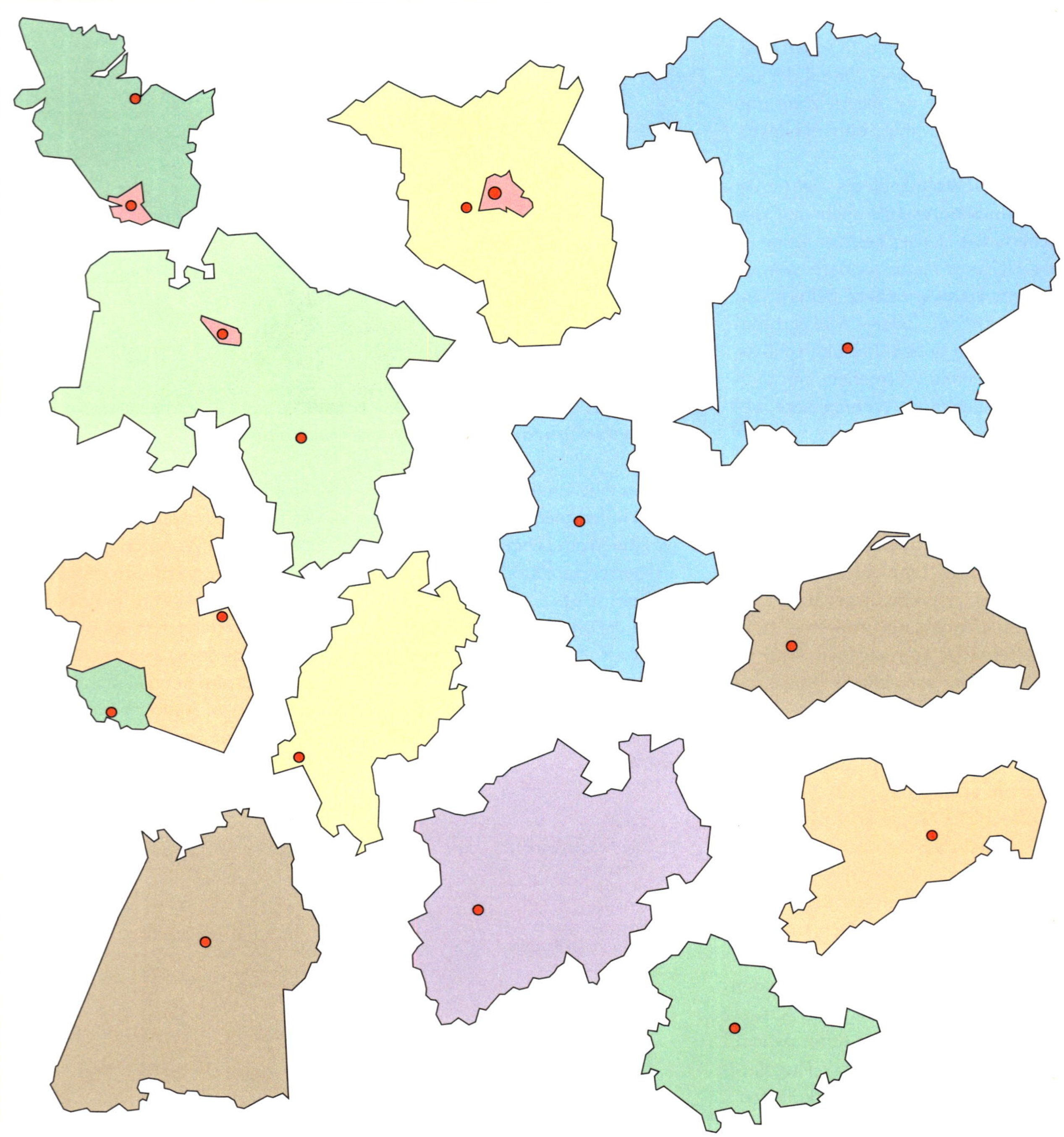

**M 1** *Bundesländer-Puzzle Deutschland*

1 Zeichne die Umrisse der Bundesländer ab und schneide dann die Teile aus (**M 1**).
2 Male die Bundesländer mit unterschiedlichen Farben aus. Kontrolliere, ob du auch alle Bundesländer gefunden hast. Wie viele müssten es sein?
3 Beschrifte die Hauptstädte der Bundesländer.
4 Setze die Teile zu einer Deutschlandkarte zusammen.
5 Lege eine Tabelle an, in die du die Bundesländer und ihre jeweilige Landeshauptstadt einträgst.
6 Nenne das flächenmäßig größte Bundesland.

## Wissen und verstehen

**7** Sortiere die Aussagen in richtige und falsche Aussagen. Verbessere die falschen Aussagen und schreibe diese richtig auf.

**Richtig oder falsch?**

- Berlin ist seit 1871 ununterbrochen die Hauptstadt Deutschlands.
- Im Zentrum einer Stadt befinden sich hauptsächlich Wohnhäuser.
- Den Stadtkern bezeichnet man als City.
- In der Landeshauptstadt Düsseldorf regiert der König.
- Berlin ist ein Bundesland.
- Die Stadtbewohner nutzen das Umland nur zur Erholung.
- Die meisten Dorfbewohner arbeiten in der Landwirtschaft.
- Die Landeshauptstadt Düsseldorf ist Sitz der Bundesregierung.
- Das Reichstagsgebäude ist Sitz des Bundespräsidenten.
- Die Bundesrepublik besteht aus einem Bund von 16 Bundesländern.
- Die meisten Pendler fahren morgens aus der Stadt raus ins Umland und abends wieder zurück in die Stadt.

**8** Ordne jedem dieser Begriffe mindestens zwei Merkmale zu.

**M 2** *Geo-Begriffestapel*

**9** Erläutere die Beziehungen zwischen Stadt und Umland. Ordne die Aussagen in den Kästchen A bis I jeweils der Stadt oder dem Umland zu (**M 3**).

**1. Die Stadt bietet dem Umland …**

**2. Das Umland bietet der Stadt …**

| | | |
|---|---|---|
| **A** Arbeitskräfte | **D** Dienstleistungen (z. B. Ämter, Ärzte) | **G** Schulen und Hochschulen |
| **B** Arbeitsplätze in Büros, Geschäften und Fabriken | **E** Einkaufsmöglichkeiten für Dinge, die man nicht alle Tage braucht | **H** Unterhaltungsmöglichkeiten (z. B. Kino, Theater) |
| **C** Zusätzliches Bauland für Wohnsiedlungen | **F** Erholungsmöglichkeiten auf großen freien Flächen, an Seen und in Wäldern | **I** Versorgung mit Nahrungsmitteln |

**M 3** *Stadt-Umland-Beziehungen*

# 4 Europas Vielfalt erkennen

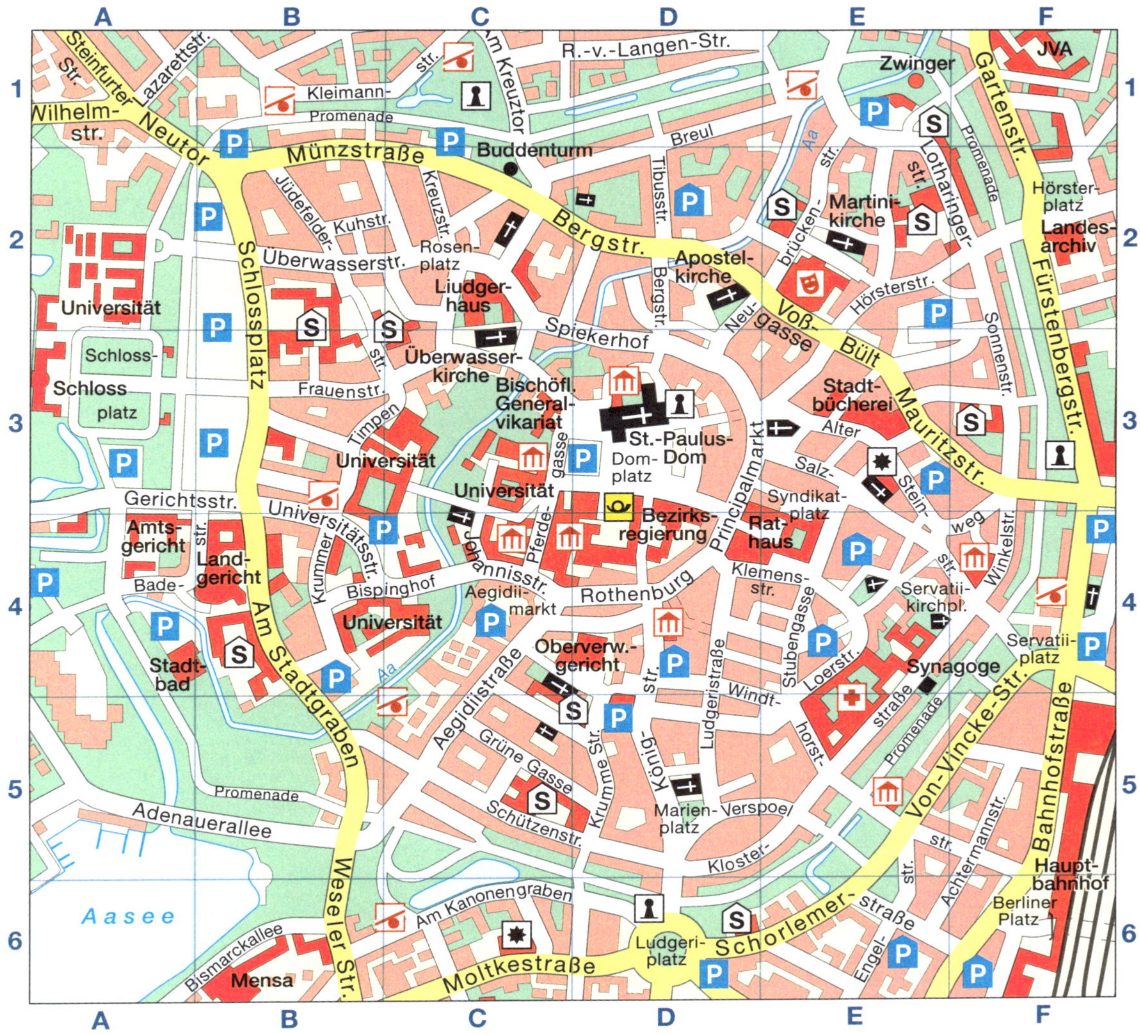


**M 4** *Ausschnitt aus dem Stadtplan von Münster 1:10 000*

## Können und anwenden

**10** Schreibe die Planquadrate auf, in denen sich folgende Straßen befinden (**M 4**):
- Adenauerallee
- Münzstraße
- Salzstraße.

**11** Deine Klasse möchte die Stadtbücherei besuchen. Ihr startet an der Schule neben dem Stadtbad (**M 4**).
- Gib die Entfernung zwischen Schule und Stadtbücherei an (Luftlinie).
- Notiere die Planquadrate, in denen die Schule und die Stadtbücherei liegen.
- Beschreibe den Fußweg deiner Klasse von der Schule zur Stadtbücherei: Nenne die Straßennamen sowie an Kreuzungen die Richtung, in die ihr abbiegen müsst, Straßen, die überquert werden müssen, und alle Planquadrate, die ihr durchlauft.

Hier findest du zusätzliche Informationen und Links:

cornelsen.de/webcodes
Code: doxipo

**M 5** *Der Aquazoo in Düsseldorf*

## Sich verständigen, beurteilen und handeln

**12** Erstellt in Gruppen einen digitalen Stadtführer von Düsseldorf oder eurer Stadt für Jugendliche. Informiert darin über Sehenswürdigkeiten, Öffnungszeiten z. B. von Schwimmbädern, Eissporthallen, Tierparks und Museen sowie über das aktuelle Kino-, Theater- und Veranstaltungsprogramm (**M 5**, Webcode).

# Europa physisch und politisch

Europa: Physische Karte

Europa: Politische Karte

## Europa – ein Lichtermeer?

Selbst in der Nacht, wenn man aus dem Weltraum die Erde betrachtet, lässt sich die Vielfalt Europas erkennen. Während die großen Städte als helle Punkte erstrahlen, erscheinen andere Gebiete in völliger Dunkelheit. Was kann man da erst alles im Licht des Tages entdecken – große Städte, wichtige Industriegebiete, unterschiedliche Landschaften, aus denen viele unserer Nahrungsmittel kommen …

**In diesem Kapitel lernst du**
- dich in Europa zu orientieren,
- Naturräume Europas zu beschreiben,
- Vegetationszonen in ihrer Abfolge von Norden nach Süden zu benennen,
- Merkmale des Klimas zu charakterisieren,
- Klimadiagramme zu lesen,
- den Einfluss von Meer und Land auf das Klima zu erläutern,
- das Zusammenwachsen Europas zu beschreiben.

**Dazu nutzt du**
- Karten,
- Klimadiagramme,
- Bilder,
- das Internet und
- digitale Anwendungen.

**Du beurteilst**
- die Zusammenarbeit in der Europäischen Union.

Hier findest du alle Darstellungstexte zum Anhören:

cornelsen.de/webcodes
Code: yajaje

# Orientieren in Europa

**check-it**
- Meere, Flüsse, Halbinseln und Inseln in Europa verorten
- Grenzen Europas beschreiben
- Größe Europas benennen
- ein Quiz erstellen

- Der Montblanc ist mit 4810 m der höchste Berg.
- Das Nordkap ist ein beliebtes Reiseziel an der nördlichsten Spitze Europas.
- Die Wolga ist mit einer Länge von 3531 km der längste Fluss.
- Moskau ist mit etwa 11,5 Millionen Einwohnern die größte Stadt.
- Der Ladogasee ist mit 17 703 km² der größte See.

**M 1** *Rekorde Europas*

## Europas Grenzen

Im Norden, Westen und Süden bilden Meere die natürliche Grenze des Kontinents Europa. Im Osten bilden die Kontinente Europa und Asien eine zusammenhängende Landmasse. Man fasst sie auch unter dem Namen „Eurasien" (Europa und Asien) zusammen. Hier ist die Abgrenzung komplizierter. Da es im Osten keine natürliche Abgrenzung gegenüber Asien gibt, haben Wissenschaftler die Grenze zwischen den beiden Kontinenten festgelegt. Dabei gibt es verschiedene Ansichten. Am häufigsten wird die Abgrenzung entlang des Uralgebirges und des Uralflusses bis ins Kaspische Meer und von dort durch die Manytschniederung bis zum Nordrand des Schwarzen Meeres verwendet.

## Europa – der Kontinent

Europa ist nach Australien der zweitkleinste Kontinent. Der Name „Europa" ist abgeleitet von „ereb" (Sonnenuntergang). So bezeichneten Seefahrer des Altertums die Westküste des Ägäischen Meeres. Die Ostküste wurde „aszu" (Sonnenaufgang) genannt, wovon sich der Name „Asien" ableitet.
Ein Drittel der Fläche Europas besteht aus Inseln und Halbinseln. Eigentlich ist Europa selbst eine große Halbinsel im Westen Eurasiens. Europa hat so mit 37 000 Kilometern eine längere Küstenlinie als das dreimal so große Afrika (30 000 km).

1 Benenne und erläutere die Grenzen Europas im Norden, Westen, Süden und Osten (**M 2,** Karten S. 91 oben und S. 226/227, Atlas).

**M 2** *Stumme Karte Europas*

**2** Benenne die Meere, Flüsse, Halbinseln und Inseln, die mit Buchstaben markiert sind (**M 2,** Karten S. 91 oben und S. 226/227, Atlas).

**3** Nenne jeweils die Länder, in denen Donau, Oder, Rhein, Loire und Wolga entspringen, und die Meere, in die sie münden (**M 2,** Karten S. 91 und S. 226/227, Atlas).

**4** Arbeitet in Gruppen. Ermittelt jeweils zu einem Teilraum Staaten und ihre Hauptstädte sowie größere Flüsse, Inseln, Halbinseln und Gebirge. Erstellt jeweils ein Quiz zu eurem Teilraum, das ihr dann von den anderen Gruppen lösen lasst (**M 4,** Karten S. 91 und S. 226/227, MK ***Ein Quiz erstellen***).

**5** Ordne den Rekorden und den Grenzpunkten Europas jeweils den Staat bzw. den Teil Europas zu, in dem sie liegen (**M 1** und **M 3,** Karten S. 91 und S. 226/227).

**M 3** *An den Grenzen Europas*

Hier findest du zusätzliche Informationen und Links:

cornelsen.de/webcodes
Code: xabuna

**M 4** *Europas Teilräume*

# Wo Europäer leben und arbeiten

**check-it**

- die Lage unterschiedlich dicht besiedelter Räume Europas beschreiben
- Begriff Bevölkerungsdichte kennen
- Ursachen der unterschiedlichen Bevölkerungsverteilung benennen
- Bilder und Karten auswerten

## Menschen in Europa

Europa hat über 700 Millionen Einwohner. Die meisten davon leben in dicht besiedelten Gebieten. Dazu zählen die großen Städte und viele Küstenstreifen. Diese Gebiete erkennt man auf Satellitenbildern besonders gut, wenn diese in der Nacht aufgenommen wurden. Innerhalb Europas gibt es Zentren, die dicht bebaut sind, in denen viele Menschen leben, wo es viele Arbeitsplätze, Hochschulen und Universitäten, Theater, Museen und zahlreiche andere Kultur- und Bildungseinrichtungen gibt. Besonders junge Menschen bevorzugen diese Zentren wegen der guten Arbeits-, Bildungs- und Freizeitmöglichkeiten. Die Bevölkerungsdichte ist in den Zentren Europas hoch.

Andere Menschen leben weit von den Zentren entfernt in kleineren Städten und Dörfern. Solche Randgebiete liegen meist abseits von Autobahnen und großen Fernverkehrsstraßen, von schnellen Bahnverbindungen und internationalen Flughäfen. Das Angebot

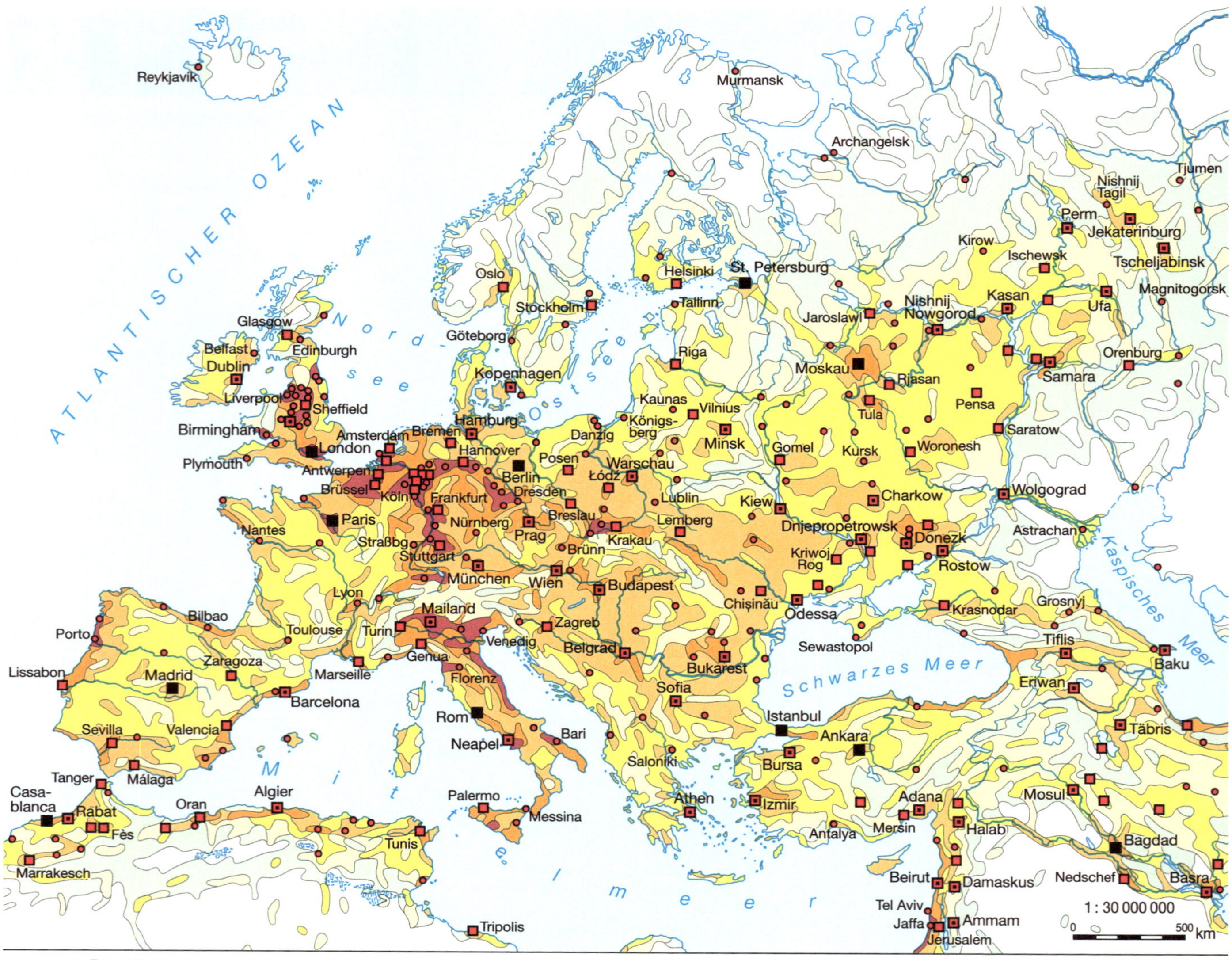


Bevölkerungsdichte

- über 200 Einwohner auf 1 km²
- 100 – 200 Einwohner auf 1 km²
- 50 – 100 Einwohner auf 1 km²
- 20 – 50 Einwohner auf 1 km²
- 10 – 20 Einwohner auf 1 km²
- 1 – 10 Einwohner auf 1 km²
- weniger als 1 Einwohner auf 1 km²

Orte

- über 2 500 000 Einwohner
- 1 000 000 – 2 500 000 Einwohner
- 500 000 – 1 000 000 Einwohner
- 100 000 – 500 000 Einwohner

**M 1** *Bevölkerungsdichte in Europa*

an Schulen, an Fachärzten, an Geschäften und an Arbeitsplätzen ist viel geringer und nicht so vielfältig wie in den Zentren. Junge Leute verlassen deshalb oft diese Randgebiete und ziehen in die Zentren.

Die Verteilung der Städte und Dörfer in Europa ist nicht zufällig entstanden. Bevorzugte Siedlungsgebiete der Menschen haben ein angenehmes Klima, ausreichend Wasser und eine ebene Oberfläche. Daneben ist vor allem die Verfügbarkeit von Arbeitsplätzen ein Grund, warum Menschen heute an bestimmten Orten leben. Auch in der Vergangenheit sind viele Menschen aufgebrochen, um anderswo ein besseres Leben zu finden.

1 Erläutere die Bedeutung der Lichtpunkte im Satellitenbild von Europa in der Nacht (Bild S. 92/93).

2 Vergleiche das Satellitenbild mit der Karte (**M 1**, Bild S. 92/93).

3 Beschreibe die Lage dünn und dicht besiedelter Gebiete in Europa (**M 1**).

4 Werte die Bilder aus und benenne mögliche Ursachen für die dargestellte Besiedlung. Leite daraus Aussagen zur Bevölkerungsdichte dieser Gebiete ab (**M 1** bis **M 4**).

Hier findest du zusätzliche Informationen und Links:

cornelsen.de/webcodes
Code: mugaxa

**M 2** *Luftbild von Venedig*

**M 3** *Luftbild von Italien südwestlich von Florenz*

**M 4** *Luftbild der Donau bei Wien*

# Europa wächst zusammen

**M 1** *Europa ohne Grenzen – was bringt mir das?*

**check-it**
- Mitgliedstaaten der EU kennen und verorten
- Weg der europäischen Einigung beschreiben
- Unterschiede zwischen „Europa" und „EU" erläutern
- Zuständigkeiten der EU benennen
- Vorteile und Probleme der Zusammenarbeit erörtern
- Audio- und Videoaufnahmen bearbeiten

| | |
|---|---|
| **1951** | Belgien, Deutschland, Frankreich, Luxemburg, die Niederlande und Italien bilden eine Wirtschaftsgemeinschaft für Kohle und Stahl |
| **1957** | Gründung der Europäischen Wirtschaftsgemeinschaft (EWG) |
| **1968** | Abschaffung der Zölle zwischen den Mitgliedstaaten, gemeinsamer Außenzoll |
| **1992** | Vertrag über die Europäische Union (EU) |
| **1993** | Binnenmarkt: keine Grenzen für Menschen und Waren innerhalb der EU |
| **1995** | Abschaffung der Grenz- und Passkontrollen |
| **2002** | In zwölf Ländern ersetzt der Euro die nationalen Währungen |
| **2007** | Die EU hat 27 Mitgliedstaaten |
| **2013** | Kroatien wird 28. Mitglied der EU |

**M 2** *Stufen der Einigung in Europa*

## Die Europäische Union (EU)

Der Prozess der europäischen Einigung hat mit der wirtschaftlichen Zusammenarbeit in den 1950er-Jahren begonnen. Das Ziel von Frankreich, Italien, Deutschland, Belgien, den Niederlanden und Luxemburg war es, Kriege durch ein neues Gefühl der Zusammengehörigkeit zu verhindern und dadurch die friedliche Entwicklung Europas zu fördern. Gleichzeitig sollte durch die Schaffung eines größeren Marktes in Westeuropa das Wirtschaftswachstum beschleunigt und erhöht werden. Die EU besteht gegenwärtig aus 28 europäischen Ländern. Damit leben etwa 513 Millionen Menschen in der EU. Zwischen den EU-Mitgliedstaaten gibt es keine Grenzkontrollen für Waren. An vielen Grenzen sind auch die Personenkontrollen weggefallen. Dies fördert die Zusammenarbeit, den Tourismus und den Handel. In 18 Ländern der EU wird mit der gleichen Währung, dem Euro, bezahlt. Neben dem US-Dollar ist der Euro die wichtigste Währung der Welt. Die Flagge der EU entstand, als sich zwölf Staaten zusammengeschlossen hatten. Deshalb zeigt sie einen Sternenkreis mit nur zwölf Sternen.

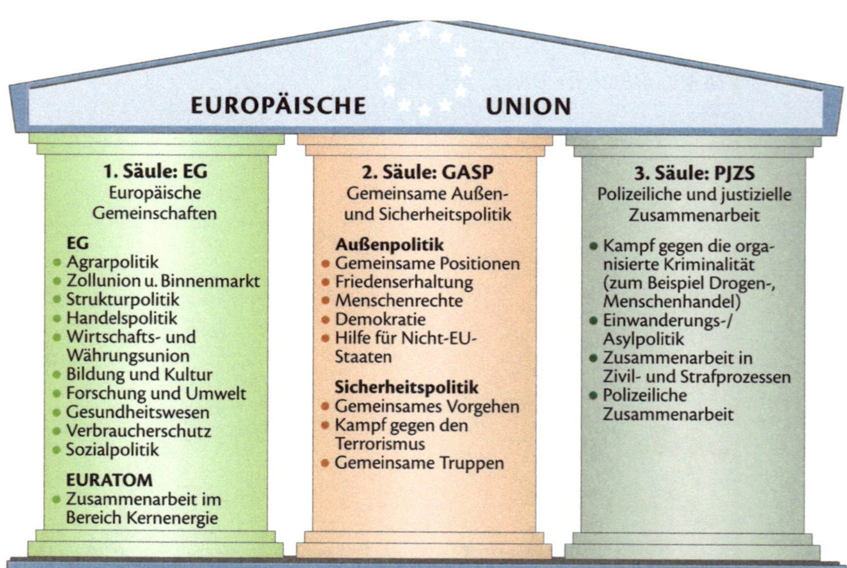


**M 3** *Aufgabenbereiche und Zuständigkeiten der EU*

**M 4** *Die Flagge der EU*

## Europa ist viel mehr

Europa erstreckt sich vom Atlantik im Westen bis zum Uralgebirge im Osten, vom Nordkap in Norwegen bis zum Mittelmeer im Süden. Europa ist der fünftgrößte Kontinent, auf dem rund 750 Millionen Menschen in 47 Staaten leben, allein mehr als 82 Millionen Menschen leben in Deutschland.

1 Beschreibe den Weg der europäischen Einigung (**M 2** bis **M 5**).

2 Fertige eine Tabelle an. Ordne den Ländern der EU ihre Hauptstädte und die Einwohnerzahl zu. Sortiere die Länder nach dem Jahr des Beitritts zur EU und kennzeichne mit einem Eurozeichen (€) jene, in denen du mit dem Euro bezahlen kannst (**M 5**).

3 Erläutere den Unterschied zwischen „Europa“ und der „EU“ (**M 5**, Karten S. 91 unten und S. 226/227, Atlas).

4 Liste auf, welche Vorteile der EU in Hinblick auf Reisen, Ausbildung und Beruf sowie die Wirtschaft die Jugendlichen nennen (**M 1**).

5 Vergleiche die Aussagen der Jugendlichen mit den Aufgabenbereichen der EU. Benenne Aufgaben und Zuständigkeiten, welche die Jugendlichen nicht genannt haben (**M 1, M 3**).

6 Führt in der Schule eine Befragung zum Thema „Woran denkst du beim Begriff Europa?“ durch. Entwickelt dazu in Gruppen einen Fragebogen. Erstellt Videos oder Audioaufnahmen von euren anschließenden Befragungen und bearbeitet sie (MK ***Audio- und Videobearbeitung***).

Hier findest du zusätzliche Informationen und Links:

cornelsen.de/webcodes
Code: jiviwo

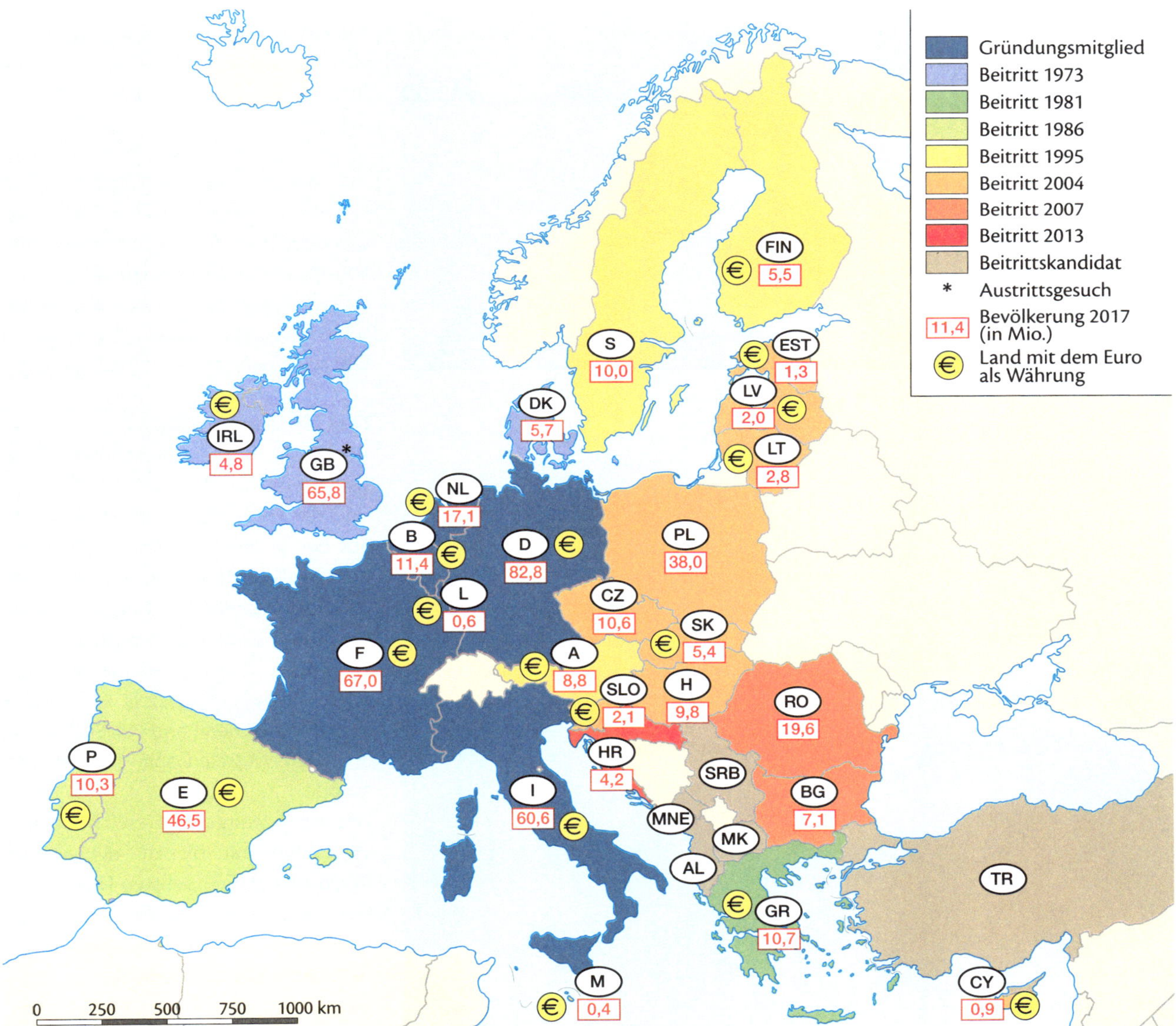


**M 5** *Die Europäische Union (EU)*

# Naturräume zwischen Nordkap und Mittelmeer

**check-it**
- ausgewählte Landschaften Europas lokalisieren
- Bilder der Karte zuordnen
- Naturräume Europas beschreiben
- einen digitalen Reisebericht erstellen

## Auf Entdeckungsreise

Bitte einsteigen – auf unserer Fahrt mit dem Eurocity von Dänemark nach Italien lernen wir die Naturräume Europas kennen.

**M 1** *Mitteleuropäisches Tiefland (Odertal)*

**M 2** *Mittelgebirgsland Böhmerwald*

## Das Tiefland

Fast ebene Landschaften, weite Sicht, Weiden, Getreidefelder, kleine Hügelländer bis höchstens 200 Meter Höhe – wir sind im Tiefland. Häufig führen Brücken über breite Flüsse und feuchte Niederungen. Auf einer Strecke von 200 Kilometern verändert sich das Landschaftsbild nur wenig. Auch weiter im Westen bis am Atlantischen Ozean und weiter im Osten bis zum Gebirgsrand des Ural ist auf über 4000 Kilometern das Aussehen des europäischen Tieflands ähnlich.

## Das Mittelgebirgsland

Nach etwa 700 Kilometern führt die Strecke bergan. Das Landschaftsbild wird abwechslungsreicher. Wälder reichen bis auf die Berghöhen. Der Weg führt durch Täler und manchmal sehr nah an Berghängen vorüber. Das Mittelgebirgsland setzt sich aus vielen einzelnen Mittelgebirgen, Flusstälern und Senken zusammen. Auf unserer Fahrt von Nord nach Süd begleiten uns über 400 Kilometer weit abgerundete Berge, weite, wellige Hochflächen und unterschiedlich geformte Täler, die typischen Oberflächenformen der Mittelgebirge.

## Das Hochgebirgsland

Wie Wolken sehen die schneebedeckten Gipfel des Hochgebirges aus. Es sind die Alpen. Steile Felswände ragen aus den grünen Tälern auf. Dieses gewaltige Gebirge können wir mit dem Zug nur mithilfe von hohen Brücken und vielen Tunneln durchqueren.

Die Alpen sind ein Teil des europäischen Hochgebirgsgürtels. Er erstreckt sich am südlichen Rand von Südeuropa bis nach Mitteleuropa und Südosteuropa.

Das Hochgebirgsland erreicht in den Westalpen mit bis zu 4810 Metern (Montblanc) die höchsten Höhen. Das Gelände ist sehr steil und die Höhenunterschiede zwischen den Bergen und den Tälern sind sehr groß.

1 Beschreibe die Landschaftsmerkmale auf den Fotos (**M 1** bis **M 3**).

2 Benenne die Gebirge und Tiefländer, die in der stummen Karte von Europa mit Zahlen und Buchstaben markiert sind (**M 4,** Karten S. 91 oben und S. 226/227, Atlas).

3 Ordne die Bilder der Karte zu und begründe deine Zuordnung (**M 1** bis **M 4**).

4 Erstelle einen digitalen Reisebericht der Zugfahrt von Dänemark nach Italien. Benenne die Naturräume, die der Zug durchquert, und beschreibe sie mithilfe von Fotos (**M 1** bis **M 4,** ***Internetrecherche***).

5 Ordne die Naturräume (Tiefland, Mittelgebirgsland, Hochgebirgsland) den europäischen Teilräumen zu (**M 1** bis **M 3,** S. 95 **M 4**). Lege dazu eine Tabelle an.

**M 3** *Hochgebirge (Montblanc-Massiv)*

Hier findest du zusätzliche Informationen und Links:

cornelsen.de/webcodes
Code: bicati

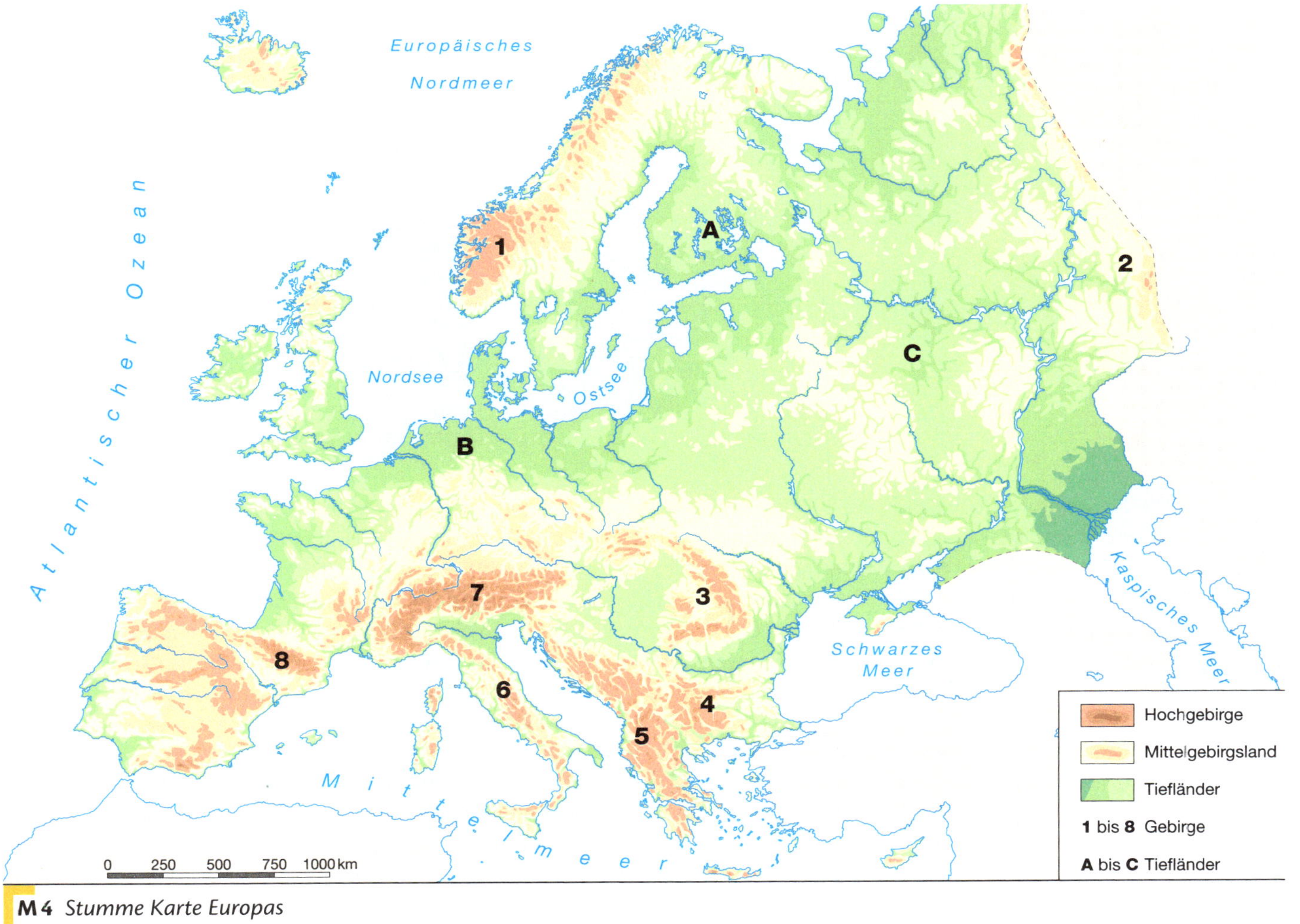


**M 4** *Stumme Karte Europas*

# Wir lesen Klimadiagramme

**check-it**

- Aufbau eines Klimadiagramms erklären
- Merkmale des Klimas für Palermo und Neapel nennen
- Vorgehen beim Lesen von Klimadiagrammen kennen und anwenden

## Wetter und Klima

Unter „Wetter" versteht man das Zusammenwirken von Temperatur, Niederschlägen, Bewölkung und Wind zu einem bestimmten Zeitpunkt an einem bestimmten Ort. Das Klima beschreibt hingegen den durchschnittlichen Verlauf von Temperatur, Niederschlag an einem Ort im Laufe vieler Jahre. Auf der ganzen Welt gibt es Klimastationen. Die Durchschnittswerte von etwa 30 Jahren werden in Klimatabellen oder anschaulicher in Klimadiagrammen dargestellt.

## Checkliste zum Lesen eines Klimadiagramms

**1. Schritt: Einordnen der Klimastation**
Nenne den Namen der Station und das Land, in dem sie liegt. Gib die Höhenlage und die Lage im Gradnetz an.

**2. Schritt: Beschreiben der Aussagen zur Temperatur**
Lies die Jahresmitteltemperatur ab. Ermittle den wärmsten Monat des Jahres (Monat, T in °C). Ermittle den kältesten Monat des Jahres (Monat, T in °C). Beschreibe den Verlauf der Temperaturkurve. Benenne die Monate, in denen Frost herrscht.

**3. Schritt: Beschreiben der Aussagen zum Niederschlag**
Lies die Jahresniederschlagssumme ab. Ermittle den niederschlagsreichsten Monat (Monat, N in mm). Ermittle den niederschlagsärmsten Monat (Monat, N in mm). Beschreibe die Verteilung der Niederschläge über das Jahr.

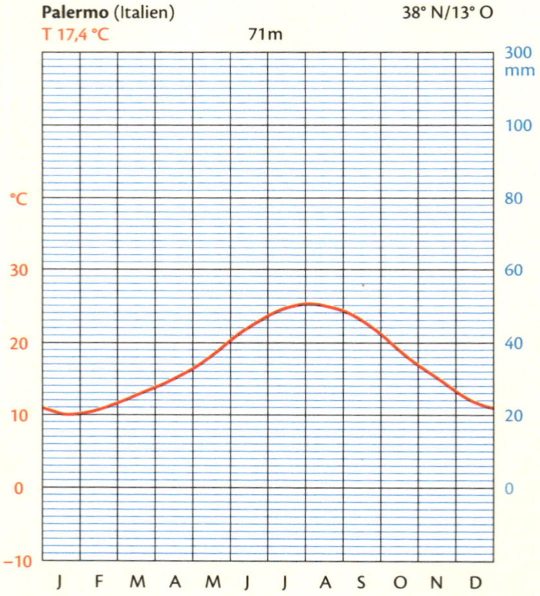


Die Temperatur wird in Grad Celsius (°C) angegeben. Die Temperaturwerte werden stündlich gemessen. Die an einem Tag gewonnenen Werte werden addiert und die Summe durch 24 geteilt. So erhält man die Tagesmitteltemperatur. Alle Tagesmitteltemperaturen eines Monats werden addiert und die Summe durch die Anzahl der Tage des Monats geteilt. So gewinnt man die Monatsmitteltemperatur.
Die Mittelwerte der Monate werden als Punkte eingetragen und durch eine rote Linie verbunden. Zehn Millimeter entsprechen zehn Grad Celsius.

**M 1** *Die Temperaturkurve*

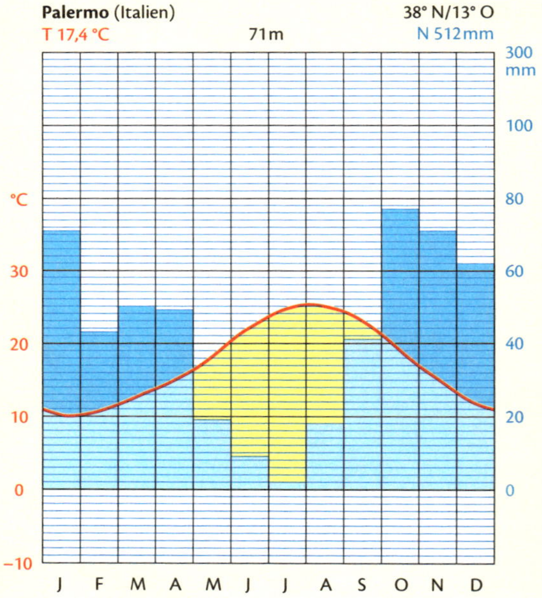


Die Niederschläge werden in Millimetern (mm) angegeben. Ein Millimeter Niederschlag bedeutet, dass auf einen Quadratmeter ein Liter Niederschlag gefallen ist. Die Niederschlagsmenge eines Monats wird addiert – so erhält man die Summe der Niederschläge eines Monats. Der Jahresniederschlag ist die Summe der Niederschläge aller zwölf Monate. Die Monatssummen werden als Säulen eingezeichnet. Zehn Millimeter entsprechen zwanzig Millimetern Niederschlag. Blaue Säulen kennzeichnen humide Monate, das heißt, es fällt mehr Niederschlag als verdunstet. Gelbe Säulen kennzeichnen aride Monate, das heißt, es fällt weniger Niederschlag als verdunstet.

**M 2** *Die Niederschlagssäulen*

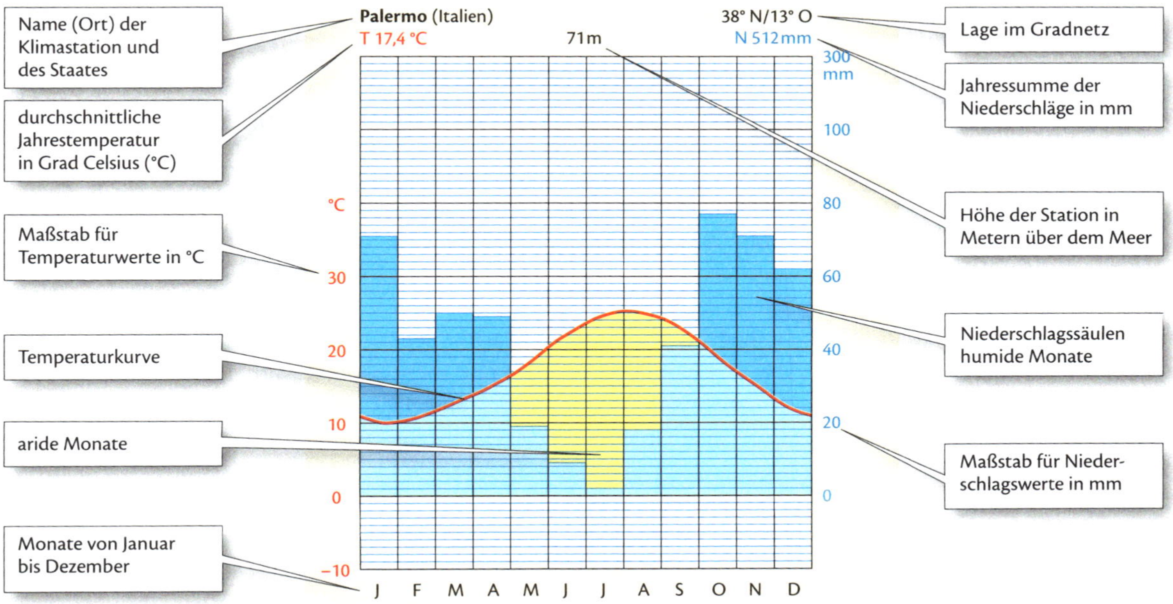


**M 3** *Der Aufbau eines Klimadiagramms*

**4. Schritt: Humide und aride Monate**
Ermittle die Monate, in denen die Niederschlagssäulen bis über die Temperaturkurve reichen, sie heißen **humide** Monate.
Ermittle die Monate, in denen die Niederschlagssäulen unter der Temperaturkurve liegen, diese heißen **aride** Monate.

## Beispiel für das Lesen eines Klimadiagramms

**1. Schritt:** Die Klimastation Palermo liegt auf einer Höhe von 71 Metern über dem Meeresspiegel. Palermo befindet sich auf 38 Grad nördlicher Breite sowie 13 Grad östlicher Länge.
**2. Schritt:** Die jährliche Durchschnittstemperatur beträgt 17,4 °C. Die drei wärmsten Monate sind Juli, August und September. Die kältesten Monate sind Dezember, Januar und Februar. Die wärmsten Monate sind der Juli und der August mit einer Durchschnittstemperatur von 25 °C, der kälteste Monat ist der Januar mit einer Durchschnittstemperatur von 10 °C.
**3. Schritt:** Die Summe der Jahresniederschläge beträgt 512 Millimeter. Die drei niederschlagsreichsten Monate sind der Januar, der Oktober und der November. Im Sommer fallen die geringsten Niederschläge. Der niederschlagsreichste Monat ist der Oktober mit 77 Millimetern Niederschlag und der niederschlagsärmste Monat ist der Juli mit 2 Millimetern Niederschlag.
**4. Schritt:** Humide Monate sind Oktober bis April. Aride Monate sind Mai bis September.

1 Erkläre den Aufbau eines Klimadiagramms (**M 1** bis **M 3**).
2 Ermittle mithilfe der Checkliste wichtige Klimawerte aus dem Klimadiagramm von Neapel (**M 4**).

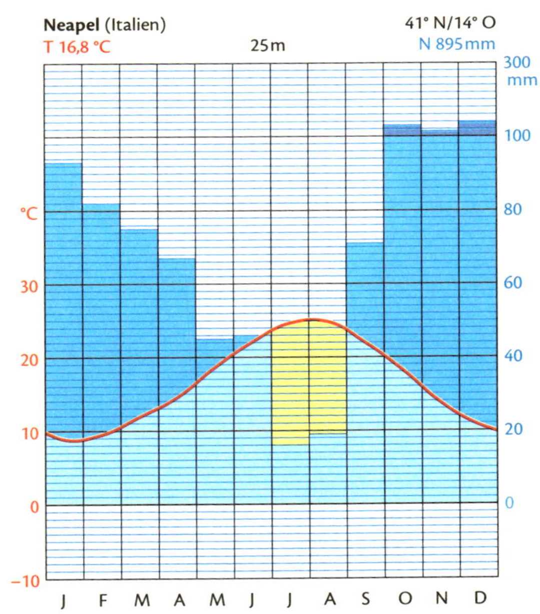


**M 4** *Klimadiagramm von Neapel*

Hier findest du zusätzliche Informationen und Links:

cornelsen.de/webcodes
Code: bofumu

# Das Klima in Europa

**check-it**
- Begriff Klimazone kennen
- Merkmale ausgewählter Klimazonen benennen
- Faktoren, die das Klima beeinflussen, erläutern
- Klimadiagramme lesen und zuordnen

## Klimazonen

Gebiete mit ähnlichen Temperaturen und Niederschlägen werden als **Klimazonen** bezeichnet. Teile von Nordeuropa liegen in der subpolaren Klimazone. Hier sind die Sommer sehr kurz und kühl, die Winter lang und kalt. Der Süden Europas gehört zur subtropischen Klimazone mit heißen, trockenen Sommern und milden, feuchten Wintern. Der größte Teil Europas liegt in der gemäßigten Klimazone. Die Sommer sind mild und die Winter kühl. Niederschläge fallen zu allen Jahreszeiten. Die gemäßigte Klimazone wird noch weiter in die drei Klimagebiete **See-, Übergangs- und Landklima** unterteilt.

## Seeklima

Große Wassermengen wärmen sich im Sommer langsamer auf und kühlen im Winter langsamer ab als das Festland. Deshalb ist das Klima am Meer (= Seeklima) von milden Wintern und nicht so heißen Sommern gekennzeichnet. Je weiter aber ein Ort vom Meer entfernt liegt, desto geringer wird diese ausgleichende Wirkung des Meeres.
Eine warme Meeresströmung wie der **Golfstrom** verstärkt die Wirkung des Meeres noch. Er transportiert enorme Mengen warmen Wassers aus dem Golf von Mexiko an die Küsten Europas. So können in manchen Buchten Irlands sogar Palmen wachsen. Durch die Nähe zum Meer besitzt die Luft viel Feuchtigkeit und es kommt zu höheren Niederschlägen als im Übergangs- und Landklima.

## Landklima

Landmassen erwärmen sich rasch, kühlen aber auch schnell wieder aus. Dadurch wird das Klima auf dem Festland durch sehr kalte Winter und warme Sommer bestimmt. Man spricht vom „Landklima". Große Temperaturunterschiede zwischen Sommer und Winter sind typisch für das Landklima.
Durch die große Entfernung zum Atlantischen Ozean fallen im Landklima außerdem weniger Niederschläge.

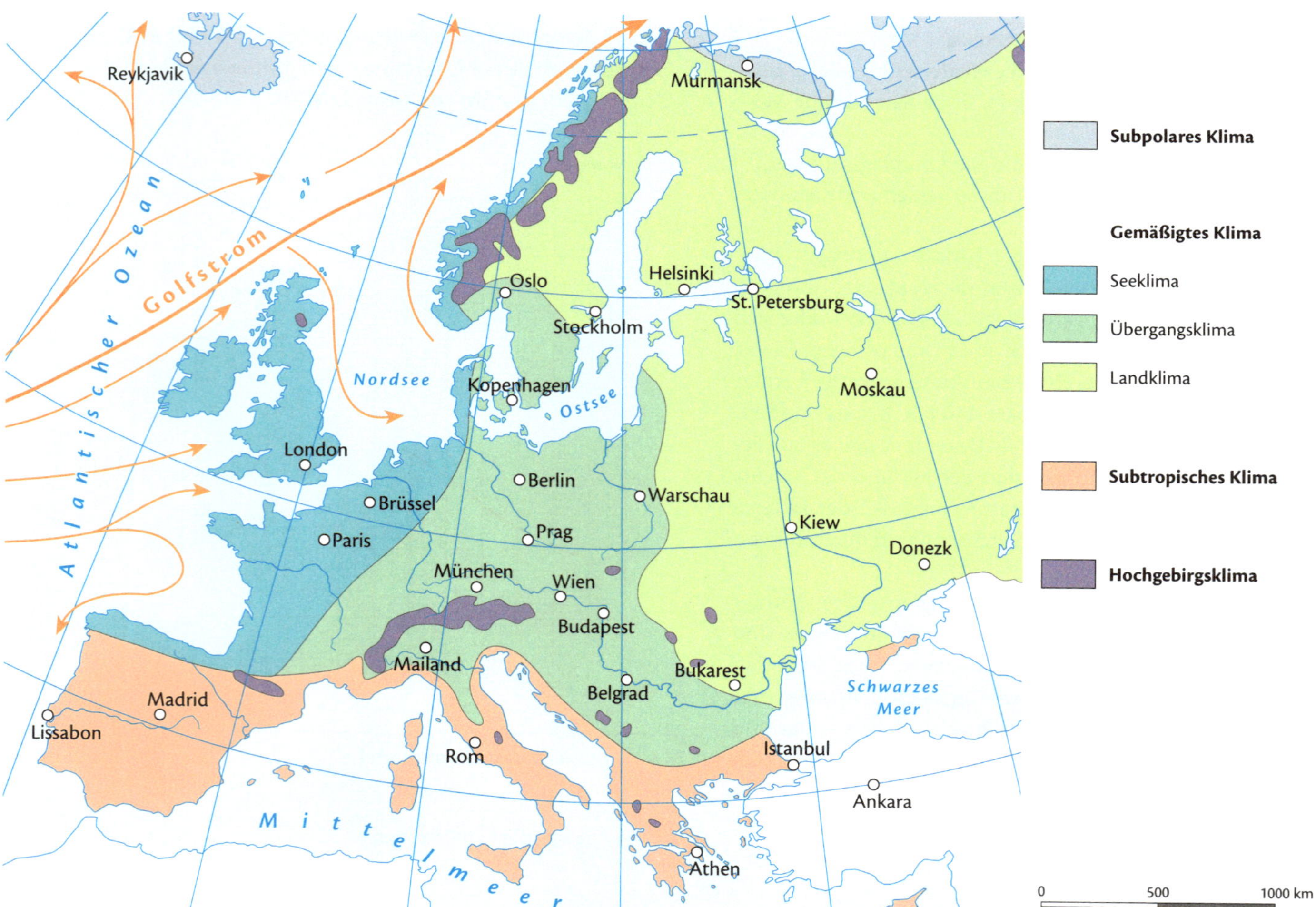


**M 1** *Klimazonen in Europa*

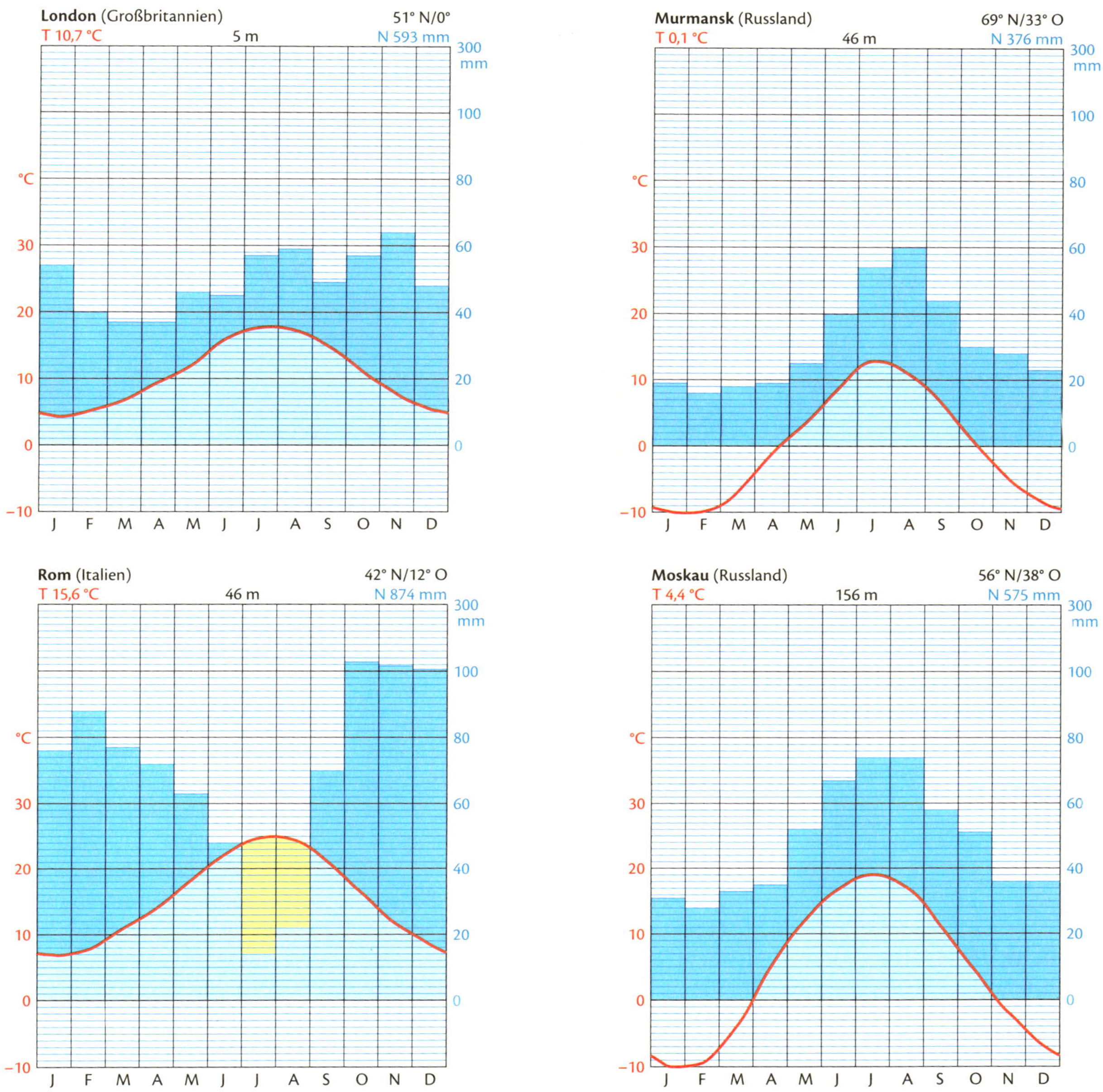


**M 2** *Klimadiagramme von London, Murmansk, Rom und Moskau*

## Übergangsklima

Zwischen dem Seeklima und dem Landklima gibt es einen Bereich mit Übergangsklima. Abhängig vom Wettergeschehen und der Lage eines Ortes im Übergangsbereich kann der Einfluss des regenreichen Seeklimas oder des trockenen Landklimas mit Ostwinden überwiegen. Deshalb gibt es zum Beispiel im Westen Deutschlands höhere Niederschläge als im Osten.

1 Nenne Merkmale einer Klimazone.

2 Erläutere den Einfluss von Wasser- und von Landmassen auf das Klima.

3 Ordne folgende Länder in die Klimazonen ein: Russland, Deutschland, Spanien, Großbritannien, Italien (**M 1**, Karten S. 91 unten und S. 228/229, Atlas).

4 Beschreibe die Lage der Klimastationen (**M 1, M 2,** Karte S. 226/227, Atlas).

5 Ermittle die Klimawerte von London, Murmansk, Rom und Moskau mithilfe der Checkliste (S. 102) und ordne sie einer der Klimazonen zu (**M 1, M 2**).

6 Lies die beiden folgenden Aussagen und begründe, welche richtig ist:
- Die gemäßigte Klimazone wird deshalb in drei Klimagebiete unterteilt, weil sie vom Atlantischen Ozean bis zur großen Landmasse in Osteuropa reicht.
- Die gemäßigte Klimazone wird deshalb in drei Klimagebiete unterteilt, weil große Länder in dieser Klimazone liegen.

Hier findest du zusätzliche Informationen und Links:

cornelsen.de/webcodes
Code: kixihe

# Das Klima beeinflusst die Vegetation – Vegetationszonen Europas

Hier kommen in erster Linie Fichten, Lärchen und Kiefern vor. Sie vertragen Frost und lange, sehr kalte Winter, in denen viel Schnee fällt. In Russland heißt diese Vegetationszone **Taiga.**

**M 1** *Tundra*

Die **Tundra** ist ein baumloses Gebiet mit Zwergsträuchern, Gräsern, Moosen und Flechten, die höchstens 50 Zentimeter groß werden. Die Pflanzen kommen mit geringer Wärme und einer kurzen Wachstumszeit aus.

**M 2** *Nadelwald*

**check-it**
- Vegetationszonen Europas verorten
- Anordnung der Vegetationszonen beschreiben
- Merkmale von Klima und Vegetation erläutern
- eine Mindmap erstellen

## Natürliche Vegetation

Pflanzen brauchen für ihr Wachstum Nährstoffe, Wasser, Wärme und Licht. In Gebieten mit ähnlichem Klima hat sich deshalb auch meist eine ähnliche natürliche Vegetation gebildet. Zusammenhängende Gebiete mit gleicher oder ähnlicher Pflanzenbedeckung nennt man **Vegetationszonen.**

## Eingriffe des Menschen

Die Menschen errichteten Siedlungen, Fabriken, Verkehrswege und anderes mehr. Sie holzten Wälder ab, legten Sümpfe und Moore trocken und machten aus Steppen Ackerflächen. Deshalb gibt es in Europa kaum noch Gebiete mit natürlicher Vegetation.

1 Erläutere, was man unter „natürlicher Vegetation" versteht.

2 Nenne Gründe, wieso in Europa kaum noch natürliche Vegetation vorhanden ist.

3 Beschreibe die Abfolge der Vegetationszonen in Europa von Nord nach Süd (**M 1** bis **M 7**).

4 Nenne je zwei Staaten, die Anteil an den einzelnen Vegetationszonen haben (**M 7,** Karten S. 91 unten und S. 226/227).

Nadel- und Laubbäume bilden den **Mischwald.** Er kommt in Gebieten mit mäßig warmen Sommern und kühlen Wintern sowie Niederschlägen zu allen Jahreszeiten vor. Die Laubbäume – hauptsächlich Eichen, Buchen und Birken – werfen im Herbst ihr Laub ab.

**M 3** *Laub- und Mischwald*

Steppen sind weite Grasländer ohne Bäume, aber mit winterharten Gräsern und Kräutern. Diese haben sich an die Trockenheit im Sommer zum Beispiel durch Dornen angepasst.

**M 4** *Steppe*

Weil es im Mittelmeerraum fast nur im Winter regnet, müssen sich die Pflanzen vor der Hitze und der hohen Verdunstung im Sommer schützen. Sie tun dies mit lederartigen Blättern, Dornen oder einem Wachsüberzug. Zu diesen Pflanzen gehört zum Beispiel der Olivenbaum.

**M 5** *Subtropische Hartlaubvegetation*

Im Hochgebirge nehmen mit der Höhe die Temperaturen ab. Deshalb kommen in den unterschiedlichen Höhenlagen verschiedene Pflanzen vor. Von unten nach oben sind das Mischwälder, Nadelwälder, Zwergsträucher und Gräser sowie Kräuter.
Wo keine Pflanzen mehr gedeihen können, sind Fels und Schnee zu finden.

**M 6** *Hochgebirgsvegetation*

**5** Bildet Gruppen und erstellt jeweils eine Mindmap zu Merkmalen des Klimas und der Vegetation in einer Vegetationszone Europas. Führt dann eure einzelnen Mindmaps zusammen zu einer großen zum Thema „Vegetationszonen Europas“ (**M 7**, S. 104 **M 1**, ***Eine Mindmap erstellen***).

**6** Erkläre, warum Lärchen in sehr kalten, langen Wintern gedeihen können.

Hier findest du zusätzliche Informationen und Links:

cornelsen.de/webcodes
Code: yedaxe

**M 7** *Vegetationszonen in Europa*

# Geo-Check: Europas Vielfalt erkennen

## Sich orientieren

**1** Zeichne das Rätsel (**M 1**) ab und trage die Staaten Europas in die Kästchen ein, die keinen direkten Zugang zum Meer haben (ohne Zwergstaaten).

**Hinweis:** Bitte nicht in das Buch schreiben

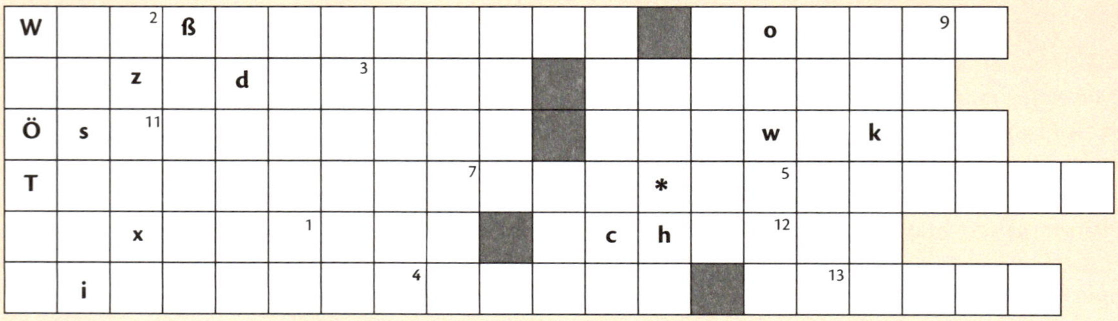


**Lösung:** Diese Staaten sind

| 1 | 2 | 3 | 4 | 5 | 6 | 7 | 8 | 9 | 10 | 11 | 12 | 13 |
|---|---|---|---|---|---|---|---|---|---|---|---|---|
| | | | | | | | | | | | | |

**M 1** *Rätsel zu Europa (Umlaut = 1 Buchstabe)*

## Wissen und verstehen

**2** Löse das Rätsel (**M 2**), indem du die Begriffe auf ein Blatt Papier schreibst. Die Begriffe setzen sich aus einzelnen Wörtern, die auch in zwei Zeilen stehen können, zusammen. Die Begriffe stehen immer waagerecht. Beispiel: Alpen.

**Hinweis:** Bitte nicht in das Buch schreiben

**a)** Klimazone mit den tiefsten Temperaturen in Europa (2 Wörter)
**b)** Staat in Europa mit Anteil an der subtropischen Zone
**c)** Staat in Europa, in dem Seeklima herrscht
**d)** warme Meeresströmung mit Einfluss auf das Klima Europas
**e)** Hauptstadt eines großen Landes, die im Landklima liegt
**f)** Vegetationszone im Norden Europas ohne Bäume
**g)** Klimazone, in der Düsseldorf liegt (2 Wörter)
**h)** Vegetationszone im Norden Europas mit Fichten, Kiefern und Lärchen
**i)** Hauptstadt Großbritanniens, die in der Laub- und Mischwaldzone liegt
**j)** Ozean, der das Wetter und das Klima in Europa beeinflusst
**k)** Name eines hohen Gebirges in Europa, in dem aufgrund der Höhe keine Pflanzen wachsen
**l)** Meer, das im Nordwesten an Deutschland grenzt
**m)** Teil der gemäßigten Klimazone, in der Deutschland liegt

**Umlaut = 1 Buchstabe**

| | | | | | | | | | | | |
|---|---|---|---|---|---|---|---|---|---|---|---|
| R | Ö | M | O | S | K | A | U | D | W | I | L |
| T | U | K | G | O | L | F | S | T | R | O | M |
| I | R | L | A | N | D | Z | A | L | P | E | N |
| A | S | P | A | N | I | E | N | Z | J | Ü | B |
| S | U | B | P | O | L | A | R | E | B | F | U |
| R | A | V | E | I | Z | O | N | E | S | X | W |
| C | Y | N | T | U | N | D | R | A | T | A | P |
| F | G | E | M | Ä | S | S | I | G | T | E | H |
| L | O | N | D | O | N | Y | T | Z | O | N | E |
| G | R | I | N | A | D | E | L | W | A | L | D |
| P | U | A | T | L | A | N | T | I | K | Y | O |
| Ü | B | E | R | G | A | N | G | S | Q | I | P |
| E | T | X | U | W | H | L | K | L | I | M | A |
| N | O | R | D | S | E | E | P | V | R | Ö | Z |

**M 2** *Versteckte Wörter*

# 5 Landwirtschaftliche Produktion untersuchen

**3** Sortiere die Aussagen in richtige und falsche Aussagen. Verbessere die falschen Aussagen und schreibe diese richtig auf.

**Richtig oder falsch?**

- Die Tundra ist eine baumlose Landschaft.
- Das Seeklima in Irland bietet beste Voraussetzungen für den Ackerbau.
- Die gemäßigte Klimazone Europas teilt sich in drei Teile, im Osten das Seeklima, im Westen das Landklima und dazwischen das Übergangsklima.
- In Europa gibt es durch Eingriffe des Menschen kaum noch natürliche Vegetation.
- Kiefern, Fichten und Lärchen in der Vegetationszone Nadelwald haben sich an sehr lange, warme Sommer angepasst.
- Der europäische Hochgebirgsgürtel erstreckt sich von Nordeuropa bis nach Mittel- und Südosteuropa.
- Europa wird rundum von Meeren begrenzt.
- Der Kontinent Europa ist größer als der Kontinent Australien.
- Das Norddeutsche Tiefland ist Teil des Mitteleuropäischen Tieflands.
- Alle Staaten Europas gehören zur Europäischen Union (EU).

**4** Ordne jedem dieser Begriffe mindestens zwei Merkmale zu (**M 3**).

**M 3** *Geo-Begriffestapel*

## Beurteilen, sich verständigen und handeln

**M 4** *Mähdrescher auf dem Weg in die Tundra?*

**5** Das wünschen sich viele Menschen: Die Anbaugrenze von Getreide weiter Richtung Nordpol und Südpol auszudehnen: Damit wären viele Probleme gelöst. Alle Menschen hätten genug zu essen und aus Getreide könnte man auch Biokraftstoff erzeugen.
Erläutere, warum der in der Fotomontage dargestellte Vorgang sich nicht einfach in die Wirklichkeit übertragen lässt (**M 4**).

Hier findest du die beiden Rätsel zum Downloaden:

cornelsen.de/webcodes
Code: dokafu

## Können und anwenden

6 Lies die Klimadiagramme und ermittle die Klimadaten für die einzelnen Klimastationen.

7 Benenne die Klimazone, in der die einzelnen Orte liegen.

8 Beschreibe die Bilder und ordne jedes Bild in eine Vegetationszone Europas ein.

9 Ordne jedem Klimadiagramm ein Bild zu.

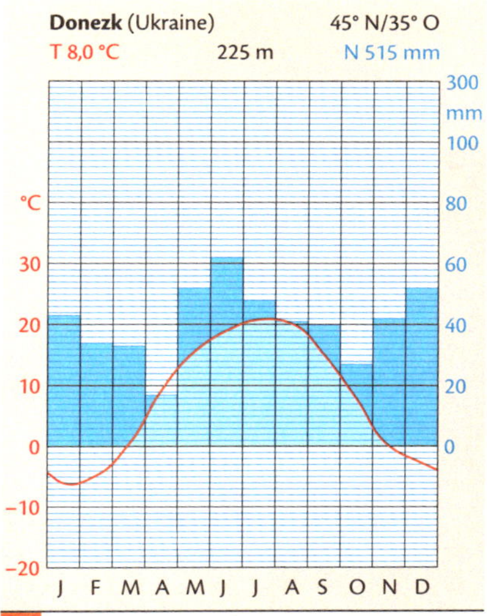


M 5

M 6

M 7

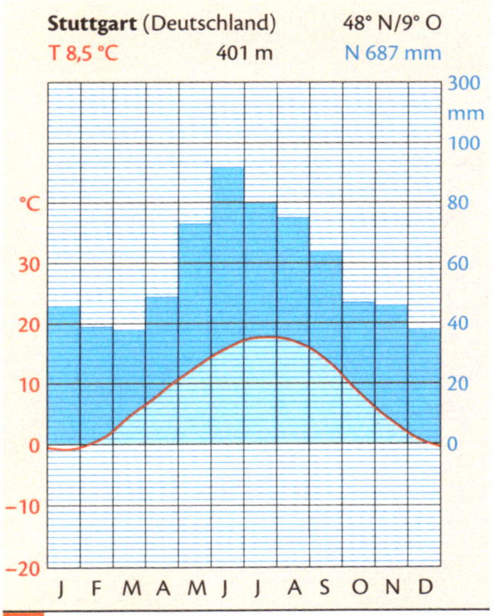


M 8

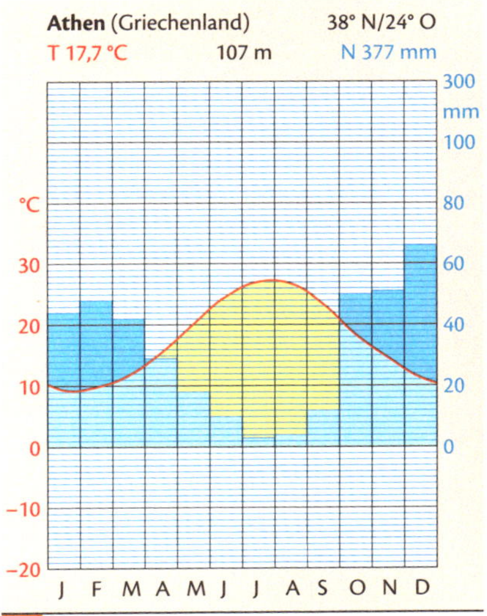


M 9

M 10

# Deutschland: Bodennutzung

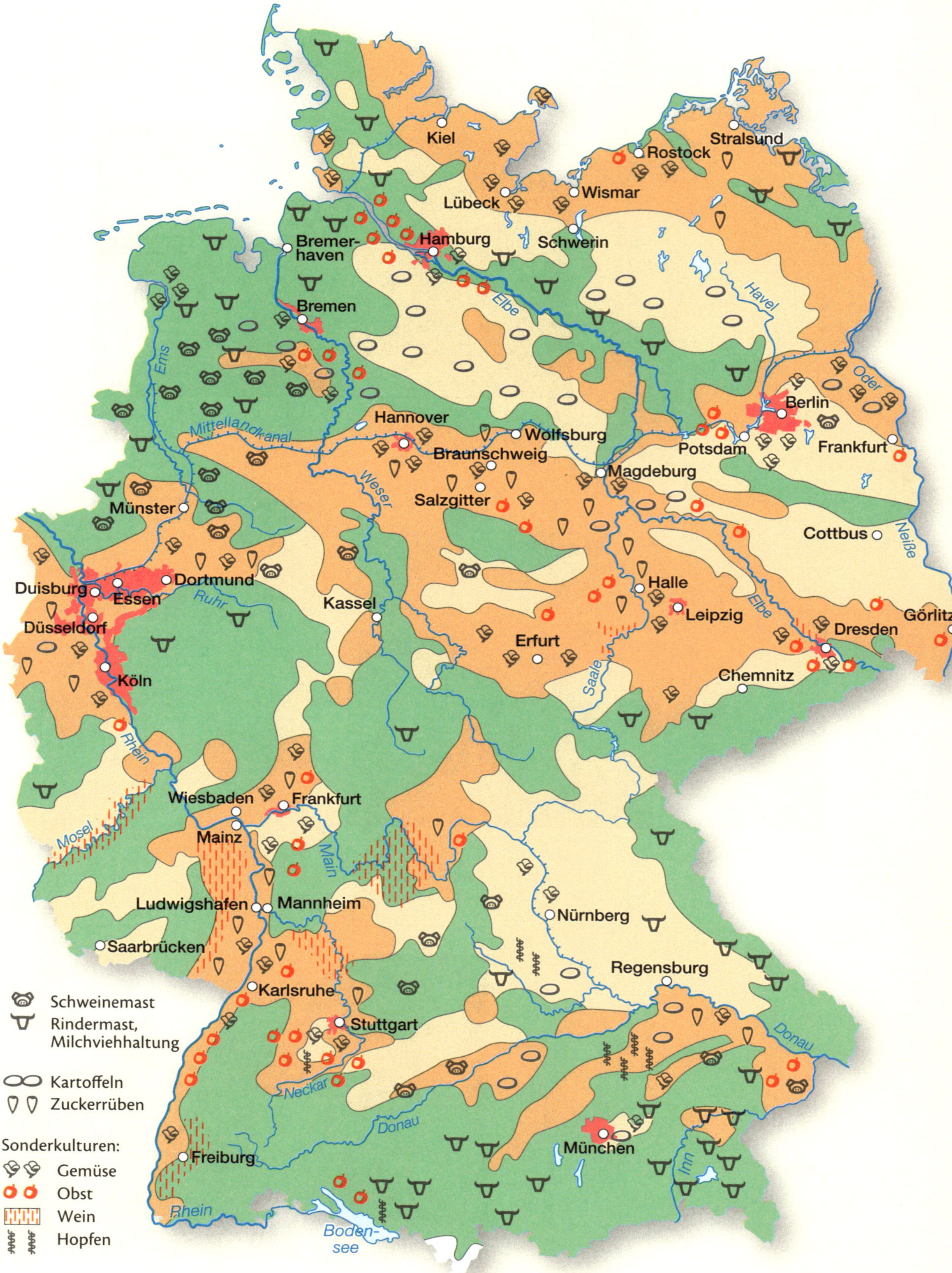


Ackerbau mit sehr guten und guten Böden (z.B. Weizen, Raps)

Ackerbau mit mittleren und geringeren Böden (Roggen, Futterpflanzen)

Grünlandwirtschaft (Dauergrünland: Wiesen und Weiden, Ackerbau: Futterpflanzen) und Forstwirtschaft

Ödland

Siedlungsfläche

0 50 100 km

**Landschaftspflege?**
Geometrische Formen in der Landschaft und schön ordentlich geharkte Ackerflächen lassen den Eindruck entstehen, dass hier Gartengestaltung im Großen betrieben wird. Die Landwirtschaft prägt bei uns das Landschaftsbild.

**In diesem Kapitel lernst du**
- die geographische Lage von Anbaugebieten zu beschreiben,
- die natürlichen Bedingungen für die Landwirtschaft zu beschreiben und zu vergleichen,
- verschiedene Arten des Anbaus zu beschreiben,
- die Verbreitung bestimmter Anbaugebiete zu begründen,
- eine Bodennutzungskarte zu lesen,
- intensive und ökologische Landwirtschaft zu unterscheiden,
- den Anbau von Gemüse in Gewächshäusern und in einer Huerta zu vergleichen,
- verschiedene Arten der Bewässerung zu beschreiben,
- einen landwirtschaftlichen Betrieb zu erkunden und
- die Trinkwassergewinnung und -gefährdung zu erläutern.

**Dazu nutzt du**
- physische und thematische Karten,
- Bilder,
- Diagramme,
- Grafiken,
- Tabellen,
- einfache Versuche,
- das Internet und
- digitale Anwendungen.

**Du beurteilst**
- den Einfluss der natürlichen Grundlagen auf die Landwirtschaft,
- die Bedeutung des Wassers für die Landwirtschaft und den Menschen.

Hier findest du alle Darstellungstexte zum Anhören:

cornelsen.de/webcodes
Code: yowezi

*Traktor beim Pflügen und Eggen in einem Arbeitsgang*

# Wir lesen eine Bodennutzungskarte

**check-it**
- Merkmale einer thematischen Karte, hier Bodennutzung, kennen
- Schrittfolge für das Lesen einer thematischen Karte kennen und anwenden
- eine Mindmap erstellen
- Bilder beschreiben

## Was ist eine thematische Karte?

Die Erdkunde beschäftigt sich mit Landschaften, Gewässern, Böden, Temperaturen und Niederschlägen, Verkehr, Städten und Dörfern, Landwirtschaft, Industrie und Bergbau und vielen anderen Themen. Stelle dir vor, dass alle diese Themen beispielsweise für Nordrhein-Westfalen oder Deutschland in einer Karte dargestellt sind. Das ist unmöglich, weil eine solche Karte überfüllt und damit unübersichtlich wäre. Deshalb gibt es zu bestimmten Themen **thematische Karten.** Die Inhalte thematischer Karten werden durch Kartenzeichen (Signaturen) dargestellt, zum Beispiel durch Linien, Figuren oder Farbflächen. Aber aufgepasst: In thematischen Karten haben die Flächenfarben eine andere Bedeutung als in physischen Karten. So kann eine grüne Fläche Grünland oder Wald kennzeichnen, während diese in einer physischen Karte für Gebiete mit geringer Höhe steht.

## Checkliste zum Lesen thematischer Karten

1. Informiere dich über das Thema der Karte und den abgebildeten Raum. Lies dazu den Kartentitel oder die Bezeichnung der Abbildung (**M 1**).
2. Bestimme die Lage und Größe des dargestellten Raumes. Beachte dabei den Maßstab der Karte.
3. Stelle mithilfe der Legende fest, was die Farben, Linien und Zeichen in der Karte bedeuten.
4. Beschreibe den Karteninhalt:
- Welche Farben und Zeichen treten häufig auf?
- Welche Bedeutung haben diese?
- Wie sind bestimmte Zeichen und Farben im Raum verteilt? Beachte Häufigkeit und Größe der Zeichen.
- Welcher Zusammenhang besteht zum Beispiel zwischen einer Stadt oder einer Landschaft und dem Auftreten bestimmter Farben und Zeichen in der Karte?

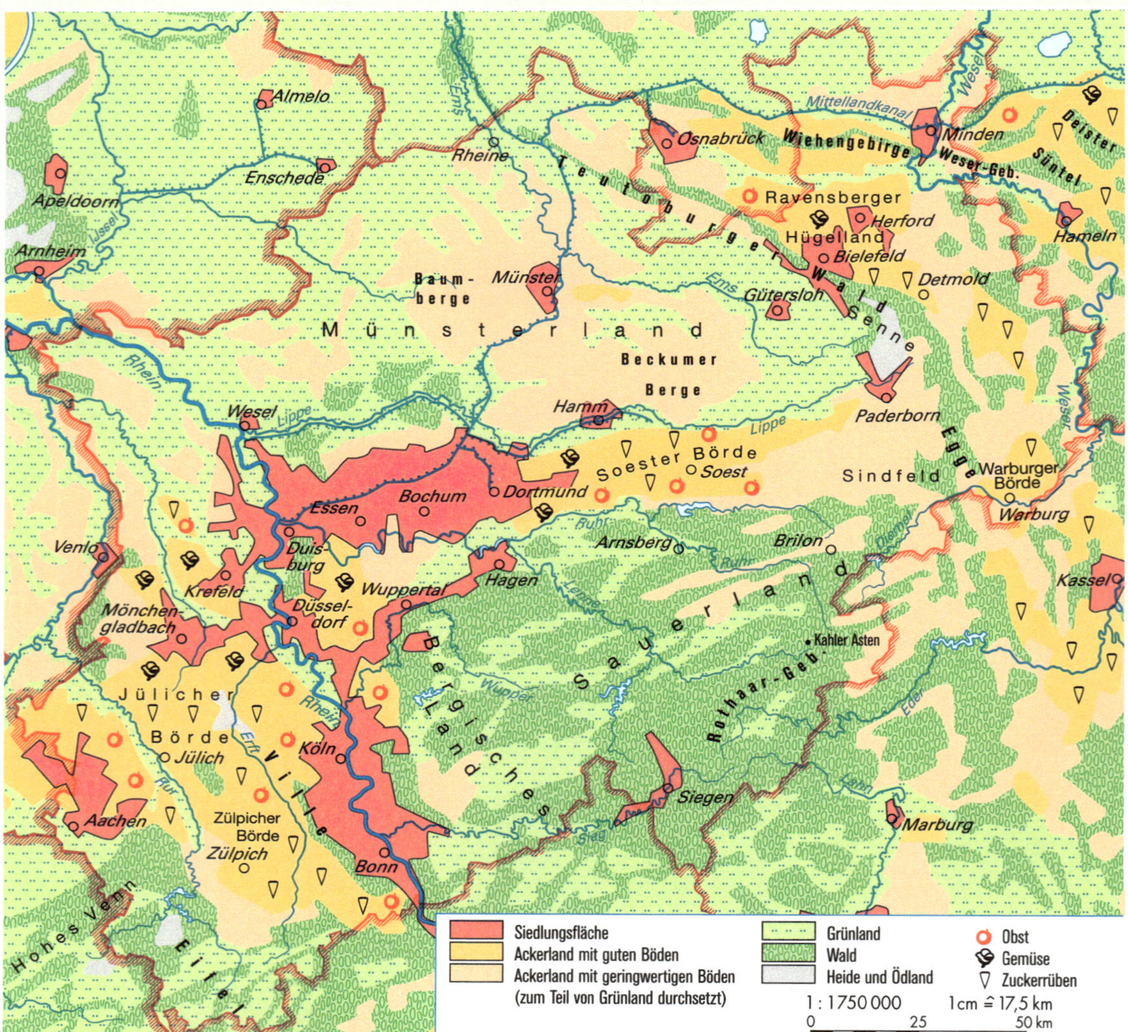


**M 1** *Nordrhein-Westfalen – Bodennutzung*

### Beispiel: Lesen der thematischen Karte „Nordrhein-Westfalen – Bodennutzung“ (M 1)

1. Der Kartentitel ist: Nordrhein-Westfalen (Raum) – Bodennutzung (Thema).
2. Die Karte zeigt das Bundesland Nordrhein-Westfalen und angrenzende Länder. Der Maßstab der Karte ist 1 : 1 175 000.
3. Die Legende zeigt Farben und Zeichen. Die einzelnen Farben stellen Folgendes dar: rote Farbe = dicht bebaute Siedlungsflächen (große Städte), braune Farbe = Böden mit sehr guter bis guter Fruchtbarkeit, hellbraune Farbe = Böden mit mittlerer und geringerer Fruchtbarkeit, grüne Farbe = Grünland, Wiesen und Weiden, Ackerbau (z. B. Futterpflanzen), dunkelgrüne Farbe = Wald und graue Farbe = Heide und Ödland. Obst, Gemüse und Zuckerrüben sind durch Zeichen abgebildet.
4. Die Farben und Zeichen verdeutlichen die Bodennutzung in Nordrhein-Westfalen. Das Gebiet zwischen dem Rhein und Aachen sowie östlich von Dortmund zeigt Ackerland mit sehr guten und guten Böden und Wald. In den Flusstälern ist Grünland zu finden. Auf den guten Böden werden Zuckerrüben und Gemüse angebaut. Während im nördlichen Teil Nordrhein-Westfalens Grünland überwiegt, bedecken Waldflächen den südlichen Teil im Sauerland und Bergischen Land.

1 Stelle die natürlichen Grundlagen, die die Landwirtschaft beeinflussen, in einer Mindmap dar (**M 2**, ***Eine Mindmap erstellen***).

2 Erkläre am Beispiel von **M 1**, was eine thematische Karte ist.

3 Beschreibe an Beispielen die Weiterverarbeitung landwirtschaftlicher Erzeugnisse in der Industrie (**M 2**).

4 Informiere dich, welche thematischen Karten dein Schulbuch enthält. Nenne drei Beispiele.

| Form der landwirtschaftlichen Betriebe | Produktionsrichtungen der landwirtschaftlichen Betriebe | | Weiterverarbeitung der landwirtschaftlichen Erzeugnisse in der Nahrungsmittelindustrie | |
|---|---|---|---|---|
| **Marktfruchtbetriebe** | **Hackfrüchte** | Zuckerrüben<br>Kartoffeln | → Zucker |  |
| Mehr als die Hälfte des Einkommens stammt aus dem Verkauf von Feldfrüchten (Marktfrüchten). | 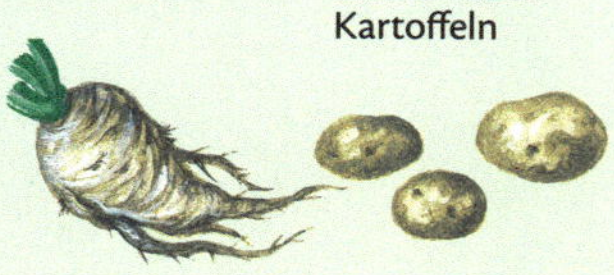 | | → Chips, Pommes frites | |
| Zunehmend werden besonders Getreide und Ölpflanzen zur Erzeugung von Biotreibstoffen verwendet. | **Getreide** | Weizen,<br>Roggen | → Mehl | → Brot<br>→ Gebäck<br>→ Kuchen |
| | **Ölpflanzen** | Raps | → Öl | → Speiseöl |
| **Futterbaubetriebe** | **Grünland** | → **Viehhaltung** | | |
| Rinderhaltung und Anbau von Pflanzen zur tierischen Ernährung (Feldfutterpflanzen) herrschen vor. | Wiese<br>Weide | → Milchvieh | → Milch | → Käse<br>→ Quark<br>→ Jogurt<br>→ Butter |
| Nutzung von Wiesen (für Grünfutter und Heu) und Weiden. | **Ackerland**<br>Mais<br>Klee<br>Luzerne | → Rindermast<br>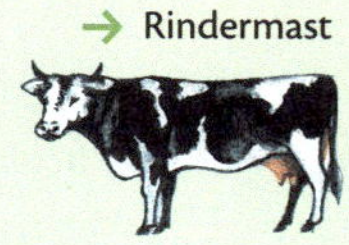 | → Fleisch | verschiedene<br>→ Fleisch- und Wurstsorten<br>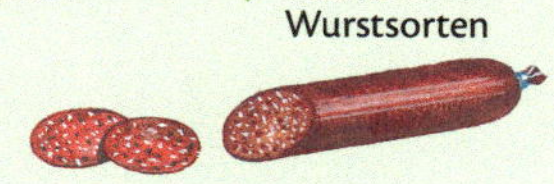 |
| **Veredlungsbetriebe** | **Ackerland** | | | |
| Mehr als die Hälfte des Einkommens stammt aus der Schweinemast oder der Geflügelhaltung. | Mais<br>Kartoffeln<br>Rüben<br>Getreide | → Schweinemast<br> | → Fleisch | verschiedene<br>→ Fleisch- und Wurstsorten<br>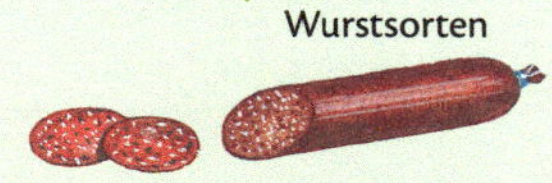 |
| Unter Veredlung versteht man die Umwandlung von Pflanzen (durch Verfüttern) zu Fleisch und anderen tierischen Erzeugnissen. | | → Geflügelmast | → Fleisch | → Geflügelfleisch<br>→ Masthähnchen |
| |  | → Haltung von Legehennen | → Eier | → Frischware<br>→ Eiprodukte |
| **Sonderkulturbetriebe** | Anbau von Gemüse, zum Beispiel | → Blumenkohl<br>→ Bohnen<br>→ Feldsalat<br>→ Gurken<br>→ Karotten | → Gemüse | → Frischwaren<br>→ Konserven |
|  | Obstbau, zum Beispiel | → Äpfel<br>→ Birnen<br>→ Kirschen<br>→ Erdbeeren | → Obst | → Frischwaren<br>→ Konserven |
| Mehr als die Hälfte des Einkommens stammt aus dem Anbau von Gemüse, Obst, Wein oder Hopfen. | <br>Weinbau | → Trauben | → Trauben | → Frischware<br>→ Wein<br>→ Schaumwein (Sekt)<br>→ Weinbrand |
| | Anbau von Hopfen | | → Bier | |

**M 2** *Formen und Produktionsrichtungen landwirtschaftlicher Betriebe*

# Boden und Wetter – wichtig für die Landwirtschaft

**M 1** *Feld mit Hagelschäden*

**check-it**
- Einfluss natürlicher Grundlagen beschreiben
- Bedeutung von Wettervorhersagen für die Landwirtschaft erklären
- Bauernregeln erläutern
- eine Mindmap erstellen
- Aussagen prüfen und begründen

## Ansprüche von Pflanzen

Pflanzen benötigen Nährstoffe, Wasser, Wärme und Licht, um zu wachsen. Deshalb müssen die Landwirte bestimmte Zeiten für die Aussaat und Ernte beachten, damit ihre Pflanzen bestmöglich wachsen und gute Ernteergebnisse erzielt werden.

Zuckerrüben beispielsweise können bereits von Anfang März bis Mitte April ausgesät werden. Für eine frühe Aussaat ist jedoch wichtig, dass es wenige Niederschläge gibt. Die Zuckerrüben wachsen von März bis Oktober. Bis zur Ernte benötigen sie viel Wasser und Sonne.

Roggen wird hingegen von Ende September bis Mitte Oktober ausgesät und im folgenden Jahr im Spätsommer geerntet. Roggen ist eine anspruchslose Pflanze. Landwirte, die unterschiedliche Pflanzen anbauen, sind zu verschiedenen Zeiten im Jahr mit Ernte und Aussaat beschäftigt.

## Temperatur und Niederschlag

Die **Temperatur** hat große Bedeutung für die Landwirte. Ist es zu kalt, kann nicht ausgesät werden. Ist es über viele Tage sehr heiß, können die Pflanzen vertrocknen. Der Landwirt hat stets das Thermometer im Blick, um zum Beispiel die Pflanzen vor Frost zu schützen. Bei großer, lang anhaltender Hitze muss bewässert werden.

Aus unzähligen Wassertröpfchen, die in der Luft schweben, bildet sich Niederschlag. Niederschlag kann in unterschiedlichen Formen fallen: Schnee, Regen, Hagel und Raureif.

Niederschlag ist für den Ackerbau sehr wichtig, denn ohne Regen fehlt den Pflanzen Wasser. Die Pflanzen drohen zu vertrocknen, sodass der Landwirt seine Pflanzen bewässern muss. Kommt es aber zu starken Regenfällen, können Schäden an den Pflanzen entstehen. Pflanzenteile können abknicken oder absterben.

## Boden

Das Wachstum der Ackerpflanzen hängt nicht nur von Temperatur und Niederschlag, sondern auch von der Fruchtbarkeit des Bodens ab. Als **Boden** bezeichnen wir die oberste Schicht der Erdkruste. Entscheidend für die Fruchtbarkeit des Bodens ist seine Zusammensetzung. Fruchtbare Böden haben einen hohen Nährstoffgehalt und sind deshalb bestens für den Anbau von Zuckerrüben und Weizen geeignet. Andere Pflanzen wie Kartoffeln oder Roggen können auch auf sandigen, nährstoffarmen Böden gut gedeihen.

Landwirte, die auf ihren Äckern hohe Erträge erzielen wollen, müssen für ihre Böden die richtigen Pflanzen zum Anbau auswählen. Viele Landwirte verbessern durch Dünger die Anbaubedingungen und erzielen dadurch höhere Erträge.

**M 2** *Weinanbau an steilen Lagen im Rheintal*

In früheren Zeiten, als es noch keine verlässliche Wettervorhersage gab, mussten besonders Bauern eine Möglichkeit finden, das Wetter vorherzusagen. Sie beobachteten das Wettergeschehen über viele Jahrzehnte hinweg und entdeckten gewisse Regelmäßigkeiten. So entstanden die sogenannten Bauernregeln, mit deren Hilfe Arbeiten wie zum Beispiel Aussaat, Heueinfuhr und Ernte auf Tage verlegt wurden, an denen das Wetter beständig war. Da die meisten Menschen weder lesen noch schreiben konnten, wurden die Bauernregeln in leicht merkbaren Reimen verfasst. Die Bedeutung der Bauernregeln ist bis heute umstritten: Einige von ihnen sind purer Aberglaube, doch ein Teil von ihnen lässt sich auch wissenschaftlich erklären.

**M 3** *Bauernregeln*

## Oberflächenformen

Auch die Oberflächenformen haben Einfluss auf die landwirtschaftliche Nutzung. An steilen Hängen ist der Ackerbau sehr eingeschränkt, da Traktoren und Maschinen umkippen könnten und der Boden schwer zu bearbeiten ist. Wein oder Obstbäume gedeihen aber durch die ungehinderte Einstrahlung der Sonne besonders gut an Hängen. Hinzu kommt, dass je höher der Ort liegt, desto kürzer die Wachstumszeit ist.

## Wetter und Boden

Das Wetter und die Fruchtbarkeit des Bodens sind von großer Bedeutung für den Ackerbau und die Weidewirtschaft.
Daher sind die Landwirte auf gute Wettervorhersagen angewiesen. Früher, als es noch keine Wettervorhersagen gab, nutzten die Landwirte Bauernregeln. Heute gibt es spezielle Wettervorhersagen für die Landwirtschaft.

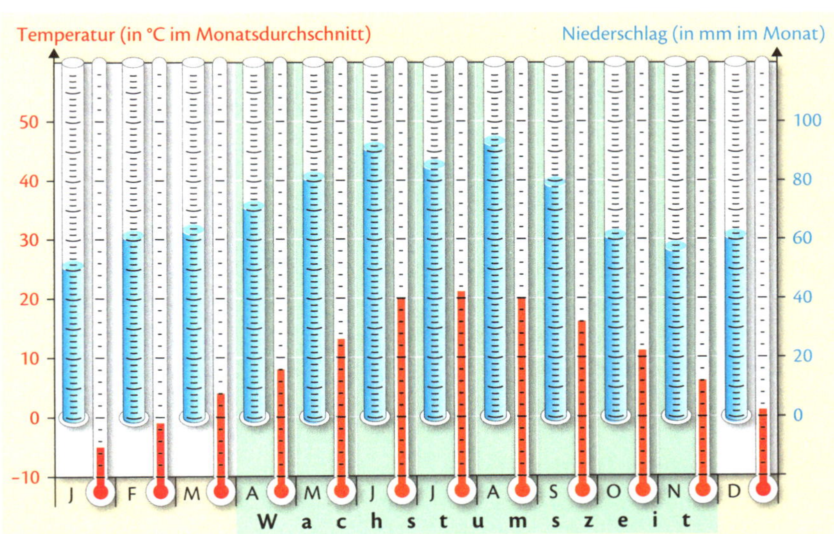


**M 4** *Wachstumszeit*

**1** Stelle die natürlichen Grundlagen, die die Landwirtschaft beeinflussen, in einer Mindmap dar ( ).

**2** Beschreibe den Einfluss der natürlichen Bedingungen auf den Ackerbau und die Ernte von Ackerfrüchten (**M 1**, **M 2**, **M 4**).

**3** Erkläre, warum Wettervorhersagen für die Landwirtschaft wichtig sind (**M 1**).

**4** Bildet vier Gruppen, wählt je zwei Bauernregeln aus und erläutert diese (**M 3**).

**5** Begründe, warum die Landwirtschaft in den Mittelgebirgen nur wenig ertragreich ist (**M 2**).

**6** Prüfe die Aussage: Das Wetter ist für die Landwirte Freud und Leid zugleich.

Hier findest du zusätzliche Informationen und Links:

cornelsen.de/webcodes
Code: risajo

# Ackerbau in den Börden

**M 1** *Bördenlandschaft in der Soester Börde*

Versuch

**M 2** *Versuch – Wasserspeicherung von Böden*

**check-it**
- Merkmale der Börden nennen
- Zusammenhang zwischen dem Anbau von Feldfrüchten und natürlichen Bedingungen erläutern
- Fruchtwechsel beschreiben und begründen
- Versuch durchführen

## Lage der Börden

Wie ein breiter Streifen liegen die **Börden** zwischen dem Norddeutschen Tiefland und dem Mittelgebirgsland. Sie erstrecken sich von der Jülicher Börde im Westen über die Hildesheimer Börde, die Magdeburger Börde bis in die Leipziger Tieflandsbucht im Osten. Der Name „Börde" kommt vom niederdeutschen Wort „bören", was so viel heißt wie „tragen" oder „ertragreich".

## Fruchtbarkeit der Börden

Die Böden in den Börden sind sehr fruchtbar, denn sie bestehen aus **Löss**. Löss ist staubfein wie Mehl, sieht gelblich aus und ist reich an Kalkteilchen. Der Löss wurde in der Eiszeit durch den Wind am Rande des Mittelgebirgslandes angeweht und dort abgelagert. Dabei entstanden mehrere Meter dicke Lössschichten. Auf diesen haben sich während vieler tausend Jahre die besten und fruchtbarsten Ackerböden in ganz Deutschland entwickelt.

## Feldfrüchte aus den Börden

Die Börden werden intensiv für den **Ackerbau** genutzt. Besonders Ackerfrüchte, die hohe Ansprüche an die Qualität der Böden stellen, gedeihen dort sehr gut. Das sind vor allem Weizen und Zuckerrüben. Diese Pflanzen brauchen für ihr Wachstum ausreichend Wärme und Wasser sowie Böden mit vielen Pflanzennährstoffen wie Kalk. In den Börden erzielen die Landwirte die höchsten Erträge beim Anbau von Weizen, Raps und Zuckerrüben in Deutschland.

**M 3** *Merkmale von Lössböden*

Den Landwirten in den Börden stehen große Flächen zur Verfügung, die den Einsatz moderner Maschinen und Geräte für die Aussaat, die Pflege und die Ernte ermöglichen, zum Beispiel große Traktoren, Rübenvollerntemaschinen oder Mähdrescher. Außerdem lassen sich die lockeren Böden gut bearbeiten. Wenn ein Landwirt Jahr für Jahr die gleiche Ackerfrucht auf einem Feld anbauen würde, würden die Erträge zurückgehen. Dem Boden werden immer die gleichen Pflanzennährstoffe entzogen und er wird immer unfruchtbarer. Manche Pflanzen können aber auch nicht jedes Jahr auf dem gleichen Feld gedeihen. Durch eine sinnvolle Düngung und den **Fruchtwechsel** kann der Landwirt die Fruchtbarkeit des Bodens erhalten.

**1** Beschreibe das Bild (**M 1**).

**2** Suche die Börden in der Karte und nenne Lagemerkmale der Börden (Karten S. 114 **M 1** und S. 224, Atlas).

**3** Führe den Versuch durch. Erkläre deine Beobachtungs- und Messergebnisse (**M 2**).

**4** Erläutere, was die Börden so fruchtbar macht (**M 3**).

**5** Der Weizenanbau erfordert moderne Technik auf dem Acker. Erläutere diese Aussage (**M 1** und **M 4**).

**6** Beschreibe den Fruchtwechsel (**M 5**).

**7** Begründe die Notwendigkeit des Fruchtwechsels (**M 5**).

**M 4** *Moderne Technik im Weizenanbau*

| Monat | Jan. | Febr. | März | April | Mai | Juni | Juli | Aug. | Sept. | Okt. | Nov. | Dez. |
|---|---|---|---|---|---|---|---|---|---|---|---|---|
| 1. Jahr | | Unterpflügen | | Saat | | | | | | | Ernte | Saat |
| 2. Jahr | | | | | | | | Ernte | Saat | | | |
| 3. Jahr | | | | | | | Ernte | Saat | | Schneiden u. Häckseln | | |
| 4. Jahr | | Unterpflügen | | Saat | | | | | | | Ernte | Saat |

Zuckerrüben – Winterweizen – Wintergerste – Winterraps – Gründüngungspflanzen (Lupine, Wicke) – Mulch (gehäckselte Gründüngungspflanzen)

**M 5** *Möglicher Fruchtwechsel in den Börden*

Hier findest du zusätzliche Informationen und Links:

cornelsen.de/webcodes
Code: dogabe

# Intensive Landwirtschaft – Schweinemast im Münsterland

**check-it**
- Gebiete der Schweinehaltung verorten
- Merkmale und Probleme der intensiven Schweinehaltung benennen
- Entwicklung der Schweinehaltung erklären
- Produktionsstufen erläutern
- Säulendiagramm zeichnen
- Informationen aus einer Befragung entnehmen

Der Schweinemastbetrieb von Paul Averkamp liegt im Landkreis Coesfeld im Norden Nordrhein-Westfalens. Herr Averkamp lädt uns zu einem Rundgang durch seinen Betrieb ein und beantwortet gern unsere Fragen.

**„Warum haben Sie so viele Ställe?"**
„Schon vor Jahren stellte ich mir die Frage: Soll ich meinen Betrieb vergrößern oder aufgeben, wie viele andere Bauern es in den letzten Jahren getan haben? Früher hatte ich deutlich weniger Schweine. Doch der Preis, den ich für ein Kilogramm Schweinefleisch bekomme, ist über Jahre etwa gleich geblieben. Dagegen sind die Ausgaben für moderne Stalltechnik und für Futtermittel enorm gestiegen. Damit ich ausreichend verdiene, muss ich heute mehr Schweine mästen als früher. Dafür brauche ich große Stallanlagen."

**„Wie viele Schweine mästen Sie im Jahr?"**
„Pro Jahr mäste ich an die 7000 Schweine. In den acht Mastställen sind ungefähr 2400 Schweine. Die Schweine werden nach rund fünf Monaten mit einem Gewicht von etwa 105 Kilogramm geschlachtet. In jedem Stall werden deshalb zweieinhalbmal pro Jahr neue Ferkel eingestallt."

**„Woher bekommen Sie die Ferkel?"**
„Die Ferkel werden auf unserem Betrieb geboren. Deshalb müssen wir keine Ferkel kaufen und laufen nicht Gefahr, uns auf diesem Weg Tierseuchen einzuschleppen."

**„Wie werden die vielen Schweine gefüttert?"**
„Ja, das wäre wirklich unmöglich, wenn ich meinen Computer nicht hätte. Der Computer steuert die Zusammensetzung des Futters, die Futtermenge und die Wasserversorgung über Automaten. Selbst die Be- und Entlüftung der Ställe läuft automatisch."

**„Woher kommt das Futter?"**
„Wir lassen das Futter aus Futtermühlen anliefern. Es ist fertig gemischt, und zwar unterschiedlich für Sauen, Ferkel und Mastschweine. Für uns ist es wichtig, dass wir einwandfreies Futter mit guten Nährstoffen bekommen."

**„Wie viele Leute arbeiten in Ihrem Betrieb?"**
„Außer mir arbeiten im Betrieb ein Angestellter und ein Auszubildender. Alles andere erledigen Maschinen und Automaten. Meine Frau ist Lehrerin. Sie und die Kinder helfen nur selten."

**„Gehört zu Ihrem Hof auch Ackerland?"**
„Ja, wir bearbeiten 140 Hektar Acker- und Grünland. Weil andere Höfe in der Umgebung aufgegeben haben, konnte ich zusätzliches Ackerland pachten."

**M 1** *Computergesteuerte Fütterung in einer Ferkelaufzucht*

**„Was machen Sie mit den Ausscheidungen der Tiere? Es müssen doch riesige Mengen Gülle anfallen."**
„Die Gülle ist wirklich ein Problem, und zwar nicht nur die Menge, sondern auch der Geruch. Da Gülle ein wertvoller Dünger ist, verwenden wir sie zur Düngung unserer Äcker. Der Boden und das Grundwasser dürfen aber nicht durch zu viel Gülle belastet werden. Deshalb ist es gesetzlich vorgeschrieben, welche Menge Gülle höchstens pro Hektar ausgebracht werden darf. Weil meine eigenen Ackerflächen für die anfallende Güllemenge nicht ausreichen, habe ich weitere Flächen gepachtet. Diese Flächen liegen aber zum Teil sehr weit entfernt."

1 Beschreibe und erkläre die Entwicklung der Schweinebestände und der Schweine haltenden Betriebe in Deutschland seit 1950 (**M 2**).
2 Nenne Gebiete, in denen viele Schweine gehalten werden. Ordne diese Gebiete den Bundesländern zu und formuliere deine Erkenntnis (Karte S. 224).
3 Erkläre, warum Paul Averkamp so viele Schweine in einem Jahr mästen kann und welche Probleme dabei auftreten.
4 Erstelle ein Säulendiagramm zur Veränderung der Schweineanzahl pro Betrieb seit 1950. Wähle den Maßstab: Zehn Schweine entsprechen einem Millimeter (**M 2** MK).
5 „Wie wird aus dem Schwein ein Schnitzel?" Erläutere **M 3**.

Hier findest du zusätzliche Informationen und Links:

cornelsen.de/webcodes
Code: jayapa

| Jahr | Anzahl der Schweine haltenden Betriebe | Anzahl der Schweine | Anzahl der Schweine pro Betrieb (gerundet) |
|---|---|---|---|
| 1950 | 2 934 000 | 11 855 000 | 4 |
| 1960 | 1 741 000 | 15 735 000 | 9 |
| 1970 | 1 028 500 | 20 901 000 | 20 |
| 1980 | 511 200 | 22 444 000 | 44 |
| 1990 | 287 900 | 22 035 000 | 77 |
| 2000 | 123 400 | 25 633 400 | 208 |
| 2010 | 57 900 | 26 538 100 | 458 |
| 2018 | 23 800 | 26 888 000 | 1 130 |

**M 2** *Entwicklung der Schweinebestände und der Schweine haltenden Betriebe in Deutschland*

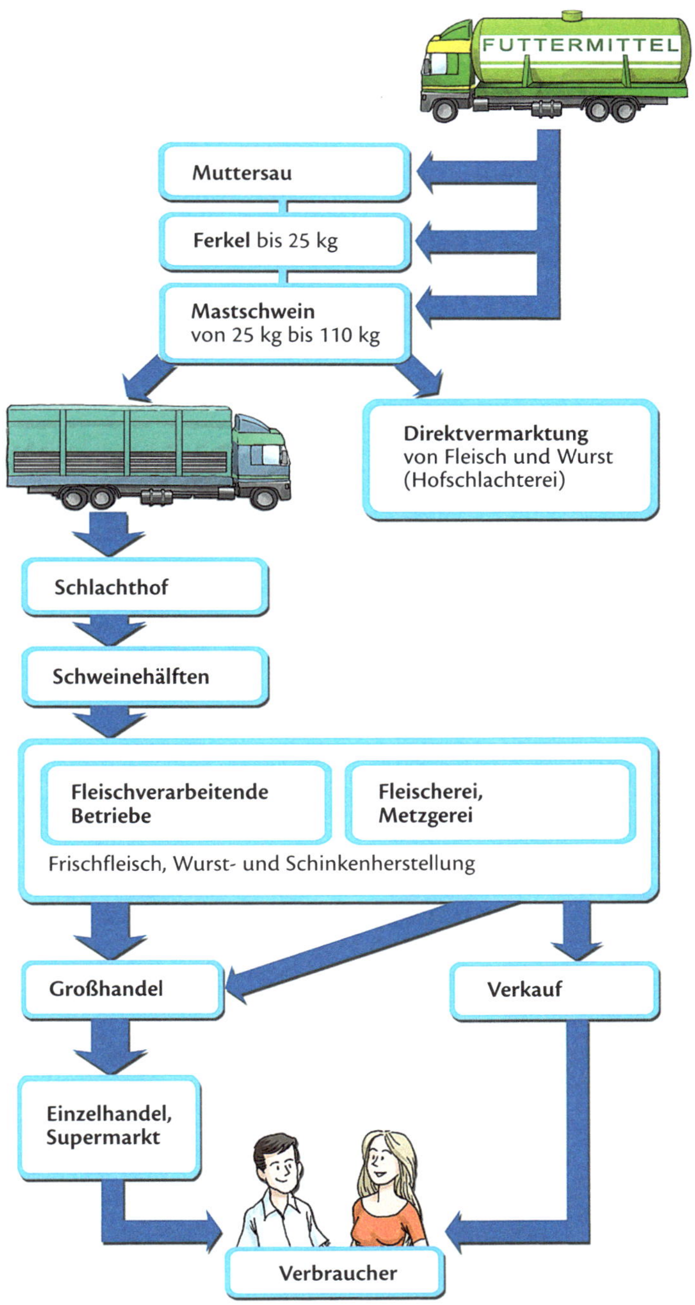


**M 3** *Wie wird aus dem Schwein ein Schnitzel?*

# Ökologische Landwirtschaft

**check-it**
- Merkmale der ökologischen Landwirtschaft erläutern
- Vermarktung und Kennzeichnung der Öko-Produkte beschreiben
- herkömmliche und ökologische Landwirtschaft vergleichen
- eine Erkundung durchführen
- eine Mindmap erstellen
- Nutzen der ökologischen Landwirtschaft beurteilen

**M 1** *Tierhaltung in der ökologischen Landwirtschaft*

## Was bedeutet „ökologische Landwirtschaft"?

In der **ökologischen Landwirtschaft** werden Nahrungsmittel und andere landwirtschaftliche Produkte mit möglichst naturnahen Produktionsmethoden angebaut und hergestellt. Der Landwirt verzichtet weitgehend auf chemische Stoffe und versucht, den Boden mit naturnahen Methoden fruchtbar zu erhalten. Das erfordert einen hohen Arbeitsaufwand. Öko-Produkte sind deshalb teurer. Dennoch werden sie von vielen Verbrauchern bevorzugt gekauft, da Öko-Produkte eine hohe Qualität haben.

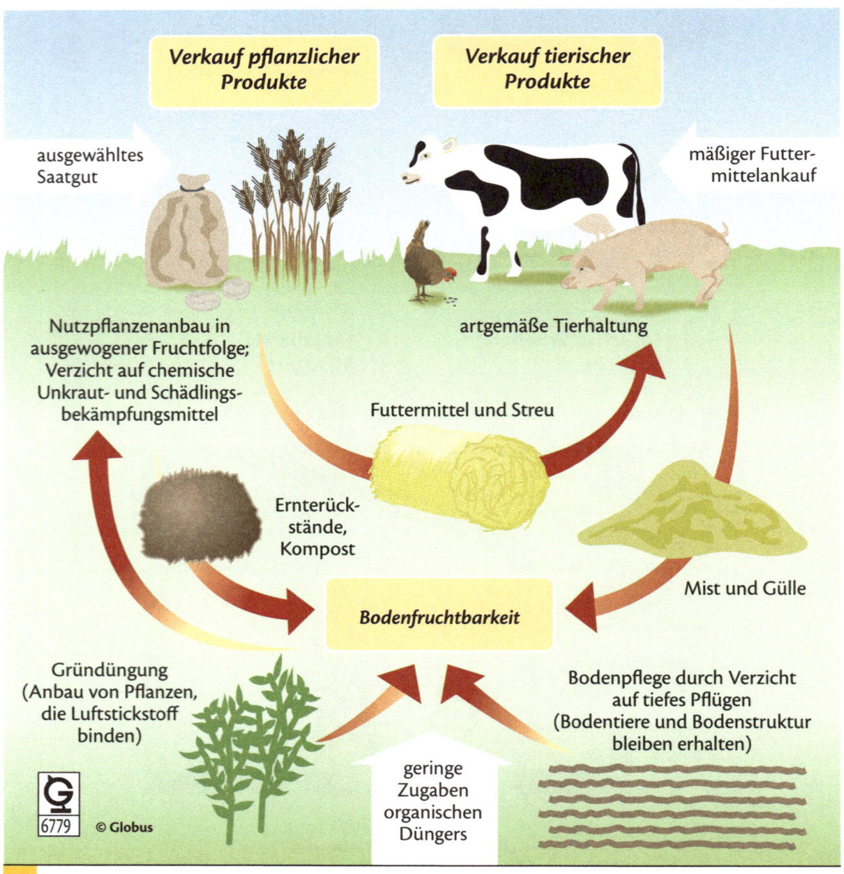


**M 2** *Ökologische Landwirtschaft*

## Ökologische Viehwirtschaft

In der ökologischen Viehwirtschaft werden alle Tiere artgerecht gehalten, das heißt, dass zum Beispiel Schweine die Möglichkeit haben, sich zu suhlen, und Hühner Auslauf bekommen müssen. Alle Tiere haben die Möglichkeit, sich ausreichend zu bewegen. Sie werden hauptsächlich mit dem gefüttert, was im Betrieb angebaut wird. Wenn ein Tier krank wird, versucht man, es mit Naturheilverfahren ohne Antibiotika zu behandeln. Bei der Auswahl der Tiere wird darauf geachtet, dass nur solche Tierrassen gehalten werden, die in der Gegend beheimatet sind. Da in der Regel nicht alle Tiere auf dem Hof selbst gezüchtet werden können, müssen auch in Öko-Betrieben Tiere zugekauft werden.

## Ökologischer Ackerbau

Im ökologischen Anbau wird auf chemische Pflanzenschutzmittel verzichtet. Ein dem Boden und dem Klima angepasster Fruchtwechsel erhält die Bodenfruchtbarkeit. Gedüngt wird mit organischem Dünger (Mist) oder durch Gründüngung, wobei nach der Ernte zum Beispiel Klee ausgesät wird, der später untergepflügt wird.

## Vermarktung

Die Produkte werden häufig direkt auf dem Bauernhof in Hofläden oder auf örtlichen Märkten verkauft. Da der Zwischenhandel entfällt, ist der Erlös für den Landwirt höher. Zudem entfallen lange Transportwege. Andere Vermarktungsmöglichkeiten sind Bio-Großhändler, Wochenmärkte oder der direkte Verkauf an Großküchen.

Damit mehr Verbraucher ökologisch erzeugte Produkte kaufen können, bieten nicht nur Bioläden und Biosupermärkte, sondern auch immer mehr große Supermarktketten Öko-Produkte an.

| | Herkömmliche Betriebe | Ökologische Landwirtschaft |
|---|---|---|
| **Produktionskosten** (€ je ha) | | |
| Düngemittel | 169 | 21 |
| Pflanzenschutz | 121 | 3 |
| Personal | 111 | 165 |
| **Erträge** | | |
| Milch (Liter je Kuh) | 7583 | 5938 |
| Weizen (dt je ha) | 80 | 37 |
| **Preise** | | |
| Milch (€ je Liter) | 0,40 | 0,48 |
| Weizen (€ je dt) | 18,47 | 45,70 |
| Kartoffeln (€ je dt) | 14,72 | 50,48 |
| **Gewinn** je Unternehmen (in €) | 64881 | 56331 |

Quelle: BLE 2017; 1 dt = 100 Kilogramm

**M 3** *Vergleich von herkömmlicher und ökologischer Landwirtschaft 2016*

## Kennzeichnung durch Bio-Siegel und Bio-Logos

Die meisten Betriebe des ökologischen Landbaus sind Verbänden angeschlossen. Die Herstellung und Qualität der Produkte unterliegen strengen Kontrollen. In der Öko-Verordnung der Europäischen Union ist geregelt, welche Richtlinien Produkte erfüllen müssen, damit sie als Bioprodukte bezeichnet werden dürfen. Der Verbraucher erkennt ökologisch erzeugte Lebensmittel an den Bio-Siegeln und -Logos. Die Produkte der ökologischen Verbände wie „Bioland" oder „demeter" sind zusätzlich gekennzeichnet, weil sie strengeren Richtlinien unterliegen.

**M 4** *Alles öko? Ausgewählte Bio-Siegel und Bio-Logos*

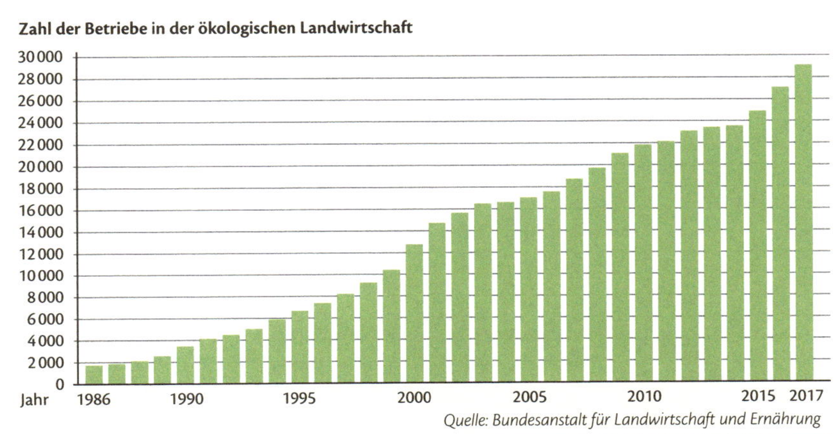


**M 5** *Entwicklung der ökologischen Landwirtschaft in Deutschland*

1. Erläutere die Merkmale der ökologischen Landwirtschaft. Erstelle dazu eine Mindmap (**M 2**, ***Eine Mindmap erstellen***).
2. Nenne Merkmale der ökologischen Viehwirtschaft (**M 1**, **M 2**).
3. Erläutere, mit welchen Maßnahmen der Öko-Landwirt die Bodenfruchtbarkeit erhält beziehungsweise verbessert (**M 2**).
4. Beschreibe die Entwicklung der ökologischen Landwirtschaft in Deutschland (**M 5**).
5. Vergleiche herkömmliche und ökologische Betriebe (**M 3**).
6. Beurteile den Nutzen der ökologischen Landwirtschaft für die Natur und den Verbraucher (**M 1** bis **M 3**).
7. Erkunde, welche Bio-Produkte im Supermarkt angeboten werden. Erstelle eine Tabelle mit der Art des Produkts, dem Hersteller und dem Bio-Siegel oder Bio-Logo (**M 4**).

Hier findest du zusätzliche Informationen und Links:

cornelsen.de/webcodes
Code: wexego

# Wir erkunden einen landwirtschaftlichen Betrieb

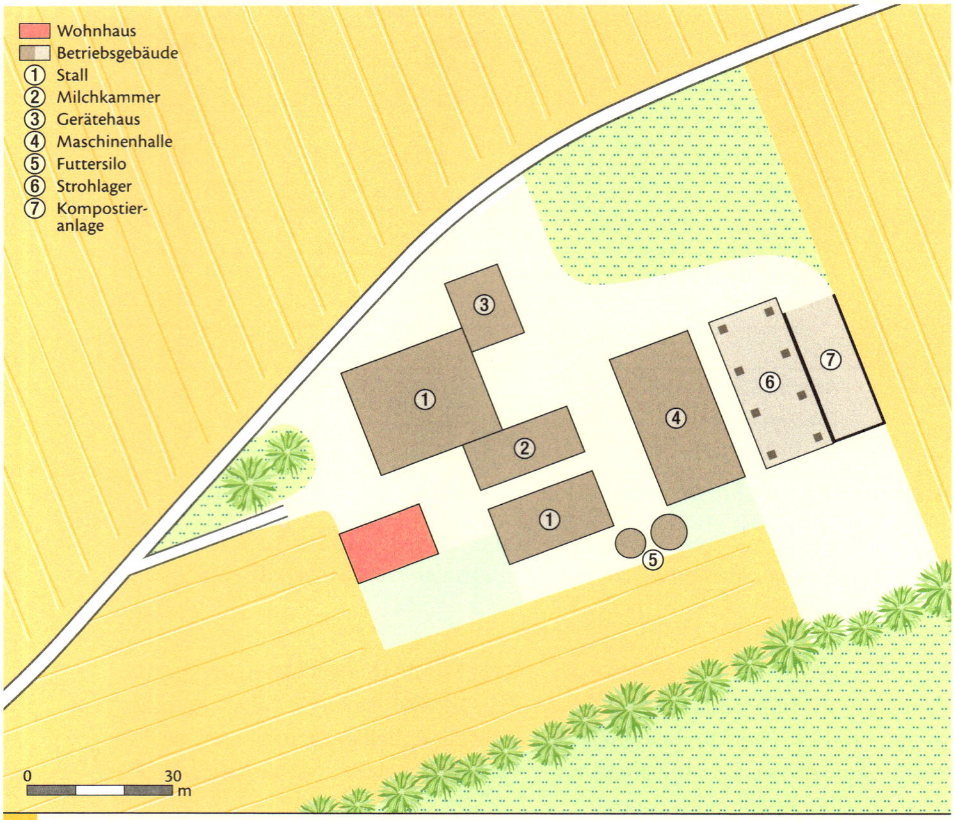


**M 1** *Übersichtsplan eines Bauernhofs*

Wir kaufen Eier, Milch und Zucker im Supermarkt, Kuchen beim Bäcker, Wurst beim Metzger. Doch wer produziert das Fleisch für die Wurst, das Getreide für den Kuchen und die Milch im Tetrapack?
Wo und wie werden unsere Lebensmittel hergestellt? Was und wie viel frisst und säuft eine Kuh? Ist eine Zuckerrübe süß? Fragen über Fragen. Ein Landwirt in eurer Nähe beantwortet diese gern und ihr könnt jede Menge erleben, erfahren und riechen bei der Erkundung eines Bauernhofes.

## 1. Schritt: Wir planen die Erkundung

Bevor wir einen Bauernhof besuchen, gibt es einiges zu bedenken und zu planen.

**Wählt einen Betrieb, der in der Umgebung der Schule liegt oder gut erreichbar ist.**
Überlegt, welchen Hof ihr erkunden möchtet: einen Ackerbaubetrieb, einen Hof mit Tierhaltung, einen Betrieb, der **Sonderkulturen** anbaut, oder einen Hof mit ökologischer Landwirtschaft.

**Legt Inhalte für die Erkundung fest und stellt einen Fragebogen zusammen.**
Achtung! Nicht zu jedem der genannten Gebiete sollt ihr Fragen stellen. Fragt das, was euch am meisten interessiert.
- Lage und Größe der Gebäude des Betriebes,
- Anzahl der Arbeitskräfte,
- Ablauf eines Arbeitstages,
- natürliche Bedingungen, wie Klima und Bodenfruchtbarkeit,
- Natur- und Umweltschutz,
- Düngung und Bewässerung,
- Lage und Größe der Felder,
- Maschinen und Geräte,
- Anbaufrüchte,
- Tiere und ihre Haltung,
- Verkauf der Produkte,
- Einnahmen, Ausgaben, Verdienst

**Überlegt, ob ihr die Erkundung in Gruppen oder im Klassenverband durchführen wollt.**

**Fertigt eine Liste der Materialien an, die für die Erkundung benötigt werden.**
- Stifte,
- Notizblöcke,
- eine feste Schreibunterlage,
- eine Fotokamera u. a.,
- Handy oder Tablet.

**Überlegt, was zur Vorbereitung der Erkundung im Klassenzimmer erledigt werden kann.**
- Auf einer Karte die Lage des Bauernhofes feststellen.
- Informationen zur Landwirtschaft im Landkreis oder in Nordrhein-Westfalen sammeln.

## 2. Schritt: Wir führen die Erkundung durch

**Das könnt ihr tun**
Befragungen durchführen, Tiere beobachten, die Hofanlage skizzieren, einen Hektar ausmessen, Feldpflanzen auf einem Quadratmeter zählen, eine Futterration zusammenstellen, Technik und Gebäude fotografieren

**Wie ihr euch auf dem Bauernhof verhalten solltet:**
- Bedenkt, dass ihr Gäste in einem Betrieb seid.
- Verhaltet euch ruhig und erledigt die Arbeitsaufgaben zügig.
- Stellt eure Fragen höflich.
- Betretet Felder und Ställe nur mit Erlaubnis des Landwirtes.
- Tiere dürfen nur angefasst und gefüttert werden, wenn es der Landwirt erlaubt.
- Klettert nicht auf Maschinen, Geräte oder Strohballen.

**M 2** *Eine Schulklasse bei der Erkundung*

## 3. Schritt: Wir werten die Erkundung aus und präsentieren die Ergebnisse

Bereits vor der Erkundung solltet ihr überlegen, wie die Ergebnisse der Erkundung gesammelt und zusammengestellt werden.
**Folgende Möglichkeiten bestehen:**
- ein Plakat oder eine Schautafel mit Fotos, Zeichnungen, Texten, Tabellen, Diagrammen u. Ä. gestalten (**M 3**),
- ein Hofalbum aus den Ergebnissen der einzelnen Arbeitsgruppen zusammenstellen,
- eine digitale Präsentation der Hoferkundung erarbeiten.

Überlegt, wen ihr zur Präsentation der Ergebnisse einladen könnt: eure Parallelklasse, den Landwirt oder andere Gäste.

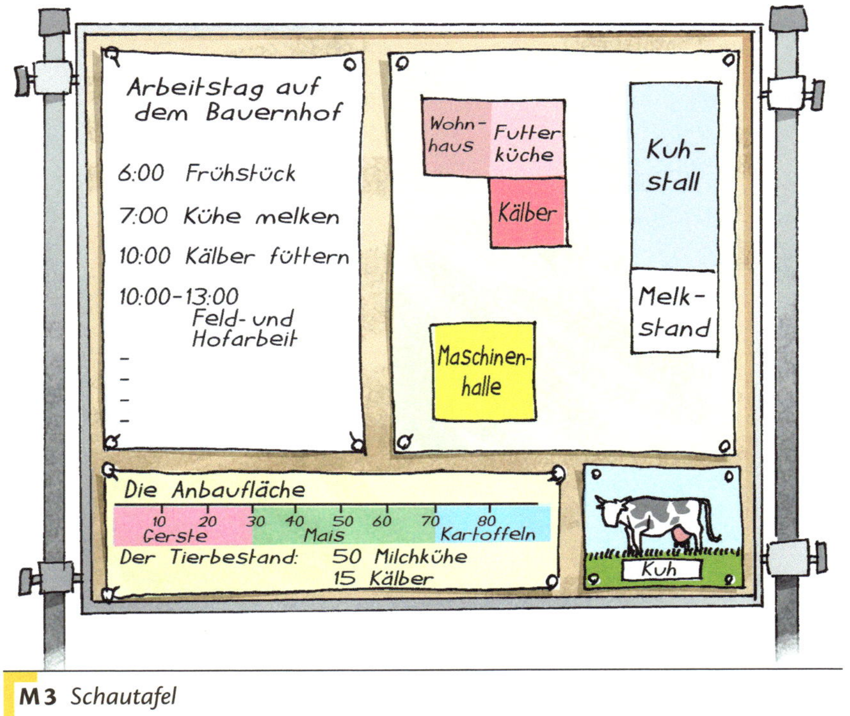


**M 3** *Schautafel*

Hier findest du zusätzliche Informationen und Links:

cornelsen.de/webcodes
Code: podeci

# Grünlandwirtschaft im Allgäu

M1 *Weidelandschaft im Allgäu*

**check-it**
- geographische Lage des Allgäus beschreiben
- Voraussetzungen und Merkmale der Grünlandwirtschaft erläutern
- Entstehung von Steigungsregen erläutern
- Arbeit in einem Milchviehbetrieb beschreiben
- aus Profilen Informationen entnehmen
- eine Mindmap erstellen

Milch und Butter, Quark und Joghurt sowie unzählige Käsearten kommen aus der „Käseküche Deutschlands", dem Allgäu.

## Grünland und Rinder

Die Landwirte im Allgäu haben sich auf die **Grünlandwirtschaft** spezialisiert, weil Gräser, Kräuter und Klee dort besonders gut wachsen. Die flachen, leicht welligen Flächen im Vorland der Alpen werden als Wiesen und Weiden genutzt, weil eine ackerbauliche Nutzung nicht sinnvoll ist. Die Landwirte halten Kühe und Jungvieh. Im gesamten Allgäu gibt es mehr als 300 000 Milchkühe. Die landwirtschaftlichen Betriebe liegen meist als Einzelhöfe inmitten der dazugehörigen Wiesen und Weiden. Ihr besonderes Kennzeichen ist das große Stallgebäude mit dem Kuhstall, der Melkanlage sowie dem Stall für das Jungvieh.

## Der Maierhof

Landwirt Johann Maier hat einen typischen Grünlandbetrieb in der Nähe von Isny. Er bewirtschaftet den Hof allein mit einem Auszubildenden. Nur im Sommer zur Heuernte packt die ganze Familie, Frau Maier und die drei Kinder, mit an. Durch den Einsatz des Computers und moderner landwirtschaftlicher Geräte kommt der Betrieb mit so wenigen Arbeitskräften aus.
Zum Maierhof gehören 36 Hektar Wiesen und Weiden, drei Hektar Wald, 55 Milchkühe und 30 Stück Jungvieh.

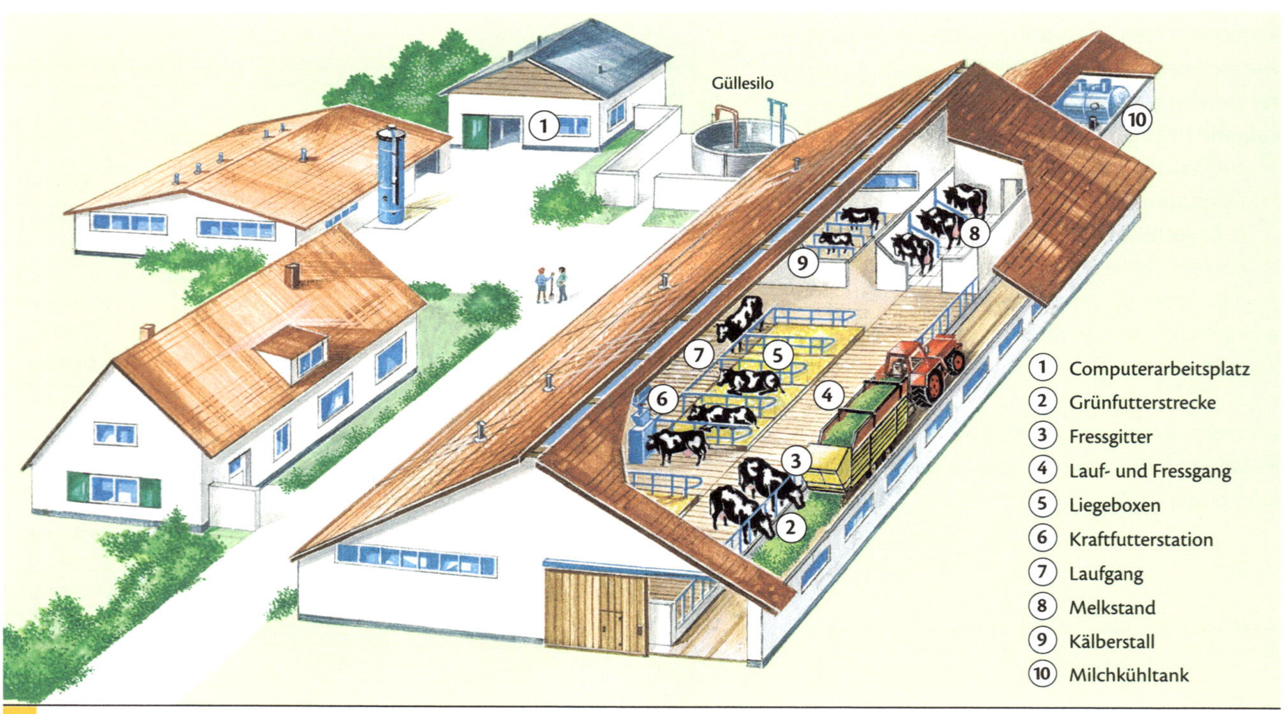


M2 *Milchviehbetrieb mit einem Boxenlaufstall*

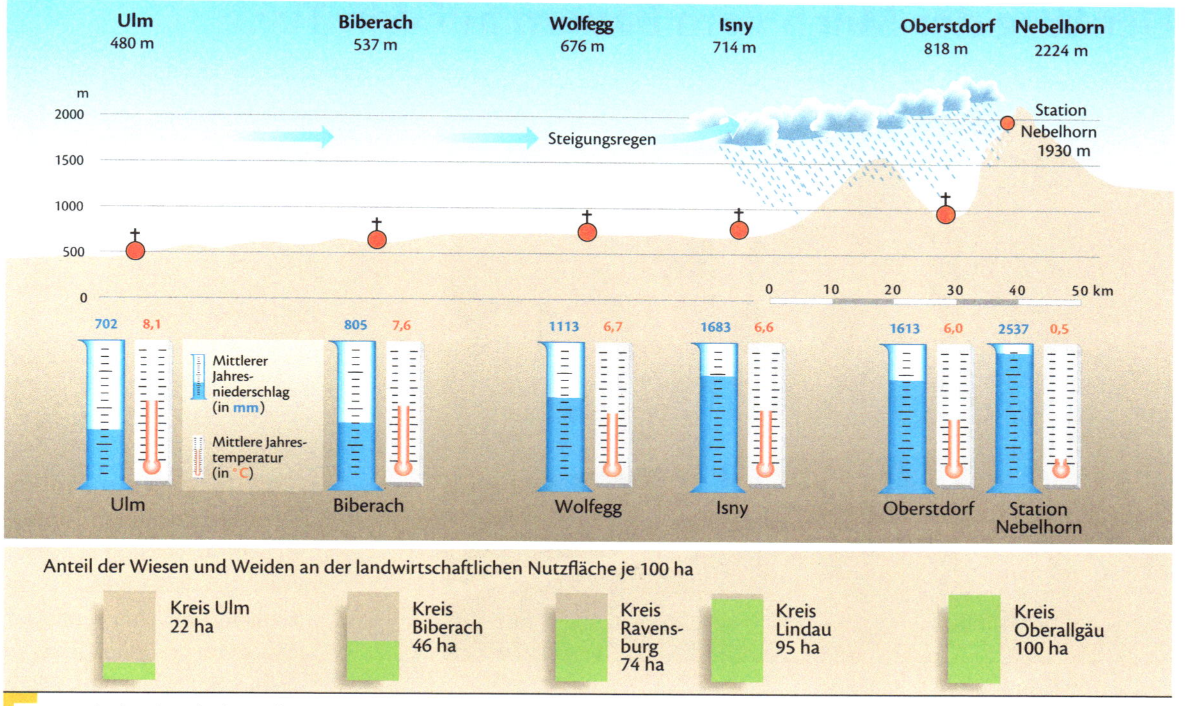


**M 3** *Schnitt durch das Allgäu*

Die Milchkühe bleiben fast das ganze Jahr im modernen Boxenlaufstall mit Fress- und Ruheplätzen, auf denen sie schlafen und wiederkäuen können. Nur zwei Monate im Sommer stehen die Kühe auf den Weiden in der Nähe des Hofes. Dann kommen die Tiere nur zum Melken in den Stall. Dadurch hat Bauer Maier zwar mehr Arbeit, aber für die Gesundheit seiner Kühe macht er diese gern.

Die Kühe werden morgens und abends gemolken. Jede Kuh gibt täglich etwa 20 bis 25 Liter Milch. Der moderne Melkstand für zwölf Kühe ist eine große Arbeitserleichterung für Landwirt Maier. Er kann beim Melken aufrecht stehen und muss sich nicht zum Euter der Kuh hinabbeugen. Die Milch gelangt über Rohrleitungen in einen Tank. Dort wird sie kühl gelagert und alle zwei Tage vom Milchwagen der Molkerei abgeholt.

Eine Kuh frisst etwa 50 Kilogramm Grünfutter (Gras oder Heu) am Tag. Auch im Winter muss ausreichend Grünfutter zur Verfügung stehen. Deshalb werden die Wiesen dreimal im Jahr gemäht. Das Gras wird getrocknet und im Winter als Heu verfüttert. Auf den Mähwiesen weiden keine Kühe oder Jungtiere. Sie werden nur zum Mähen genutzt. Auch bei der Heutrocknung hat die moderne Technik Einzug gehalten. Eine Trocknungsanlage macht Johann Maier unabhängig vom Wetter.

Das Jungvieh vom Maierhof kommt zwischen Mai und September auf eine Bergweide, die im Allgäu „Alp“ genannt wird. Diese Alp wird von mehreren Landwirten gemeinsam genutzt. Zur Betreuung der Tiere sind drei Hirten angestellt. Die jungen Rinder gedeihen in der Höhe, bei gesunder Luft und kräftigem Futter prächtig.

1 Beschreibe die geographische Lage des Allgäus (Karten S. 35 und S. 222).
2 Erläutere die Voraussetzungen für die Grünlandwirtschaft im Allgäu (**M 3** und **M 4**).
3 Begründe, warum Ackerbau im Allgäu nicht sinnvoll ist (**M 3, M 4**).
4 Beschreibe die Arbeit in einem Milchviehbetrieb. Unterscheide dabei zwischen Arbeiten auf dem Hof und im Stall sowie Arbeiten auf dem Feld (**M 2**).
5 Fertige eine Mindmap an, die am Beispiel des Maierhofes wichtige Merkmale der Grünlandwirtschaft im Allgäu veranschaulicht. Beachte dabei auch die natürlichen Bedingungen (**M 1** bis **M 4**, MK ***Eine Mindmap erstellen***).
6 Vergleiche die Viehwirtschaft im Allgäu mit der in den Alpen (**M 1** bis **M 3**, S. 59).

Hier findest du zusätzliche Informationen und Links:

cornelsen.de/webcodes
Code: ciheza

**Wie entsteht Steigungsregen?**
Von Nordwesten kommen Luftmassen, die über dem Atlantischen Ozean viel Feuchtigkeit aufgenommen haben. Am Nordrand der Alpen wird die Luft zum Aufsteigen gezwungen, denn nur so können die Luftmassen die Alpen überqueren. Dabei kühlt sich die Luft ab. Es bilden sich Wolken. Aus den Wolken fällt Regen.

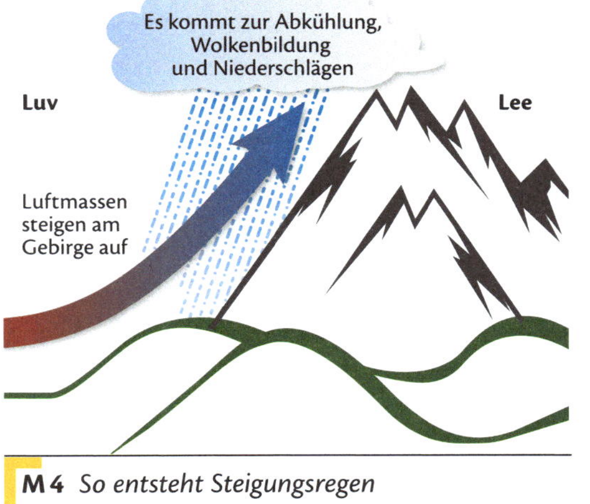


**M 4** *So entsteht Steigungsregen*

# Der Weg der Milch vom Bauern auf den Tisch

M 1 *Kühe in der Melkanlage*

M 2 *Ein Milchsammelwagen holt die Milch ab*

M 3 *Vollautomatische Milchverarbeitung in der Molkerei*

**check-it**
- Molkereistandorte verorten und die Lage vergleichen
- Weg der Milch von der Kuh auf den Tisch beschreiben
- Produkte aus Milch benennen
- Informationen aus Bildern und Tabellen entnehmen

## Von der Kuh zur Molkerei

Die Milch, die beim Landwirt in Kühlbehältern gesammelt wird, wird mit Milchtanklastwagen in die Molkerei transportiert. Auch das sind Kühlwagen, denn die Milch muss ununterbrochen gekühlt werden. Bevor die Milch in der Molkerei aus dem Milchtankwagen gepumpt wird, wird eine Probe der Milch genommen. So ist sichergestellt, dass die Molkerei nur einwandfreie Milch annimmt. Eine Molkerei ist ein moderner Großbetrieb zur Milchverarbeitung. In ganz Deutschland gibt es etwa 100 Molkereien. Diese verarbeiten die Milch der 4,3 Millionen Kühe, die in Deutschland gehalten werden. Jede dieser Kühe gibt im Jahr durchschnittlich etwa 7700 Liter Milch.

## Milch wird verarbeitet

Wenn die Milch in der Molkerei ankommt, wird sie weiter gekühlt, bis sie in einem ersten Arbeitsschritt erwärmt wird. Ohne diese Behandlung würde sie sehr schnell verderben, da sich in der Milch Mikroorganismen (Kleinstlebewesen) befinden, die die Haltbarkeit einschränken.

In der Molkerei ist die Trinkmilchaufbereitung ein Hauptproduktionsgang. Dabei wird die Milch unterschiedlichen Produktionsschritten unterzogen.

Wenn man den Fettgehalt der angelieferten Milch verändert, erhält man verschiedene Milchsorten: Vollmilch hat einen Fettgehalt von 3,5 Prozent, fettarme Milch von 1,5 bis 1,8 Prozent und Magermilch von höchstens 0,3 Prozent. Durch unterschiedliche Wärmebehandlung erhält man Milch mit unterschiedlicher Haltbarkeitsdauer: Frischmilch ist gekühlt vier bis sechs Tage

| | Nordrhein-Westfalen | Deutschland |
|---|---|---|
| Milcherzeugende Betriebe | 5 631 | 63 985 |
| Milchkühe | 409 449 | 4 162 200 |
| Molkereien mit eigener Anlieferung und Verarbeitung | 6 | 152 |
| Milchanlieferung (t) | 3 098 576 | 26 608 350 |
| Trinkmilch (t) | 737 177 | 4 663 400 |
| Sahneerzeugung (t) | 109 439 | 552 200 |
| Buttererzeugung (t) | 29 185 | 483 900 |
| Käseerzeugung (t) | 49 816 | 2 524 100 |
| Milchverbrauch (pro Kopf, Liter) | | 51,5 |
| Butterverbrauch (pro Kopf, kg) | | 5,8 |
| Käseverbrauch (pro Kopf, kg) | | 24,2 |

**M 4** *Milchwirtschaft in Zahlen (2017)*

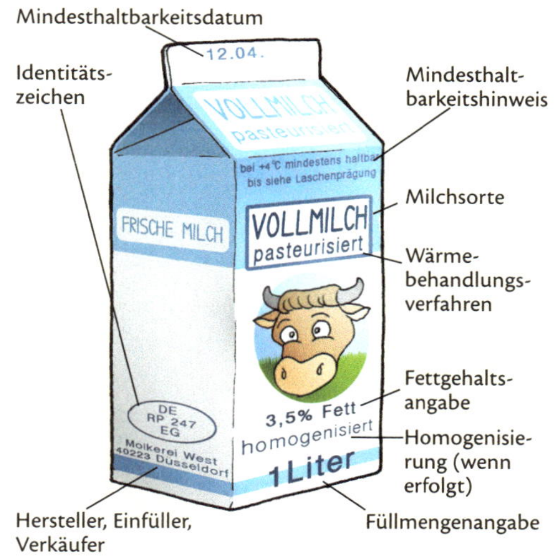


**M 5** *Was eine Milchpackung verrät*

haltbar, H-Milch dagegen bei Zimmertemperatur mindestens sechs bis acht Wochen. In weiteren Verarbeitungsschritten wird aus Milch Sahne, Kondensmilch, Butter, Käse, Quark oder Jogurt erzeugt.

## Von der Molkerei auf den Tisch

Die Auslieferung der Milch und Milcherzeugnisse an Supermärkte oder andere Händler übernehmen dann wieder Kühlfahrzeuge. Die Liefergebiete (Absatzmärkte) der Molkereien sind häufig sehr groß. Viele verkaufen ihre Erzeugnisse über die Grenzen Deutschlands hinaus.

## Molkereien in Nordrhein-Westfalen

Deutsches Milchkontor GmbH (DMK) ist die größte Molkereigruppe Deutschlands. Sie hat ihren Sitz in Zeven. Der DMK sind 20 Molkereien angeschlossen, die von über 7500 Landwirten beliefert werden. Sie liegen größtenteils in Niedersachsen und Nordrhein-Westfalen. In Deutschland sind etwa 7700 Mitarbeiter bei DMK beschäftigt. Die hochwertigen Produkte werden weltweit in mehr als 80 Länder geliefert. In den letzten Jahren sind viele kleine Molkereien geschlossen worden. An den verbleibenden Standorten wurden die Produktionsanlagen dafür erweitert und modernisiert.

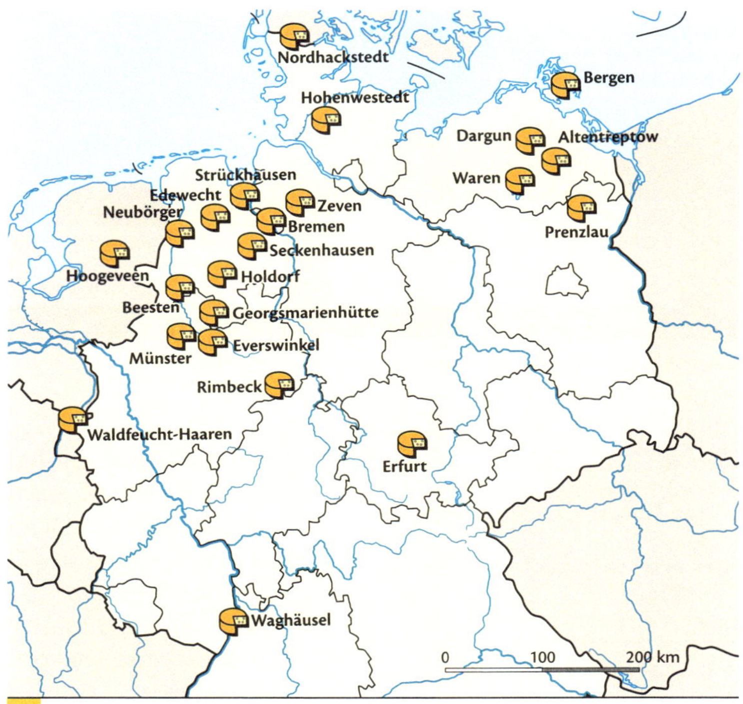


**M 6** *Standorte der DMK Deutsches Milchkontor GmbH*

1 Berichte, welche Milchprodukte du heute schon getrunken und gegessen hast. Erstellt eine Übersicht der verschiedenen Milchprodukte.

2 Erarbeitet in Gruppen ein Schaubild, auf dem der Weg der Milch vom Kuhstall bis zum Verbraucher dargestellt wird (**M 1** bis **M 3**).

3 Beschreibe die geographische Lage der Molkereien, die zur DMK gehören (**M 6**).

4 Vergleiche die Milchwirtschaft in Nordrhein-Westfalen und in Deutschland (**M 4**).

5 Erkundet in einem Supermarkt, woher die angebotenen Molkereiprodukte kommen. Stellt eine Liste der Herkunftsgebiete zusammen. Vergleicht eure Ergebnisse in der Klasse (**M 5**).

Hier findest du zusätzliche Informationen und Links:

cornelsen.de/webcodes
Code: himuro

# Wasser – wichtiger Rohstoff und Nahrungsmittel

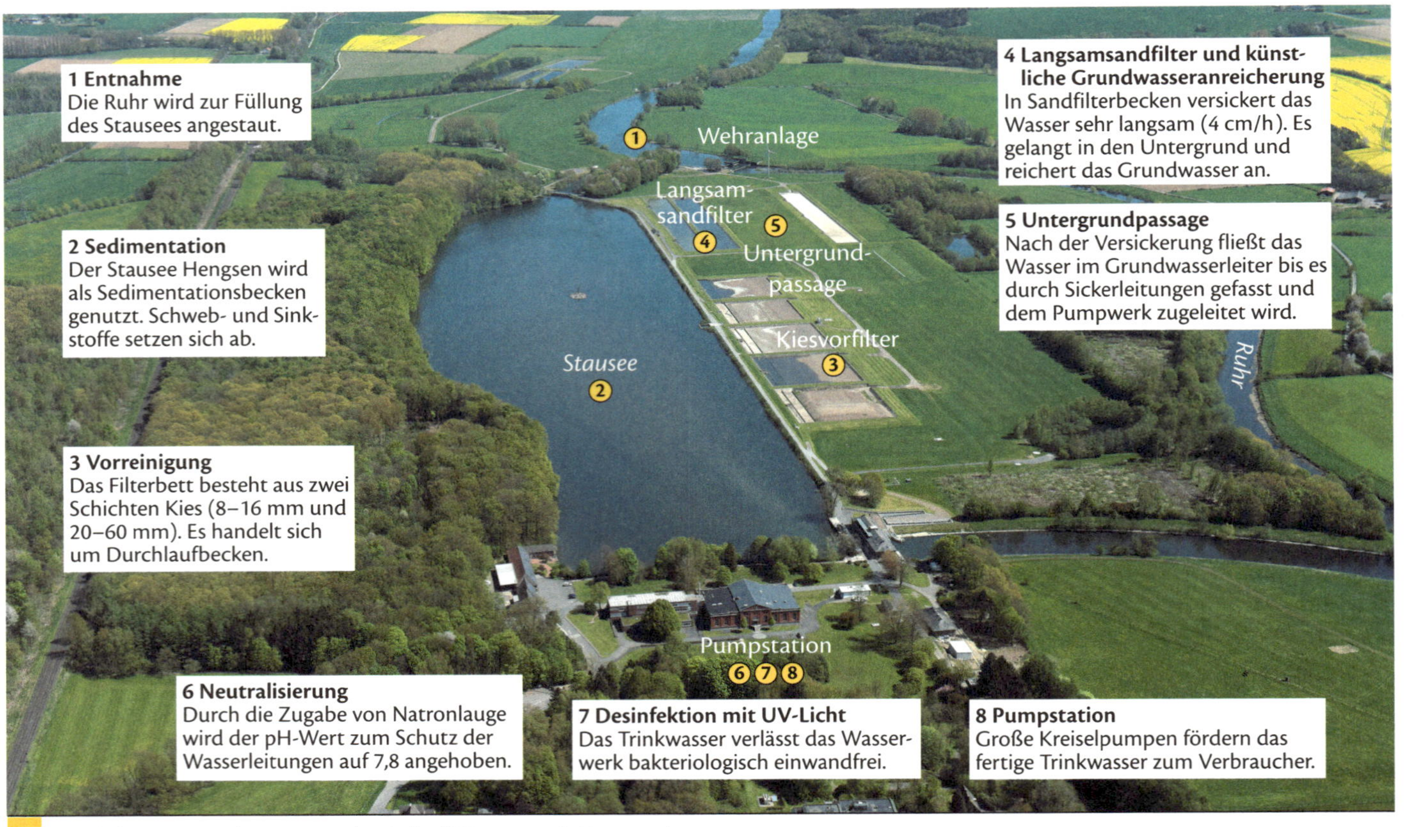


**M 1** *Trinkwassergewinnung an der Ruhr (Wasserwerk Hengsen)*

**check-it**
- Talsperren räumlich einordnen
- Knappheit des Rohstoffes Wasser erklären
- Arten der Trinkwassergewinnung beschreiben
- Gefährdung von Trinkwasser erläutern

## Trinkwassergewinnung

Trinkwasser soll kühl, appetitlich, klar, farblos, geruchlos und frei von Krankheitserregern sein. In Deutschland stammt ein Drittel des Trinkwassers aus Seen, Flüssen, Quellen und Talsperren. Zwei Drittel kommen aus dem Grundwasser.

In Großstädten reicht das Grundwasser oft nicht aus. Es muss mit Flusswasser angereichert werden. Zuerst läuft das Wasser aus Seen, Flüssen, Quellen und Talsperren sowie das an die Erdoberfläche geförderte Grundwasser über Rohrleitungen ins Wasserwerk.

Im Ruhrgebiet werden für die Deckung des Wasserbedarfs auch die Talsperren im Sauerland genutzt.

Die Wasserwerker bezeichnen das herbeigeleitete Wasser als Rohwasser. Es muss erst zu Trinkwasser aufbereitet werden.

Weltweit steigen die Kosten für die Wasseraufbereitung. Besonders das Oberflächenwasser ist durch Schadstoffe belastet. Dann müssen spezielle Filter das Trinkwasser von Krankheitserregern sowie unerwünschten Geschmacks- und Geruchsstoffen befreien. Vielen Menschen ist immer noch nicht klar, dass Wasser in einigen Gebieten der Erde bereits ein knapper **Rohstoff** ist.

**M 2** *Die Möhnetalsperre*

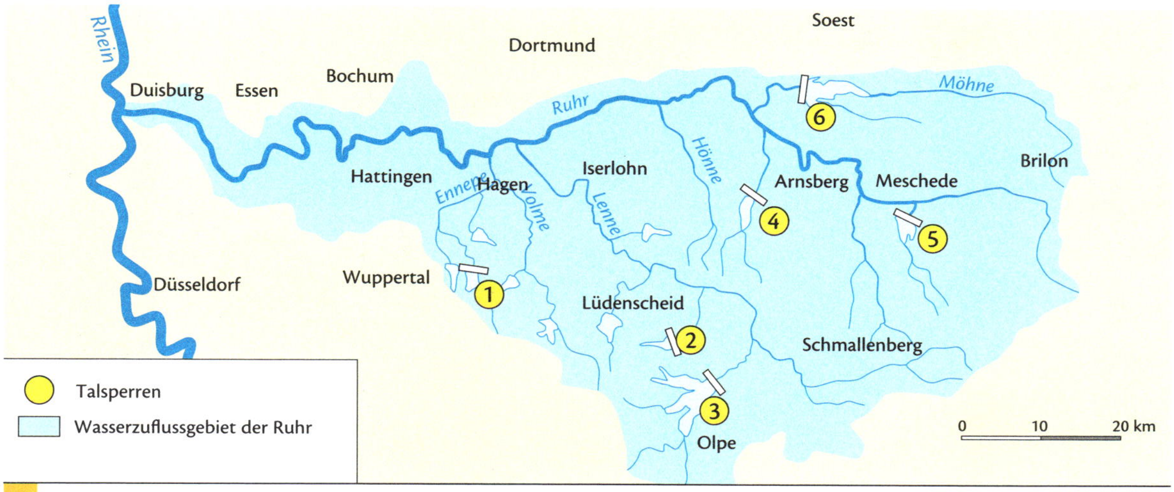


**M 3** *Talsperren und Wasserzuflussgebiet der Ruhr*

## Wasserverteilung auf der Erde

Ohne Wasser gäbe es kein Leben auf der Erde. Doch obwohl der größte Teil der Erdoberfläche mit Wasser bedeckt ist, kann davon nur ein kleiner Teil für Pflanzen, Tiere und den Menschen genutzt werden. Die größten Wasserlieferanten sind die Ozeane, die jedoch Salzwasser enthalten. Aber auch große Mengen des auf dem Festland gespeicherten Süßwassers sind nicht oder nur schwer nutzbar. Dieses schwer nutzbare Süßwasser befindet sich in Form von Eis in den Gletschern der Polarregionen und der Hochgebirge.

## Meerwasserentsalzung

Anlagen, die das Salzwasser in Süßwasser umwandeln, verbrauchen viel Energie. Sie sind sehr teuer und werden deshalb hauptsächlich von den reichen Ölstaaten am Persischen Golf betrieben. Meerwasserentsalzungsanlagen allein können aber den Wassermangel in den Trockengebieten nicht beheben.

1 Beschreibe am Beispiel des Ruhrtals, wie in Deutschland Trinkwasser gewonnen wird (**M 1** bis **M 3**).

2 Bezeichne die Namen der Talsperren (**M 3,** Atlas).

3 Erläutere, wodurch Gewässer verunreinigt werden (**M 4**).

4 Beschreibe, wie das Wasser auf der Erde verteilt ist.

5 Erkläre, warum Trinkwasser ein kostbarer und knapper Rohstoff ist.

Hier findest du zusätzliche Informationen und Links:

cornelsen.de/webcodes
Code: zehura

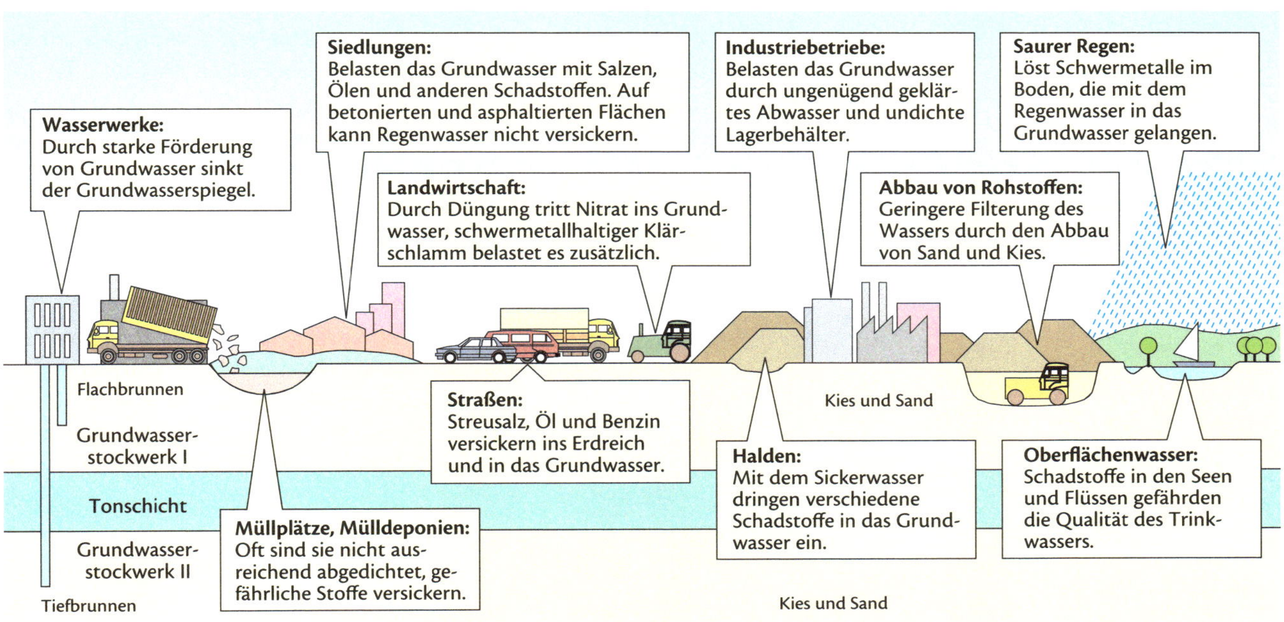


**M 4** *Gefahren für das Wasser*

# Obst- und Gemüseanbau in der Huerta von Valencia

**M 1** *Wasserverteilung, Vegetation und Anbau in einer Huerta*

**M 2** *Bewässerte Gemüsefelder*

**check-it**
- Valencia und sein Umland lokalisieren
- Merkmale des Anbaus einer Huerta benennen
- Arbeit eines Bauern in einer Huerta im Jahresverlauf beschreiben
- Bewässerungsarten vergleichen
- eine digitale Präsentation erstellen
- Bedeutung des Wassers für die Landwirtschaft beurteilen

### In der Huerta von Valencia

Huerta ist ein spanisches Wort und heißt auf Deutsch Garten. In der Huerta von Valencia sind die Winter so mild, dass viele Pflanzen das ganze Jahr über wachsen können. Deshalb genügt den Bauern oft schon eine kleine Anbaufläche, um ein ausreichendes Einkommen zu erzielen. Manche Betriebsflächen sind nur einen Hektar groß.

**M 3** *Huerta von Valencia*

### Anbau und Bewässerung

Viele der Kleinbauern sind einer Genossenschaft angeschlossen. Sie kauft die Ernteerzeugnisse von den Bauern und verkauft sie an Großhändler in Valencia. Die Großhändler beliefern von Valencia aus Großmärkte im In- und Ausland direkt per Lkw oder per Frachtgut mit der Eisenbahn. Einige große Genossenschaften besitzen sogar eigene Lkws zum Warentransport.

Das Wasser für die Feldbewässerung wird zu einem großen Teil den Flüssen Turia und Jucar entnommen. Damit diese Flüsse auch im Sommer Wasser führen, hat man an ihrem Oberlauf und an ihren Nebenflüssen Staudämme gebaut. In den Stauseen sammelt sich das Wasser des Winterhalbjahres. Im Sommer, wenn kaum Niederschläge fallen, wird den Flüssen aus den Stauseen Wasser zugeführt.

Die Bewässerung eines Feldes erfolgt pro Tag nur für eine kurze Zeit – so lange, wie es für den Wasserbedarf der Pflanzen nötig ist. Außerdem gibt es

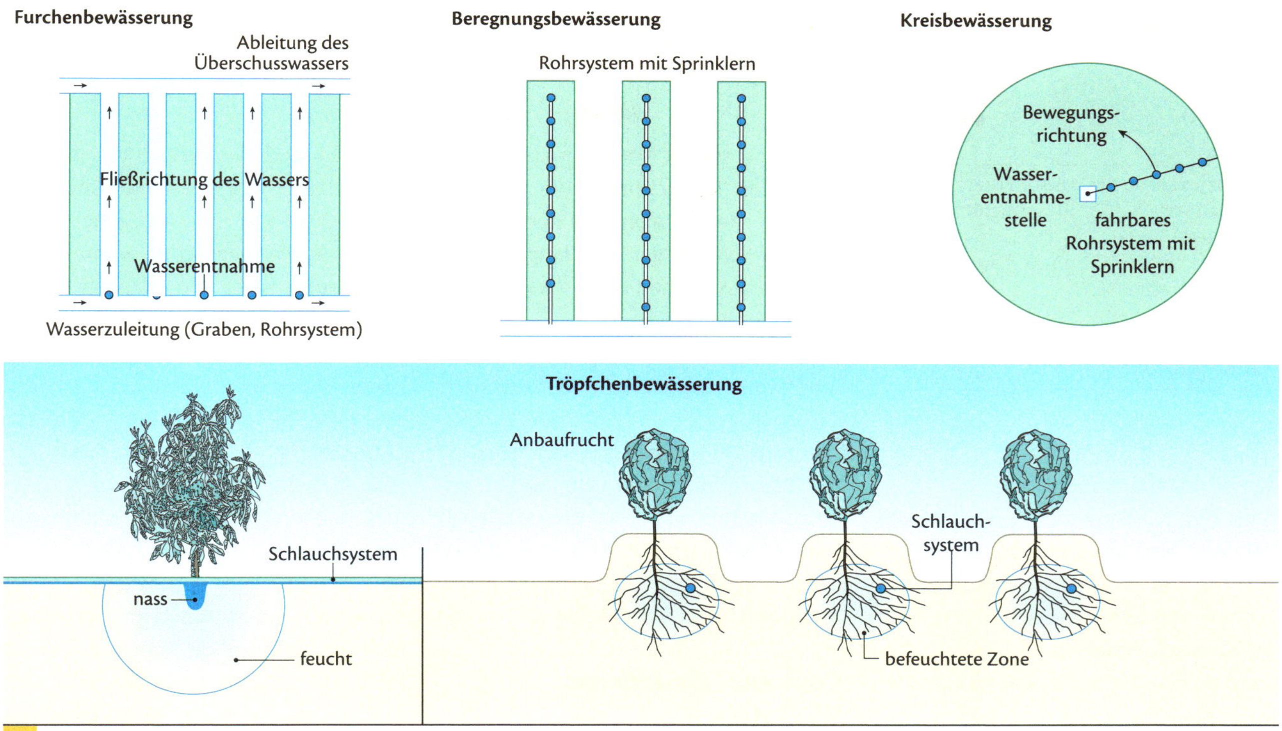


**M 4** *Bewässerungsarten*

noch Bewässerungsanlagen, die aus Brunnen gespeist werden. Schon vor Jahrhunderten haben die Bauern für den **Bewässerungsfeldbau** von den Flüssen Kanäle in die Huerta gebaut und die Huerta mit einem Netz von kleinen Kanälen überzogen. So konnten sie schon früher in den trockenen Sommermonaten mithilfe dieser Bewässerung Obst und Gemüse anbauen.

1 Beschreibe die geographische Lage von Valencia und seinem Umland (**M 1**, Karte S. 226/227, Atlas).

2 Vergleiche die Bewässerungsarten und stelle Vorteile der Tröpfchenbewässerung dar (**M 4**).

3 Bildet Huerta-Expertenteams. Bearbeitet in Gruppen folgende Aspekte:
- Gründe für die Bewässerung,
- Wege des Wassers auf die Felder,
- Anbauprodukte und Anbaukalender.

Erstellt eine digitale Präsentation (**M 1** bis **M 6**, ***Ideen sammeln***).

4 Beurteile, wie sich Aussehen und Nutzung der Huerta verändern würden, wenn mehrere Jahre lang die Niederschläge ausbleiben würden (**M 1** bis **M 3, M 5**).

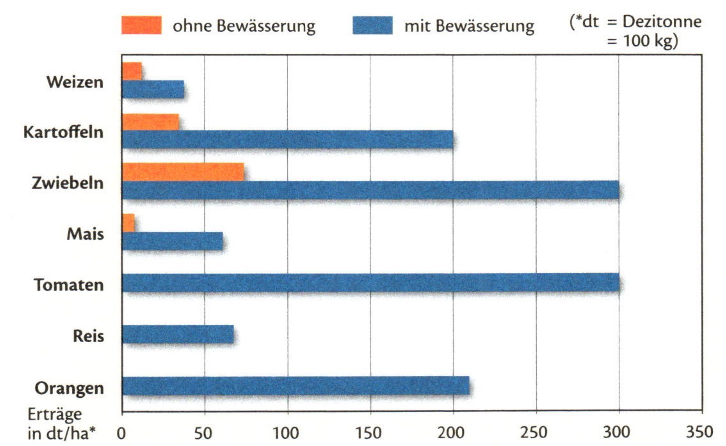


**M 5** *Erntemengen im Vergleich*

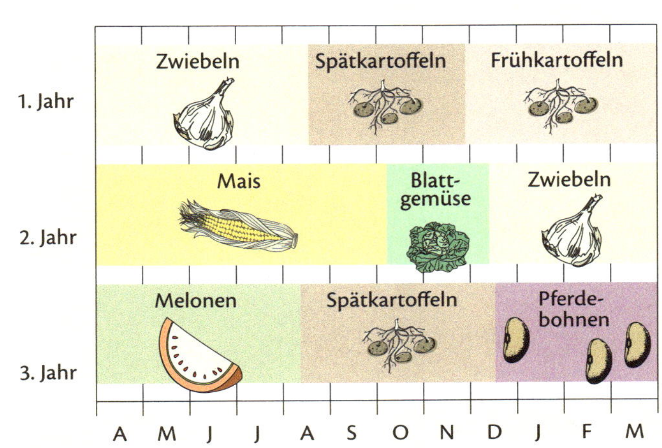


**M 6** *Anbaukalender*

# Tomaten unter Glas

**check-it**
- Tomatenanbau ohne Boden beschreiben
- Anbau von Gemüse in Gewächshäusern erläutern
- Entwicklung des Gemüseanbaus unter Glas darstellen
- Experiment zum Anbau unter Folie durchführen
- Bilder auswerten

## Treibhaustomaten

Teile der Niederlande sehen aus der Luft wie eine verschneite Landschaft aus. Die weißen Flächen sind aber kein Schnee, sondern die Dächer von riesigen **Gewächshäusern.**

Enno de Han besitzt so ein riesiges Gewächshaus. Es ist fast drei Hektar groß. Das entspricht der Fläche von fünf Fußballfeldern. Er baut dort Tomaten an. Im Februar beginnt er das leer geräumte Gewächshaus einzurichten. Zuerst legt er mit seinen Arbeitern Kunststofffolien aus. Die schützen die Pflanzen vor Verunreinigungen aus dem Boden und vor Schädlingen. Auf lang gezogenen Bahnen werden dann 40 000 Steinwollewürfel platziert.

In jeden Würfel wird eine junge Tomatenpflanze gesetzt. Außerdem werden zur Versorgung der Pflanze zwei Schläuche zum Würfel gelegt: einer versorgt die Pflanze mit Wasser, der andere liefert Mineralstoffe. Das überschüssige Wasser fließt unterhalb der Tomatenpflanze ab. Es wird gesammelt, gereinigt und wieder verwendet.

## Computer steuern das Wachstum

Nun können die Tomatenpflanzen unter besten künstlich geschaffenen Bedingungen wachsen. Eine Computeranlage steuert die Versorgung der Pflanzen und die Temperatur im Gewächshaus. Da es im Februar und März oft noch zu kalt ist, muss geheizt werden. Eine wichtige Arbeit während des Wachstums ist es, die Pflanzen immer wieder neu an die höhenverstellbaren Stahldrähte anzuhängen. Sobald die ersten Blüten erscheinen, werden Hummeln für die Bestäubung eingesetzt. Hummeln sind nicht die einzigen Insekten, die sich im Gewächshaus nützlich machen. Überall sind Schlupfwespen zu entdecken, die die Ausbreitung von Schädlingen verhindern. Gegen Blattläuse sind Marienkäfer im Einsatz. Jetzt hofft Enno de Han, dass keine Pflanzenkrankheit ausbricht oder sich die Schädlinge nicht übermäßig vermehren. Sonst müsste er die betroffenen Pflanzen mit chemischen Mitteln spritzen. Dabei würden aber auch die nützlichen Insekten vernichtet, die sehr

**M 1** *Tomatenanbau ohne Boden*

**M 2** *Gewächshäuser in den Niederlanden*

teuer sind und schnell wieder im Gewächshaus angesiedelt werden müssen. Außerdem bekäme Enno de Han dann beim Verkauf der Tomaten einen geringeren Preis. Bereits im März beginnt die Tomatenernte. Die Pflanzen tragen bis in den Herbst Früchte. Im November ist die Tomatenernte für Enno de Han beendet. Das Gewächshaus wird leer geräumt. Die Folien und die Steinwolle werden im nächsten Jahr wieder verwendet.

1 Beschreibe, wie Tomaten ohne Boden angebaut werden (**M 1**).
2 Stelle dar, wie sich der Gemüseanbau unter Glas in den Niederlanden entwickelt hat. Gehe auch auf den Anbau von Obst und Blumen ein (**M 2, M 3**).
3 Vergleiche das Wachstum von Pflanzen im Gewächshaus und im Freiland: Probiere dazu den Kresse-Versuch aus (**M 4**).
4 Erläutere die Aussage: Die Gewächshäuser machen die Landwirte von der Natur unabhängig (**M 1, M 2**).

Hier findest du zusätzliche Informationen und Links:

cornelsen.de/webcodes
Code: xuzequ

**Entwicklung der Anbauflächen unter Glas** (in Hektar, gerundet)

| | 2000 | 2005 | 2009 | 2015 |
|---|---|---|---|---|
| **Fläche gesamt** | **10 500** | **10 700** | **10 400** | **9 800** |
| **Gemüse gesamt** | 4 000 | 4 300 | 4 600 | 4 800 |
| Tomaten | 1 100 | 1 400 | 1 600 | 1 800 |
| Gurken | 600 | 600 | 600 | 700 |
| Paprika | 1 200 | 1 200 | 1 300 | 1 200 |
| sonstige | 1 100 | 1 100 | 1 100 | 1 100 |
| **Topfpflanzen** | 1 300 | 1 400 | 1 500 | 1 300 |
| **Schnittblumen** | 3 700 | 3 300 | 2 700 | 2 000 |
| **Obst** | 200 | 300 | 300 | 400 |
| **sonstige Aufzuchtpflanzen** | 900 | 1 000 | 900 | 800 |
| **Stauden und Bäume** | 400 | 400 | 400 | 500 |

**M 3** *Entwicklung der Anbauflächen unter Glas in den Niederlanden*

*Versuch*

**Versuch zum Anbau in Gewächshäusern**

**Du brauchst**
- zwei Schälchen
- zwei Wattepads
- Kressesamen
- Wasser und Folie

**Plan zur Durchführung:**
- Lege in jede Schale ein Wattepad.
- Streue Kressesamen auf die Wattepads.
- Befeuchte beide Schalen mit Wasser.
- Decke nur eine Schale mit Folie ab.
- Stelle beide Schalen für einige Tage in die Sonne (Fensterbrett).

**M 4** *Der Kresse-Versuch*

# Geo-Check: Landwirtschaftliche Produktion untersuchen

M 1 *Zuckerrübenernte*

M 2 *Schweinehaltung*

M 3 *Milchkühe auf Bergweide*

M 4 *Gemüseanbau mit Bewässerung*

## Sich orientieren

**1** Ordne den Fotos die Namen der folgenden Landwirtschaftsgebiete zu: Börde, Allgäu, Huerta von Valencia, Münsterland (**M 1** bis **M 4**).

**2** Beschreibe die geographische Lage der Gebiete (**M 1** bis **M 4**).

**3** Erkläre, warum gerade dort die im Bild zu sehende Nutzungsart vorherrschend ist (**M 1** bis **M 4**).

## Wissen und verstehen

**4** Sortiere die Aussagen in richtige und falsche Aussagen. Verbessere die falschen Aussagen und schreibe diese richtig auf.

**Richtig oder falsch?**

- Auf den nährstoffreichen Lössböden in den Börden gedeihen vor allem Weizen und Zuckerrüben.
- Grünlandwirtschaft heißt, dass in diesen Betrieben ökologisch gewirtschaftet wird.
- Die Erkundung eines Bauernhofes muss gut vorbereitet werden. Schon bei der Vorbereitung muss man sich Gedanken über die Auswertung der Erkundungsergebnisse und deren Präsentation machen.
- Oberflächenformen, Temperaturen, Niederschlag, Boden und Licht beeinflussen das Pflanzenwachstum.
- Im Allgäu herrscht aufgrund der hohen Niederschläge und der niedrigen Temperaturen Grünlandwirtschaft vor.
- In Gewächshäusern wachsen Tomaten unter natürlichen Bedingungen auf Steinwollewürfeln.
- Die ökologische Landwirtschaft achtet auf eine möglichst naturnahe und artgerechte Produktion.
- In der Huerta von Valencia wachsen Obst und Gemüse ohne Bewässerung.

**5** Nenne zu jedem dieser Begriffe mindestens zwei Merkmale (**M 5**).

**M 5** *Geo-Begriffestapel*

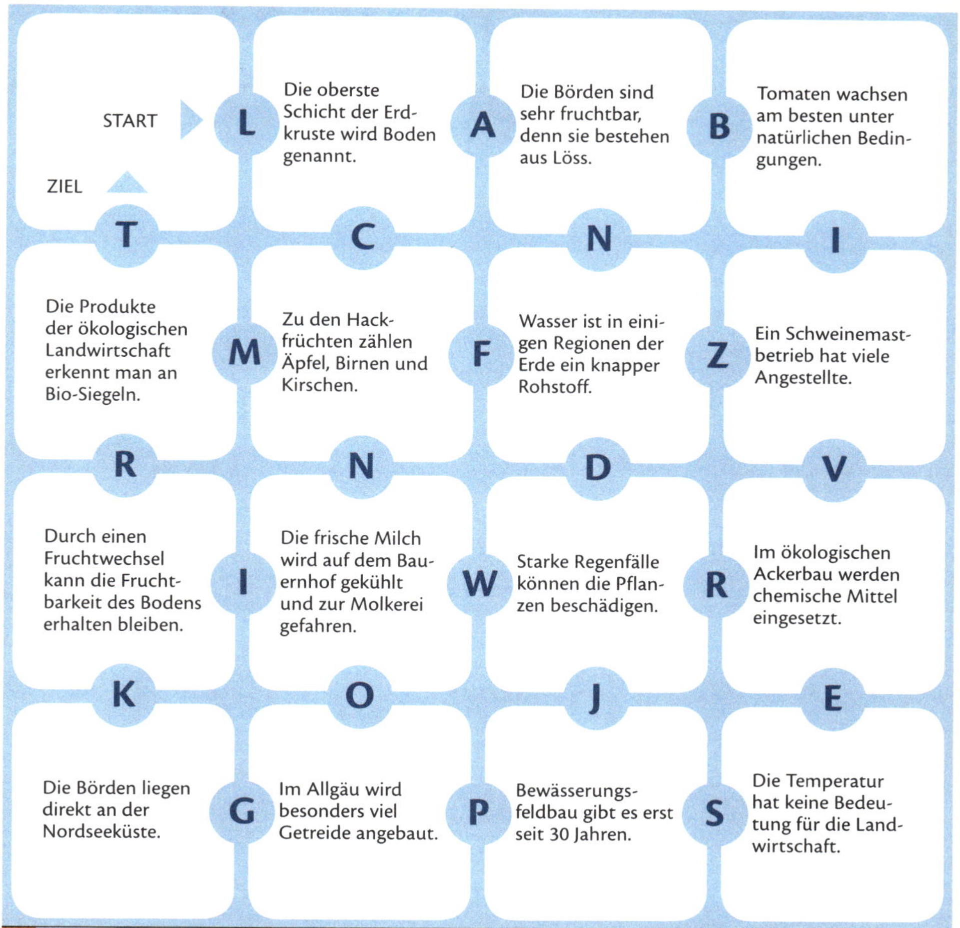


**M 6** *Labyrinth*

**M 7** *Plakat*

**6** Wandere durch das Labyrinth, indem du vom Start bis zum Ziel nur dem Weg der richtigen Antworten folgst. Beginne bei „START". Finde den richtigen Weg und notiere die Buchstaben, die den Weg der richtigen Antworten markieren. Wenn du richtig läufst, erhältst du das Lösungswort (**M 6**).

## Sich verständigen, beurteilen und handeln

**7** Echt kuh-l! Findet ihr auch? Diskutiert in der Klasse und stellt Argumente zusammen, die für den ökologischen Landbau und den Kauf regional erzeugter Lebensmittel sprechen (**M 7**).

**8** Überlegt, ob es möglich ist, alle Nahrungsmittel für die Bevölkerung in Deutschland ökologisch zu produzieren.

# 6 Industrie- und Dienstleistungs-standorte beschreiben

# Wirtschaft in Europa

*Standorte von Bergbau und Industrie*

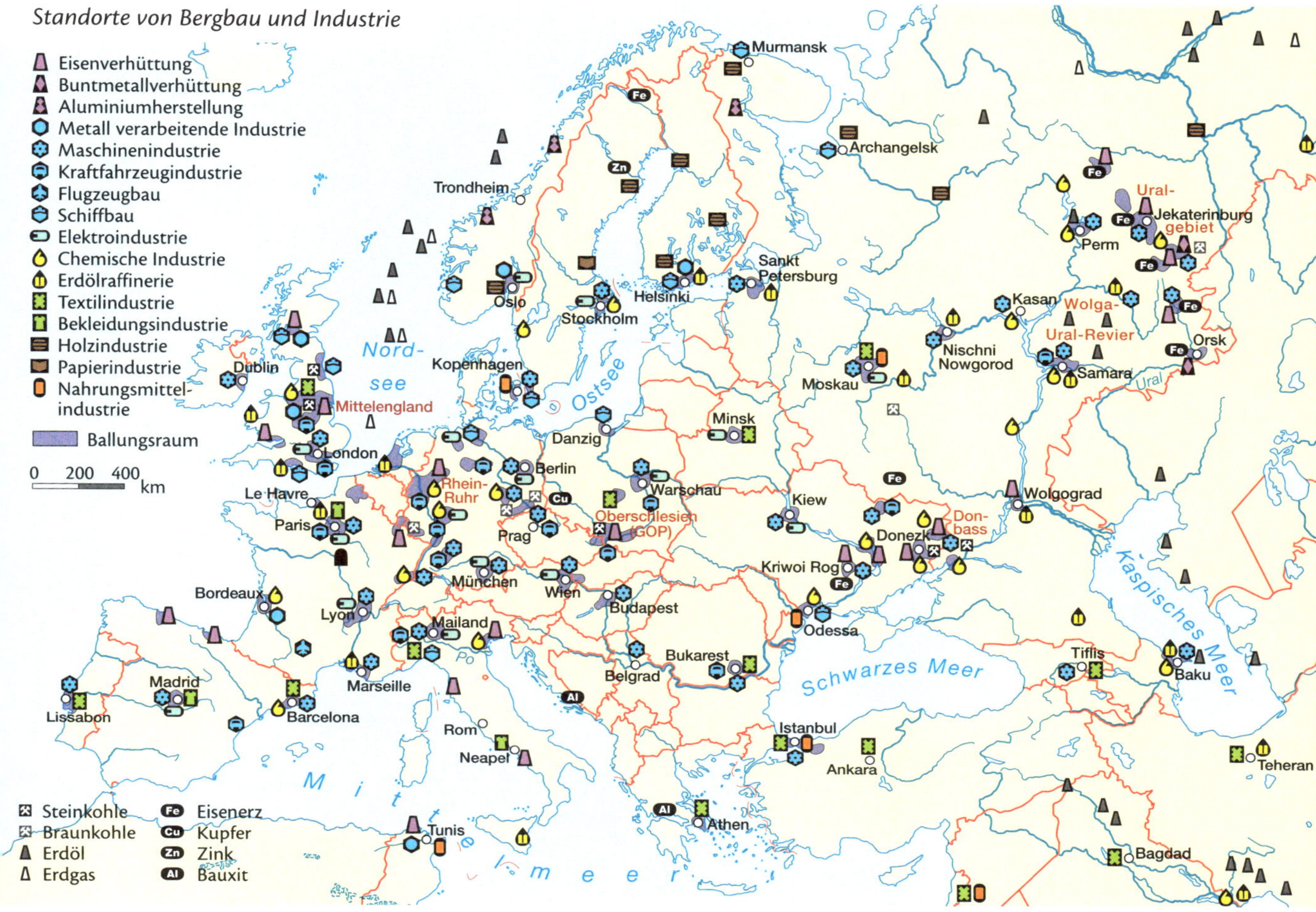


*Standorte von Dienstleistungen*

## Können und anwenden

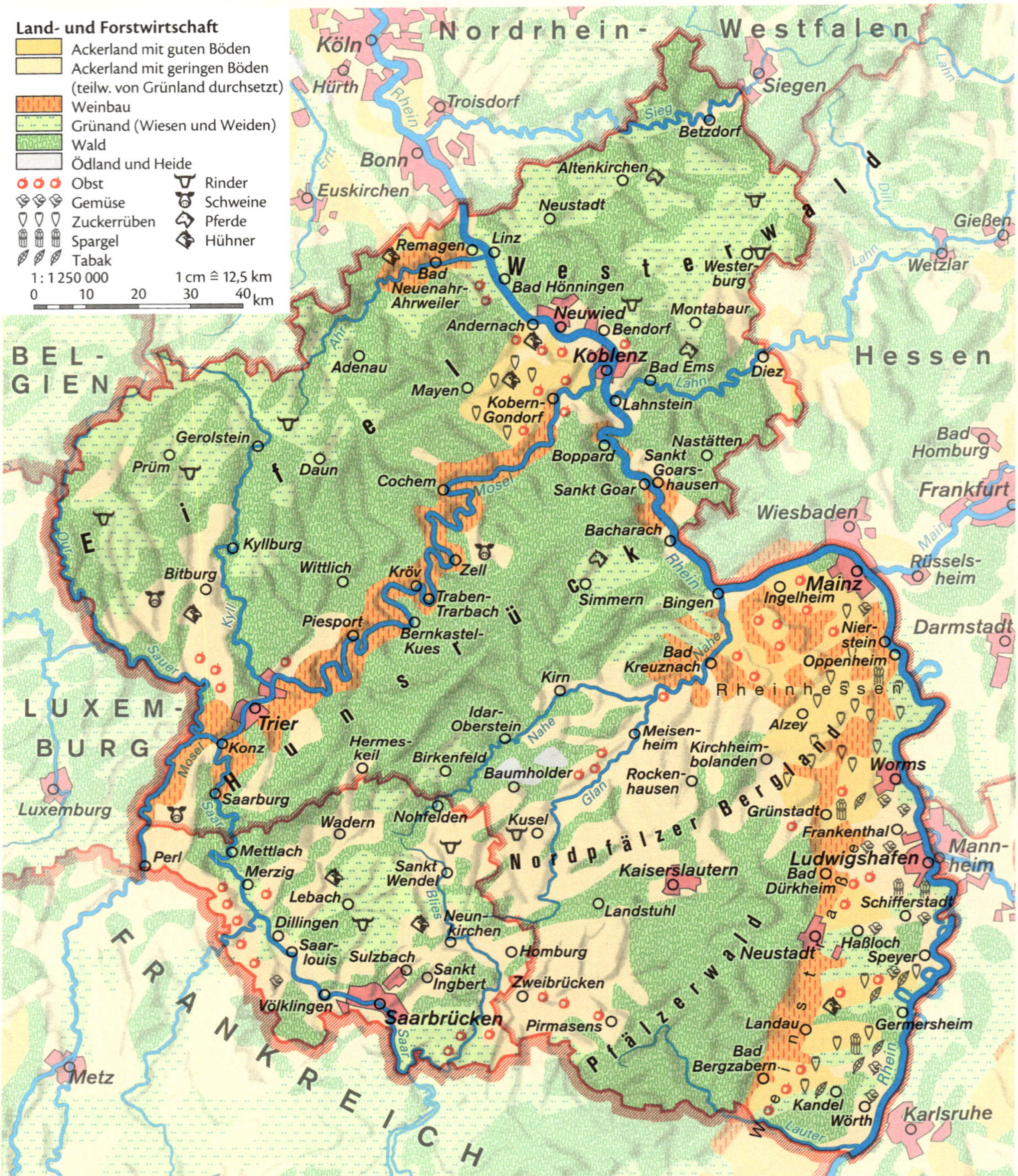


**M 8** *Bodennutzungskarte Rheinland-Pfalz und Saarland*

**9** Wähle aus der Karte in **M 8** ein Gebiet aus, zum Beispiel das Gebiet zwischen Pfälzer Wald und Rhein, das Saarland oder die Eifel.

**10** Ermittle für das ausgewählte Gebiet die Aussagen der thematischen Karte. Beachte dabei die Checkliste auf S. 114.

**11** Fasse deine Ergebnisse schriftlich in einem kleinen „Landwirtschaftsbericht" zusammen. Dazu gehört auch, dass du erklärst, warum dieses Gebiet so genutzt wird bzw. bestimmte landwirtschaftliche Produkte dort angebaut werden.

## Industrie und Dienstleistungen – Hand in Hand

Die Stahlindustrie in Duisburg ist eine der größten und modernsten in Europa. Doch außer der Industrie gibt es noch andere Bereiche der Wirtschaft. Beiderseits des Rheins gibt es rund um die Wirtschaft viel zu entdecken. Gehe auf Entdeckungstour! Wo im Bild erkennst du wirtschaftliche Tätigkeiten des Menschen? Überlege, ob es sich dabei um die Herstellung von Gütern oder um andere Aufgaben handelt.

**In diesem Kapitel lernst du**
- die geographische Lage ausgewählter Industrie- und Dienstleistungsstandorte zu beschreiben,
- wie sich die Arbeitsbedingungen in den Wirtschaftsbereichen unterscheiden,
- die wirtschaftliche Nutzung ausgewählter Gebiete in Deutschland und Europa zu beschreiben,
- den Strukturwandel im Ruhrgebiet zu erläutern,
- Produkte kennen, die in Deutschland und Europa hergestellt werden,
- Dienstleistungsbereiche und Dienstleistungsstandorte zu charakterisieren.

**Du nutzt dazu**
- Industriekarten und andere thematische Karten,
- Bilder,
- Tabellen und Diagramme,
- die Gestaltung einer Europakarte,
- das Internet und
- digitale Anwendungen.

**Du beurteilst**
- die Veränderungen im Ruhrgebiet,
- Auswirkungen moderner Holzwirtschaft.

Hier findest du alle Darstellungstexte zum Anhören:

cornelsen.de/webcodes
Code: xuvape

*Der Rhein in Duisburg*

# Die Wirtschaft – drei unterschiedliche Bereiche

**check-it**
- Wirtschaftssektoren benennen
- den Wirtschaftssektoren Tätigkeitsfelder und Tätigkeiten zuordnen
- die Entwicklung der Wirtschaftssektoren vergleichen
- Diagramme auswerten
- Bilder zuordnen
- eine Tabelle erstellen
- eine Internetrecherche durchführen
- eine Mindmap erstellen

## Vielfalt in der Wirtschaft

Es gibt viele Tätigkeiten, die Menschen in der Wirtschaft ausüben, zum Beispiel Braunkohle fördern, Getreide anbauen, Kartoffeln ernten, Kartoffeln zu Kartoffelchips verarbeiten, aus Holz Möbel herstellen, am Bankschalter Kunden beraten, Lastwagen fahren, Kranke pflegen, im Supermarkt die Regale auffüllen. Diese Tätigkeiten werden unterschiedlichen Bereichen der Wirtschaft zugeordnet. Diese Wirtschaftsbereiche werden als **Wirtschaftssektoren** bezeichnet.

## Primärer, sekundärer und tertiärer Sektor

Der **primäre Sektor** umfasst Arbeiten, bei denen Nahrungsmittel oder Futtermittel für Tiere erzeugt werden. Außerdem werden pflanzliche Rohstoffe wie Holz und Wolle, aber auch Rohstoffe für die Industrie wie Erze, **Erdöl** und Kohle gewonnen oder gefördert. Im primären Sektor erfolgt keine Verarbeitung der Rohstoffe.

Zu Produkten verarbeitet werden die Rohstoffe in der Industrie und im Handwerk, die den **sekundären Sektor** bilden. Aus Milch entsteht Joghurt, aus Schweinefleisch Bratwurst, aus Baumwolle Jeans, aus Erdöl Kunststoff, Kohle wird in Strom umgewandelt. Maschinen, Autos, Computer und Smartphones sind hochwertige Produkte, die die Industrie herstellt.

Die **Dienstleistungen** bilden den **tertiären Sektor**. Die Tätigkeiten dort sind vielfältig. In den letzten Jahren sind neue Tätigkeiten dazugekommen, zum Beispiel der Internethandel oder die Pflege älterer Menschen.

M 1

M 2

M 3

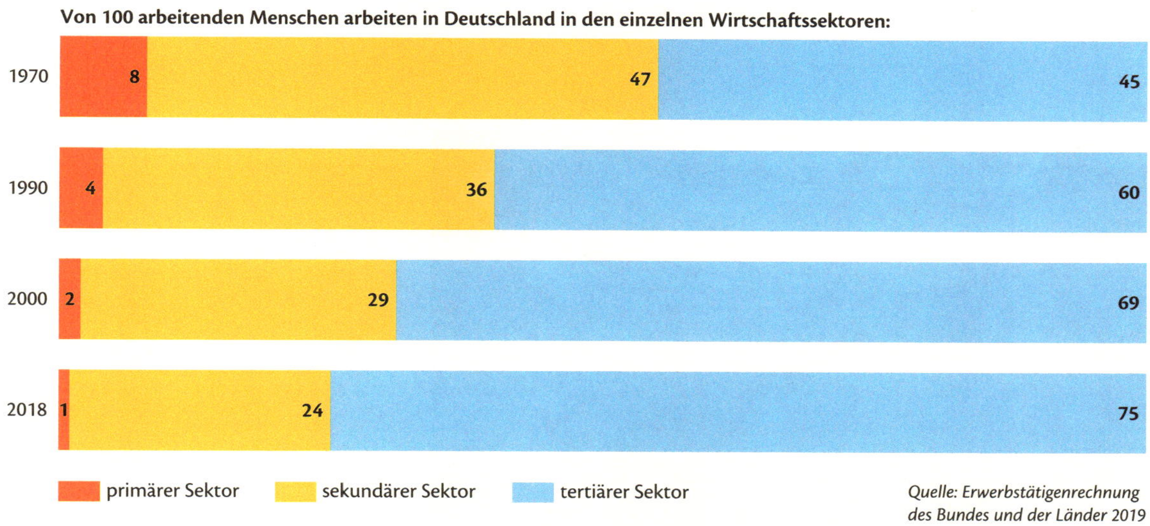


**M 4** *In Deutschland in den drei Wirtschaftssektoren arbeitende Menschen*

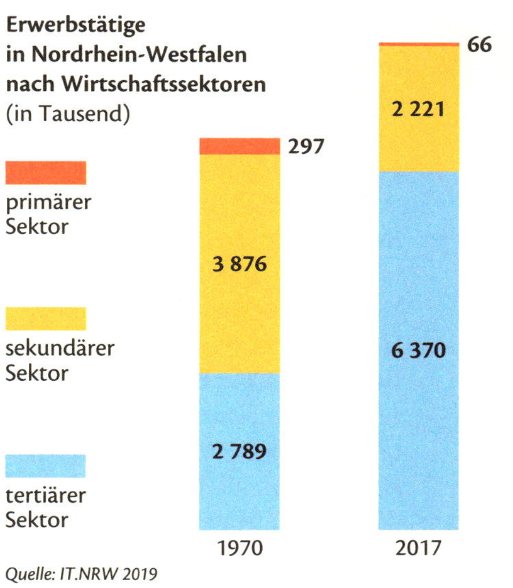


**M 5** *In Nordrhein-Westfalen in den drei Wirtschaftssektoren arbeitende Menschen*

| Sektor | Tätigkeitsfeld |
|---|---|
| primärer Sektor | – Landwirtschaft<br>– Forstwirtschaft<br>– Fischereiwirtschaft<br>– Bergbau (Abbau von Kohlen, Erzen und anderen Rohstoffen) |
| sekundärer Sektor | – Bergbau (Verarbeitung der im primären Sektor abgebauten Rohstoffe)<br>– Industrie<br>– Handwerk<br>– Energie- und Wasserversorgung<br>– Energieerzeugung<br>– Baugewerbe |
| tertiärer Sektor | – Bildung<br>– Handel<br>– Verkehr<br>– Banken<br>– Versicherungen<br>– öffentliche Dienste (z. B. Rathäuser oder Finanzämter)<br>– freie Berufe (z. B. Ärzte oder Rechtsanwälte) |

**M 6** *Wirtschaftssektoren und deren Tätigkeitsfelder*

1 Ordne den Fotos eine Bildunterschrift zu, die den Namen des Wirtschaftssektors und die dort dargestellte Tätigkeit enthält (**M 1** bis **M 3**).

2 Suche im Internet drei weitere Fotos für unterschiedliche Tätigkeiten in den drei Wirtschaftssektoren ( ).

3 Fertige eine Mindmap zu den Wirtschaftssektoren und deren Tätigkeitsfeldern an (**M 6**, ***Eine Mindmap erstellen***).

4 Landwirt, Bäcker und Backwarenverkäuferin sind Tätigkeiten in unterschiedlichen Wirtschaftssektoren. Ordne den Tätigkeiten die Wirtschaftssektoren zu und erläutere den Zusammenhang zwischen den drei Tätigkeiten.

5 Vergleiche die Entwicklung der Arbeitsplätze in den einzelnen Wirtschaftssektoren in Deutschland und Nordrhein-Westfalen (**M 4, M 5**).

6 Nenne Gründe, warum immer weniger Menschen im primären und sekundären Sektor arbeiten (**M 4, M 5**).

7 Erstelle eine Tabelle, in der du auflistest, welche Dienstleistungen du im Laufe eines Tages in Anspruch nimmst.

Hier findest du zusätzliche Informationen und Links:

cornelsen.de/webcodes
Code: redoyi

# Das Ruhrgebiet – von Kohle und Stahl geprägt

**M 1** *„Unter Tage" in einem Steinkohlenbergwerk im Ruhrgebiet (1995)*

**check-it**
- geographische Lage des Ruhrgebiets beschreiben
- Bedeutung von Steinkohle und Stahl kennzeichnen und erklären
- Produktionsstufen bei der Stahlherstellung beschreiben
- Bilder, Karten und Grafiken lesen
- eine Internetrecherche durchführen

## Der Steinkohlenbergbau

Die Steinkohlevorkommen haben das Ruhrgebiet zum größten Wirtschaftsraum Deutschlands gemacht. Nachdem James Watt in England die Dampfmaschine erfunden hatte, wurde Steinkohle zu einem begehrten Rohstoff. Das Ruhrgebiet erlebte einen gewaltigen Aufschwung des Bergbaus.

## Eisen und Stahl im Ruhrgebiet

Das Ruhrgebiet ist seit über 150 Jahren das bedeutendste Zentrum der Stahlherstellung in Deutschland. Für den Bau von **Hochöfen** war die Nähe zur Steinkohle wichtig. Aus der Steinkohle stellte man Koks her, der zum Schmelzen des Eisenerzes in den Hochöfen gebraucht wurde. Während früher Eisenerz auch in Deutschland gefördert wurde, ist es heute preiswerter, Eisenerz aus anderen Ländern einzuführen.

## Kohle und Stahl in der Krise

Seit 1975 hat die Steinkohle an Bedeutung verloren. An ihre Stelle sind Heizöl und **Erdgas** getreten. Dampflokomotiven fahren nicht mehr, und auch bei der Stahlherstellung wird weniger Koks gebraucht. Der Abbau unter Tage ist wegen der Tiefe teuer geworden. Es ist heute billiger, Steinkohle aus anderen Ländern in das Ruhrgebiet einzuführen. 2018 schließt das letzte Steinkohlenbergwerk im Ruhrgebiet.
Auch in der Stahlindustrie ist die Zahl der Arbeiter stark zurückgegangen. Oft werden Stahlprodukte durch Kunststoffe ersetzt, wie zum Beispiel in der Autoindustrie. Viele Länder, die früher Stahl aus Deutschland einführten, stellen jetzt selbst Stahl her.

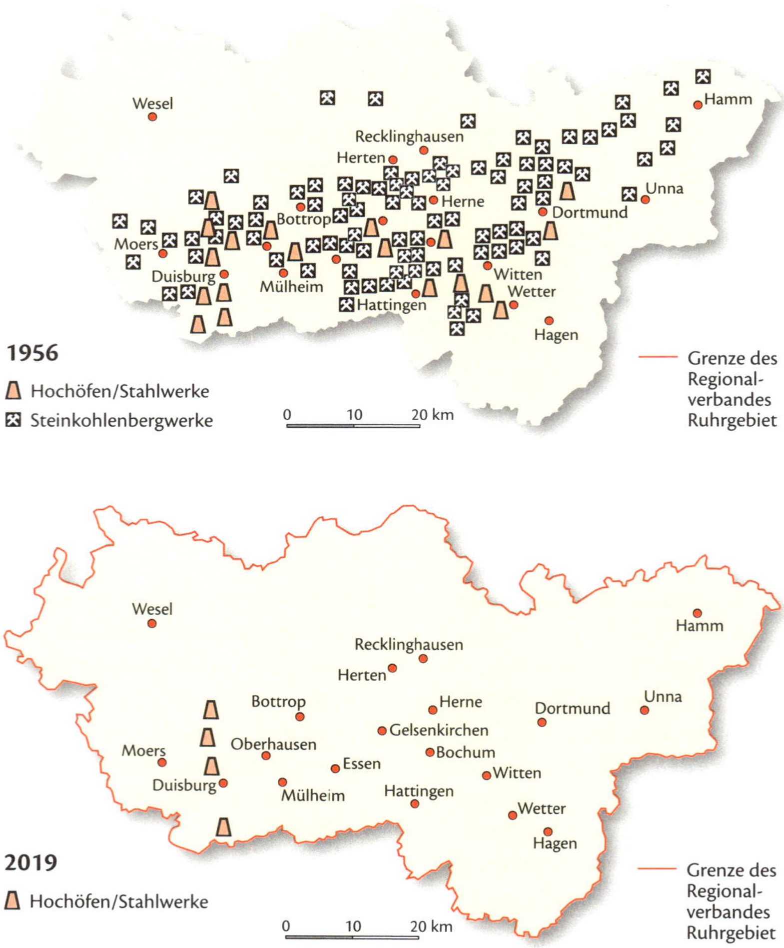


**M 2** *Bergwerke und Hochöfen/Stahlwerke 1956 und 2019*

**1. Produktionsstufe: Roheisengewinnung**

Im Hochofen wird bei einer Temperatur von über 1500 °C das Roheisen aus dem Eisenerz herausgeschmolzen. Dazu sind Koks und Kalk notwendig. Koks wird in Kokereien aus Steinkohle hergestellt. Roheisen ist schwer und sinkt beim Schmelzen ab. Die entstehende Schlacke schwimmt auf dem flüssigen Roheisen. Alle vier bis sechs Stunden hat sich genügend Roheisen angesammelt, sodass ein Abstich erfolgt. Das weiß glühende, flüssige Roheisen fließt dann in große Kübel eines Eisenbahnwaggons.

**2. Produktionsstufe: Stahlerzeugung**

Im Stahlwerk wird das noch flüssige Roheisen veredelt. Hier werden dem Roheisen andere Metalle, sogenannte „Stahlveredler" (Mangan, Nickel, Chrom), zugemischt. Das Gemisch wird in einen Stahlofen, den Konverter, geschüttet und unter Durchblasen von Sauerstoff „gekocht". Dabei verbrennt der im Roheisen enthaltene Kohlenstoff.
In der Gießerei wird der 1600 °C heiße, flüssige Stahl gegossen.

**3. Produktionsstufe: Stahlverarbeitung**

Das noch glühende Stahlband wird im Walzwerk sofort weiterverarbeitet.
Mit großer Genauigkeit bewegen und pressen die Walzmaschinen die tonnenschweren Stahlbänder. Dabei werden diese immer dünner und länger. Die letzten Walzen geben ihnen ihre endgültige Form.
Im Walzwerk entstehen Rohre, Schienen, Profilstähle wie Träger und Rundeisen sowie Bleche und Draht.

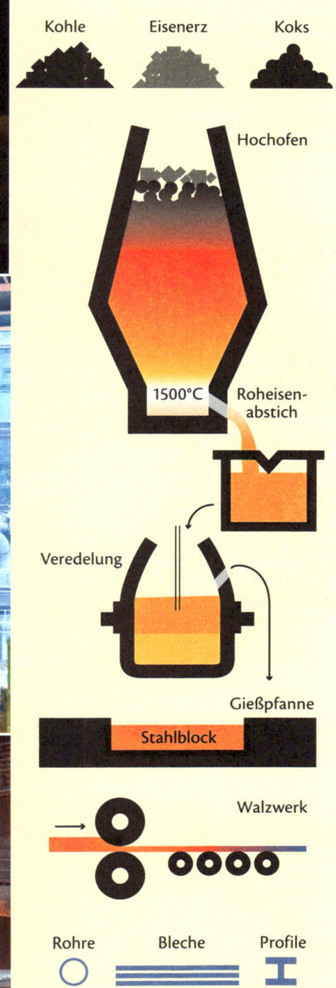


**M 3** *Im Hüttenwerk: Vom Eisenerz zum Stahlerzeugnis*

1 Beschreibe die geographische Lage des Ruhrgebiets (**M 2,** Karte S. 225, Atlas).

2 Vergleiche die Bedeutung von Steinkohle und Stahl für das Ruhrgebiet 1956 und heute (**M 1, M 2**).

3 Beschreibe die Produktionsstufen vom Eisenerz bis zur Herstellung von Stahlerzeugnissen (**M 3**).

4 Benenne andere Industriegebiete in Europa, in denen Eisen verhüttet und Stahl hergestellt wird (Karte S. 139 oben).

5 Erkläre den Aufstieg und Niedergang des Steinkohlenbergbaus im Ruhrgebiet. Nutze dazu das Internet und gestalte einen Kurzvortrag ( MK ).

Hier findest du zusätzliche Informationen und Links:
cornelsen.de/webcodes
Code: degaji

# Das Ruhrgebiet im Wandel

**M 1** *Die „Neue Mitte Oberhausen" – das CentrO mit Einkaufs- und Freizeitzentrum*

Auf dem Gelände der „Neuen Mitte Oberhausen" standen früher Hochöfen und Stahlwerke. Beherrscht wurde das Werksgelände durch eine gewaltige Halde. 1992 begannen die Abbrucharbeiten der alten Werksanlagen.

Das CentrO in Oberhausen ist das größte Einkaufs- und Freizeitzentrum Deutschlands. Es hat einen direkten Autobahnanschluss. Die Fläche ist so groß wie 160 Fußballfelder. Jährlich kommen etwa 23 Millionen Besucher.

**M 2** *Hüttenwerke Oberhausen 1969, Blickrichtung nach Norden*

**check-it**

- geographische Lage von Oberhausen und Bottrop beschreiben
- über den Wandel im Ruhrgebiet berichten
- Tätigkeiten im Dienstleistungsbereich benennen
- Gründe für das Anwachsen des Dienstleistungsbereiches erläutern
- Bilder beschreiben
- eine Internetrecherche durchführen

## Umdenken und umbauen

Nachdem viele Arbeitsplätze im **Steinkohlenbergbau**, in der Stahlindustrie und der Metallverarbeitung verloren gegangen waren, hieß es umzudenken und mit neuen Ideen die Wirtschaft im Ruhrgebiet umzubauen. Damit entstanden zugleich große Chancen für Veränderungen wie die Erneuerung der Siedlungen, die Neugestaltung von Industriegebieten und den Abbau von Umweltbelastungen. Dieses Umdenken und Umbauen ist ein schwieriger und langwieriger Prozess, der schon in den 1970er-Jahren begann und immer noch andauert. Vor allem die Men-

Auf einer **Abraumhalde** des Steinkohlenbergbaus in Bottrop entstand im Jahr 2000 ein Wintersportzentrum. Das Gefälle der Halde bot sich für eine überdachte Skipiste geradezu an. 5000 Kubikmeter künstlicher Schnee bedecken den Boden der riesigen Skihalle. An 365 Tagen im Jahr können Anfänger und Fortgeschrittene hier Ski laufen. Die Skipiste ist 640 Meter lang und 30 Meter breit. Wer unten angekommen ist, wird auf einem Förderband wieder nach oben transportiert. Außerdem gibt es eine Sommerrodelbahn. Sie ist 1000 Meter lang. Auf einem Schlitten, der auf Schienen verankert ist, geht es bergab, aber nicht schneller als 42 Kilometer in der Stunde.

**M 3** *Alpincenter in Bottrop*

schen, die im Ruhrgebiet wohnen und arbeiten, mussten umdenken, neue Berufe lernen oder studieren. Neue Industrie- und Gewerbegebiete mit vielfältigen Industrien wie Computertechnik, Elektronik, Baugewerbe, Großhandels- und Transportunternehmen sind entstanden.

Die Beseitigung und Sanierung von Halden und alten Industrieanlagen sowie die Neugestaltung der Städte führte zu einer spürbaren Verbesserung der Lebensqualität im Ruhrgebiet. Alte Industrieflächen wurden und werden umgestaltet. Beispielhaft dafür stehen der Bau des CentrO in Oberhausen als eines der größten Einkaufszentren Europas auf einem alten Hüttengelände oder die Zeche Zollverein in Essen als Industriedenkmal mit Museum und anderen kulturellen Angeboten.

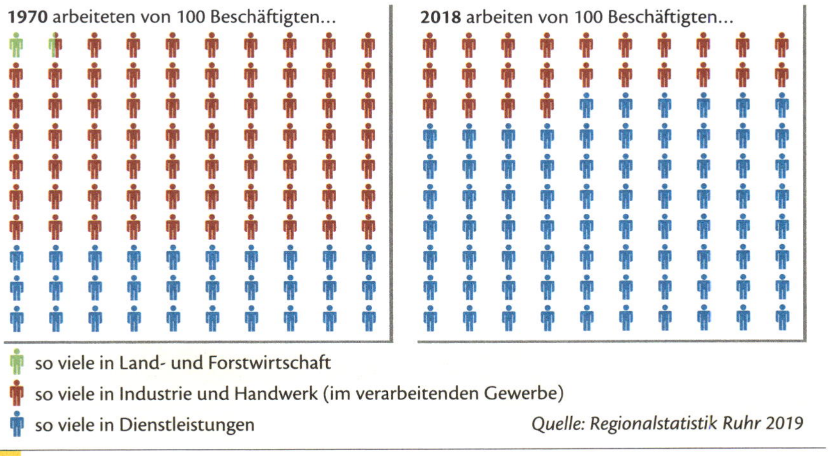


**M 4** *Erwerbstätige im Ruhrgebiet 1970 und 2018*

## Dienstleistungen auf dem Vormarsch

Die meisten neuen Arbeitsplätze im Ruhrgebiet entstehen im Dienstleistungsbereich, zum Beispiel in den neu gegründeten Universitäten, Fachhochschulen und Forschungsinstituten. In den Geschäften, Restaurants und Cafés der Innenstädte und Einkaufszentren werden Verkäufer, Köche, Kellner und viele andere Arbeitskräfte im Dienstleistungsbereich benötigt. Aber auch die Unternehmen bauen auf Werbefachleute, Steuerberater, Bankangestellte und viele Dienstleistungen mehr.

1 Beschreibe die geographische Lage von Oberhausen und Bottrop (**M 1**, **M 3**, Karte S. 220, Atlas).

2 Berichte, wie sich das Ruhrgebiet verändert hat (**M 1** bis **M 4**).

3 Benenne Merkmale des Dienstleistungsbereichs.

4 Gestalte eine Karte des Ruhrgebietes zum Thema: „Das Ruhrgebiet im Wandel". Nutze dazu das Internet ( MK ).

5 Erläutere das Anwachsen des Dienstleistungsbereichs im Ruhrgebiet (**M 4**).

Hier findest du zusätzliche Informationen und Links:

cornelsen.de/webcodes
Code: movova

# Autos aus Köln

**M 1** *Auslieferungsparkplatz im Ford-Werk Köln-Niehl*

**M 2** *Schiffsverladung des Ford Fiesta im Kölner Ölhafen*

**M 3** *Lkw-Verladung des Ford Fiesta im Ford-Werk Köln-Niehl*

**check-it**
- geographische Lage der Kölner Fordwerke beschreiben
- Wahl des Standortes erläutern
- Ablauf der Autoproduktion beschreiben
- Merkmal der Just-in-time-Produktion benennen
- Bilder beschreiben

## Ansiedlung von Ford

Der amerikanische Autoproduzent Henry Ford kommt 1930 extra aus den USA angereist, um den Grundstein für ein neues Autowerk in Deutschland zu legen. Um den Standort haben sich Frankfurt am Main, Neuss, Magdeburg und Köln beworben. Köln erhält den Zuschlag, denn das Ruhrgebiet mit seinen Hochöfen liegt in der Nähe. Im Umkreis sind Arbeitskräfte vorhanden. Mit ein Grund für die Standortwahl ist der Rhein als gut befahrbarer Verkehrsweg. Über einen eigenen Werkshafen werden sich die fertigen Kraftfahrzeuge leicht an die deutschen und europäischen Käufer bringen lassen. Im Werkshafen kann Material für die Produktion angeliefert werden. Das Grundstück in Köln-Niehl eignet sich nicht nur für eine große Produktions- und Montagehalle, es bietet noch Platz für Erweiterungen. Die kluge Entscheidung für den Standort ist heute noch gültig.

## Just-in-time-Produktion

Ein Auto, das in Köln hergestellt wird, besteht aus über 10000 Einzelteilen. Viele Teile werden von Zulieferfirmen hergestellt, die sich z. B. auf Scheinwerfer, Sitze oder Reifen spezialisiert haben. Da viele verschiedene Personen und Standorte an der Produktion eines Autos beteiligt sind, muss es eine Feinabstimmung zwischen den Zulieferern und dem Endproduzenten geben. Die benötigten Teile werden über den Computer angefordert. Die Zulieferung erfolgt termingenau, das heißt unmittelbar bevor die Teile gebraucht werden. **Just-in-time-Produktion** sagen die Fachleute dazu. Der Vorteil: Die Teile werden nicht überschüssig produziert oder lange und teuer gelagert.

## Ein Auto entsteht

In manchen Werkhallen sieht man kaum noch Menschen. Was früher von Menschenhand an langen Fließbändern produziert wurde, wird heute von hochspezialisierten modernen Robotern erledigt: Schweißen, Kleben, Schrauben, Lackieren und Montieren. Deren Arbeit wird von Menschen nur noch kontrolliert und ergänzt.

**1** Eine riesige Rolle Stahlblech wird abgerollt und in einzelne Stücke zerschnitten. Dann werden diese sogenannten Platinen in einer Karosseriepresse gepresst und dadurch geformt. Es entstehen Seitenrahmen, Türen, Motorhauben und Dächer. Die verschiedenen Blechteile werden von Robotern zu einer Rohkarosserie verschweißt.

**2** Bevor die Karosserie Farbe bekommt, muss sie in ein riesiges Bad getaucht werden. Danach ist sie fett- und staubfrei. Die vier verschiedenen Lackschichten werden von Lackierrobotern aufgetragen, die sehr genau arbeiten.

**3** Aus der lackierten Karosserie entsteht in der Montage ein Ford. Es werden aber nicht alle Teile einzeln eingebaut, sondern Bauteilgruppen, sogenannte Module, an verschiedenen spezialisierten Standorten vormontiert. So können ganze Fahrgestelle, fertige Motoren und Cockpits eingebaut werden. In der Endmontage werden die Module zusammengesetzt.

**4** Das fertige Auto wird noch einer genauen End- und Qualitätskontrolle unterzogen und dann an den Käufer ausgeliefert.

1 Beschreibe wichtige Abläufe in der Autoproduktion (**M 1** bis **M 4**).
2 Schreibe Gründe auf, warum Köln als Standort für die Autoproduktion ausgewählt wurde.
3 Nenne Merkmale der Just-in-time-Produktion.
4 Gestalte ein Lernplakat zu den Standorten der Autoproduktion in Deutschland (Karte S. 225, ).

*1 Roboter schweißen Karosserieteile zusammen.*

*2 Nach dem Tauchbad tragen Roboter den Lack auf.*

*3 „Hochzeit“: Die Karosserie wird mit dem Motor verbunden.*

*4 Endkontrolle eines Ford Fiesta*

**M 4** *Ein Ford Fiesta entsteht*

Hier findest du zusätzliche Informationen und Links:

cornelsen.de/webcodes
Code: yomiyu

# Hightech aus München

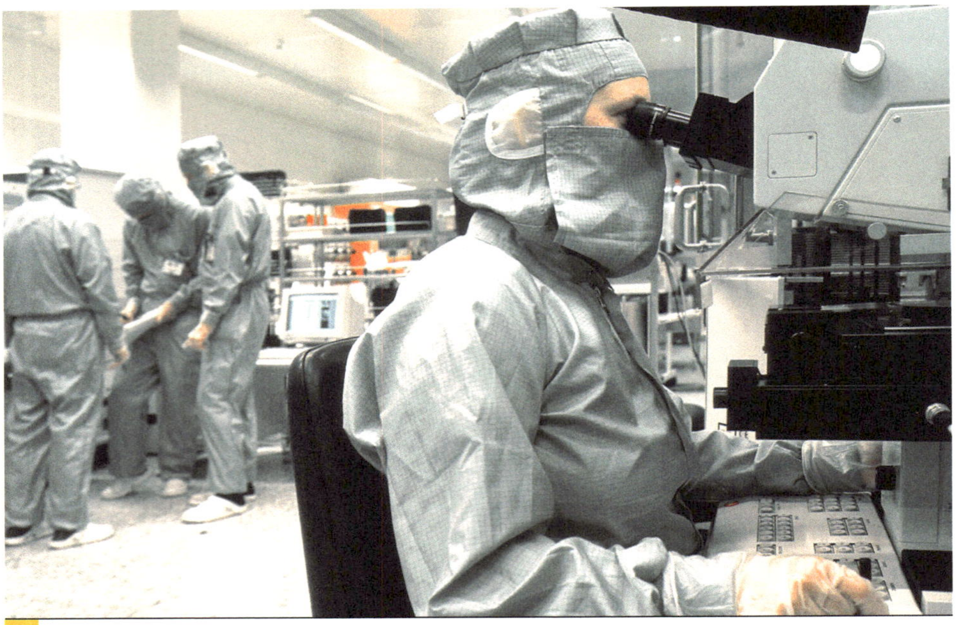

**M 1** *Herstellung von Computerchips im Reinraum*

**check-it**
- geographische Lage Münchens beschreiben
- Merkmale der Hightechindustrien nennen
- Gründe für die Ansiedlung der Hightechindustrie in München benennen
- thematische Karte lesen
- eine Internetrecherche durchführen

## Industrie der Zukunft

„Hightech" bedeutet so viel wie „Hochtechnologie". **Hightechindustrien** beschäftigen sich mit den neuesten Techniken. Sie sind deshalb für die Zukunft sehr wichtig, sodass die Firmen in der Regel sehr erfolgreich sind und schnell wachsen.

Bei den Hightechindustrien spielen Forschung und Entwicklung eine große Rolle. Die Produktionsstätten sehen oft aus wie Labors. Da die verwendeten Materialien sehr empfindlich sind, müssen die Fabrikhallen total staub- und schmutzfrei sein. Viele Produktionsschritte werden von Robotern, die durch Computer gesteuert werden, ausgeführt. Sehr gut ausgebildete Arbeitskräfte kontrollieren nur noch die Produktion.

Hightechindustrien sind in der Regel sehr umweltfreundlich, da sie kaum Abgase erzeugen. Sie können sich deshalb auch in Städten ansiedeln.

## Zusammenarbeit mit Forschungseinrichtungen

Hightechunternehmen müssen ständig forschen und Neues entwickeln, damit sie auf dem neuesten Stand der Technik bleiben. Sie arbeiten deshalb eng mit Universitäten und Forschungsinsti-

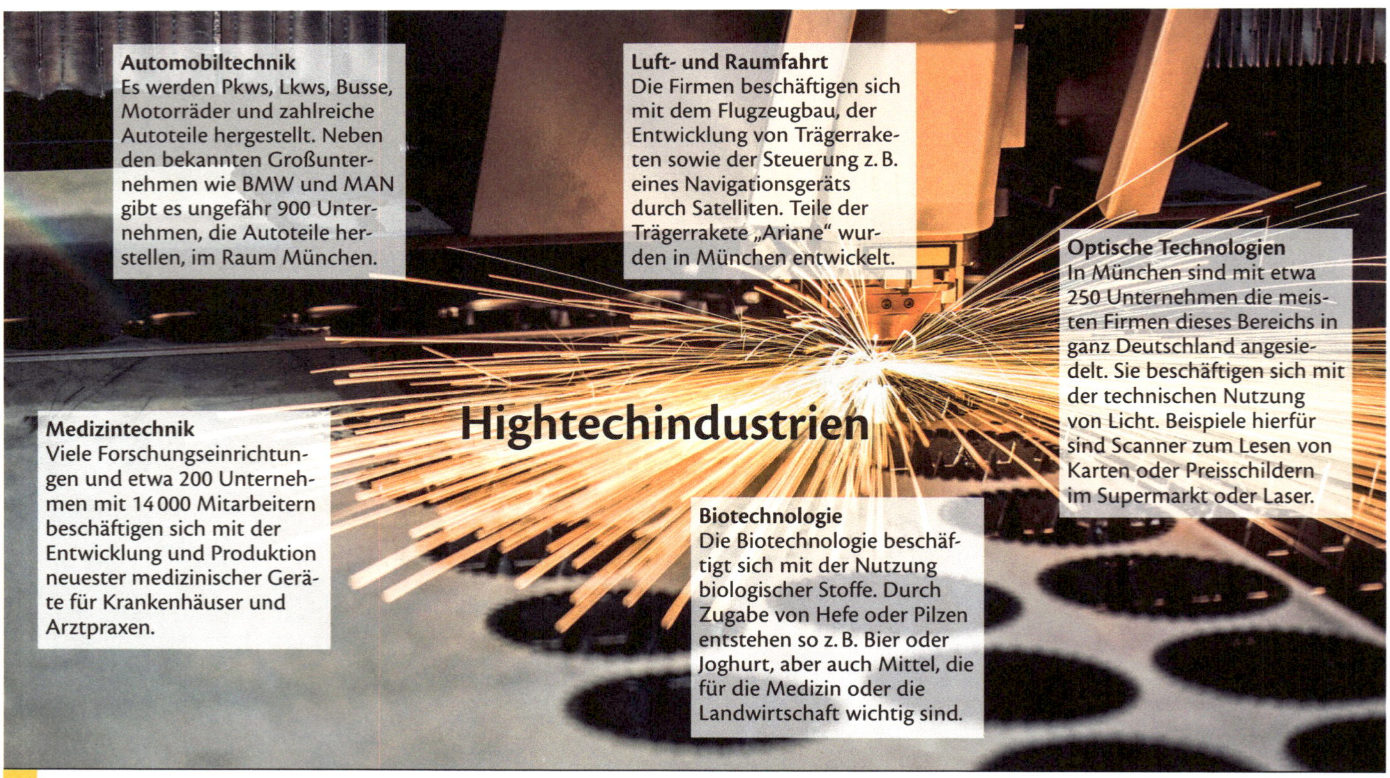


**M 2** *Hightechindustrien im Großraum München*

| | München | Umland |
|---|---|---|
| 1950 | 831 937 | 572 046 |
| 1970 | 1 293 590 | 800 432 |
| 1980 | 1 298 941 | 929 355 |
| 1990 | 1 277 576 | 1 089 782 |
| 2000 | 1 247 934 | 1 038 500 |
| 2010 | 1 353 186 | 1 333 594 |
| 2017 | 1 456 039 | 1 427 334 |

*Quelle: Landeshauptstadt München und Bayerisches Landesamt für Statistik*

**M 3** *Einwohner Münchens und des Umlandes 1950–2017*

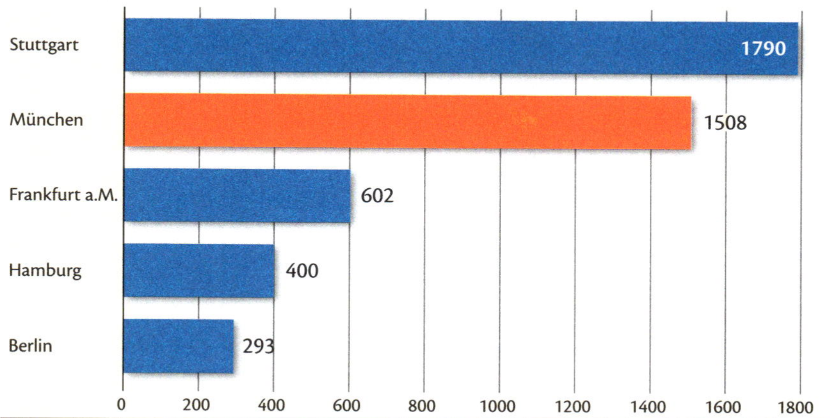


**M 4** *Zahl der Patentanmeldungen je 1 Mio. Einwohner 2006*

tuten zusammen. Im Raum München gibt es zwei Universitäten, viele Hochschulen und Forschungseinrichtungen. Jedes Jahr werden deshalb viele **Patente** entwickelt und beim Europäischen und Deutschen Patentamt in München angemeldet.

1 Nenne Merkmale von Hightechindustrien (**M 1, M 2, M 4**).

2 Beschreibe die Verbreitung von Hightechbetrieben im Großraum München und erläutere die Auswirkungen auf die Bevölkerungsentwicklung (**M 3, M 5**).

3 Beschreibe die Lage Münchens und erläutere, warum die Stadt bei Hightechbetrieben und ihren Mitarbeitern so beliebt ist (**M 5,** Karte S. 35, Atlas).

4 Erläutere, warum die Hightechindustrie auch als „weiße Industrie" bezeichnet wird (**M 1**).

5 Bildet Gruppen und wählt eine Hightechindustrie aus (**M 2**). Gestaltet dazu eine digitale Pinnwand (MK).

Hier findest du zusätzliche Informationen und Links:

cornelsen.de/webcodes
Code: hutifi

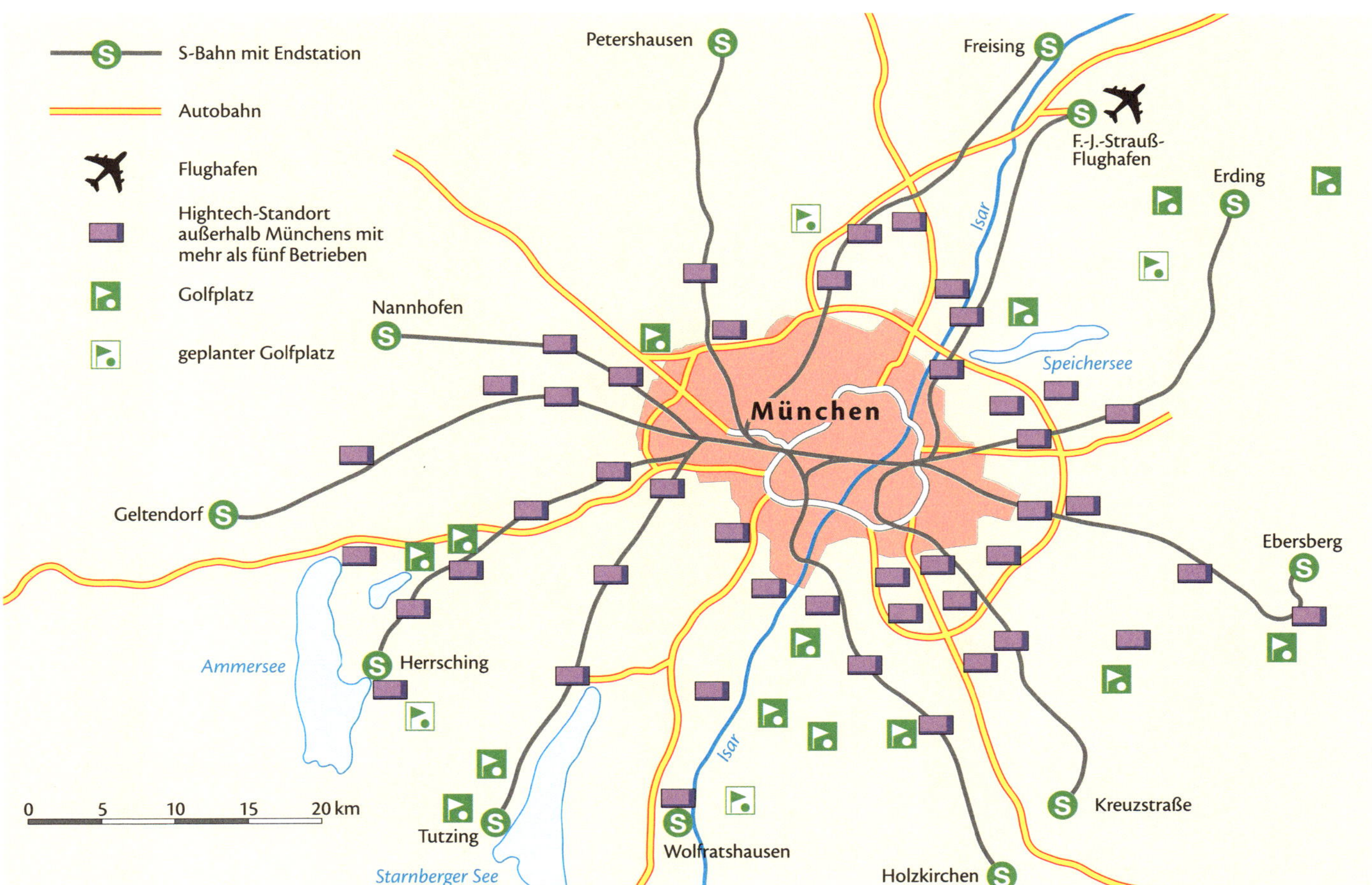


**M 5** *Hightechunternehmen im Großraum München*

# Wir lesen eine Industriekarte

**check-it**
- Merkmale einer Industriekarte benennen
- Schrittfolge für das Lesen einer Industriekarte nennen und anwenden

## Checkliste zum Lesen einer Industriekarte

1. Informiere dich über das Thema der Karte und den abgebildeten Raum. Lies dazu den Kartentitel in der Bezeichnung der Abbildung (**M 1, M 2**).
2. Bestimme die Lage und Größe des dargestellten Raumes. Beachte dabei den Maßstab.
3. Stelle mithilfe der Legende fest, was die Farben und Kartenzeichen bedeuten.
4. Beschreibe den Karteninhalt:
   - Welche Kartenzeichen treten sehr häufig auf?
   - Welche Standorte von Industrie und Bergbau treten besonders hervor?
   - Wie sind die Industriegebiete räumlich verteilt?

## Beispiel für das Lesen einer Industriekarte (M 1)

1. Die Karte stellt die Bergbau- und Industriestandorte in Nordrhein-Westfalen dar.
2. Die Karte zeigt das Bundesland Nordrhein-Westfalen. Der Maßstab ist 1 : 2 000 000.
3. In der Legende sind zwei Kartenzeichen für Bergbau und acht für die Industrie aufgeführt.
4. Die Bergbaustandorte für Steinkohle liegen im nördlichen Ruhrgebiet, die für Braunkohle links des Rheins im Rheinischen Revier. Im Ruhrgebiet und entlang des Rheins konzentrieren sich die meisten Industriestandorte. Kleinere Industrieansammlungen liegen im Westen sowie im Nordosten des Landes. Die Kartenzeichen zeigen die Vielfalt der Industrie. Besonders häufig ist die Metallverarbeitung eingetragen. An zweiter Stelle steht die chemische Industrie. Fast über ganz Nordrhein-Westfalen sind die Kartenzeichen für die Elektroindustrie verteilt. Die Autoindustrie ist an den Standorten Bochum und Köln vertreten.

1 Wende die Checkliste auf die Karte „Deutschland: Bergbau und Industrie“ an. Wähle dazu ein Industriegebiet aus (**M 2**).

2 Nenne je zwei Industriezweige in den Industriegebieten (**M 2**).

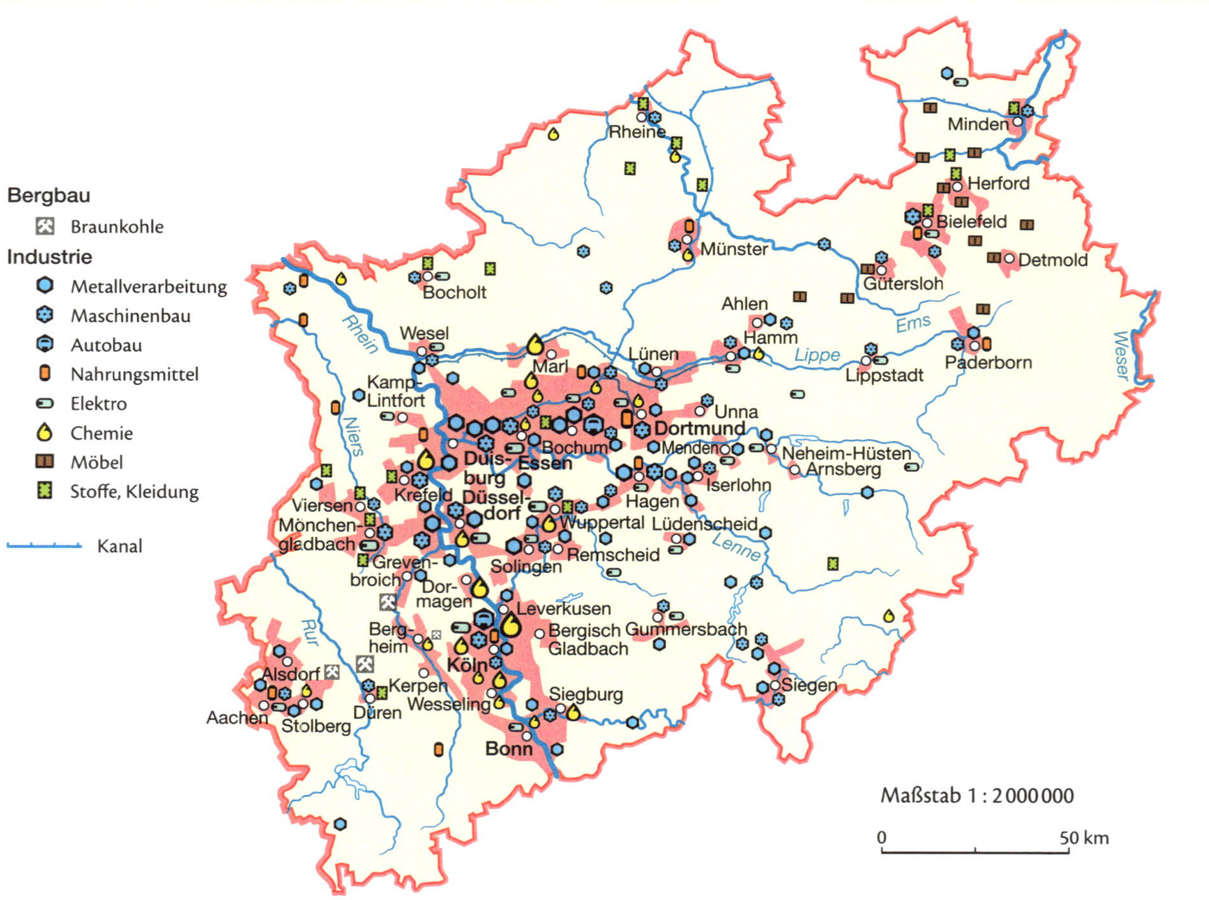


**M 1** *Nordrhein-Westfalen: Bergbau und Industrie*

**Industrie**

- Eisenverhüttung, Stahlherstellung
- Gießerei, Walzwerk, Stahlbau
- Buntmetallverhüttung
- Aluminiumherstellung
- Elektroindustrie
- Elektronikindustrie
- Feinmechanische Industrie
- Optische Industrie
- Textilindustrie
- Bekleidungsindustrie
- Lederverarbeitung
- Schuhindustrie
- Glasindustrie
- Porzellanindustrie
- Herstellung von Sanitärporzellan
- Baustoffindustrie/Keramikindustrie
- Metall verarbeitende Industrie
- Maschinenindustrie
- Kraftfahrzeugindustrie
- Schiffbau
- Flugzeugbau
- Chemische Industrie
- Kunststoffindustrie
- Gummiindustrie
- Erdölraffinerie
- Holzindustrie
- Möbelindustrie
- Papierindustrie
- Druckerei, Verlag
- Nahrungsmittelindustrie
- Zuckerindustrie
- Getränkeherstellung
- Brauerei

**Bergbau**

- Braunkohle
- Erdöl
- Erdgas
- Steinsalz
- Kalisalze

1 : 5 000 000 1 cm ≙ 50 km

0 50 100 150 km

**M 2** *Deutschland: Bergbau und Industrie*

# Über den Hamburger Hafen in die Welt

**check-it**
- Lage des Hamburger Hafens beschreiben
- Aufgaben eines Hafens und Arten des Güterumschlages benennen
- Zusammenarbeit im Containerhafen kennen
- Entwicklung des Güterumschlages im Hamburger Hafen erläutern

*Containerhafen Hamburg*

*Das modernste Containerterminal der Welt in Hamburg-Altenwerder*

*Bahnverladung direkt im Hafen*

**M 1** *Hamburger Hafen*

## Ein Containerschiff im Hafen

Mit der Flut bewegt sich das Containerschiff elbaufwärts. Es hat 5000 Container an Bord. Im Hafenbecken angekommen, wird das Schiff am Kai festgemacht. Gleichzeitig fährt die Containerbrücke heran. Der Brückenfahrer schwenkt einen Käfig mit Männern über die Container, damit sie deren Verriegelung lösen. Anschließend holt er die Container vom Schiff und stellt sie am Kai ab. Die Nummern der Container und deren Stellplatz werden im Computer erfasst. Von der Zentrale im Terminal werden die Lkw-Fahrer informiert, dass sie ihre Container abholen können. Auch Waggons der Bahn stehen auf den Containerkais schon bereit. Am Ausgang kontrollieren Zollbeamte die Ladungen.

## Aufgaben des Hafens

Kaum sind die letzten Container von Bord, werden neue Container zum Beladen antransportiert. In 24 Stunden verlässt das Schiff wieder den Hafen. Gearbeitet wird rund um die Uhr.

Der Hamburger Hafen ist der größte deutsche Seehafen. Er ist einer der Häfen in der Welt, in dem verschiedene Güterarten umgeschlagen werden können:

| | 2000 | 2017 |
|---|---|---|
| **Gesamtumschlag (in Millionen Tonnen)** | **85,1** | **136,5** |
| Flüssigladung | 11,6 | 13,4 |
| Sauggut | 7,8 | 6,2 |
| Greifergut | 17,0 | 24,5 |
| Stückgutumschlag | 48,7 | 90,9 |
| davon Container | 45,3 | 89,4 |

**M 2** *Entwicklung des Güterumschlags im Hamburger Hafen*

Getreide, Erdöl, Bananen, Kaffee, Autos, Maschinen in großen Containern und vieles mehr.

Der Güterumschlagplatz Hamburg hat viele Vorteile:

- Ausreichende und den Kundenwünschen entsprechende freie und überdachte Lagerflächen sind vorhanden.
- Durch ein dichtes Netz von Schienen, Straßen und Binnenwasserwegen ist ein schneller Zu- und Abtransport der Güter möglich.
- Ein Teil des Hafens wurde zum **Freihafen** erklärt. Hier können Import- und Transitgüter zollfrei ein-, aus- und umgeladen sowie gelagert und verarbeitet werden. Hamburg besitzt den größten Freihafen Deutschlands.

Die Hafenunternehmen organisieren den gesamten Gütertransport: Bei der Warenausfuhr liegt die Anlieferung, die Lagerung und die Verschiffung in der Hand des Hamburger Hafens. Güter, die aus dem Ausland kommen, werden im Hamburger Hafen gelagert, sortiert, verteilt. Sogar die Verarbeitung von Rohstoffen und Halbfertigwaren in der Hafenindustrie gehört zum Serviceangebot. Die vielen Unternehmen im Hamburger Hafen geben etwa 140 000 Menschen Arbeit.

**1** Beschreibe die Lage des Hamburger Hafens in Deutschland und Europa (Karten S. 222 und S. 226/227, Atlas).

**2** Benenne die Aufgaben eines Hafens. Beschreibe verschiedene Arten des Güterumschlags und nenne je zwei Produkte, die so umgeschlagen werden (**M 3**).

**3** Erläutere die Zusammenarbeit im Containerhafen vom Einlaufen bis zum Auslaufen des Schiffes (**M 1**).

**4** Erläutere die Entwicklung des Güterumschlags im Hamburger Hafen (**M 2**).

**5** Erkläre, weshalb der Güterverkehr durch den Container wesentlich schneller und billiger wurde (**M 3**, **M 4**).

Hier findest du zusätzliche Informationen und Links:

cornelsen.de/webcodes
Code: raripe

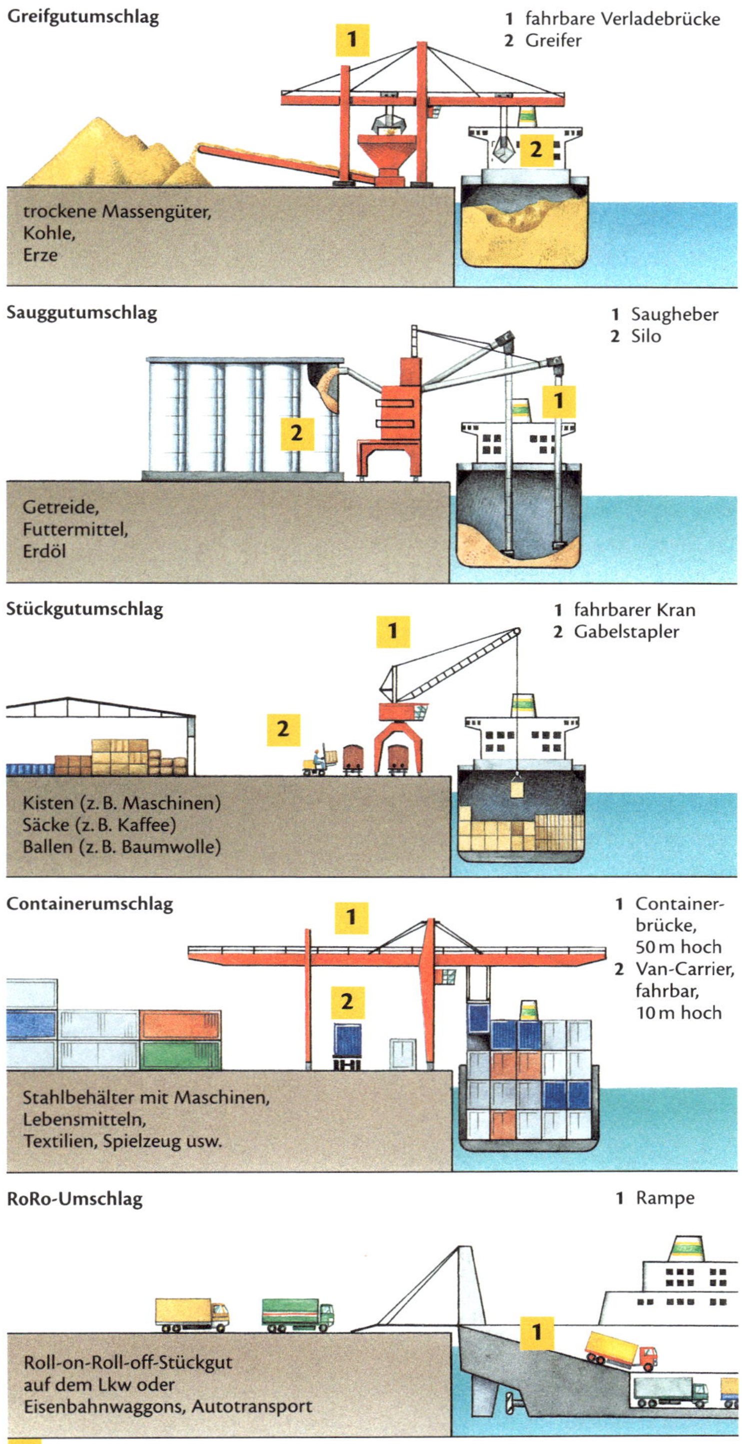


**M 3** *Arten des Güterumschlags im Hamburger Hafen*

Stahlbehälter
Länge: 6 m oder 12 m
Breite: 2,44 m
Höhe: 2,6 m

**M 4** *Container*

# Leipzig – Messe, Medien und mehr

**check-it**
- geographische Lage von Leipzig beschreiben
- verschiedene Arten von Dienstleistungen in Leipzig benennen
- ausgewählte Dienstleistungsbereiche charakterisieren
- eine Mindmap erstellen

Leipzig ist eine Reise wert. Das finden nicht nur die 500 000 Einwohner der Stadt, sondern auch die über 6 Millionen Touristen, die Leipzig jedes Jahr besuchen. Sie finden die Stadt mit ihrer lebendigen Innenstadt und vielen interessanten Bauten aus Vergangenheit und Gegenwart anziehend. Viele touristische Sehenswürdigkeiten wie das alte und das neue Rathaus, zahlreiche Museen, die Thomas- und die Nikolaikirche, aber auch die Universität liegen im Zentrum der Stadt und lassen sich gut zu Fuß erkunden. Ein bei großen und kleinen Besuchern besonders beliebtes Ziel ist der Leipziger Zoo. Für seine Löwen und anderen Raubtiere ist er weltberühmt.

Seit über 800 Jahren finden in Leipzig zunächst Märkte und später **Messen** statt, denn die Stadt liegt an wichtigen Handelswegen von West- nach Osteuropa und von Nord- nach Südeuropa. Damit gehört Leipzig zu den ältesten Messestädten der Welt. Das 1996 eingeweihte neue Messegelände am Nordrand der Stadt verfügt über fünf miteinander verbundene Ausstellungshallen und eine Freifläche von etwa 70 000 Quadratmetern. Außerdem gehört zur neuen Leipziger Messe ein Kongresszentrum, in dem Tagungen und andere Veranstaltungen stattfinden. Die Leipziger Messegesellschaft beschäftigt rund 400 Mitarbeiter. Jedes Jahr finden Messen zu ganz verschiedenen Themen statt. Darunter sind so bedeutende Messen wie die Leipziger Buchmesse und die zweitgrößte Automesse Deutschlands, die AutoMobil International.

**M 1** *Messestadt*

Leipzig liegt in der Mitte Europas und ist ein wichtiger Verkehrsknotenpunkt. Dort kreuzen sich gut ausgebaute Autobahnen in West-Ost-Richtung mit Autobahnen, die in Nord-Süd-Richtung führen und Leipzig als Ring umschließen.

Leipzig ist auch ein bedeutender Knotenpunkt im Eisenbahnverkehr. Der Leipziger Hauptbahnhof verfügt über 24 Bahnsteige und ist damit einer der größten Bahnhöfe Europas.

Der Flughafen Leipzig/Halle liegt zwischen den Städten Leipzig und Halle. Er wurde bereits 1927 in Betrieb genommen und ist insbesondere im Bereich des Luftfrachtverkehrs von großer Bedeutung. Dort werden zum Beispiel Briefe und Pakete, die mit dem Flugzeug transportiert werden, sortiert und weitergeleitet.

**M 2** *Knotenpunkt im Verkehr*

Die Stadt Leipzig verfügt über eine Vielzahl bekannter Forschungs- und Bildungseinrichtungen. Hierzu gehören zum Beispiel die Universität Leipzig, mehrere Fachhochschulen und zahlreiche Forschungsinstitute. Die Leipziger Universität ist über 600 Jahre alt und damit die zweitälteste Universität in Deutschland. Dort studieren etwa 30 000 Studierende. Von großer Bedeutung ist die enge Zusammenarbeit zwischen Forschungseinrichtungen und Wirtschaftsunternehmen. Diese stellt sicher, dass die Forschungsergebnisse zügig in der Praxis angewendet werden.

**M 3** *Bildung und Forschung*

BELANTIS – Das AbenteuerReich ist ein einzigartiges Freizeiterlebnis für Familien, die sich für einen Tag gemeinsam in ein actionreiches Abenteuer stürzen. Vor den Toren Leipzigs gelegen, bietet der Familienfreizeitpark mit über 60 Attraktionen Freizeitspaß für Groß und Klein. Allein vier verschiedene Achterbahnen, zahlreiche Karussells, jeweils eine Wildwasserbahn und Schiffschaukel oder weitere rasante Fahrgeschäfte sorgen bei den Gästen für Adrenalin und Glücksgefühle ohne Ende. Begleitet wird der Abenteuerausflug von Buddel, dem Maulwurf. Die Erlebniswelt von BELANTIS erstreckt sich über acht fantastische Themenwelten auf einer Fläche von über 27 Hektar. Im September 2016 wurde das AbenteuerReich BELANTIS mit dem 5. Platz unter den „Europe's Best Amusement Parks" (Parks bis zu 1 Million Besucher pro Jahr) ausgezeichnet.

**M 4** *Freizeit und Tourismus*

1 Leipzig liegt in Sachsen. Überprüfe die Richtigkeit dieser Aussage (Karten S. 222 und 223, Atlas).

2 Nenne weitere Lagemerkmale für die Stadt Leipzig und beschreibe deren geographische Lage (Karte S. 222, Atlas).

3 Fertige eine Mindmap an, in der du die verschiedenen Arten von Dienstleistungen in Leipzig darstellst (**M 1** bis **M 4**, MK).

4 Arbeitet in Gruppen. Charakterisiert je einen Dienstleistungsbereich genauer:
- Freizeit und Tourismus,
- Bildung und Forschung,
- Messestadt,
- Verkehrsknotenpunkt.

Nutzt dazu das Internet (MK ***Eine Internetrecherche durchführen***). Präsentiert eure Ergebnisse vor der Klasse (**M 1** bis **M 4**).

Hier findest du zusätzliche Informationen und Links:

cornelsen.de/webcodes
Code: zerize

# Holzwirtschaft in Finnland

**M 1** *Wälder und Seen in Finnland*

**M 2** *Holztransport mit Flößen*

**check-it**
- geographische Lage Finnlands beschreiben
- Zusammenhang zwischen Lage, Klima und Vegetation erklären
- Arten der Waldnutzung erklären
- Verfahren der Holzverarbeitung erläutern
- Waldflächen und Arbeitsleistung vergleichen
- Schemaskizzen auswerten
- Auswirkungen moderner Holzwirtschaft beurteilen

Mehr als Dreiviertel der Fläche Finnlands ist bewaldet. Die Wälder aus Kiefern, Fichten und Birken werden als das „grüne Gold" Finnlands bezeichnet.
Das Klima im Norden Europas ist rau. Lange Winter und kurze Sommer lassen die Bäume in den finnischen Wäldern nur langsam wachsen. Die Qualität des Holzes ist daher besonders gut.

## Moderne Holzernte

Geerntet wird das Holz mit modernen Maschinen wie dem sogenannten Vollernter. Diese computergesteuerten Holzerntemaschinen erledigen in einem Arbeitsschritt das Fällen, Entasten, Schälen und Zerschneiden der Bäume. Gleichzeitig wird die gefällte Holzmenge vermessen und berechnet. Die Bäume werden hauptsächlich im Winter gefällt, wenn der Boden gefroren ist. Im Sommer ist der Boden weich und sumpfig. Dann würden die schweren Maschinen zu tief in den Boden einsinken und die Umwelt zu stark schädigen.

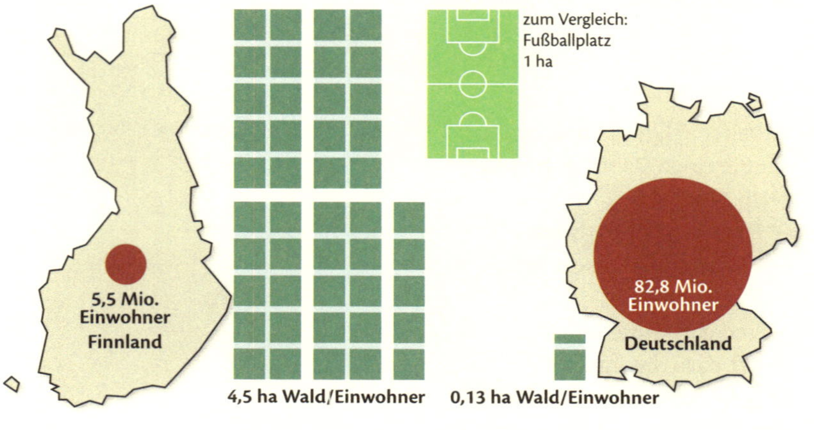


**M 3** *Waldfläche pro Einwohner in Finnland und in Deutschland*

## Vom Wald in die Fabrik

Zum Transport der gefällten Bäume werden neben Bahn und Lkw auch die vielen Seen und Flüsse genutzt. Nach dem Fällen werden die Bäume auf die zugefrorenen Gewässer gelegt. Nun muss nur noch auf den Frühling gewartet werden. Sobald das Eis getaut ist, werden große Flöße gebildet. Dazu werden die Baumstämme zusammengebunden und auf den Flüssen schwimmend in weiterverarbeitende Unternehmen zum Produzenten geschleppt. Dort wird das Holz zu hochwertigen Produkten wie Möbel, Baumaterialien, Papier oder Zellstoff weiterverarbeitet.

## Nachhaltige Forstwirtschaft

Das finnische Waldgesetz möchte den Waldreichtum erhalten und achtet auf eine nachhaltige Waldnutzung. Das bedeutet, dass nur so viele Bäume gefällt werden dürfen, wie nachwachsen können. Auch Holzabfälle werden in Finnland nicht einfach weggeworfen. Ein Großteil der benötigten Energie wird durch die Verbrennung von Spänen, Rinde und Holzabfällen gewonnen.

Mein Name ist Mikko. Ich lebe in Kemijärvi, einer finnischen Stadt nördlich des Polarkreises. Ich arbeite als Waldarbeiter. Für mich ist die Arbeit im Wald ein Traumberuf. Der Wald bedeutet uns Finnen sehr viel. Über die Hälfte des finnischen Waldes ist in Familienbesitz. Durch den Waldbesitz haben wir eine gute Arbeits- und Einkommensquelle. Das finnische Waldgesetz sieht vor, dass wir diesen Wald sorgsam bewirtschaften und pflegen. Wir dürfen Holz fällen und verkaufen, müssen dafür aber auch wieder neue Bäume pflanzen, damit der Wald nachwachsen kann.
Der Wald ist uns nicht nur aus wirtschaftlicher Sicht wichtig. Früher hing unser Überleben von den Produkten und Bewohnern des Waldes ab. Viele finnische Sagen und Märchen handeln vom Wald und den Wesen, die in ihm leben. Tapio, der Gott des Waldes, war uns Finnen einer der wichtigsten Götter.
Heute nutzen wir den Wald so oft wie möglich zur Erholung und um Sport zu treiben. Wir verbringen viel Zeit mit Wandern, Reiten, Skilanglaufen, Hundeschlittenfahren, Pilze- und Beerensammeln, Angeln und Jagen. Der Wald ist aus unserem Leben nicht wegzudenken.

**M 4** *Bericht eines Waldarbeiters*

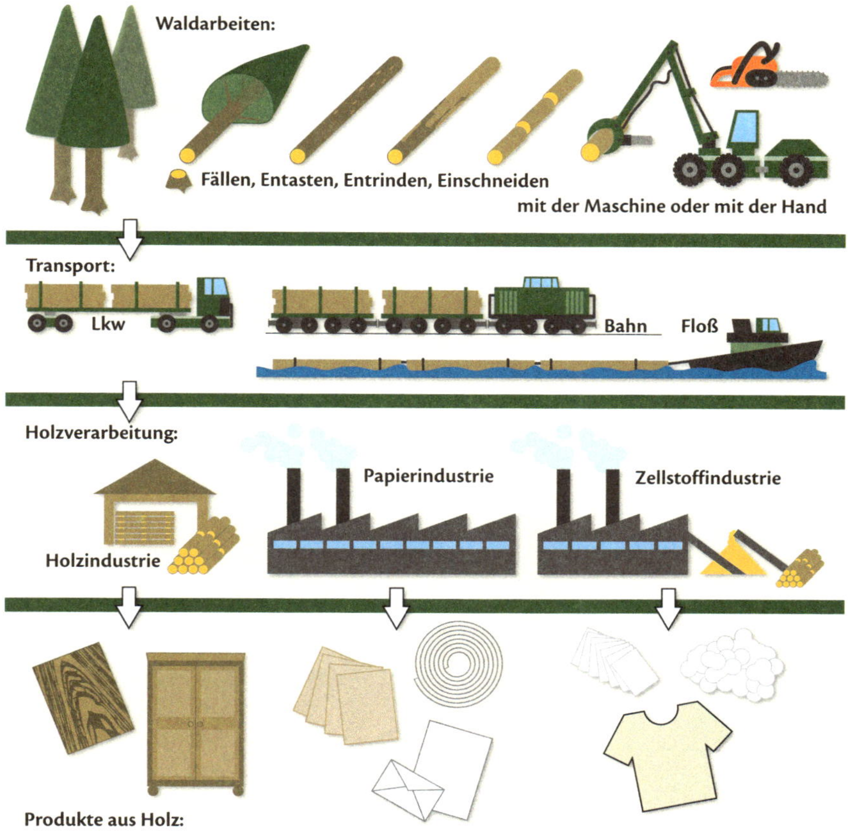


**M 5** *Der Weg des Holzes vom Wald zum Endprodukt*

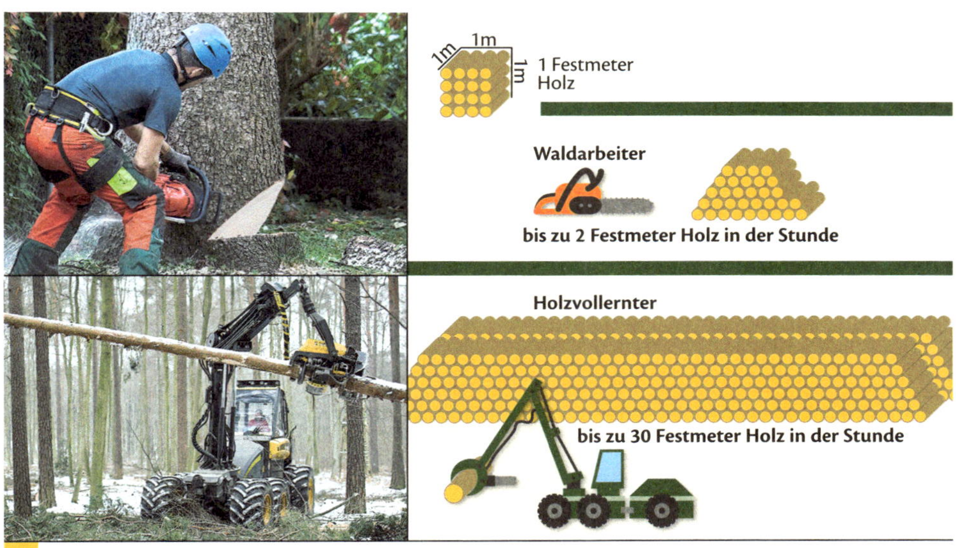


**M 6** *Arbeitsleistung eines Vollernters und eines Waldarbeiters*

1 Beschreibe die geographische Lage Finnlands in Europa (Karte S. 226/227, Atlas).
2 Erkläre den Einfluss der Lage und des Klimas auf die Vegetation Finnlands (**M 1,** S. 104 bis 107).
3 Vergleiche die Waldfläche pro Einwohner in Finnland und in Deutschland (**M 3**).
4 Benenne verschiedene Arten der Nutzung des Waldes (**M 4**).
5 Erläutere den Weg des Holzes aus den Wäldern Finnlands bis zum Verbraucher (**M 2, M 5**).
6 Vergleiche die Arbeitsleistung eines Vollernters mit der eines Waldarbeiters (**M 6**).
7 Beurteile, welche Auswirkungen der Einsatz von Vollerntern auf die Arbeitsplätze hat (**M 6**).

Hier findest du zusätzliche Informationen und Links:

cornelsen.de/webcodes
Code: payizi

# Europa baut ein Flugzeug – der Airbus

**M 1** *Start eines A380*

**check-it**
- geographische Lage der Produktionsstandorte in Europa beschreiben
- Probleme benennen
- europäische Zusammenarbeit beim Bau eines Airbus erläutern
- eine Internetrecherche durchführen
- thematische Karte und Bilder auswerten

## Flugzeuge aus Europa

Noch in den 1960er-Jahren wurden fast alle großen Flugzeuge in den USA hergestellt. Da die einzelnen Flugzeughersteller in Europa zu klein waren, um so große Flugzeuge bauen zu können, beschlossen sie, sich zu einem großen Unternehmen zusammenzuschließen.
1970 wurde „Airbus Industrie" als europäisches Großunternehmen gegründet. Es schlossen sich französische, spanische, britische und deutsche Flugzeughersteller zusammen. Seitdem baut Airbus verschiedene Großraumflugzeuge. Die meisten Flugzeuge von Airbus sind Passagierflugzeuge. Der „Beluga" (benannt nach einer großen Wal-Art) ist ein Frachtflugzeug von Airbus. Es wird auch oft zum Transport einzelner Flugzeugteile von einem Werk zum anderen eingesetzt.
Die Zusammenarbeit zwischen den europäischen Partnern war anfangs nicht problemlos. In jedem Land wurde eine andere Sprache gesprochen und es gab unterschiedliche Maße und Gewichte. Mittlerweile arbeiten 55 000 Menschen weltweit für Airbus. Weitere 100 000 Mitarbeiter sind in den mehr als 1500 Zulieferbetrieben beschäftigt.

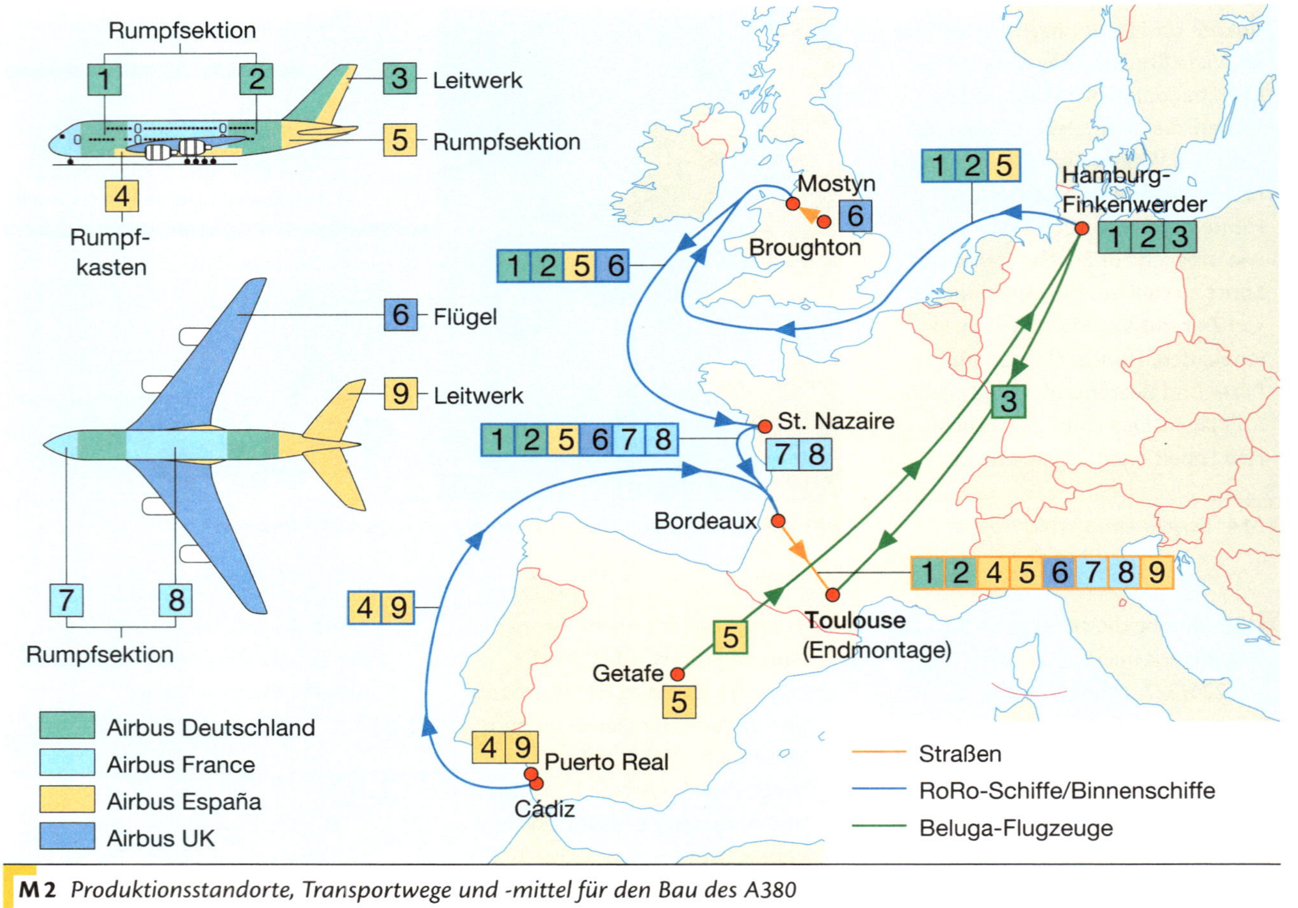


**M 2** *Produktionsstandorte, Transportwege und -mittel für den Bau des A380*

## Standorte von Airbus

Das Unternehmen hat seinen Hauptsitz in Toulouse in Frankreich. Hier finden auch die Boden- und Flugversuche statt. In Toulouse und in Hamburg erfolgen die Innenausstattung, Endmontage und Auslieferung der verschiedenen Flugzeugtypen.
Da die einzelnen Teile des Flugzeugs, die als „Sektionen" bezeichnet werden, nicht am gleichen Ort hergestellt werden, müssen die Flugzeugteile mitunter über weite Strecken transportiert werden.

## Werk Hamburg-Finkenwerder

In Hamburg-Finkenwerder, dem Hauptsitz von Airbus in Deutschland, musste für die großen A380-Flugzeuge die Start- und Landebahn verlängert werden. Dafür wurden zusätzliche Flächen im Dorf Neuenfelde benötigt. Gegen diesen **Flächenbedarf** protestierten Umweltschützer und Einwohner. Besonders die Obstbauern hatten große Sorge, dass sie ihr Land verlieren und ihren Beruf aufgeben müssten. Es dauerte sehr lange, bis sich Airbus, die Stadt Hamburg und die Obstbauern einigten.

1 Beschreibe die Lage der Airbus-Standorte in Europa (**M 2**, **M 5**, Karte S. 226/227).
2 Erläutere die europäische Zusammenarbeit beim Bau eines Airbus (**M 2** bis **M 4**).
3 Benenne Probleme, die durch den Ausbau des Airbus-Werkes in Hamburg-Finkenwerder entstanden sind (**M 4**, ***Eine Internetrecherche durchführen***).
4 Für den A380 mussten viele Start- und Landebahnen verlängert werden. Erläutere die Probleme, die dabei auftreten können.

Hier findest du zusätzliche Informationen und Links:

cornelsen.de/webcodes
Code: qeyigi

**M 3** *Verschiffung von Baugruppen auf ein Frachtschiff in Hamburg*

**M 4** *Verladen einer Tragfläche in ein BelugaXL-Transportflugzeug*

| Airbus-Werk/Standort | Land | Mitarbeiter (2016) |
|---|---|---|
| Blagnac/Toulouse | Frankreich | 22 290 |
| Bremen | Deutschland | 3 435 |
| Broughton | Großbritannien | 5 520 |
| Buxtehude | Deutschland | 375 |
| Filton | Großbritannien | 2 900 |
| Getafe/Madrid | Spanien | 3 790 |
| Hamburg | Deutschland | 13 060 |
| Illescas | Spanien | 660 |
| Madrid | Spanien | 670 |
| Méaulte | Frankreich | 1 455 |
| Nantes | Frankreich | 2 340 |
| Puerto Real/Cádiz | Spanien | 480 |
| Puerto de Santa Maria/Cádiz | Spanien | 347 |
| St. Nazaire | Frankreich | 3 280 |
| Stade | Deutschland | 1 870 |
| Sevilla | Spanien | 2 340 |

**M 5** *Ausgewählte Standorte von Airbus*

# Wir gestalten eine Europakarte – Autos aus Europa

M 1 *Autotransport in Europa*

## Erstellen einer Europakarte

Für die Anfertigung der Wandkarte zu Europa benötigt ihr das in **M 2** aufgelistete Material. Klebt einen ausgewählten Bereich der Klassenzimmerwand mit Papier von der Rolle ab. Projiziert nun eine stumme Europakarte auf das Papier. Legt die Ränder der europäischen Länder mit Wollfäden nach und pinnt oder klebt diese Ränder fest. Jedes Land kann eine eigene Farbe erhalten. Nun könnt ihr die Länder mit allen Informationen ergänzen, die ihr herausgefunden habt.
Eine andere Möglichkeit: Ihr projiziert die stumme Europakarte auf das Papier an der Wand und malt die Umrisse der Länder mit einem Filzstift nach.
Sucht zusammen eine passende Überschrift für eure Karte.

## Wer stellt die Autos her?

In Europa hat alles angefangen. Der erste „Motorwagen" kam 1886 aus Deutschland. Seither hat sich viel verändert. Heute fahren weltweit auf den Straßen und Pisten über 600 Millionen Autos. Allein in Deutschland sind über 47 Millionen Autos zugelassen, davon in Nordrhein-Westfalen etwa zehn Millionen.
Auf den Straßen begegnen uns viele Automarken. Die Autofirmen in Europa entwickeln die Fahrzeuge und produzieren sie zum Teil auch hier. Die Autos werden dann in dem Land, in dem sie hergestellt werden, verkauft oder in ein anderes Land ausgeführt. Oft lassen die Unternehmen ihre Autos auch in dem Land herstellen, in dem sie verkauft werden sollen. Ausländische Automobilhersteller machen es ähnlich. Sie produzieren ihre Autos in Europa.
Ihr wollt nun feststellen, in welchen Ländern Europas Autos hergestellt werden. Überlegt euch, ob ihr nur europäische Autohersteller erfassen wollt oder auch die Automarken von ausländischen Herstellern in Europa.
Teilt eure Klasse in Gruppen auf. Ihr könnt die Klasse nach Herstellerländern oder nach Automarken aufteilen.

## Tipps zur Informationsbeschaffung

- Stellt fest, welche Autos an eurer Schule vorbeifahren. Unterscheidet zwischen Autos, die eurer Meinung nach in Europa oder außerhalb Europas hergestellt werden.
- Schaut in den Atlaskarten S. 226/227 nach, in welchen Ländern Europas Autos hergestellt werden.
- Informiert euch im Internet über Automarken.

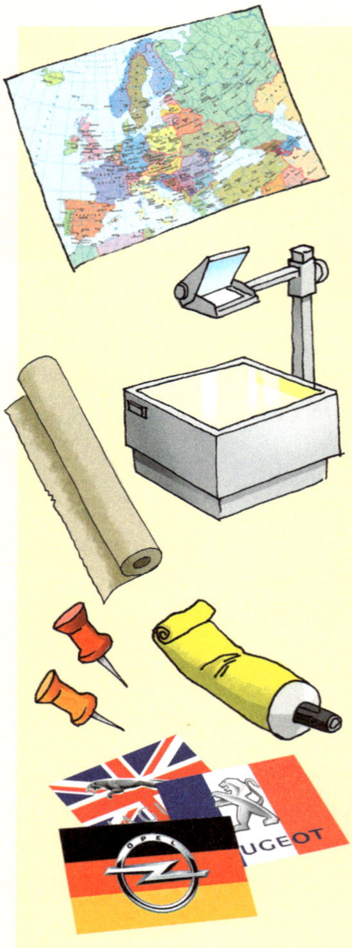


- Folie mit stummer Europakarte
- Tageslichtprojektor
- Wandfläche, die mit Papierrolle verkleidet ist
- Wolle oder Paketband
- Schere
- Pinns zum Feststecken der Länderumrisse
- Länderflaggen (ausgedruckt oder selbst gemalt)
- Abbildungen von Automarken
- Klebstoff
- Plakat mit einer Überschrift für die Wandzeitung

M 2 *Materialliste für die Europakarte*

**M 3** *Wandkarte: Autos aus Europa (mit einigen Vorschlägen)*

**Ihr könnt**
eure Wandkarte der Parallelklasse präsentieren,
einen Projekttag durchführen zum Thema „Wir zählen Autos in der Stadt“, „Wir erkunden unseren Schulweg“,
ein eigenes Autolexikon anlegen,
einen Besuch in einer Autowerkstatt organisieren.

Hier findest du zusätzliche Informationen und Links:

cornelsen.de/webcodes
Code: qozeku

**M 4** *Automarken europäischer Firmen*

# Geo-Check: Industrie- und Dienstleistungsstandorte beschreiben

| |
|---|
| Transportmittel, mit dem Güter auf der Straße transportiert werden |
| Englisches Wort für „Hochtechnologie" |
| Stadt mit dem größten Seehafen Deutschlands |
| Baumart aus finnischen Wäldern |
| Art des Umschlags im Hamburger Hafen |
| Tätigkeitsfeld im primären Sektor |
| Bodenschatz im Ruhrgebiet |
| Tätigkeitsfeld im tertiären Sektor |
| Ort, an dem das Roheisen aus dem Eisenerz herausgeschmolzen wird |
| Tätigkeit des tertiären Sektors |
| Name des Flugzeuges, das in Europa produziert wird |
| Art des Holztransports in Finnland |
| Messestadt in Sachsen |
| Tätigkeitsfeld im sekundären Sektor |
| Behälter, mit dem Güter transportiert werden |
| Amerikanische Autofirma mit Sitz in Köln |
| Ausgangsprodukt bei der Stahlherstellung |

**! Hinweis:** Bitte nicht in das Buch schreiben

**M 1** *Rätsel zu Industrie und Dienstleistungen (Umlaute = 1 Buchstabe)*

## Sich orientieren

**1** Zeichne das Gitternetz in dein Heft und trage die entsprechenden Begriffe ein. Das Lösungswort in den markierten Feldern, von oben nach unten gelesen, ergibt einen wichtigen Wirtschaftszweig.

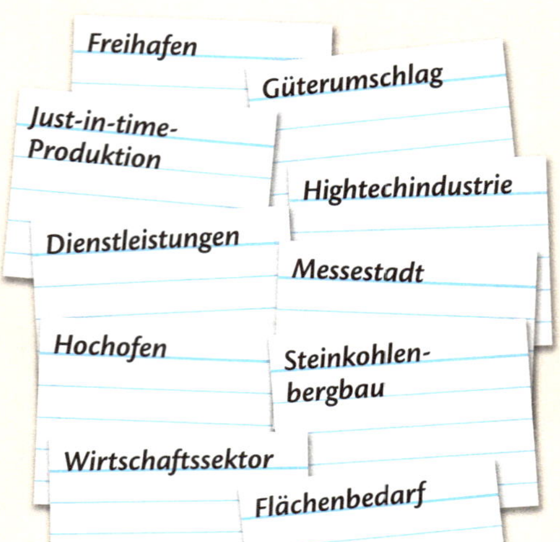


**M 2** *Geo-Begriffestapel*

## Wissen und verstehen

**2** Ordne jedem dieser Begriffe (**M 2**) mindestens zwei Merkmale zu.

**3** Sortiere die Aussagen in richtige und falsche. Verbessere die falschen Aussagen und schreibe sie richtig auf.

### Richtig oder falsch?

- Leipzig ist bekannt für seinen großen Hafen.
- Die Hightechindustrie beschäftigt sich mit den neuesten Technologien aus der Automobilbranche, Medizintechnik und Luft- und Raumfahrt.
- Das Ruhrgebiet ist heute vom intensiven Steinkohlebergbau und von Metallindustrien geprägt.
- Die Just-in-time-Produktion ist vor allem beim Bergbau und in der Holzindustrie sehr wichtig.
- In Freihäfen ist der Umschlag von Import- und Transitgütern besonders teuer.
- Das Holz in Finnland wird mit modernen Maschinen, sogenannten Vollerntern, geerntet.
- Bei Airbus in Toulouse werden alle Teile des Flugzeugs produziert und zusammengesetzt.

**4** Suche für **M 3** bis **M 8** die richtigen Überschriften aus und ordne diese den Bildern zu.

**Verkehr** **Medien** **Banken**

**Bildung** **Medizin** **Architektur**

**5** Beschreibe die Art der Dienstleistung, die dargestellt ist. Erstelle dazu einen kurzen „Wirtschaftsbericht".

**M 3**

**M 4**

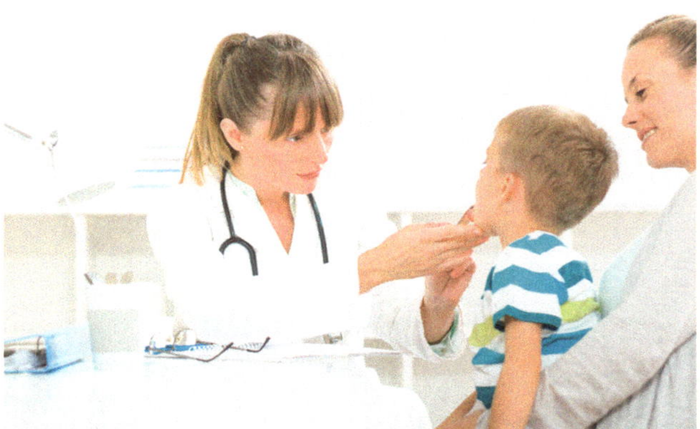

**M 5**

**M 6**

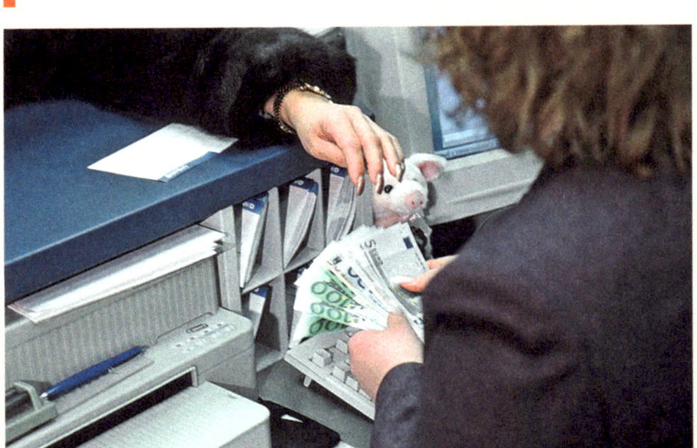

**M 7**

**M 8**

Hier findest du das Rätselschema zum Downloaden:

cornelsen.de/webcodes
Code: wuzunu

# 7 Tourismus und seine Folgen erläutern

**M 9** *Industriekarte Rheinland-Pfalz und Saarland*

## Können und anwenden

**6** Erläutere, was eine Industriekarte darstellt (**M 9**).

**7** Wiederhole die Schrittfolge, die du beim Lesen einer Industriekarte beachten musst (S. 152).

**8** Wähle ein Industriegebiet aus, z. B. Koblenz/Neuwied, Mainz, Ludwigshafen oder Trier. Stelle die Informationen aus der Karte zu dem gewählten Industriegebiet dar (**M 9**).

## Sich verständigen, beurteilen und handeln

**9** Bereits im 18. Jahrhundert formulierte der Berghauptmann Hans Carl von Carlowitz, dass der Abbau von Holz sowohl beständig als auch nachhaltig sein muss. Erörtere diese Aussage und stelle dar, welche Folgen der Holzanbau und -abbau in Finnland haben könnte (**M 10**).

**M 10** *Holzwirtschaft in Finnland*

# Tourismusgebiete Europas

Alpen: Physische Karte

**Orte**

- über 1 000 000 Einwohner
- 500 000 – 1 000 000 Einwohner
- 100 000 – 500 000 Einwohner
- 50 000 – 100 000 Einwohner
- unter 50 000 Einwohner

- Kanal
- Stausee
- Gletscher
- •2312 Höhenzahl

**Landhöhen**

0 100 200 500 1000 2000 3000 m

Urlaubsregion Alpen

- Bedeutender Fremdenverkehrsort im Alpenraum
- Pass
- Eisenbahn
- Eisenbahntunnel
- Autobahn und andere Fernverkehrsstraße
- Straßentunnel
- Staatsgrenze

## Sommer, Sonne, Urlaubszeit – wo verbringen wir unsere Ferien?

Badeurlaub an der Nordsee oder am Mittelmeer? Zum Skifahren oder Wandern in die Alpen? Wie wäre es mit einer Radtour? Überall dort, wo wir unsere Ferien verbringen, verändern sich Orte und Landschaften – eine Chance oder Gefahr für die Tourismusgebiete?

**In diesem Kapitel lernst du**
- die Lage von Reisezielen und -gebieten in Europa zu beschreiben,
- Besonderheiten des Tourismus in verschiedenen Reisegebieten zu erläutern,
- Merkmale der Begriffe Badetourismus, Massentourismus und umweltfreundliches Reisen zu benennen,
- Radfahren als eine Form umweltfreundlichen Reisens kennen,
- die wirtschaftliche Bedeutung und Folgen des Tourismus zu erläutern.

**Dazu nutzt du**
- physische und thematische Karten,
- Bilder,
- das Internet,
- digitale Anwendungen,
- Klimadiagramme und
- Diagramme.

**Du beurteilst**
- Massentourismus und andere Formen des Reisens bezüglich ihrer Einflüsse auf die Umwelt.

Hier findest du alle Darstellungstexte zum Anhören:

cornelsen.de/webcodes
Code: zogoko

*Blick auf Benidorm an der Costa Blanca, Spanien*

# Die Alpen – ein attraktiver Erholungsraum

**M 1** *In den Alpen bei Grindelwald*

**check-it**

- geographische Lage Grindelwalds beschreiben
- Sommer- und Wintertourismus unterscheiden
- Veränderungen durch Tourismus erläutern
- Panoramabild auswerten
- eine Internetrecherche durchführen
- eine Mindmap erstellen
- Urlaub in den Alpen planen

## Urlaub in den Alpen

Grindelwald ist einer der ältesten Ferienorte in den Berner Alpen. Hierher kommen sowohl im Sommer als auch im Winter zur **Erholung** Touristen aus der ganzen Welt. Der **Tourismus** ist heute die wichtigste Erwerbsquelle für die Bevölkerung. Grindelwald hat 4079 Einwohner (2019). In der Hauptreisezeit im Sommer und Winter übernachten pro Tag etwa 11 000 Touristen in diesem Ort. Da die Alpen von vielen großen Städten aus schnell erreicht

**M 2** *Panoramabild von Grindelwald im Winter*

werden können, kommen zu den Übernachtungsgästen in Grindelwald noch einmal 5000 bis 6000 Tagestouristen hinzu. Die Gemeinde muss für diese vielen Menschen Parkplätze, Straßen und Wege sowie Freizeiteinrichtungen zur Verfügung stellen.

## Veränderungen durch Tourismus

In den letzten 50 Jahren ist aus dem Alpendorf Grindelwald, das hauptsächlich aus verstreut auseinander liegenden Bergbauernhöfen bestand, ein Ort mit einem städtischen Zentrum geworden. Dort sind viele Geschäfte, Hotels und Restaurants zur Versorgung der Touristen entstanden.

Die ehemaligen Bergbauern arbeiten heute meistens im Tourismus oder im Baugewerbe, denn es entstehen noch immer neue Gebäude, aber auch Straßen, Parkplätze, Bergbahnen und Eisenbahnstrecken.

| | 2008 | 2010 | 2012 | 2014 | 2016 | 2017 |
|---|---|---|---|---|---|---|
| Hotels | 474 988 | 454 169 | 432 897 | 487 465 | 485 455 | 527 536 |
| Ferienwohnungen | 446 443 | 426 034 | 518 101 | 539 177 | 567 928 | 560 590 |
| Camping | 30 795 | 30 642 | 30 572 | 29 266 | 29 037 | 32 445 |
| Berghäuser, Herbergen, Ferienheime | 108 143 | 119 942 | 103 698 | 92 667 | 88 256 | 90 268 |
| **Gesamttotal** | **1 060 369** | **1 030 787** | **1 085 268** | **1 148 575** | **1 170 676** | **1 210 839** |

*Quelle: Grindelwald Tourismus: Jahresbericht 2017, S. 24*

**M 3** *Entwicklung der Übernachtungszahlen in Grindelwald*

1 Beschreibe die geographische Lage Grindelwalds sowie der Berner Alpen und benenne die drei höchsten Berge, die du im Sommer-Panoramabild findest (**M 4**, Karte S. 167 unten, Atlas).

2 Bildet zwei Gruppen: die Sommer- und die Wintertouristen. Erstellt jeweils eine Mindmap, was man in Grindelwald unternehmen kann (**M 1, M 2, M 4,** ***Eine Mindmap erstellen***).

3 Vergleiche die Übernachtungszahlen und beschreibe die Veränderungen von 2008 bis 2017 (**M 3**).

4 Plane eine Urlaubsreise in einen Alpenort. Nutze das Internet und sammle Ideen für deinen Aufenthalt. Begründe, warum du lieber im Sommer oder im Winter reisen möchtest (**M 1, M 2, M 4,** ***Eine Internetrecherche durchführen,*** ***Ideen sammeln***).

Hier findest du zusätzliche Informationen und Links:

cornelsen.de/webcodes
Code: cavinu

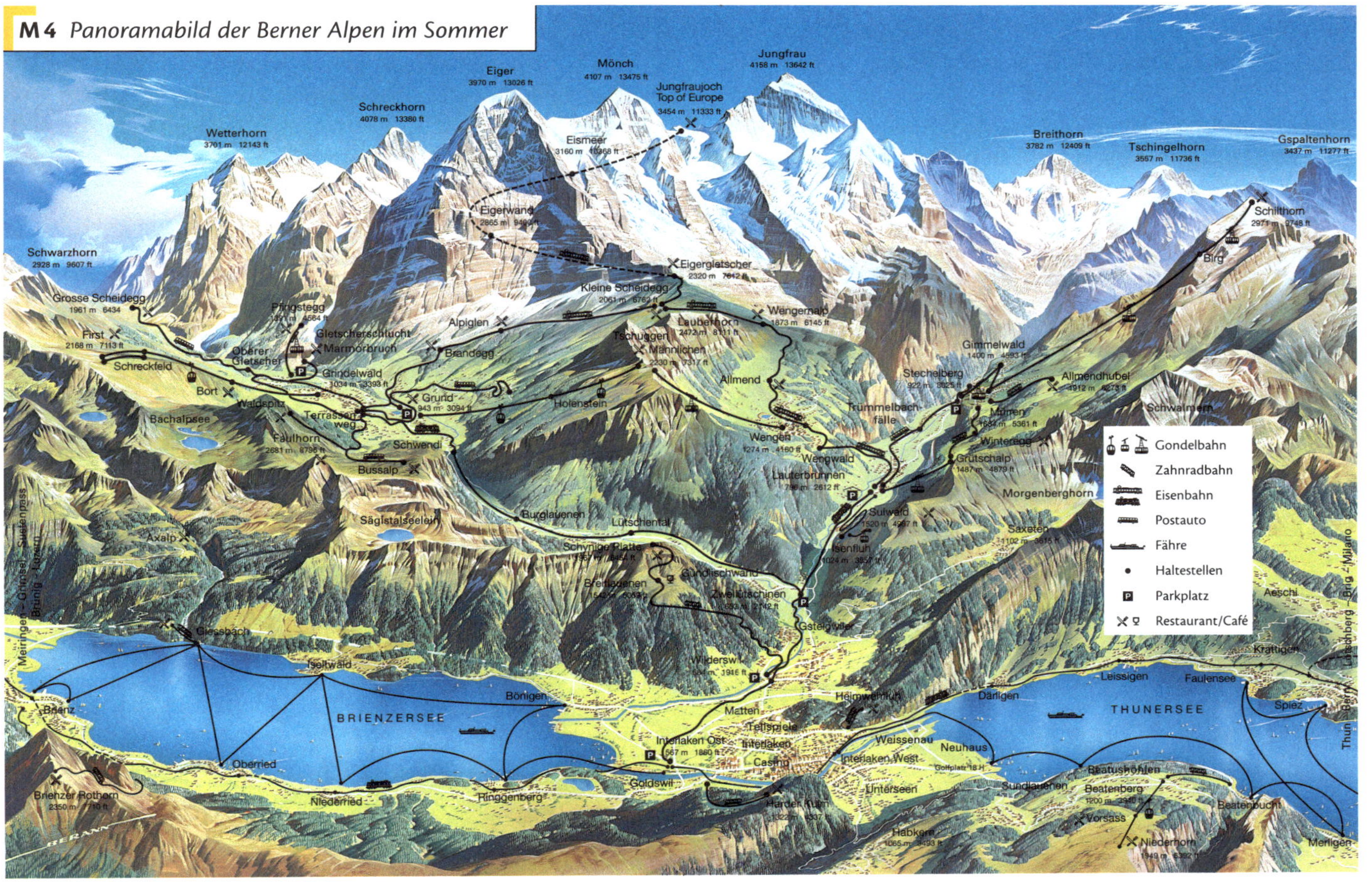

**M 4** *Panoramabild der Berner Alpen im Sommer*

# Tourismus in den Alpen – Chance oder Gefahr?

**M 1** *Die Alpenregion vor 50 Jahren und heute*

**check-it**
- räumliche Auswirkungen des Tourismus erläutern
- Folgen des Massentourismus in den Alpen beschreiben
- wirtschaftliche Bedeutung des Alpentourismus erläutern
- eine Mindmap erstellen
- zu Chancen und Gefahren durch den Tourismus Stellung nehmen

## Tourismus schafft Wohlstand

In der Winter- und Sommersaison kommen jedes Jahr Hunderttausende Urlauber in die Alpen. Deshalb haben sich die Ferienorte in hohem Maße auf Touristen eingestellt. Die meisten Einwohner sind mit der Betreuung der Urlauber beschäftigt – sei es als Skilehrer, Bergführer, Hotelangestellte oder als Verkäufer in den Geschäften.

Der Tourismus ist für die Alpenorte und deren Bewohner eine wichtige Einnahmequelle geworden. Neun von zehn Arbeitsplätzen hängen heute vom Tourismus ab. Für Jugendliche stehen in ihren Heimatgemeinden viele Berufsmöglichkeiten offen, die es ansonsten nur in der Stadt gibt. Ohne den Tourismus müssten sie ihr Dorf verlassen und anderswo eine Arbeit suchen.

## Tourismus schafft Probleme

Mit der Entwicklung des Tourismus hat sich die Bebauung in den Orten der Alpen stark verändert. Für den **Massentourismus** müssen immer mehr Straßen, Hotels, Freizeiteinrichtungen und Bergbahnen gebaut werden. Selbst die Gebirgsregionen bis in Höhen von 3000 Metern werden touristisch erschlossen. Zur Anlage von Bergbahnen,

**Schüler interviewen den Bergführer Marco B. aus Grindelwald:**
**Marco B.:** Viele Touristen suchen neben dem Naturerlebnis den sportlichen Kick! Dabei denken sie nicht daran, dass man sich in den Bergen so verhalten sollte, dass die Natur geschont wird.
**Schüler:** Was kann man für die Umwelt tun?
**Marco B.:** Zunächst einmal: Bleibt auf den Wegen bzw. Pisten, im Sommer wie im Winter.
**Schüler:** Aber Mountainbikefahren macht doch querfeldein erst richtig Spaß!
**Marco B.:** Jeder Tourist abseits der Wege stört die Tiere und schädigt die Pflanzen. Und außerdem ist es gefährlich. Mountainbikes reißen zudem tiefe Furchen in den Boden. Die Alpengemeinden haben nicht ohne Grund viel Geld für Wander- und Mountainbikewege ausgegeben. Man kann Spaß haben und trotzdem die Umwelt schonen. Jeder Feriengast sollte auch einmal überprüfen, was er von einem Bergurlaub erwartet. Das gilt übrigens auch für Sportarten wie Rafting, Eisklettern usw.
Ich weiß, junge Leute suchen die Herausforderung – aber das sollte nicht auf Kosten der Umwelt geschehen.

**M 2** *Umweltverträglicher Urlaub in den Alpen – aber wie?*

**M 3** *Die Gemeinde Grindelwald plant einen umweltverträglichen Tourismus*

Skiliften und Pisten wurden große Teile des Waldes oberhalb der Orte gerodet. Die Abgase der vielen Autos schädigen die **Umwelt**, besonders den **Bergwald.** Dieser Nadelwald an den Hängen bildet den wirksamsten Schutz vor **Lawinen** (an den Gebirgshängen abrutschenden Schneemassen) oder Muren (Schlammlawinen). Jahrhundertelang war es deshalb streng verboten, diesen **Bannwald,** der Häuser und Verkehrswege im Tal schützt, abzuholzen.

1 Erläutere die Veränderungen in der Alpengemeinde in den letzten 50 Jahren (**M 1**).

2 Stelle Nutzen und Nachteile des Tourismus in einer Tabelle gegenüber (**M 1, M 2**).

3 „Der Bergwald ist ein Schutzwald." Erläutere diese Aussage (**M 1**).

4 Bildet Gruppen und sammelt Vorschläge, wie man die Planungen der Gemeinde Grindelwald in Taten umsetzen könnte. Beratet eure Vorschläge in einer „Gemeinderatssitzung" (**M 3**).

5 Tourismus – Chance oder Gefahr? Nimm zu dieser Frage Stellung und gestalte dazu eine digitale Pinnwand (MK ***Ideen sammeln***).

Hier findest du zusätzliche Informationen und Links:

cornelsen.de/webcodes
Code: ruvana

# Naherholung in der Eifel

**M 1** *Boote auf dem Rurstausee*

**check-it**
- geographische Lage der Eifel beschreiben
- Merkmale von Naherholung nennen
- Freizeitangebote in der Eifel beschreiben
- Vor- und Nachteile der Eifel als Naherholungsgebiet benennen
- eine Internetrecherche durchführen
- eine Mindmap erstellen
- Entfernungen messen

## Reiseziele ganz nah

Wandern auf dem Rothaarsteig, Radtouren entlang der Ruhr, baden im Halterner Stausee oder surfen auf der Xantener Südsee – Nordrhein-Westfalen hat vielfältige und attraktive Angebote für die Freizeitgestaltung.
Ein **Naherholungsgebiet** sollte in ein bis höchstens drei Stunden Fahrt erreichbar sein, denn die Besucher verbringen dort nur kurze Zeit. Die Aufenthaltsdauer liegt oft zwischen ein paar Stunden und einem Wochenende.

## Angebote für Touristen

Beliebt bei Touristen ist die Eifel wegen ihrer ausgedehnten Waldgebiete, der vielen Seen und Burgen. Neben der **Landschaft** mit ihrer Tier- und Pflanzenwelt sind es die kleinen Dörfer und Städte mit vielen Fachwerkbauten, die die Touristen anlocken. Besonders beliebt bei Touristen ist die Rennstrecke des Nürburgrings sowie der Nationalpark Eifel. Dort können die Besucher während geführter Wanderungen mit einem Nationalpark-Ranger viel über die Natur der Eifel erfahren.

**M 2** *Wildnispfad im Nationalpark Eifel mit Modellen einheimischer Pilze*

## Reisen im Einklang mit der Natur

Naherholung ist häufig eine Form des **sanften Tourismus.** Das bedeutet, dass die Besucher die Natur und die Kultur des Urlaubsortes erleben, aber möglichst wenig schädigen. Das beginnt schon bei der Anreise mit öffentlichen Verkehrsmitteln wie Bus oder Bahn. Der Urlaubsort und seine Umgebung können ganz ohne Auto zum Beispiel bei Wanderungen und Radtouren erkundet werden, um der Natur möglichst wenig zu schaden.

1 Beschreibe die geographische Lage der Eifel (Karte S. 220, Atlas).
2 Nenne Merkmale von Naherholung und beschreibe ein Naherholungsgebiet in der Nähe deines Heimatortes (**M 1** bis **M 3**, Karte S. 220, ***Eine Internetrecherche durchführen***).
3 Miss jeweils die Entfernung (Luftlinie) von Aachen, Köln, Bonn und Euskirchen nach Hellenthal in der Eifel. Begründe, ob für diese Städte die Eifel ein Naherholungsgebiet ist (Karten S. 220 und 221).
4 Beschreibe die Freizeitmöglichkeiten in der Eifel mithilfe einer Mindmap (**M 1** bis **M 3**, ***Eine Mindmap erstellen***).
5 Erstelle eine Tabelle mit Gründen für und gegen einen Wochenendausflug in die Eifel (**M 3**).
6 Begründe, ob du einen Ausflug in die Eifel unternehmen würdest.

Hier findest du zusätzliche Informationen und Links:

cornelsen.de/webcodes
Code: waruto

**M 3** *Gedanken zur Naherholung in der Eifel*

# Wir planen eine Radtour in Nordrhein-Westfalen

**M 1** *Mit der Fahrradfähre über die Lippe bei Haltern*

## Mit dem Fahrrad umweltfreundlich reisen

Einmal ganz ohne Flugzeug oder Auto in den Urlaub? – Da ist eine Fahrradtour eine gute Idee. Fahrradfahren macht nicht nur Spaß und ist gesund durch die Bewegung an der frischen Luft – es ist auch eine Möglichkeit, umweltfreundlich zu reisen.

RÖMER LIPPE ROUTE
GESCHICHTE IM FLUSS

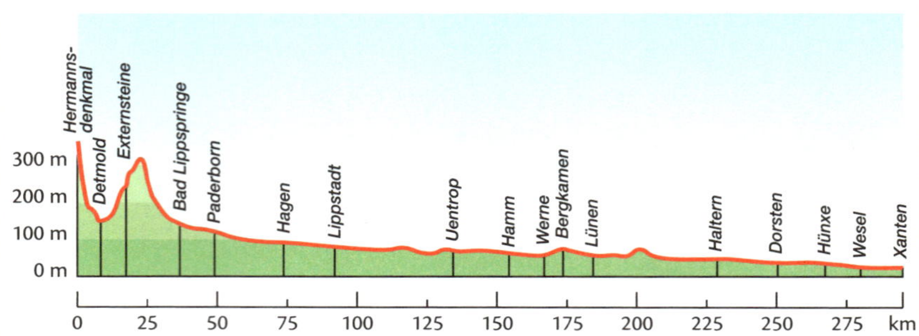


**M 2** *Höhenprofil der Römer-Lippe-Route*

| Kurzinformation | |
|---|---|
| Länge | Hauptroute: 295 km<br>thematische Wegeschleifen zu Römern und Wasser: 154 km |
| Verlauf | Flussradweg entlang der Lippe |
| geeignet für | - Touren- und Trekkingräder<br>- Familien |
| besondere Merkmale | - kaum Steigungen<br>- vorwiegend autofrei<br>- landschaftlich reizvoll<br>- kulturelle Sehenswürdigkeiten |

**M 3** *Steckbrief der Römer-Lippe-Route*

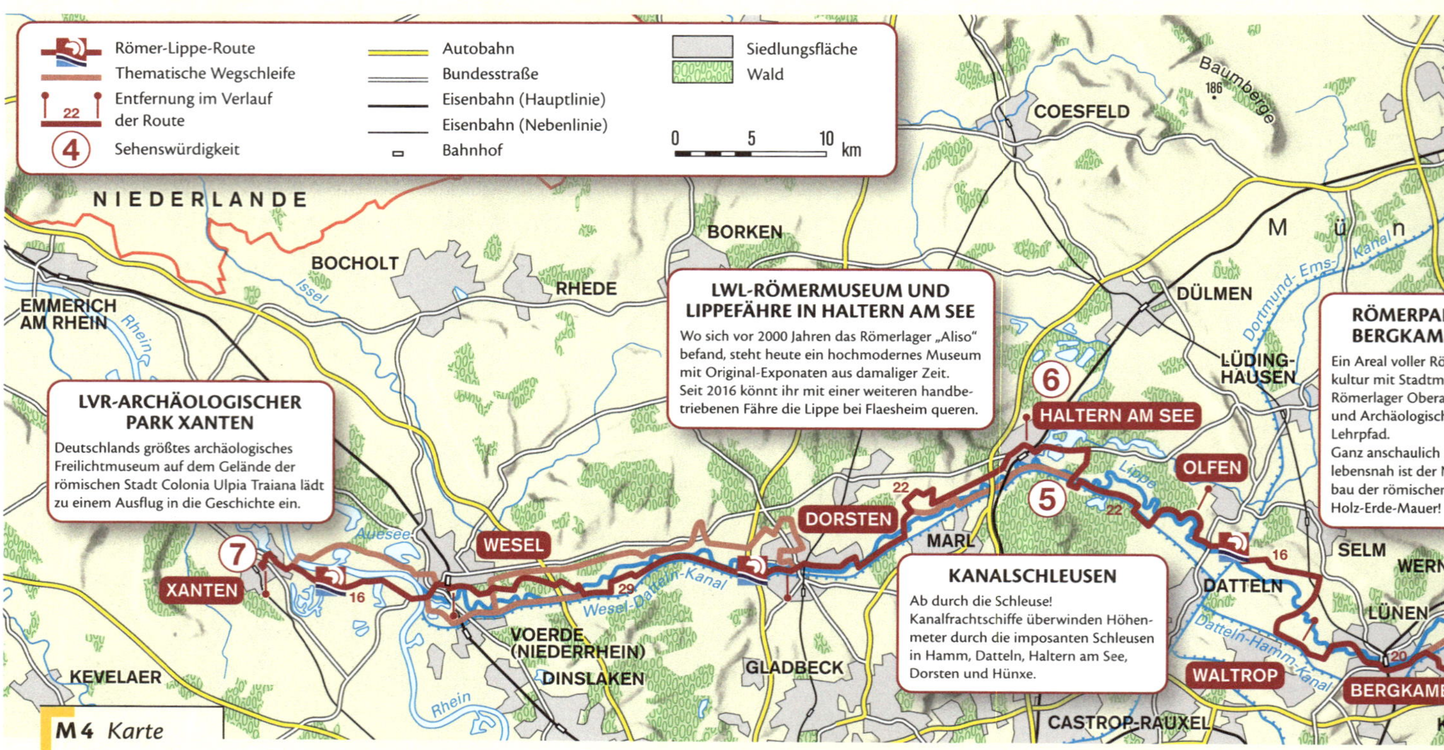


**M 4** *Karte*

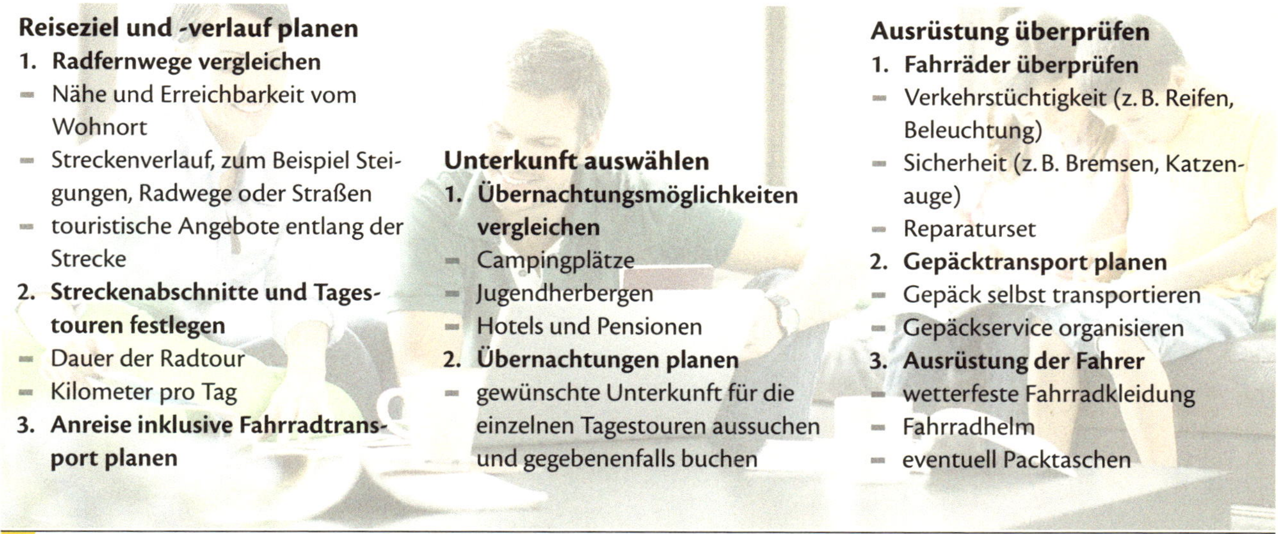

### Reiseziel und -verlauf planen

1. **Radfernwege vergleichen**
- Nähe und Erreichbarkeit vom Wohnort
- Streckenverlauf, zum Beispiel Steigungen, Radwege oder Straßen
- touristische Angebote entlang der Strecke

2. **Streckenabschnitte und Tagestouren festlegen**
- Dauer der Radtour
- Kilometer pro Tag

3. **Anreise inklusive Fahrradtransport planen**

### Unterkunft auswählen

1. **Übernachtungsmöglichkeiten vergleichen**
- Campingplätze
- Jugendherbergen
- Hotels und Pensionen

2. **Übernachtungen planen**
- gewünschte Unterkunft für die einzelnen Tagestouren aussuchen und gegebenenfalls buchen

### Ausrüstung überprüfen

1. **Fahrräder überprüfen**
- Verkehrstüchtigkeit (z. B. Reifen, Beleuchtung)
- Sicherheit (z. B. Bremsen, Katzenauge)
- Reparaturset

2. **Gepäcktransport planen**
- Gepäck selbst transportieren
- Gepäckservice organisieren

3. **Ausrüstung der Fahrer**
- wetterfeste Fahrradkleidung
- Fahrradhelm
- eventuell Packtaschen

**M 5** *Planung der Radtour – der Familienrat tagt*

## Mit dem Fahrrad in Nordrhein-Westfalen unterwegs

Um weite Anfahrtswege zu vermeiden, bietet sich eine Fahrradtour im eigenen Bundesland an. Nordrhein-Westfalen besitzt ein mehr als 14 000 Kilometer langes Radwegenetz. Die Radwege verlaufen entlang von Flüssen, überqueren die Mittelgebirge oder verbinden Städte. Je nach Steigung und Länge eignen sie sich eher für Familien oder sportliche Radfahrer. Alle Radfernwege sind durchgehend beschildert und gut ausgebaut. Da ist es gar nicht so leicht, sich für eine Route zu entscheiden.

Hier findest du zusätzliche Informationen und Links:

cornelsen.de/webcodes
Code: kiyoyi

## Ihr könnt

- Gruppen bilden und euch jeweils über einen der Radfernwege in Nordrhein-Westfalen informieren ( ***Eine Internetrecherche durchführen***),
- Übernachtungsmöglichkeiten und touristische Attraktionen entlang des Radfernwegs auf einer digitalen Pinnwand auflisten ( ***Eine Internetrecherche durchführen***, ***Ideen sammeln***),
- jeweils ein Kurzvideo zu „eurem" Radfernweg erstellen und dieses der Klasse vorführen (**M 1, M 2, M 3, M 4**, ***Audio- und Videobearbeitung***),
- die einzelnen Kurzvideos zu einem Radfernwege-Führer zusammenfassen,
- Informationen sammeln über Radwege im Umkreis des Schulortes und eine Tagestour planen ( ***Eine Internetrecherche durchführen***).

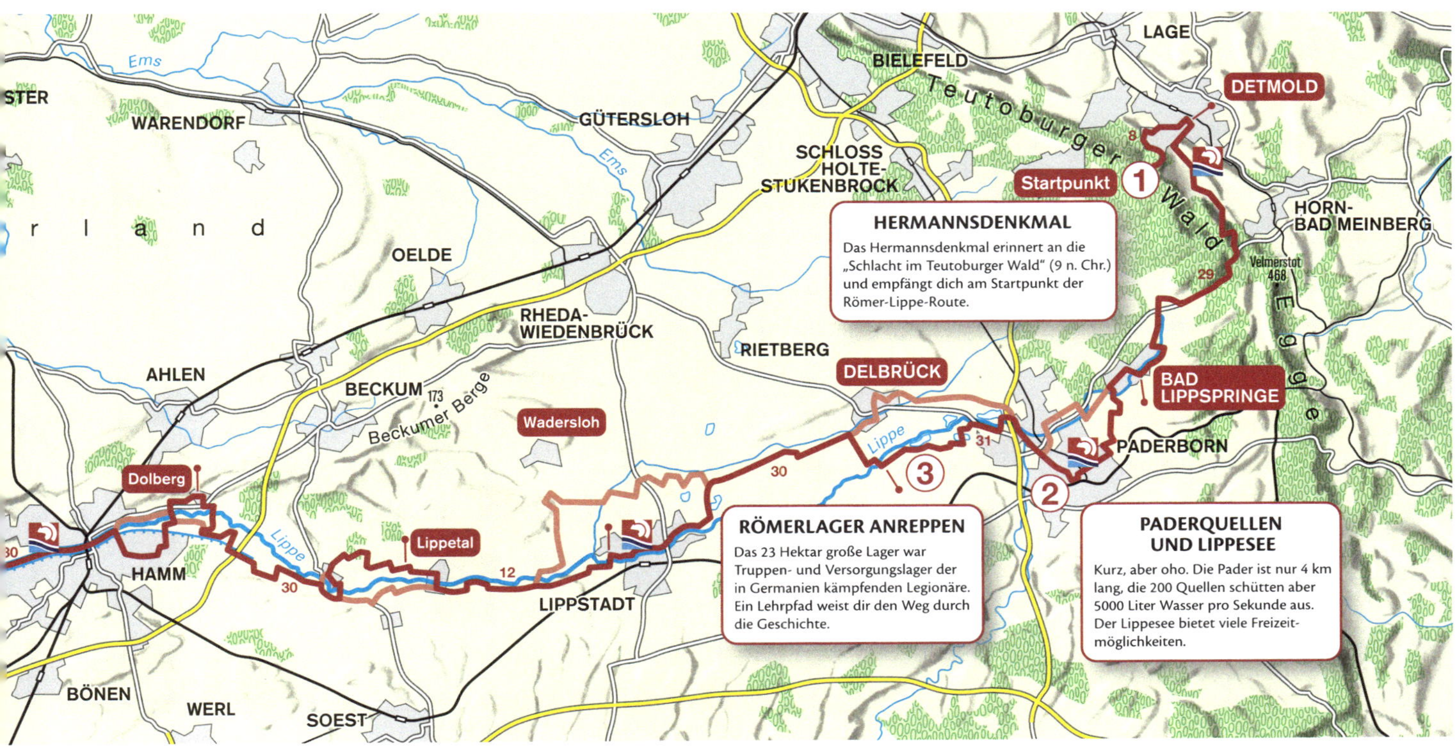

# Urlaub auf Wangerooge

M 1 *Wattwanderung in der Nordsee*

M 2 *Fahrradtour über die Insel*

**check-it**
- geographische Lage Wangerooges beschreiben
- Freizeitaktivitäten auf Wangerooge nennen
- Hauptsaison und Nebensaison vergleichen
- Ortsplan von Wangerooge lesen

## Urlaub auf Wangerooge

Der weite Badestrand vor der Strandpromenade lockt viele Urlauber in den Sommermonaten, der Hauptsaison, nach Wangerooge. Man kann hier in der Sonne liegen und träumen, aber auch auf gemieteten Fahrrädern die Insel erkunden. Viele Gäste entscheiden sich für eine interessante Wattwanderung. Ein ortskundiger Führer erzählt dabei viel über die Pflanzen und Tiere sowie andere Besonderheiten des Wattenmeeres. Auf die Gefahren durch die Gezeiten (vergleiche S. 42/43) weist er immer wieder besonders hin.

## Badevergnügen in der Nordsee

Viele Urlauber kommen zum Schwimmen und Spielen in den Wellen an die weiten Strände der Insel Wangerooge. Das Baden ist allerdings wegen der Strömung des Wassers gefährlich. Außerdem darf nur bei Flut geschwommen werden, denn selbst für geübte Schwimmer ist es unmöglich, gegen den Ebbestrom voranzukommen. So ist das Baden nur an gekennzeichneten und während der Badezeit bewachten Abschnitten des Strandes erlaubt.

## Unternehmungen auf Wangerooge

Für die Unterhaltung der Gäste gibt es Konzerte, Vorträge, Tanz, Theaterauf-

| Monat | Gästezahlen | Übernachtungen |
|---|---|---|
| Januar | 5902 | 24055 |
| Februar | 3098 | 14952 |
| März | 6699 | 37959 |
| April | 15228 | 98513 |
| Mai | 15065 | 85309 |
| Juni | 17739 | 114324 |
| Juli | 20960 | 174966 |
| August | 20095 | 179836 |
| September | 18260 | 107882 |
| Oktober | 17180 | 105913 |
| November | 5651 | 28541 |
| Dezember | 5435 | 25320 |
| **Gesamt** | **127529** | **997570** |

M 3 *Tourismus auf Wangerooge (2017)*

M 4 *Badestrand im Sommer*

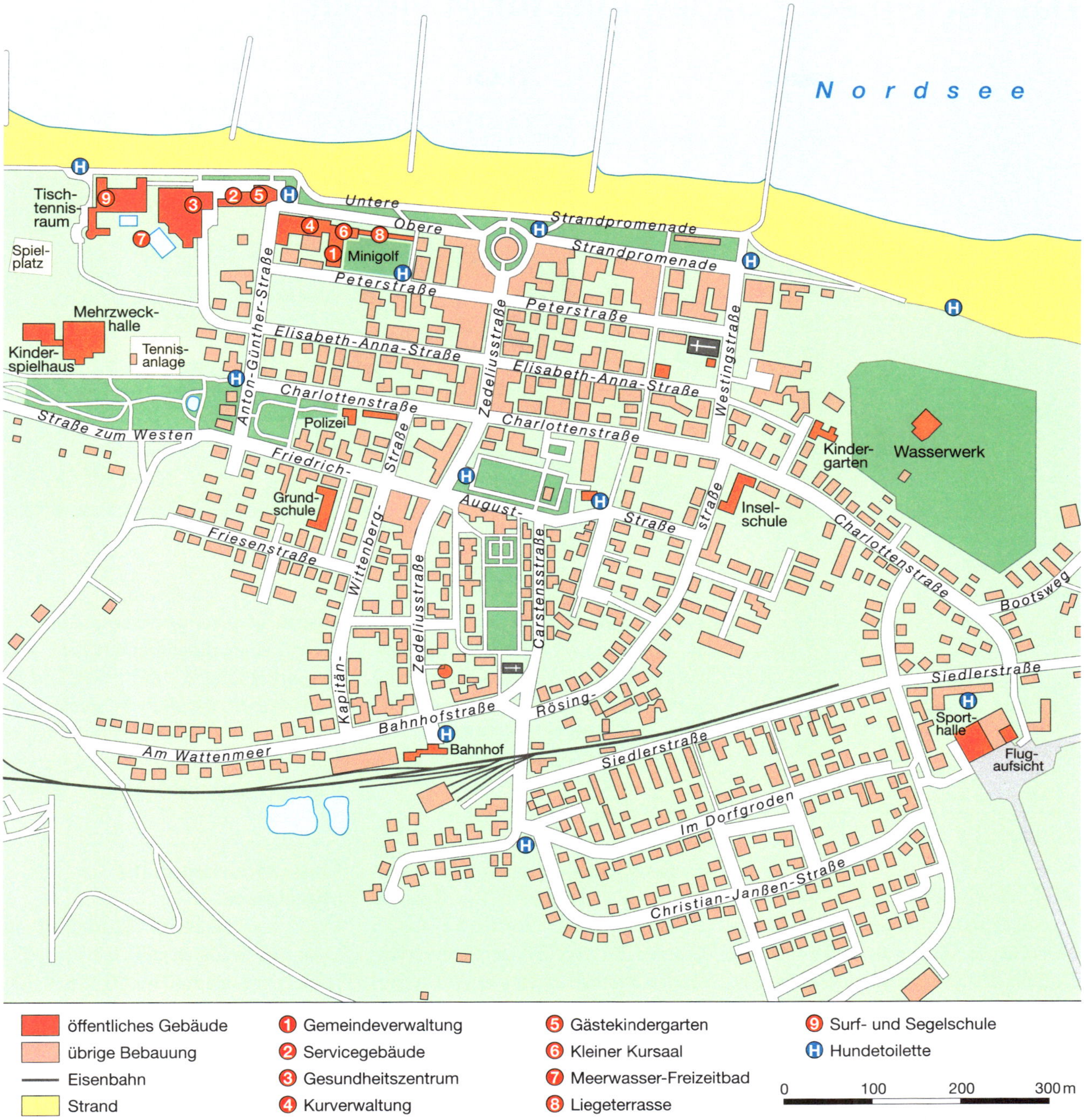


**M5** *Ortsplan von Wangerooge*

führungen, Ausstellungen und vieles andere mehr. Bei schlechtem Wetter kann man in der Fußgängerzone bummeln oder das Meerwasserhallenbad besuchen.

## Wangerooge – nicht nur eine Badeinsel

Vor allem im Frühjahr und im Herbst kommen viele Gäste wegen der gesundheitsfördernden Eigenschaften der salzhaltigen Luft. Diese heilt vor allem Haut- und Atemwegserkrankungen. Als anerkanntes Heilbad verfügt Wangerooge über Einrichtungen für Kuren und ärztliche Behandlungen.

1 Beschreibe die Lage von Wangerooge (Karte S. 47 **M5**, Atlas).

2 Erläutere die Verteilung der Gäste im Verlaufe eines Jahres. Verwende die Begriffe „Hauptsaison“ und „Nebensaison“ (**M3**).

3 Arbeitet in Gruppen und plant eine Klassenfahrt nach Wangerooge. Entscheidet dabei auch, welche Freizeitaktivitäten ihr bei gutem und bei schlechtem Wetter unternehmen wollt (**M1, M2, M4, M5,** ***Eine Internetrecherche durchführen,*** ***Ideen sammeln***).

Hier findest du zusätzliche Informationen und Links:

cornelsen.de/webcodes
Code: buvuha

# Das Mittelmeer – Badewanne für Millionen

**M 1** *Sonnenbaden*

**M 2** *Wassersport*

**check-it**
- Lage der Touristenstrände zuordnen
- Merkmale und Ursachen des Massentourismus benennen
- Klimamerkmale der Mittelmeer- und der Nordseeküste vergleichen
- touristische Attraktivität der Mittelmeerküste erklären
- eine Mindmap erstellen
- Diagramme lesen und vergleichen

## Ab in den Süden

In den Sommermonaten heißt es für Millionen Europäer: ab in den Süden. Die Folgen sind endlose Autoschlangen mit oft kilometerlangen Staus, Warteschlangen vor Tunnels und Mautstellen, Gedränge an Flughäfen und Fähren. Doch nichts kann die Urlauber von ihrem Ziel abhalten: Sonne, Strand und Meer, aber auch kulturelle Sehenswürdigkeiten der Mittelmeerländer.

## Mehr Freizeit zum Reisen

Noch nie hatten die Europäer, auch wir Deutschen, so viel Freizeit und Urlaub wie in der Gegenwart. Die Urlaubsdauer hat sich seit 30 Jahren mehr als verdreifacht. Die meisten Deutschen können heute mehr als vier Wochen im Jahr Urlaub machen. Das Auto und der Ausbau von Verkehrswegen über die Alpen, eine zunehmende Zahl von Flugverbindungen und preisgünstige Flüge haben das Reisen vereinfacht. Ein- oder mehrmalige Urlaubsreisen im Jahr sind für viele Europäer selbstverständlich und gehören zur Lebensqualität.

## Massentourismus am Mittelmeer

Mittelmeer heißt das Traumziel von Millionen Touristen jedes Jahr. Das Mittelmeer hat sich zum wichtigsten Reiseziel der Welt entwickelt und der Tourismus soll weiter wachsen. Bis 2020 werden jedes Jahr bis zu 350 Millionen Urlauber am Mittelmeer erwartet.

Warum zieht es so viele Menschen an die Küsten im Süden Europas? Der Mittelmeerraum ist relativ schnell erreichbar, bietet preisgünstigen Urlaub, aber auch tolle Strände und viele Möglichkeiten, im Urlaub aktiv zu sein: Surfen, Segeln und vieles mehr.

In den letzten Jahrzehnten entstanden entlang der Küsten unzählige touristische Einrichtungen wie Flugplätze, Straßen, Ferienclubs, große Hotels, Ferienwohnungen, Campingplätze, Restaurants, Cafés, Pools und Bootshäfen. Das Aussehen vieler Orte hat sich dadurch völlig verändert. Die Zahl der Urlauber ist im Sommer oft hundert-

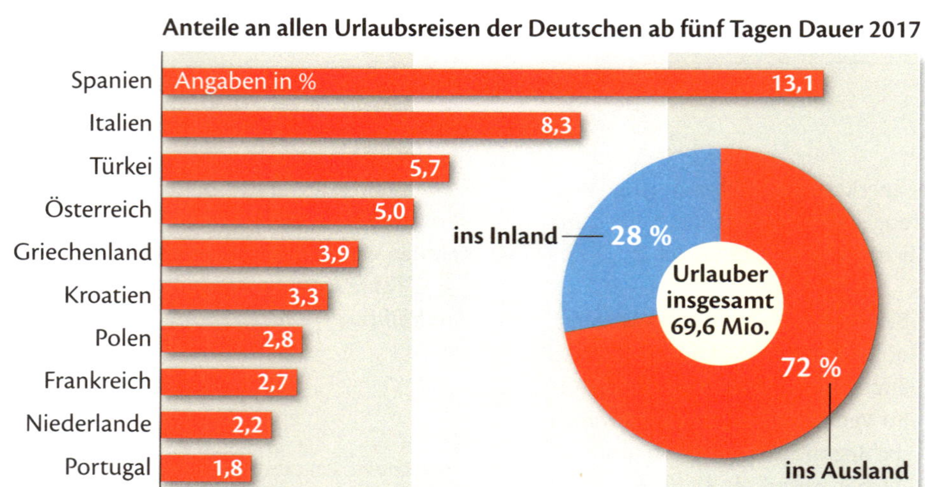


**M 3** *Beliebteste Reiseziele der Deutschen in Europa*

**M4** *Touristenstrände und Ferienorte am Mittelmeer*

mal größer als die Einwohnerzahl der Küstenorte.

Der **Massentourismus** ist zu einer Belastung für Mensch und Natur geworden. Der Tourismus schafft aber auch Arbeitsplätze und ist eine wichtige Einnahmequelle für die Einwohner und die Staaten im Mittelmeerraum.

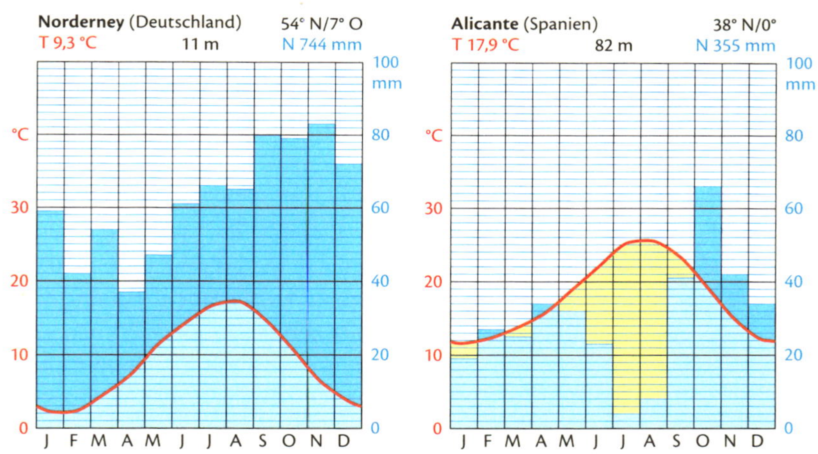


**M5** *Klimadiagramme von Norderney und Alicante*

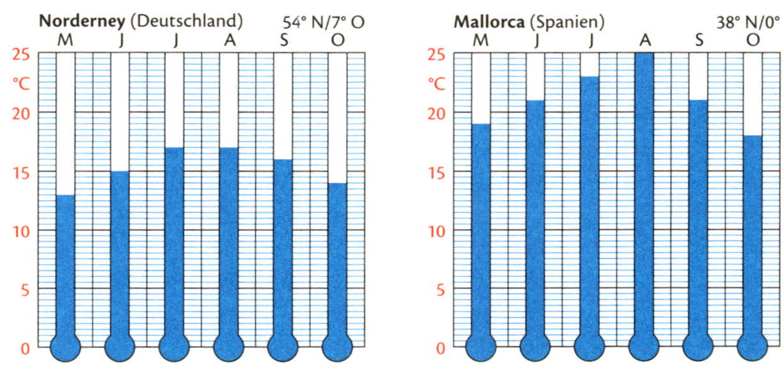


**M6** *Wassertemperaturen der Nordsee und des Mittelmeers*

1 Ordne den Mittelmeerländern Spanien, Frankreich, Italien, Kroatien, Griechenland und Türkei bekannte Touristenstrände und Ferienorte zu. Gestalte dazu eine Mindmap (**M4**, ***Eine Mindmap erstellen***).

2 Nenne Merkmale, Ursachen und Folgen des Massentourismus. Lege dazu eine Tabelle an (**M1** bis **M6**).

3 Werte die Diagramme aus und vergleiche das Klima und die Wassertemperaturen am Mittelmeer und an der Nordsee (**M5** und **M6**).

4 Begründe, warum es so viele Menschen im Urlaub an die Mittelmeerküsten zieht (**M1** bis **M6**).

# Benidorm – Wolkenkratzer am Badestrand

**M 1** *Benidorm an der Costa Blanca*

**check-it**

- geographische Lage Benidorms beschreiben
- Veränderungen durch den Massentourismus am Beispiel Benidorms erläutern
- Stadtpläne vergleichen
- Vor- und Nachteile eines Urlaubs in Benidorm erörtern

## Benidorm

*Costa Blanca*: weiße Küste – ein verlockender Name. An diesem Küstenabschnitt zwischen Valencia im Norden und Alicante im Süden liegt Benidorm: weiße Strände unter strahlender Sonne, Apfelsinen-, Zitronen- und Mandelbäume, wohin das Auge schaut. Benidorm, die lebhafte Ferienstadt für einen erlebnisreichen Urlaub wird eingerahmt von majestätischen Bergen. Sie bietet ein riesiges Unterhaltungsprogramm: Freizeitparks, Diskotheken, Bars und vieles mehr.

Die Qualität des Wassers und der Strände ist gut bis sehr gut. Um die seit 30 Jahren anhaltende Bebauung in geregelte Bahnen zu lenken, haben einige angrenzende Orte ein Bauverbot für Gebäude mit mehr als vier Stockwerken ausgesprochen. Häuser in landestypischer Bauweise werden wieder häufiger errichtet. Beton zählt immer noch zu den bevorzugten Baumaterialien. Außerdem wird für die Trennung des Abfalls gesorgt.

Geringe Niederschlagsmengen im Winter können zu Wasserknappheit führen. Die Trinkwasserversorgung für Einwohner und Urlauber ist dennoch sichergestellt. Aus anderen Gebieten Spaniens, auch aus Madrid, wird Wasser herangeführt. Zusätzlich werden mobile Meerwasserentsalzungsanlagen betrieben.

## Vom Fischerdorf zur Ferienstadt

Die Entwicklung Benidorms vom verschlafenen Fischerdorf zur quirligen Ferienstadt begann in den 1960er-Jahren. Deutsche und spanische Touristen erkannten die Vorzüge der kilometerlangen feinsandigen Strände, der warmen Sommer und milden Winter. Infolge billiger Charterflüge und einer starken Werbung kamen immer mehr Touristen. Aus Fischern wurden Kellner, Taxifahrer, Tennislehrer und Cafébesitzer.

Doch Anfang der Achtzigerjahre kam Benidorm als „Urlaubsfabrik" in Verruf. Probleme mit der Müllentsorgung traten auf. Hotelburgen aus grauem Beton und Umweltprobleme führten zum Ausbleiben der Touristen. Denn nicht jedem gefällt der Urlaubsspaß rund um die Uhr: tagsüber volle Strände und abends das laute Nachtleben im Freien.

**M 2** *Benidorm 1960*

| Jahr | Einwohner |
|---|---|
| 1950 | 2 787 |
| 1960 | 6 161 |
| 1981 | 24 983 |
| 1991 | 42 442 |
| 2001 | 51 873 |
| 2011 | 68 045 |
| 2017 | 66 831 |

**M 3** *Entwicklung der Einwohnerzahl (Bewohner mit ständigem Wohnsitz in Benidorm)*

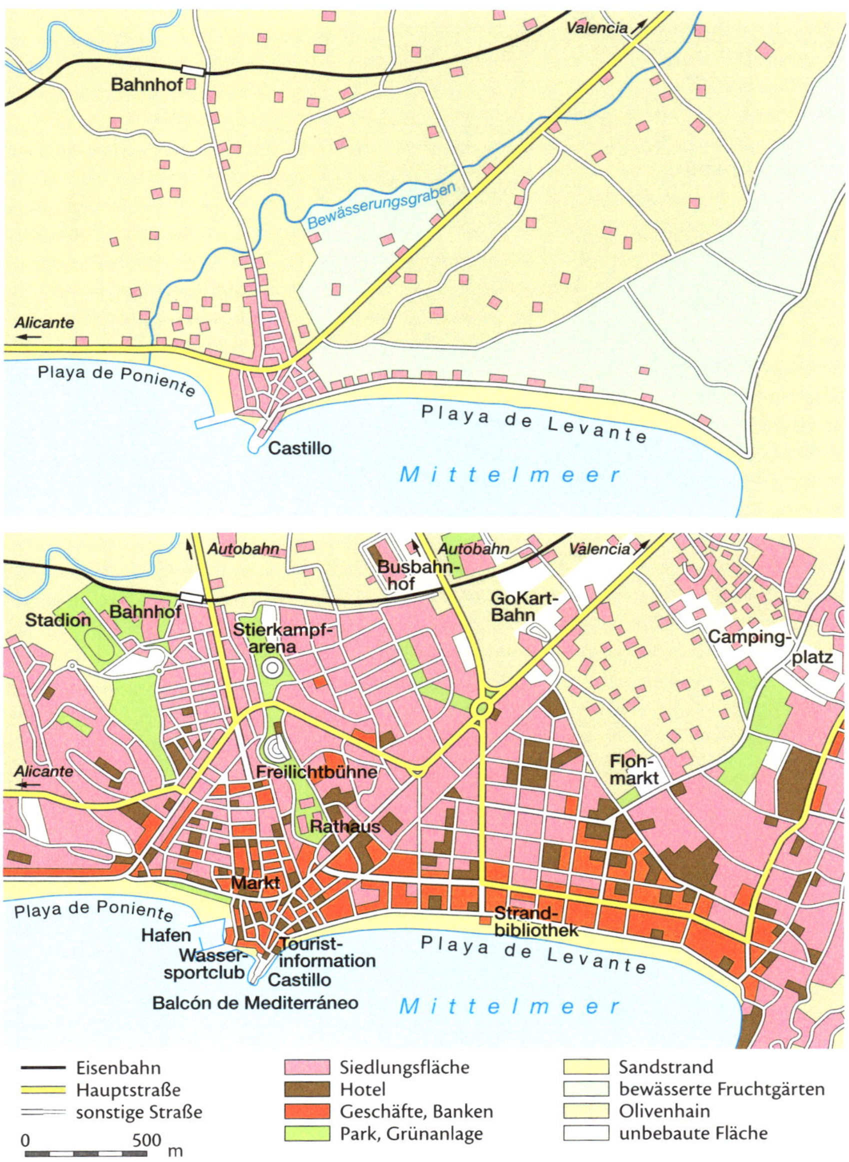


**M 4** *Benidorm zwischen 1960 und 2018*

## Benidorm ist „in"

Jedes Jahr fahren etwa 5,5 Millionen sonnenhungrige und Vergnügung liebende Urlauber nach Benidorm. Im Sommer zieht die Kombination aus Baden, Sport und städtischem Leben vor allem junge Spanier und Briten an. Doch auch im Winter schläft Benidorm nicht. Denn jedes Jahr überwintern Tausende Rentner im milden **Klima** der weißen Küste.

1. Beschreibe die geographische Lage von Benidorm (Karten S. 167 oben und S. 226/227, Atlas).
2. Nenne Gründe, warum Benidorm als Ferienstadt bezeichnet wird (**M 1,** Foto S. 168/169).
3. Erläutere, wie der Massentourismus das Ortsbild von Benidorm verändert hat (**M 1** bis **M 4**).
4. Bildet zwei Gruppen: Gruppe 1 stellt Gründe zusammen, die für einen Urlaub in Benidorm sprechen, Gruppe 2 solche, die dagegen sprechen. Interviewt euch anschließend gegenseitig. Erstellt Videos oder Audioaufnahmen von euren Befragungen und bearbeitet sie (**M 1** bis **M 4,** MK ***Audio- und Videobearbeitung***).

Hier findest du zusätzliche Informationen und Links:

cornelsen.de/webcodes
Code: mayedo

# Geo-Check: Tourismus und seine Folgen erläutern

## Sich orientieren

Die Tabelle zeigt die zehn Länder, die 2018 weltweit von den meisten Touristen besucht wurden.

| Rang | Land | Besucher 2018 in Mio. |
|---|---|---|
| 1 | Frankreich | 93,6 |
| 2 | Spanien | 82,6 |
| 3 | USA | 82,2 |
| 4 | China | 62,1 |
| 5 | Italien | 61,2 |
| 6 | Türkei | 46,1 |
| 7 | Mexiko | 41,7 |
| 8 | Deutschland | 39,0 |
| 9 | Thailand | 38,5 |
| 10 | Großbritannien | 35,7 |

*Quelle: DRV 2018*

**M 1** *Internationaler Tourismus*

**1** Benenne die Länder, die in Europa liegen, und schreibe deren Namen in dein Heft (**M 1**).

**2** Ordne diesen Ländern ihren Umriss zu, indem du hinter dem Namen die richtige Nummer notierst (**M 2**).

**3** Beschreibe die geographische Lage der bedeutendsten Tourismusländer Europas (**M 1**, Karte S. 226/227).

**4** Wähle zwei Länder aus und beschreibe, welche touristischen Attraktionen sie bieten ( ***Eine Internetrecherche durchführen***).

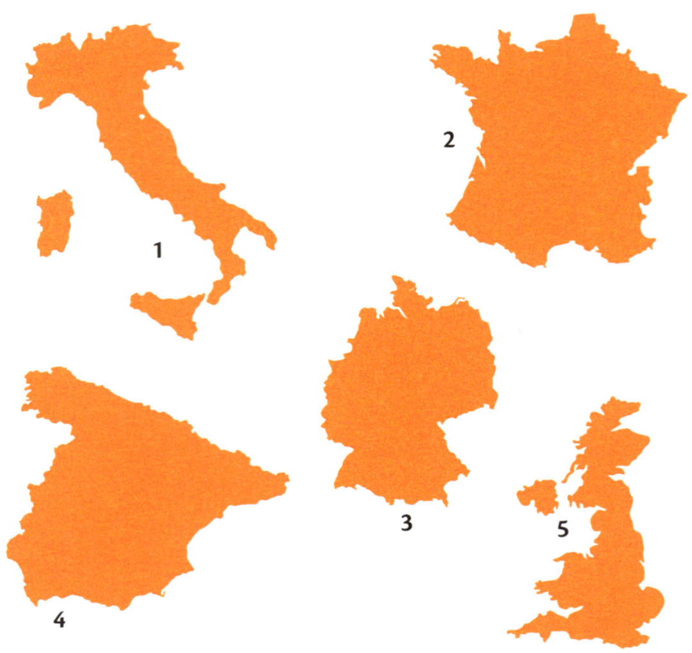


**M 2** *Länderumrisse*

## Wissen und verstehen

**5** Sortiere jedem Ort (linke Puzzleteile) einen passenden Begriff zu (rechte Puzzleteile). Schreibe die Begriffspaare in dein Heft.

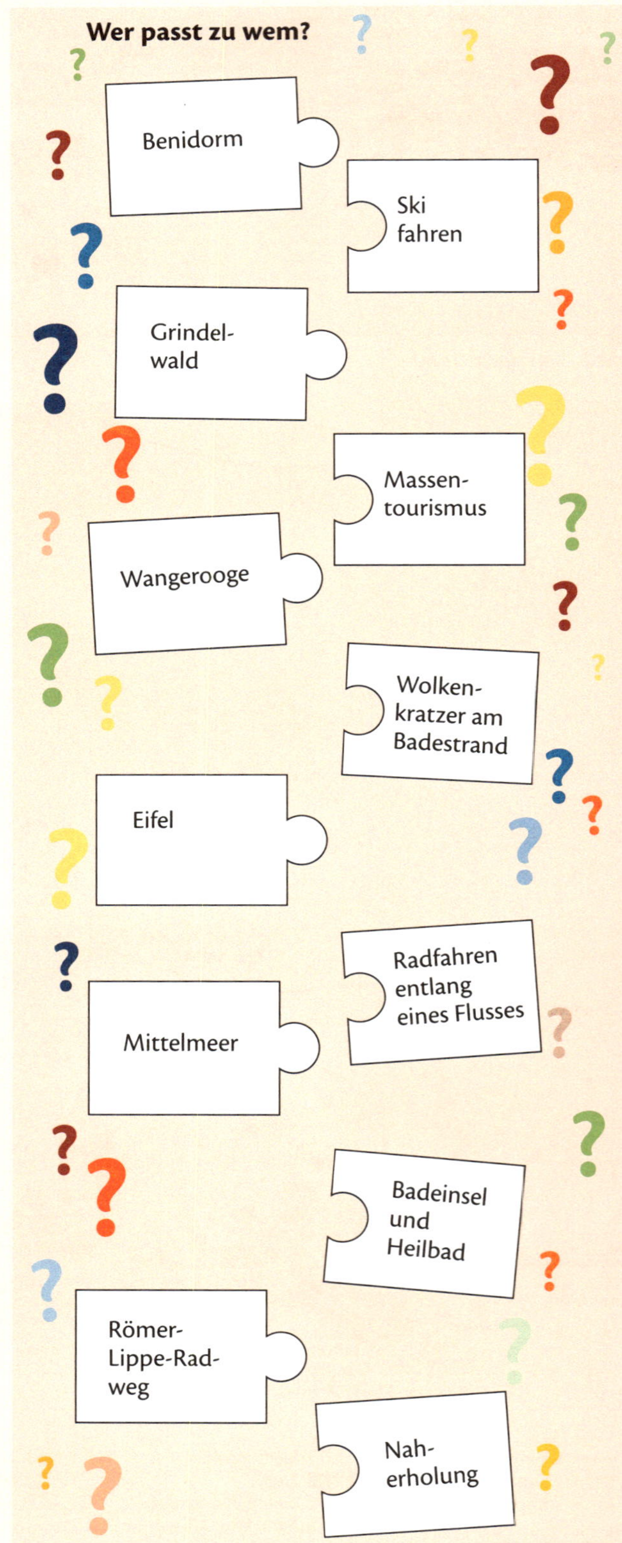


**M 3** *Schnitzeljagd zum Tourismus*

**6** Sortiere die Aussagen in richtige und falsche Aussagen. Verbessere die falschen Aussagen und schreibe diese richtig auf.

### Richtig oder falsch?

- Benidorm ist bekannt für seine naturbelassenen breiten Strände.
- Benidorm liegt an der „Costa Blanca". Das ist Spanisch und bedeutet „Weiße Küste".
- Die Gemeinde Grindelwald plant einen umweltverträglichen Tourismus.
- In Grindelwald können die Touristen im Sommer wandern und im Winter Ski fahren.
- Das Mittelmeer ist eines der beliebtesten Urlaubsziele der Europäer.
- Im Sommer beträgt die durchschnittliche Wassertemperatur des Mittelmeeres ca. 15 °C.
- Ein Naherholungsziel für viele Menschen in Nordrhein-Westfalen sind die Alpen.
- Wangerooge ist ein beliebtes Reiseziel im Winter.

**7** Ordne jedem der folgenden Begriffe mindestens zwei Merkmale zu (**M 4**).

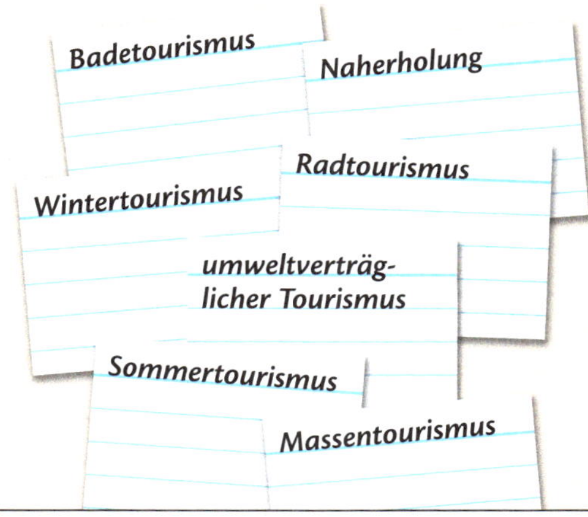


**M 4** *Geo-Begriffestapel*

## Sich verständigen, beurteilen und handeln

**8** Beschreibe die Karikaturen. Welche Art des Tourismus haben sie zum Thema? Was sagen sie aus? (**M 5** und **M 6**)

**9** Diskutiert in der Klasse Möglichkeiten eines umweltverträglichen Tourismus.

**M 5**

**M 6** *Tourismus in den Alpen*

# 8 Einen Raum untersuchen

**Um- und Neugestaltung einer Landschaft**
Häuser, Straßen, Felder und Wälder – doch mittendrin ein riesiges, über 200 Meter tiefes Tagebauloch und ein Kraftwerk.
Sah diese Landschaft schon immer so aus? Wie ist die Jülich-Zülpicher Börde entstanden? Wie und warum hat sie sich verändert? Fragen, die du durch die genauere Untersuchung des Raumes beantworten kannst.

## Können und anwenden

**10** Beschreibe die Bilder. Beachte dabei die Checkliste für eine Bildbeschreibung (S. 38; **M 7** bis **M 9**).

**11** Ordne die dargestellten Beispiele des Urlaubs den in diesem Kapitel kennengelernten Formen des Tourismus zu (**M 7** bis **M 9**).

**M 7** *Strand am italienischen Mittelmeer*

**M 8** *Strandurlaub auf Sylt an der Nordsee*

**12** Lege eine Tabelle an und liste Vor- und Nachteile der jeweiligen Urlaubsform auf (**M 7** bis **M 9**).

**13** Diskutiert in der Klasse, welche Art des Urlaubs ihr bevorzugt, und begründet eure jeweilige Entscheidung.

**14** Bildet Gruppen und erstellt jeweils zu einem der in diesem Kapitel genannten Tourismus-Ziele einen digitalen Reiseführer (MK ***Eine Internetrecherche durchführen,*** MK ***Ideen sammeln).***

**M 9** *Wandern in den Südtiroler Alpen*

# Nordrhein-Westfalen: Physische Karte

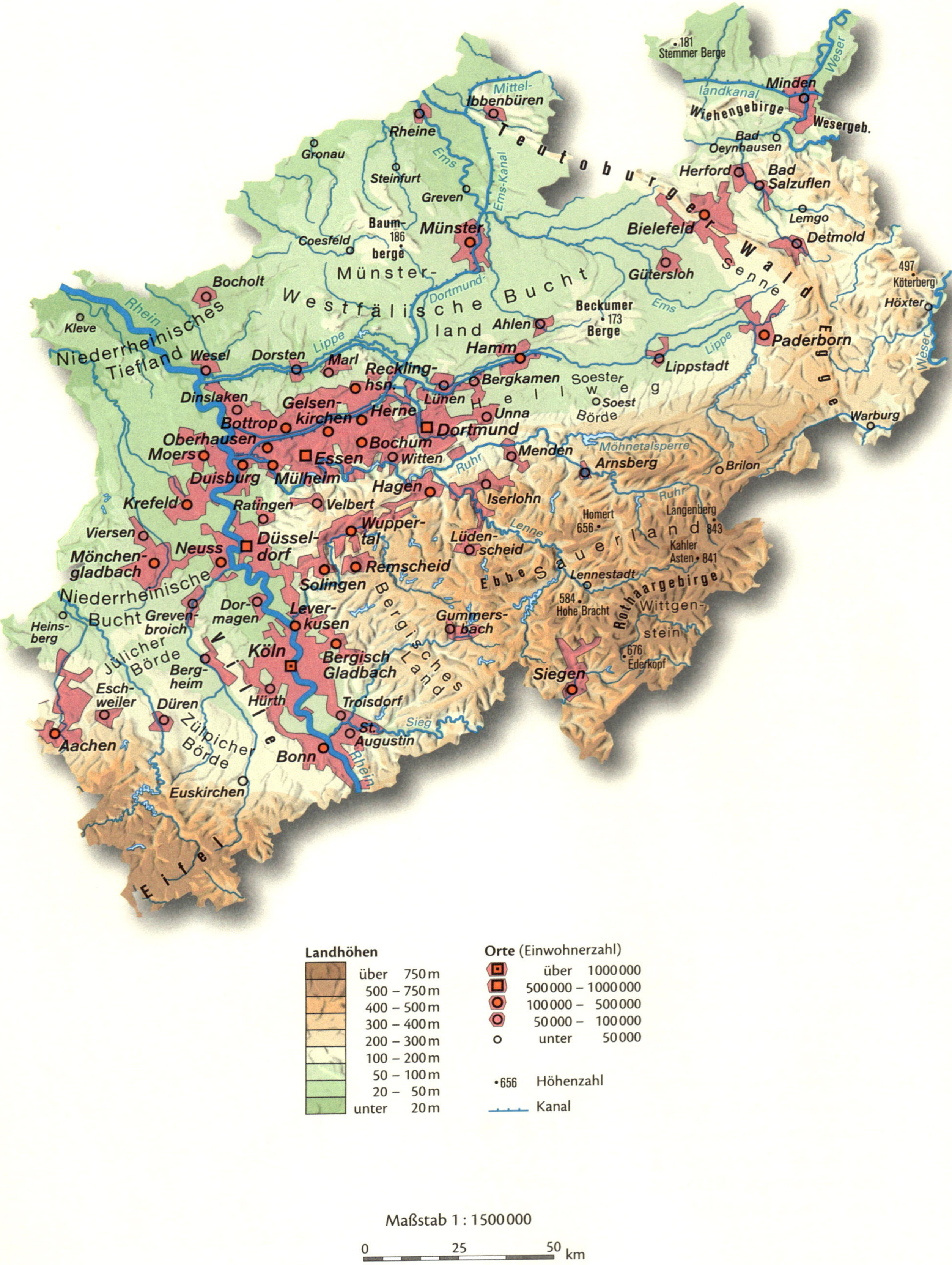

**In diesem Kapitel lernst du**

- die geographische Lage der Jülich-Zülpicher Börde zu beschreiben,
- die Merkmale eines Raumes zu untersuchen,
- die Merkmale der Landschaft in der Jülich-Zülpicher Börde zu beschreiben,
- die landwirtschaftliche Nutzung der Jülich-Zülpicher Börde zu erläutern,
- die Entstehung der Braunkohle zu erklären,
- den Abbau und die Nutzung der Braunkohle zu erläutern,
- Veränderungen der Landschaft durch den Tagebau zu erläutern,
- Maßnahmen der Rekultivierung der Landschaft darzustellen.

**Dazu nutzt du**

- physische Karten,
- thematische Karten,
- Klimadiagramme,
- Bilder,
- Grafiken,
- Schemaskizzen,
- das Internet und
- digitale Anwendungen.

**Du beurteilst**

- die Veränderungen eines Raumes durch den Braunkohlenbergbau.

Hier findest du alle Darstellungstexte zum Anhören:

cornelsen.de/webcodes
Code: qediwi

*Luftbildaufnahme eines Braunkohlentagebaus in der Jülich-Zülpicher Börde (2015)*

# Wir untersuchen einen Raum

**check-it**
- Merkmale eines Raums benennen
- Zusammenhänge herausarbeiten
- Räume fragengeleitet untersuchen

## Räume – von Natur und Mensch geschaffen

Räume, das sind Landschaften und Industriegebiete, Städte und Dörfer. Sie unterscheiden sich in ihrer Entstehung, ihrem Aussehen, ihrer Größe und der Nutzung durch die Menschen. Die Oberfläche der Erde kann eben oder hügelig sein. Ein Blick unter die Erdoberfläche zeigt oft, warum die Oberflächenformen so hügelig oder eben sind. Das Klima und der Boden beeinflussen die Pflanzenwelt. Das Wasser, vor allem die Flüsse formen die Oberfläche.

Diese von der Natur geprägten Räume nutzt der Mensch und hat sie umgestaltet. Er hat Felder angelegt und Wälder angepflanzt.

Siedlungen sind vom Menschen gebaut worden. So entstanden Straßen und Häuser, Städte und Dörfer. Auch durch die Nutzung der Bodenschätze werden Landschaften verändert.

## Checkliste zur Untersuchung einer Landschaft:

**1. Schritt:** Wähle einen Raum aus.
**2. Schritt:** Stelle Fragen an den Raum.
**3. Schritt:** Sammle Material und wähle aus, welches davon zur Beantwortung der Fragen geeignet ist.
**4. Schritt:** Untersuche die natürlichen Bausteine des Raums (**M 1, M 2**).
**5. Schritt:** Untersuche die menschliche Nutzung (**M 1, M 2**).
**6. Schritt:** Stelle Zusammenhänge her und erkläre diese (**M 3**).
**7. Schritt:** Fasse die Ergebnisse zusammen, präsentiere und diskutiere sie (**M 4**).

1 Benenne die natürlichen Bausteine eines Raums und erkläre, wie der Mensch Räume verändert (**M 1, M 2**).

2 Untersuche einen Raum in Nordrhein-Westfalen und präsentiere deine Ergebnisse (**M 1** bis **M 4**).

**Natürliche Bausteine**
- Klima
- Oberflächenformen
- Wasser
- Gesteine
- Pflanzenwelt
- …

**Menschliche Nutzung**
- Dörfer und Städte
- Verkehrswege/-flächen
- Felder, Wiesen und Wälder
- Industrieanlagen
- …

**M 1** *Bausteine einer Landschaft und menschliche Nutzung*

| Teile der Untersuchung | Leitfragen | Beispiele |
|---|---|---|
| **Name der Landschaft** | Welchen Namen trägt die Landschaft? | Eifel, Münsterland, Sauerland, … |
| **Geographische Lage der Landschaft** | Wo liegt die Landschaft?<br>Wie groß ist die Landschaft? | Die Landschaft liegt …<br>Die Landschaft erstreckt sich …<br>Die Fläche der Landschaft … |
| **Beschreibung der natürlichen Merkmale der Landschaft** | Wie sieht die Landschaft aus?<br>- Wie ist das Relief geformt?<br>- Welche Gewässer befinden sich in der Landschaft?<br>- Aus welchen Gesteinen besteht die Landschaft? | Oberflächenformen (= Relief): Ebenen, Hügel, Berge, Täler<br>Gewässer: Flüsse, Seen, Stauseen, Meere, Moore, Sümpfe<br>Vulkanische Gesteine, Kalkstein, … |
| **Beschreibung der Merkmale der menschlichen Nutzung der Landschaft** | Wie nutzt der Mensch diese Landschaft?<br>- Welche Gebäude wurden gebaut?<br>- Welche Verkehrswege und Verkehrsflächen wurden angelegt?<br>- Wie wird die Landschaft bewirtschaftet? | Häuser, Ortschaften (Dörfer, Städte)<br>Verkehrsflächen und Verkehrswege: Straßen, Eisenbahnlinien, Flughäfen<br>Landwirtschaft: Ackerbau, Obstbau, Viehhaltung<br>Forstwirtschaft<br>Industrieanlagen |

**M 2** *Leitfragen zur Untersuchung einer Landschaft*

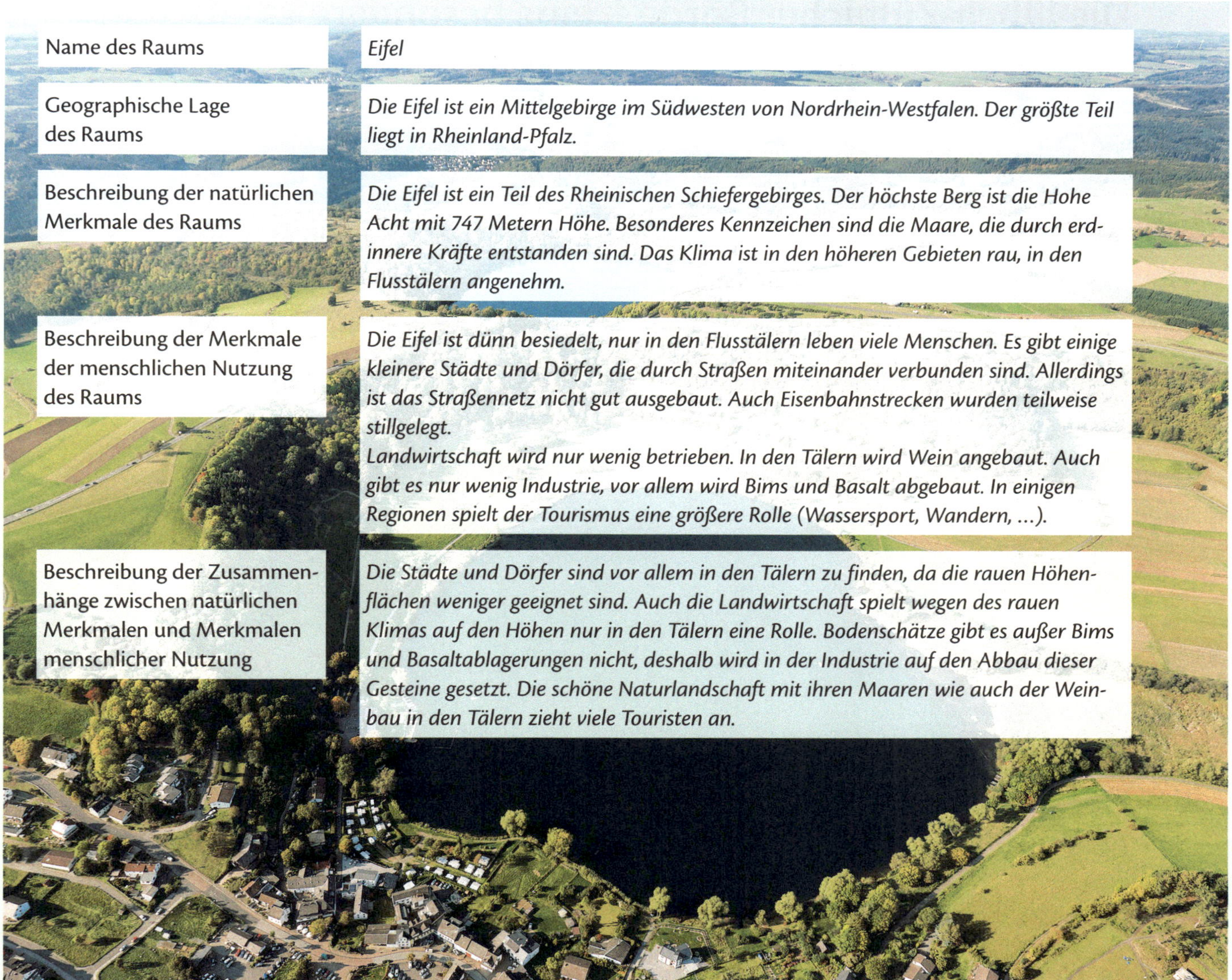

| | |
|---|---|
| Name des Raums | *Eifel* |
| Geographische Lage des Raums | *Die Eifel ist ein Mittelgebirge im Südwesten von Nordrhein-Westfalen. Der größte Teil liegt in Rheinland-Pfalz.* |
| Beschreibung der natürlichen Merkmale des Raums | *Die Eifel ist ein Teil des Rheinischen Schiefergebirges. Der höchste Berg ist die Hohe Acht mit 747 Metern Höhe. Besonderes Kennzeichen sind die Maare, die durch erdinnere Kräfte entstanden sind. Das Klima ist in den höheren Gebieten rau, in den Flusstälern angenehm.* |
| Beschreibung der Merkmale der menschlichen Nutzung des Raums | *Die Eifel ist dünn besiedelt, nur in den Flusstälern leben viele Menschen. Es gibt einige kleinere Städte und Dörfer, die durch Straßen miteinander verbunden sind. Allerdings ist das Straßennetz nicht gut ausgebaut. Auch Eisenbahnstrecken wurden teilweise stillgelegt.*<br>*Landwirtschaft wird nur wenig betrieben. In den Tälern wird Wein angebaut. Auch gibt es nur wenig Industrie, vor allem wird Bims und Basalt abgebaut. In einigen Regionen spielt der Tourismus eine größere Rolle (Wassersport, Wandern, ...).* |
| Beschreibung der Zusammenhänge zwischen natürlichen Merkmalen und Merkmalen menschlicher Nutzung | *Die Städte und Dörfer sind vor allem in den Tälern zu finden, da die rauen Höhenflächen weniger geeignet sind. Auch die Landwirtschaft spielt wegen des rauen Klimas auf den Höhen nur in den Tälern eine Rolle. Bodenschätze gibt es außer Bims und Basaltablagerungen nicht, deshalb wird in der Industrie auf den Abbau dieser Gesteine gesetzt. Die schöne Naturlandschaft mit ihren Maaren wie auch der Weinbau in den Tälern zieht viele Touristen an.* |

**M3** *Beispiel für die Untersuchung eines Raums*

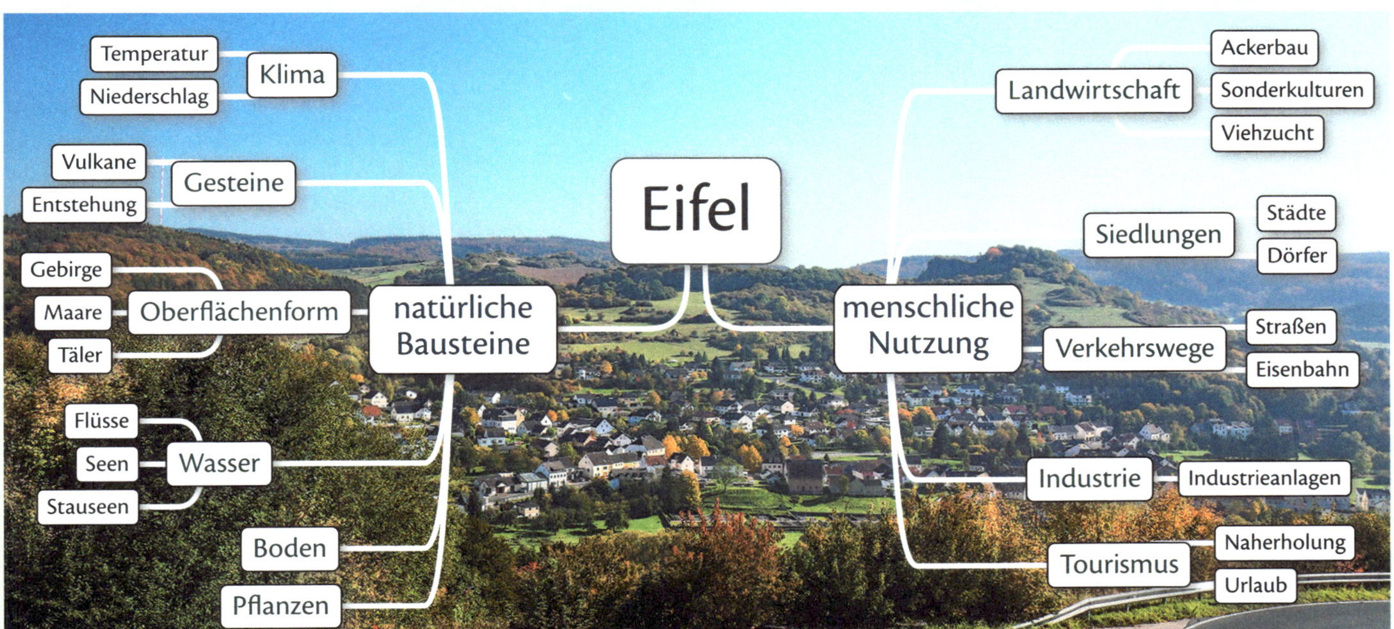


**M4** *Mindmap für eine Raumanalyse*

# Die Jülich-Zülpicher Börde – eine besondere Landschaft?

**M 1** *Jülich-Zülpicher Börde mit Sophienhöhe*

**M 2** *Naturräumliche Gliederung*

**check-it**

- geographische Lage der Jülich-Zülpicher Börde beschreiben
- Merkmale von Börden benennen
- Merkmale von Boden und Klima erläutern
- Entstehung der Landschaft beschreiben
- Klimadiagramm und physische Karte lesen
- Bilder beschreiben
- Wandplakat erstellen

## Die Börde

Wie ein Keil liegt die Jülich-Zülpicher Börde zwischen den Ausläufern der Eifel im Westen und dem Höhenzug der Ville im Osten. Sie ist eine flache, leicht wellige Landschaft und war ursprünglich von einem dichten Wald aus Eichen und Hainbuchen bedeckt. Wegen der hohen Fruchtbarkeit des Bodens und des günstigen Klimas wurde die Börde allerdings schon seit Jahrhunderten landwirtschaftlich genutzt. Heutzutage bestimmen weite Ackerflächen das Landschaftsbild, denn bis auf wenige Reste wurden alle Wälder gerodet. Zahlreiche kleinere Dörfer und Städte fügen sich in die Landschaft ein, die seit alters her durch geradlinige Straßen verbunden sind.

Ein Meer erstreckte sich vor 12 bis 18 Millionen Jahren bis zu einer Linie, die man sich zwischen Bedburg, Hambach und Inden denken muss, in die Niederrheinische Bucht. Wo heute Mönchengladbach, Grevenbroich und Erkelenz liegen, war also offenes Meer. Wenn es damals schon Menschen gegeben hätte, hätten sie sich nicht ins Wasser trauen dürfen, denn im Meer wimmelte es von Haien. Der räuberische Tigerhai wäre Badegästen gefährlich geworden. Der zehn Meter lange Riesenhai dagegen war ein friedlicher Pflanzenfresser.

**M 3** *Ein Blick in die Erdgeschichte*

## Der Schatz im Boden

Die Sophienhöhe überragt die Umgebung westlich von Jülich um 200 m. Es ist ein künstlich aufgeschütteter, langgestreckter Höhenzug, entstanden aus dem Abraum des Braunkohlentagebaus. Daneben öffnet sich ein tiefes Loch, an dessen Grund der Bodenschatz liegt, nach dem gegraben wurde – Braunkohle.

## Die Niederrheinische Bucht – ein Blick in die Vergangenheit

Die Niederrheinische Bucht hat eine lange Geschichte. Sie hat sich im Laufe der Zeit gegenüber den Gebirgen, die sie umgeben, abgesenkt. Die Ville, die das Bördegebiet nach Osten begrenzt, ist ein Höhenzug, der beim Einsinken der Bucht stehengeblieben ist.
Auch das Klima hat sich ständig geändert. Kalt- und Warmzeiten wechselten ab, mehrmals wurde die niederrheinische Bucht vom Meer bedeckt. Zeugen davon sind tief im Boden zu finden – die Fossilien. Fossilien geben z. B. darüber Aufschluss, welches Klima vor Jahrmillionen herrschte, welche Pflanzen und Tiere es gab.

1 Beschreibe die geographische Lage der Jülich-Zülpicher Börde (**M 2**, Karte S. 187, Atlas).

2 Benenne Merkmale der Oberflächenformen in der Jülich-Zülpicher Börde (**M 1**, **M 2**, Karte S. 187).

3 Erläutere, warum die Börde besonders günstige Voraussetzungen für die Landwirtschaft bietet (**M 4**, **M 5**).

4 Beschreibe, wie die Niederrheinische Bucht und die Jülicher Börde entstanden sind. Informiere dich auch im Internet und erstelle ein Wandplakat (**M 3**, **M 5**, ***Internetrecherche***, ***Tipps zum Erstellen von Plakaten und Folien***).

5 „Der wahre Schatz des Raumes lagert in der Tiefe." Begründe diese Aussage.

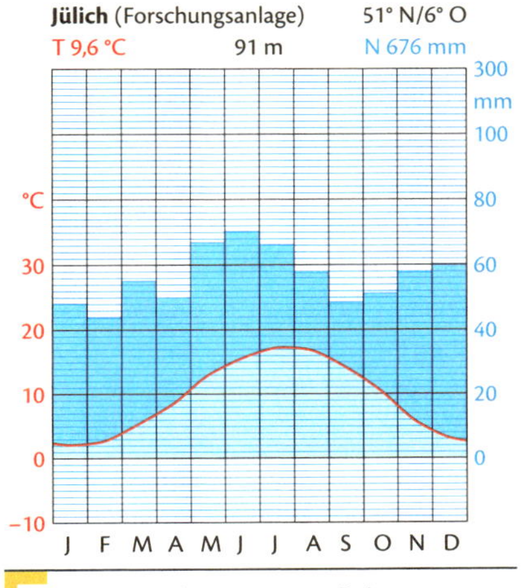


**M 4** *Klimadiagramm Jülich*

Der Boden in der Jülich-Zülpicher Börde ist steinfrei, staubfein und fühlt sich wie Mehl an, wenn man es zwischen den Fingern zerreibt. Es handelt sich um Lössboden. Er ist während der letzten Eiszeit vor etwa 10 000 bis 500 000 Jahren entstanden. Damals waren die Temperaturen viel niedriger als heute. In Nordeuropa bildeten sich mächtige Gletscher, die sich weit nach Süden vorschoben und Norddeutschland mit Eis bedeckten. Ein ständiger Wind wehte vom Eisrand in den Süden und nahm aus den Geröllablagerungen, die der Gletscher vor sich herschob, feinen Staub mit. Dieser sank am Nordrand der Mittelgebirge zu Boden und wuchs im Laufe der Jahrtausende zu einer mehrere Meter dicken Lössschicht.
Ursprünglich ist der Löss gelb gefärbt. Seine dunkle Farbe erhielt er dadurch, dass sich durch abgestorbene Pflanzenreste wie auch Kleinstlebewesen in den oberen Bodenschichten viel Humus gebildet hat.

**M 5** *Entstehung des Lössbodens*

# Wie wird die Jülich-Zülpicher Börde genutzt?

**M 1** *Zuckerrübe*

**check-it**

- Anbaubedingungen der Zuckerrübe erklären
- Fruchtwechsel beschreiben und Vorteile begründen
- Anbau und Verarbeitung der Zuckerrübe erläutern
- eine Recherche durchführen
- eine Aussage begründen

## Zuckerrüben – das Gold der Börde

Weil der Boden sehr nähstoffreich ist, lassen sich in der Börde Feldfrüchte anbauen, die hohe Ansprüche an ihn stellen. Deshalb sind Weizen und Zuckerrüben die wichtigsten Feldfrüchte in der Jülich-Zülpicher Börde. Diese Pflanzen bringen hohe Erträge. Andere Anbaufrüchte wie Kartoffeln und Mais sind hier auch verbreitet, Grünland dagegen gibt es wenig.

Zuckerrüben stellen besondere Ansprüche an Klima und Boden. Juli und August sollten feucht, der September trocken sein, damit sich viel Zucker in den Rüben bilden kann. Außerdem verlangen sie einen nährstoffreichen, steinfreien, lockeren Boden.

**M 2** *Arbeitsgänge beim Zuckerrübenanbau*

## Die „Kampagne" – die Zuckerrübe wird verarbeitet

Ab Ende September läuft die Ernte der Zuckerrüben auf vollen Touren. Mit schweren Maschinen werden in einem Arbeitsgang die Rübenblätter abgeschnitten, die geköpften Rüben aus dem Boden gehoben, gesäubert und in einem Behälter gesammelt.

Mit Treckern und Lkw werden sie dann zur Zuckerfabrik gefahren. In der Jülich-Zülpicher Börde gibt es noch Zuckerfabriken in Euskirchen und in Jülich. Hier können bis zu 15 000 Tonnen Rüben weiterverarbeitet werden. Die Rübenverarbeitung muss schnell gehen, denn bei längerer Lagerung verlieren diese ihren Zuckergehalt. Da die Kampagne bis Weihnachten beendet sein muss, wird in der Zuckerfabrik rund um die Uhr gearbeitet.

## Die Arbeit der Landwirte

Den Landwirten in der Jülich-Zülpicher Börde stehen große Flächen zur Verfügung, die den Einsatz modernster Maschinen und Geräte für die Aussaat, die Pflege und die Ernte ermöglichen, zum Beispiel große Trecker, Rübenvollerntemaschinen oder Mähdrescher. Außerdem lassen sich die Böden gut bearbeiten.

Das Land wird von den Landwirten in mehrere Schläge, das sind Felder mit einheitlichem Anbau, aufgeteilt. So wird zum Beispiel auf dem ersten Feld Weizen, auf dem zweiten Zuckerrüben und auf dem dritten Mais angebaut.

***Sie sind gerade bei der Ernte. Was haben Sie angebaut?***
In diesem Jahr ernten wir Weizen. Letztes Jahr haben wir Zuckerrüben angebaut, im nächsten werden wir hier Kartoffeln anpflanzen.
***Dann folgt ein Jahr Brache?***
Nein, denn durch unseren guten Dünger werden dem Boden die notwendigen Nähstoffe so zugeführt, dass er keine Zeit mehr zum Erholen benötigt. Deswegen können wir im drei- oder vierjährigen Rhythmus unsere Felder ohne Unterbrechung bestellen.
***Wie hat sich der Anbau der Ackerfrüchte geändert?***
Früher wurden die Kartoffeln in den Niederlanden angebaut. Da dort die Umweltbestimmungen verschärft wurden, lohnt sich nun auch für uns ihr Anbau. Außerdem hat sich die Nachfrage nach Mais gesteigert.
***Wo wird Ihre Ernte weiterverarbeitet?***

Wir fahren unsere Ernte zu den nahe gelegenen Silos, wo sie bis zur Weiterverarbeitung zwischengelagert werden. Früher konnten wir auch die Zuckerrüben dort abliefern, aber heute müssen wir weite Wege zur Zuckerfabrik fahren.
***Betreiben Sie auch Viehhaltung?***
Nein, wir sind ausschließlich auf Ackerbau spezialisiert.

**M 3** *Interview mit einem Landwirt*

Wenn ein Landwirt Jahr für Jahr die gleiche Ackerfrucht auf einem Feld anbauen würde, würden die Erträge sinken. Dem Boden würden immer die gleichen Pflanzennährstoffe entzogen und er würde immer unfruchtbarer werden. Durch eine sinnvolle Düngung und den Fruchtwechsel kann der Landwirt die Fruchtbarkeit des Bodens erhalten. Auch leben im Boden Krankheitserreger und Schädlinge, die sich leicht ausbreiten, wenn man die gleiche Pflanze mehrere Jahre hintereinander anbaut.

1 Erkläre, warum die Zuckerrübe besonders für den Anbau in der Börde geeignet ist (**M 1**, S. 192/193).
2 Erläutere den Anbau, die Ernte und die Verarbeitung der Zuckerrübe (**M 2, M 4**).
3 Beschreibe den Fruchtwechsel und begründe seine Notwendigkeit (**M 3**).
4 Begründe, warum in der Jülich-Zülpicher Börde kaum Viehzucht betrieben wird.
5 Überprüfe zu Hause, welche Lebensmittel Zucker enthalten. Liste fünf Lebensmittel auf und benenne wenn möglich deren Zuckergehalt. Bei welchen hättest Du einen niedrigeren, bei welchen einen höheren Zuckeranteil erwartet?

Hier findest du zusätzliche Informationen und Links:

cornelsen.de/webcodes
Code: yoboxe

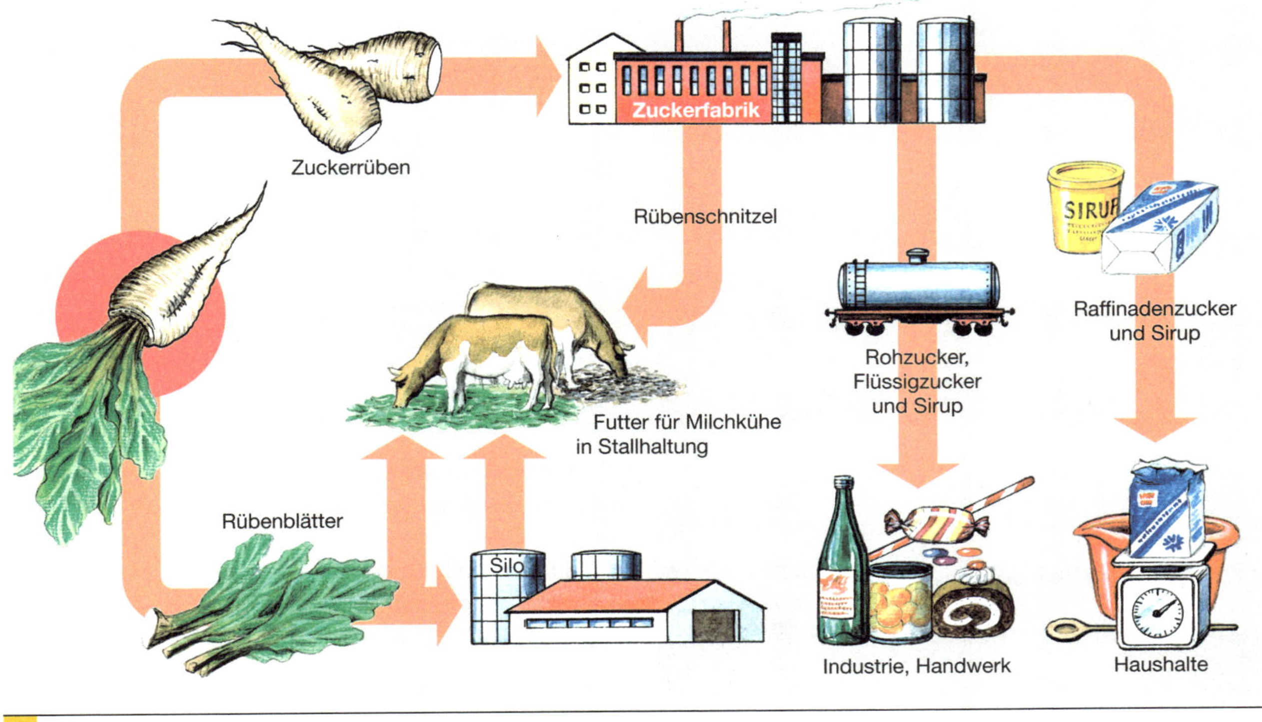


**M 4** *Verarbeitung der Zuckerrübe*

# Braunkohle – ein bedeutender Bodenschatz?

**M 1** *Braunkohlenabbau und Stromerzeugung*

**check-it**
- Entstehung der Braunkohle erklären
- Abbau und Nutzung der Braunkohle erläutern
- Merkmale eine Kraftwerkes benennen
- thematische Karten lesen
- Schemaskizzen auswerten
- ein Erklärvideo erstellen

## Ein Ausflug in die Vergangenheit

300 Millionen Jahre – ein unvorstellbar langer Zeitraum. Damals waren weite Teile Deutschlands vom Meer überflutet, an seinen Ufern wuchsen undurchdringliche dichte Wälder, aus denen Torf und schließlich Kohle entstanden. Die Braunkohle im Rheinischen Braun-

**1. Sumpfwald wächst**
Es herrscht ein feuchtes und warmes Klima. Im Küstentiefland wachsen üppige Wälder. Ganz allmählich senkt sich das Tiefland ab, oft weniger als einen Zentimeter in hundert Jahren. Ebenso langsam wird dabei der Waldboden vom Meer überflutet.

**2. Ein Torflager entsteht**
Abgestorbene Bäume versinken im Sumpf und häufen sich dort an. Auf der Moderschicht am Grund des flachen Meeres wachsen immer wieder neue Bäume. Auch diese Bäume sterben ab und versinken im Moor. In Jahrtausenden bildet sich aus dem abgestorbenen Holz schließlich Torf. Sand und Ton decken das riesige Torflager luftdicht ab.

**3. Weitere Torflager kommen dazu**
Wieder breitet sich Sumpfwald aus. Bei erneutem Absinken der Erdoberfläche bildet sich ein neues Torflager. Diese Vorgänge wiederholen sich während vieler Millionen Jahre. Dabei entstehen übereinander liegend viele Torfschichten.

**4. Druck und Hitze erzeugen Kohle**
Unter dem Druck der Sand- und Tonschichten und der dabei entstehenden Hitze wird Torf ganz langsam zu Braunkohle umgewandelt. Die Sand- und Tonschichten verfestigen sich zu **Sandstein** und Schiefergestein. Unter deren Druck wird aus der Braunkohle schließlich Steinkohle.

**M 2** *Entstehung von Kohle*

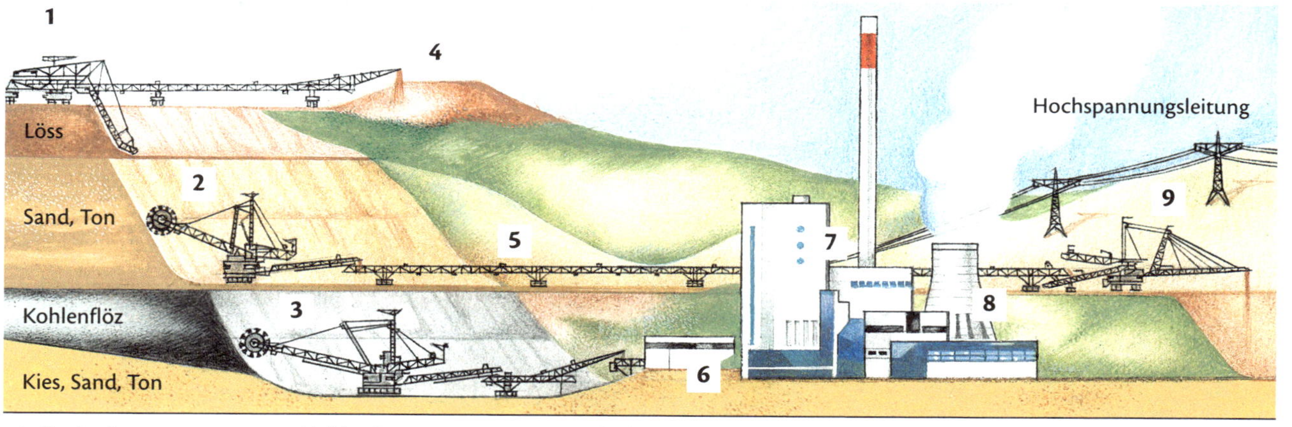


1 Bodenbagger
2 Abraumbagger
3 Kohlenbagger
4 Bodenkippe
5 Förderbänder
6 Kohlenbunker
7 Wärmekraftwerk
8 Kühlturm
9 Abraumverkippung

**M3** *Braunkohlentagebau und Stromerzeugung*

kohlenrevier ist fast 20 Millionen Jahre alt. Sie liegt in einer Tiefe von bis zu 400 Metern. Darüber liegen mächtige Schichten aus Sand, Kies und Ton sowie Löss. Die **Flöze** der Braunkohle sind bis zu 70 Meter dick und mächtig. Die Braunkohle wird im Tagebau gewonnen.

## Braunkohlenabbau im Tagebau

Um die Kohle gewinnen zu können, müssen zuerst die Deckschichten abgetragen werden. Schaufelradbagger, die täglich bis zu 240 000 Kubikmeter abbaggern können, sind fast 100 Meter hoch, 225 Meter lang und 13 500 Tonnen schwer. Über kilometerlange Förderbänder und mit Kohlenzügen wird die abgebaute Kohle zu den Kraftwerken transportiert.

## Aus Braunkohle wird Strom

Braunkohle gehört wie auch Steinkohle, Erdöl und Erdgas zu den wichtigen Energieträgern. Hatte sie früher auch eine Bedeutung zum Heizen und für die chemische Industrie, wird heute die in der Braunkohle gespeicherte Energie fast ausschließlich zu elektrischem Strom umgewandelt.
Dazu wird in Kraftwerken die Kohle verfeuert. Durch Verbrennung entsteht Wärme, die Wasser in Wasserdampf verwandelt. Die Kraft des Wasserdampfes treibt über eine Turbine den Stromerzeuger (Generator) an.
Da die Rohbraunkohle zu mehr als der Hälfte aus Wasser besteht, wäre ein Transport der Kohle über größere Entfernungen nicht wirtschaftlich. Deshalb wird Braunkohle in direkter Nähe zum Tagebau verarbeitet. Im Rheinischen Braunkohlenrevier gibt es mehrere Kraftwerke, mit denen Strom für die Haushalte und für die Industrie erzeugt wird. Vor allem Betriebe, die viel Strom verbrauchen, haben sich in der Nähe der Kraftwerke angesiedelt. Dazu gehören Unternehmen der Metallverarbeitung, der chemischen Industrie sowie Betriebe der Papier- und Aluminiumindustrie.

Das Kraftwerk Niederaußem gehört zu den modernsten Braunkohlekraftwerken der Welt. Mit einer Gesamtleistung von fast 3700 Megawatt ist es das in Bezug auf die Leistung zweitstärkste Kraftwerk. Täglich werden hier 77 000 Tonnen Braunkohle verarbeitet.
Zum Kraftwerk gehört der mit knapp 200 m zweithöchste Kühlturm der Welt. Aus dem Wasserdampf wird in den Kühltürmen Wasser zurückgewonnen. Ein Teil des Wasserdampfes entweicht in die Luft und ist über weite Entfernungen sichtbar.

**M4** *Braunkohlekraftwerk Niederaußem*

1 Erkläre, wie die Kohle entstanden ist. Erstelle dazu ein kurzes Erklärvideo (**M2**, ***Audio- und Videobearbeitung***).

2 Erläutere die Arbeitsvorgänge in einem Braunkohlentagebau. Erstelle dazu ein Fließdiagramm (**M1, M3**, ).

3 Erkläre, wie aus Braunkohle Strom entsteht, und nenne Merkmale des Kraftwerkes Niederaußem (**M4**, Karte S. 198).

4 Stelle in einer Liste zusammen, welche Industrien mit hohem Energiebedarf sich im Rheinischen Braunkohlenrevier angesiedelt haben (Karte S. 221, Atlas).

Hier findest du zusätzliche Informationen und Links:

cornelsen.de/webcodes
Code: kegeto

# Wie erhält die Landschaft ein neues Gesicht?

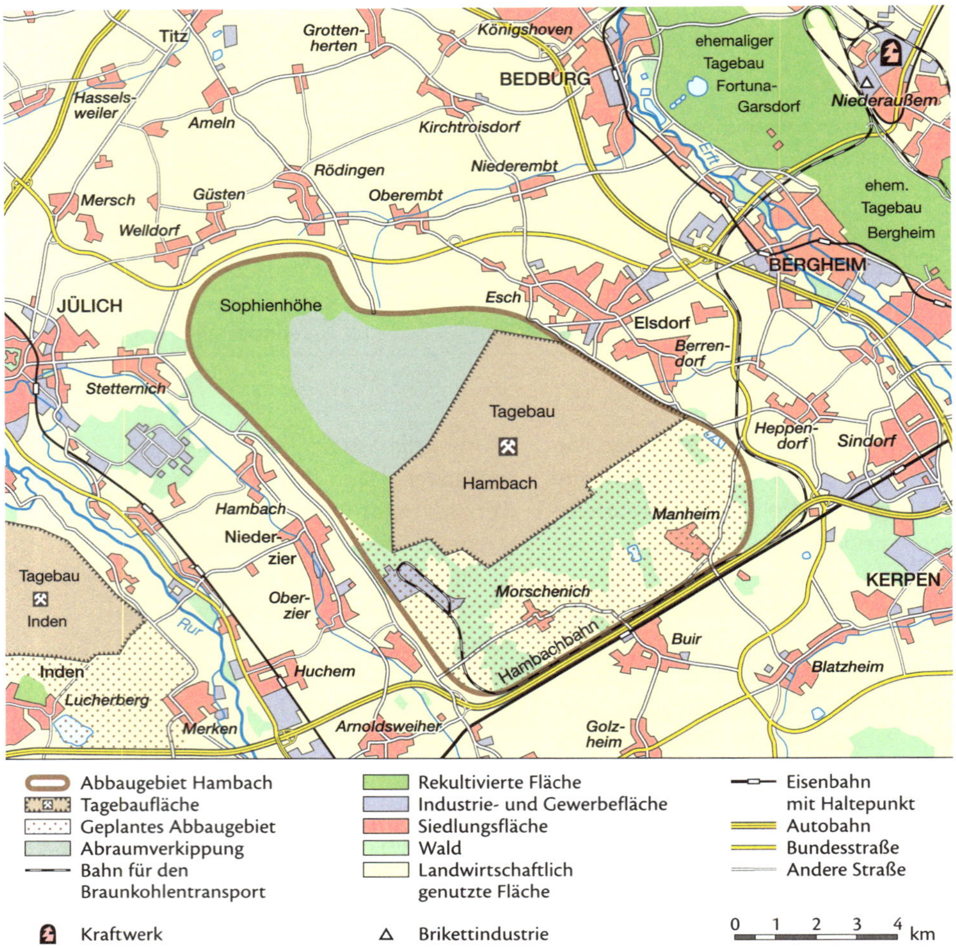


**M 1** *Braunkohlentagebau und Stromerzeugung*

**M 2** *Tagebau Hambach und Kraftwerk Niederaußem*

**check-it**
- geographische Lage von Hambach beschreiben
- Auswirkungen des Tagebaus auf die Landschaft erläutern
- Maßnahmen zur Rekultivierung darstellen
- Möglichkeiten der Nutzung von Restseen nennen
- ein Wandplakat erstellen
- eine Internetrecherche durchführen
- thematische Karten lesen

## Braunkohlenbergbau verändert die Landschaft

Die Braunkohlenförderung im Tagebau hinterlässt deutlich sichtbare Spuren in der Landschaft. Viele Menschen müssen durch den Tagebau Haus und Hof verlassen. Wohnungen, Häuser, Geschäfte und Straßen werden abgerissen. An anderer Stelle werden neue Dörfer errichtet, in die die Bewohner umziehen müssen. Sobald die ersten Kohlenflöze abgebaut sind, beginnt die Wiederherstellung der Landschaft, die **Rekultivierung.**

Zunächst wird das entstandene Tagebauloch mit dem Abraum verfüllt. Böschungen werden befestigt und bepflanzt, damit sie nicht abrutschen können. Auf der neu gewonnenen Fläche entstehen Wälder und Ackerbauflächen, Wiesen und Seen.

## Naherholung folgt dem Tagebau

Wenn die Braunkohle aus dem Boden herausgeholt worden ist, bleiben Restlöcher, die wieder verfüllt werden. Sofern das Restloch aber nicht zugeschüttet werden kann, füllt es sich nach Abschluss des Braunkohlenabbaus langsam mit Grundwasser und es bildet sich ein See. Diese Tagebaurestseen können für die Naherholung genutzt werden. Dadurch entstehen neue Freizeitmöglichkeiten, zum Beispiel kann:
- Wassersport betrieben werden wie Rudern und Segeln,
- ein Sandstrand zum Baden angelegt werden,
- ein Naturschutzgebiet entstehen.

## Restseen und Naturschutz

Einig ist man sich darüber, dass dem Naturschutz dabei eine wichtige Rolle

**M 3** *Wassersportsee Zülpich*

**M 4** *Rekultivierung auf der Sophienhöhe*

zukommt. So sollen sich Flora und Fauna an die nicht ausgebaggerte Umgebung anpassen, Feuchtgebiete sollen angelegt werden. Bei der Gestaltung des Sees wird besonders der Uferbereich berücksichtigt, um Rutschungen zu verhindern. Dies wird durch Verfestigung des Bodens und Bepflanzen erreicht. Auch die Wasserqualität soll hohen Anforderungen entsprechen, deswegen wird sie regelmäßig kontrolliert.

Nach Ende des Tagebaus Hambach verbleibt ein gigantisches Restloch. Dieses soll künstlich mit Wasser, welches per Pipeline vom Rhein herangeführt werden soll, befüllt werden. Jährlich müssten bis zu 270 Mio. Kubikmeter Rheinwasser in das Loch gepumpt werden. Trotzdem wird es bis zum Ende des Jahrhunderts dauern, ehe die geplante Befüllung vollständig ist. Dann entsteht ein See mit einer Fläche von 4 200 ha, das entspricht einer Größe von 6000 Fußballfeldern. Es wird eine Tiefe von bis zu 400 m und ein Wasservolumen von etwa 4 Mrd. Kubikmeter haben. Dieser wäre der tiefste und (nach Volumen) der zweitgrößte See Deutschlands nach dem Bodensee.

**M 5** *Restsee Hambach*

**1** Beschreibe die Lage des Braunkohlengebiets Hambach (**M 1, M 6,** Karte S. 221).

**2** Erläutere, wie sich die Landschaft durch den Tagebau verändert (**M 1** bis **M 6**).

**3** Stelle die Maßnahmen zur Rekultivierung in einer digitalen Pinnwand dar (**M 1** bis **M 6**, MK).

**4** Beschreibe die Restseen in der Jülich-Zülpicher Börde nach Lage und Größe (**M 5, M 6**).

**5** Nenne Möglichkeiten, wie die Restseen genutzt werden können (**M 3, M 4**).

**6** Wie würdest du einen Restsee gestalten? Fertige dazu eine Ideenliste an (**M 3** bis **M 6**, MK ***Ideen sammeln***).

**7** „Die Jülich-Zülpicher Börde – ein Landschaftsraum im Wandel“. Erstelle ein Wandplakat mit den Ergebnissen deiner Raumuntersuchung (MK).

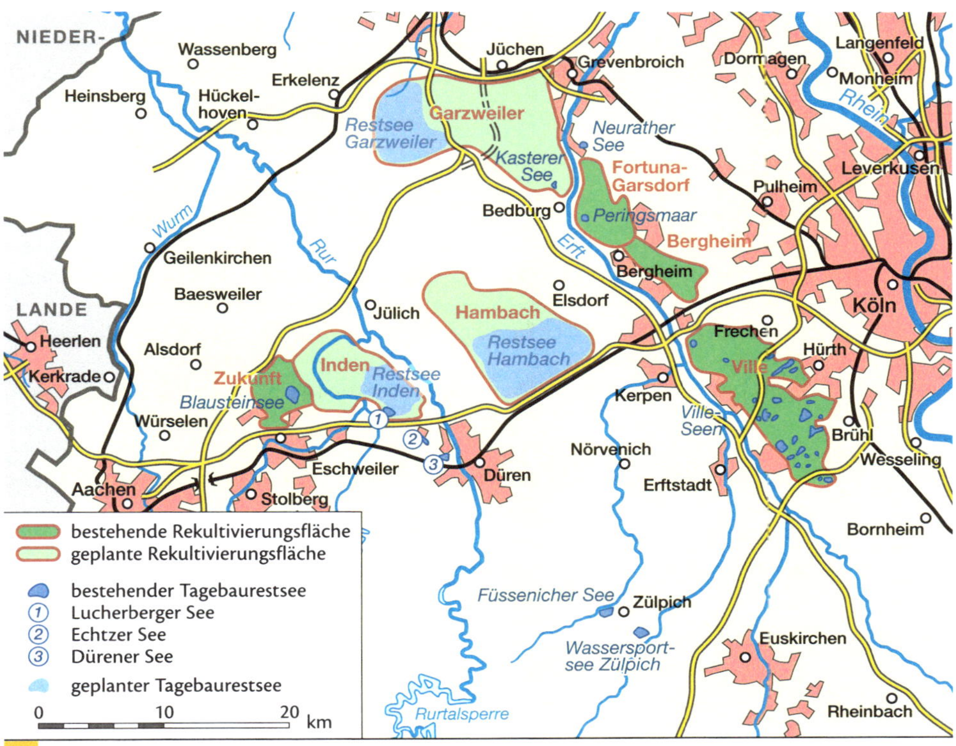


**M 6** *Tagebaurestseen im Rheinischen Braunkohlenrevier*

# Arbeitsaufträge und ihre Bedeutung

Arbeitsaufträge haben einen bestimmten Zweck: Sie helfen dir, die Materialien in deinem Geographiebuch richtig zu erschließen und zu bearbeiten. Materialien sind zum Beispiel: Bilder, Diagramme, Karten, Profile, Schaubilder, Tabellen, Texte. Dabei werden deine Fähigkeiten und Fertigkeiten, also deine Kompetenzen trainiert.

Wenn du die Arbeitsaufträge bearbeitet hast, kannst du selbst kontrollieren, ob du alles richtig gemacht hast. Am Anfang einer Doppelseite steht im „check-it“-Kasten, was du wissen und können sollst.

| Bereich Wissen und Kenntnisse | |
|---|---|
| **Arbeitsauftrag** | **Was von dir erwartet wird** |
| Analysiere | Du untersuchst gezielt Materialien und stellst fest, welche der einzelnen Aussagen von Bedeutung oder richtig sind. |
| Arbeite heraus | Du entnimmst Informationen aus den Materialien und gibst sie unter bestimmten Gesichtspunkten wieder. |
| Berichte | Du erkennst Informationen und Aussagen und gibst diese richtig wieder. |
| Beschreibe | Du gibst in eigenen Worten zusammenhängend, sachlich und möglichst genau wieder, was die Materialien aussagen. Erklärungen sind nicht nötig. |
| Charakterisiere/kennzeichne | Du benennst und beschreibst typische Merkmale eines Sachverhaltes, die dir auffallen. |
| Entwickle | Du findest zu einer Problemstellung selbstständig eine Lösung und begründest diese. |
| Erkläre | Du stellst mit eigenen Worten die Ursachen, Folgen und Gesetzmäßigkeiten von Sachverhalten und Abläufen verständlich und schlüssig dar. |
| Erläutere | Du beschreibst die Zusammenhänge von Sachverhalten und erklärst diese verständlich anhand von Beispielen. |
| Fasse zusammen | Du legst die wichtigsten Aussagen eines Sachverhaltes dar. |
| Gliedere | Du unterscheidest Merkmale oder Aussagen nach vorgegebenen oder selbst gewählten Kriterien. |
| Nenne/benenne | Du gibst einen Sachverhalt ohne Erklärung wieder. |
| Ordne ein/zu | Du versuchst Sachverhalte oder Räume in einen Zusammenhang zu stellen. |
| Stelle dar/lege dar | Du zeigst einen Sachverhalt sprachlich oder grafisch ausführlich auf. |
| Vergleiche | Du ermittelst Gemeinsamkeiten und Unterschiede, stellst diese gegenüber und formulierst ein Ergebnis. |
| Verorte/lokalisiere | Du findest auf einer Karte einen Fluss, eine Stadt oder einen Ort und beschreibst seine geographische Lage. |
| Zeige auf | Du gibst komplexe Informationen und Sachverhalte knapp und eventuell vereinfacht wieder. |

| Bereich Medien, Methoden und Arbeitstechniken | |
|---|---|
| **Arbeitsauftrag** | **Was von dir erwartet wird** |
| Erstelle/fertige an | Du stellst Sachverhalte zeichnerisch dar in Diagrammen, Kartenskizzen, Fließdiagrammen und anderen Darstellungen und beschriftest diese mit Fachbegriffen. |
| Führe durch | Du untersuchst einen Sachverhalt, zum Beispiel durch eine Befragung oder durch einen Versuch, nach einer genauen Anleitung. |
| Gestalte | Du fertigst mit verschiedenen Materialien zu einem vorgegeben Thema ein Produkt an. Das kann zum Beispiel ein Lernplakat oder eine Collage sein. |
| Plane | Du legst deine Vorgehensweise zur Bearbeitung einer Fragestellung, einer Problemstellung oder eines Projektes fest. |
| Präsentiere | Du stellst einen Sachverhalt anderen in verständlicher Form und möglichst mit von dir erarbeiten Aussagen und Materialien vor. |
| Recherchiere/informiere dich | Du suchst selbstständig oder mit Hilfe Informationen zu unbekannten Sachverhalten und stellst diese zusammen. |
| Werte aus | Du entnimmst Informationen und Sachverhalte aus Karten, Texten, Diagrammen oder Tabellen und gibst diese in Aussagen wieder. |
| Zeichne | Du stellst einen Sachverhalt zeichnerisch dar, zum Beispiel als Karte, Skizze oder Diagramm. |

| Bereich Beurteilen und Bewerten | |
|---|---|
| **Arbeitsauftrag** | **Was von dir erwartet wird** |
| Begründe | Materialien beinhalten Aussagen und stellen Behauptungen auf. Du suchst Argumente oder Beispiele, die diese Aussagen und Behauptungen unterstützen. |
| Beurteile | Du prüfst Aussagen, Vorschläge oder Maßnahmen auf ihre Richtigkeit, indem du Einzelheiten benennst und zu einem eigenen Urteil kommst. |
| Bewerte | Du nimmst persönlich Stellung zu den Materialien oder Aussagen und begründest anschließend deine Meinung. |
| Erörtere/diskutiere | Du entwickelst zu einer Problemstellung eigene Gedanken, untersuchst Pro und Kontra und vergleichst dieses miteinander, bevor du zu einem Sachurteil kommst. |
| Nimm Stellung | Du vertrittst zu einer Aussage eine eigene Meinung und begründest diese. |
| Prüfe/überprüfe | Du untersuchst an konkreten Sachverhalten, ob Aussagen, Behauptungen und Darstellungsweisen richtig beziehungsweise stimmig sind. |

# Lösungstipps zu den Aufgaben

## Kapitel 1 Die Erde erkunden

### S. 13

**2** Sortiere die Planeten nach ihrer Größe und ordne ihnen die Entfernung von der Sonne zu (**M 1, M 3**). Lege dazu eine Tabelle an.

▶ Du benötigst eine Tabelle mit 3 Spalten und 8 Zeilen. Die Tabelle könnte folgendermaßen aussehen:

| Name des Planeten | Größe (Durchmesser) | Entfernung von der Sonne |
|---|---|---|
| Jupiter | 143 000 km | 780 Mio. km |
| Saturn | 125 000 km | 1430 Mio. km |
| ... | ... | ... |

**7** Erkläre, welche Folgen es hätte, wenn die Erde sich nicht um die eigene Achse drehen würde. Nutze dazu den Globus (**M 2**).

▶ Gehe bei der Lösung wie folgt vor:
- Nenne die Folgen der Erdrotation, die du täglich erleben kannst.
- Nimm die Taschenlampe oder einen Diaprojektor und führe den Versuch **M 2** durch, ohne den Globus zu drehen.

### S. 17

**5** Erkläre die Begriffe „Landhalbkugel" und „Wasserhalbkugel" (**M 4**).

▶ Deine Erklärung sollte Antworten auf folgende Fragen enthalten:
- Wie lässt sich die Verteilung von Land und Wasser auf der Erde treffend benennen?
- Wo befindet sich die „Landhalbkugel" und warum wird diese so bezeichnet?
- Wo befindet sich die „Wasserhalbkugel" und warum wird diese so bezeichnet?

**6** Begründe, warum Weltkarten so unterschiedlich aussehen können (**M 1, M 5**).

▶ Beachte bei der Beantwortung, aus welchem Land die Atlaskarte stammt.

### S. 19

**4** Erläutere das Gradnetz der Erde (**M 3**).

▶ Bei der Lösung der Aufgabe solltest du folgende Fragen beantworten:
- Wozu wird das Gradnetz der Erde gebraucht?
- Wie verlaufen die Breitenkreise?
- Wie werden die Breitenkreise eingeteilt?
- Welchen besonderen Breitenkreis gibt es?
- Wie werden die Längenkreise eingeteilt?
- Welchen besonderen Längenkreis gibt es?

**5** Bestimme die geographische Lage der Orte A bis H (**M 3**).

▶ Gehe dabei nach der Schrittfolge in **M 4** vor. Beachte insbesondere den Nullmeridian (0° Länge) und den Äquator (0° Breite).

## Kapitel 2 Landschaften Deutschlands entdecken

### S. 41

**1** Benenne die Objekte in der stummen Karte. Nutze dazu die physische Karte (**M 1**, Karten S. 35 und S. 222, Atlas).

▶ Du sollst die Buchstaben und Zahlen in der Karte mit Namen versehen. Lege dir dazu eine Liste an nach folgendem Vorbild:

| Städte | Großlandschaften | Flüsse, Seen |
|---|---|---|
| 1 Kiel<br>2 Lübeck<br>3 ... | A Norddeutsches Tiefland<br>B Mittelgebirgsland<br>C ... | a Ems<br>b Weser<br>c ... |

| Meere | Mittelgebirge, höchste Berge |
|---|---|
| A ...<br>B ... | a Harz, Brocken 1141 m<br>b Rothaargebirge, ...<br>c ... |

**4** Erstelle ein Lernplakat zu einer Großlandschaft, das eine Kartenskizze oder Karte, Abbildungen sowie einen erläuternden Kurztext enthalten sollte (**M 2, M 3,** 🔑, MK).

▶ Beachte die Arbeitstechniken ***Lernplakate erstellen*** und ***Eine Internetrecherche durchführen.***

### S. 43

**3** Erläutere die Entstehung der Gezeiten (**M 3**).

▶ Bei der Lösung der Aufgabe solltest du folgende Fragen beantworten:
- Was geschieht auf der mondnahen Seite der Erde?
- Was geschieht auf der dem Mond abgewandten Seite der Erde?
- Welchen Namen hat diese Erscheinung?
- Was passiert in den dazwischen liegenden Gebieten?
- Welchen Namen hat diese Erscheinung?

**6** Beschreibe die Bedeutung der Gezeiten an der Küste. Beachte dabei:
- die Schifffahrt,
- Badegäste und Touristen (**M1, M4, M5**).

▶ Beachte dabei, dass nur von zwei Stunden vor Hochwasser bis zwei Stunden nach Hochwasser gebadet werden darf.

**7** Das Meer formt die Küste. Beurteile diese Aussage mithilfe von **M6**.

▶ Vergleiche den Küstenverlauf der Insel Spiekeroog 1650 und heute. Beziehe die Wirkung der Gezeiten in deine Erklärung ein.

## S. 45

**3** „Vom Meer zum Neuland" – Erstelle ein Fließdiagramm, das die Landgewinnung an der Nordseeküste darstellt und auch über die Dauer der Neulandgewinnung Auskunft gibt (**M 2**, ).

▶ Beachte die Arbeitstechnik ***Fließdiagramme zeichnen.*** Dein Fließdiagramm sollte mit folgendem Feld beginnen:

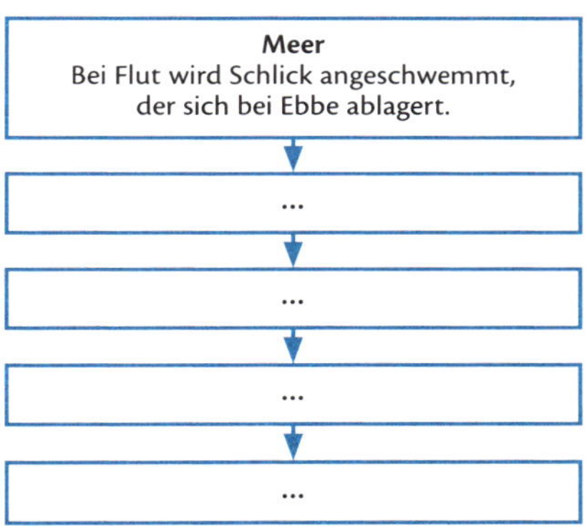


## S. 47

**1** Beschreibe die Lage der Wattgebiete an der deutschen Nordseeküste (**M 5,** Karten S. 35 und S. 222, Atlas).

▶ Du kannst:
- die Bundesländer nennen, an die diese angrenzen,
- Städte aufzählen, die am Wattenmeer liegen,
- Flüsse nennen, die ins Wattenmeer münden,
- Inseln nennen, die im Wattenmeer liegen.

**5** Erläutere das Zusammenleben im Watt. Erstelle dazu eine Mindmap (**M2**, Blockbild S. 48/49, ***Eine Mindmap erstellen***).

▶ Berücksichtige bei der Lösung der Aufgabe folgende Sachverhalte:
- die Wirkung der Gezeiten,
- die Anpassung der Tiere und Pflanzen an diese Bedingungen,
- die Nahrungspyramide im Wattenmeer, das heißt, welche Lebewesen die Nahrungsquelle für andere Lebewesen sind.

**6** Begründe, warum das Watt ein einzigartiger Lebensraum ist (**M 1** bis **M 3,** Blockbild S. 48/49).

▶ Denke bei deiner Begründung an die Gezeiten, an die Tiere und an den Menschen.

## S. 51

**1** Beschreibe die Ausdehnung des Inlandeises in Norddeutschland (**M 2**).

▶ Nimm dazu den Atlas oder die physische Karte Europas auf S. 226/227 zu Hilfe. Suche die Umrisse, die in **M 2** dargestellt sind, und benenne die heutigen Länder beziehungsweise deren Teile, die vom Inlandeis bedeckt waren.

**3** Erläutere die Entstehung der glazialen Serie (**M 4**).

▶ Verwende dazu die Begriffe Warmzeit und Kaltzeit. Beantworte folgende Fragen:
- Woher kam das Inlandeis und wohin bewegte es sich?
- Hat sich das Inlandeis in der Kalt- oder in der Warmzeit vorwärts bewegt?
- In welcher Zeit ist das Inlandeis abgeschmolzen?
- Welche Formen sind durch das im Inlandeis eingeschmolzene, über große Strecken transportierte und dann abgelagerte Material entstanden?
- Welche Formen der glazialen Serie sind durch die riesigen Mengen Schmelzwasser entstanden, die durch das Abtauen des Inlandeises entstanden sind?

## S. 53

**1** Beschreibe die geographische Lage des Sauerlandes (**M1**, Karte S. 220, Atlas).

▶ Beachte dabei:
- die Lage in Deutschland,
- die Lage in Nordrhein-Westfalen,
- die Lage zu anderen Landschaften,
- Flüsse und Städte.

## S. 57

**3** Stelle die Merkmale der Landschaften in einer Tabelle dar. Ordne jeder Landschaft Städte und kleine Landschaften zu (**M 1** bis **M 5,** Karte S. 220).

▸ Du benötigst eine Tabelle mit 4 Spalten und 7 Zeilen. Die Tabelle könnte folgendermaßen aussehen:

| Landschaft | Merkmale | Städte | Kleine Landschaften |
|---|---|---|---|
| Weserbergland | Durchschnittliche Höhen bis 300 m, Berge: Köterberg 497 m, starke landwirtschaftliche Nutzung | Bielefeld, Detmold, Minden, Herford, Lemgo | Wiehengebirge, Wesergebirge, Teutoburger Wald, Ravensberger Hügelland, Lipper Bergland |
| ... | ... | ... | ... |

## S. 59

**1** Beschreibe die geographische Lage der Alpen und benenne die Staaten, die Anteil an den Alpen haben (Karte S. 226/227, Atlas).

▸ Beachte dabei die Lage innerhalb Deutschlands und Europas sowie Staaten, die Anteil an den Alpen haben. Bei diesen kannst du mithilfe von Himmelsrichtungen die Lage der Alpen innerhalb der Staaten angeben. Du kannst auch große Flüsse nennen, die in den Alpen entspringen.

**5** Erläutere, auf welcher Höhenstufe der Pflanzenwelt sich die Almen auf der Alpennordseite befinden (**M 3** bis **M 5**).

▸ Überlege dazu, was eine Alm ist, oder schlage den Begriff im Lexikon nach. Kläre danach die Frage, welche Aufgaben eine Alm zu erfüllen hat.

# Kapitel 3 Stadt und Land als Lebensräume vergleichen

## S. 67

**2** Trage in eine Kartenskizze von Nordrhein-Westfalen die in **M3** genannten Städte ein und beschreibe ihre Lage (**M 3**, Karte S. 220).

▸ Gehe folgendermaßen vor:
- Lege über die Karte ein Transparentpapier.
- Übertrage auf das Transparentpapier die Landesgrenze von Nordrhein-Westfalen.
- Ergänze die Kartenskizze um die vier bis fünf größten Flüsse in Nordrhein-Westfalen und ergänze ihre Namen in deiner Kartenskizze.
- Übertrage aus der Karte die Städte aus **M3** auf das Transparentpapier und ergänze ihre Namen.

▸ Anschließend kannst du anhand deiner fertigen Kartenskizze die Lage der Städte beschreiben. Beispiel: „Köln liegt am Rhein und im südwestlichen Teil von Nordrhein-Westfalen."

## S. 69

**4** Lege eine Tabelle an und ordne die Stadtviertel den Bereichen „Wohnen", „Arbeiten" und „Freizeit" zu. Beachte, dass manche Viertel auch mehreren Bereichen zugeordnet werden können (**M 1** bis **M 4**).

▸ Die Tabelle enthält 4 Zeilen und 4 Spalten und könnte folgendermaßen aussehen:

| Stadtviertel | Wohnen | Arbeiten | Freizeit |
|---|---|---|---|
| Geschäfts- und Verwaltungsviertel | ... | ... | ... |
| Wohn- und Mischviertel | ... | ... | ... |
| ... | ... | ... | ... |

## S. 71

**1** Beschreibe die geographische Lage von Düsseldorf (Karte S. 220, Atlas).

▸ Beachte dabei die geographische Lage in Nordrhein-Westfalen und Deutschland. Benenne den Fluss, an dem die Stadt liegt. Beschreibe mithilfe der Himmelsrichtungen die Lage benachbarter Städte.

**2** Nenne Gebäude, die zur Landesregierung gehören, und beschreibe ihre Lage (**M 1, M 2,** Karte S. 63 oben).

▸ Suche auf der Karte die Gebäude der Landesregierung und gib mithilfe der Himmelsrichtungen ihre Lage an. Nenne – falls möglich – den Stadtteil und die Straße, in der sie liegen.

## S. 72

**6** Beschreibe die Fahne Deutschlands und das Wappen von Nordrhein-Westfalen. Recherchiere im Internet über die Bedeutung des Wappens und fasse deine Ergebnisse in einem Kurzvortrag zusammen (**M 1, M 2,** MK).

▸ Beachte die Hinweise zu den Arbeitstechniken ***Eine Internetrecherche durchführen*** und ***Einen Kurzvortrag, ein Kurzreferat halten***.

## S. 75

**6** Beurteile die Bedeutung Berlins als Bundeshauptstadt.
- Beachte dabei, welche Einrichtungen in der Bundeshauptstadt vertreten sein müssen und welche Bedeutung eine Bundeshauptstadt im Ausland hat.

## S. 79

**5** Nenne Probleme, die auftreten können, wenn viele Menschen vom Wohnort zum Arbeitsplatz in der Stadt pendeln (**M 1**, **M2**).
- Berücksichtige dabei:
  - den Verkehr,
  - die Umweltbelastung,
  - die Situation tagsüber und abends in der Stadt und in den Umlandgemeinden.
- Informationen findest du in **M1** und **M2** sowie dem Absatz „Pendler" auf S. 78.

## S. 81

**1** Erläutere die Veränderungen im städtischen und ländlichen Raum (**M 1**).
- Beachte dabei:
  - die Art der Häuser,
  - die Berufe der Bewohner,
  - die Dichte der Bebauung und
  - die Entwicklung der Grünflächen.
- Weitere Informationen findest du im Textabschnitt „Dörfer verändern sich".

**5** Bildet Gruppen und diskutiert die Vor- und Nachteile der Veränderungen im Umland aus der Sicht eines Landwirts, einer Bewohnerin einer Neubausiedlung, eines Naturschützers und eines Dorfpolitikers.
- Berücksichtigt dabei sowohl die Veränderungen als auch die Auswirkungen auf
  - die Art des Wohnens,
  - die beruflichen Möglichkeiten,
  - die Versorgung zum Beispiel mit Geschäften, Schulen, Kindergärten sowie
  - die Auswirkungen auf die Pflanzen und die Tierwelt.

# Kapitel 4 Europas Vielfalt erkennen

## S. 97

**2** Vergleiche das Satellitenbild mit der Karte (**M 1**, Bild S. 92/93).
- Überprüfe, ob
  - Gebiete mit vielen Lichtpunkten auf dem Satellitenbild auf der Karte als Gebiete mit vielen Einwohnern pro Quadratkilometer dargestellt sind.
  - du einzelne, besonders helle Lichtpunkte auf dem Satellitenbild Städten auf der Karte zuordnen kannst.
  - dunkle Bereiche auf dem Satellitenbild auf der Karte als Gebiete mit nur wenigen Einwohnern pro Quadratkilometer dargestellt sind.

**4** Werte die Bilder aus und benenne mögliche Ursachen für die dargestellte Besiedlung. Leite daraus Aussagen zur Bevölkerungsdichte dieser Gebiete ab (**M 1** bis **M 4**).
- a) Beschreibe die Bilder mithilfe der Checkliste zur Bildbeschreibung auf S. 38.
- b) Suche die dargestellten Bereiche auf der Karte **M 1** und gib an, ob sie eher dicht oder dünn besiedelt sind.
- c) Zähle auf, was jeweils günstig beziehungsweise ungünstig für eine Besiedlung ist. Nutze dazu auch die Informationen aus dem Text S. 96 „Menschen in Europa".

## S. 99

**2** Fertige eine Tabelle an. Ordne den Ländern der EU ihre Hauptstädte und die Einwohnerzahl zu. Sortiere die Länder nach dem Jahr des Beitritts zur EU und kennzeichne mit einem Eurozeichen (€) jene, in denen du mit dem Euro bezahlen kannst (**M 5**).
- Die Tabelle könnte so aussehen:

**Die Europäische Union**

| Land | Hauptstadt | Einwohnerzahl | Jahr des Beitritts |
|---|---|---|---|
| Deutschland (€) | Berlin | ... | ... |
| ... | ... | ... | ... |

## S. 101

**5** Ordne die Naturräume (Tiefland, Mittelgebirgsland, Hochgebirgsland) den europäischen Teilräumen zu (**M 1 bis M 3**, S. 95 **M 4**). Lege dazu eine Tabelle an.
- Die Tabelle enthält 7 Zeilen und 4 Spalten und könnte folgendermaßen aussehen:

| | Hochgebirge | Mittelgebirgsland | Tiefländer |
|---|---|---|---|
| Nordeuropa | – | X | X |
| Westeuropa | ? | ? | ? |
| ... | ? | ? | ? |

### S. 105

**2** Erläutere den Einfluss von Wasser- und von Landmassen auf das Klima.

▶ Beachte bei der Lösung der Aufgabe,
- dass sich Festland und Meer im Sommer unterschiedlich schnell erwärmen,
- dass Festland und Meer die Wärme unterschiedlich lange speichern können,
- die sich daraus ergebenden Auswirkungen auf die Temperaturen im Sommer und Winter,
- dass auf die Niederschlagsmengen auch die Lage eines Ortes (in der Nähe oder weit entfernt vom Meer) Einfluss hat.

**4** Beschreibe die Lage der Klimastationen (**M 1, M 2,** Karte S. 226/227, Atlas).

▶ Beachte dabei die Angaben zur geographischen Breite und Länge sowie zur Höhenlage über dem Klimadiagramm. Aus der Karte in **M 1** auf S. 160 kannst du ermitteln, ob die Klimastation am Meer liegt oder vom Meer entfernt. Mithilfe der Karten S. 226/227 und S. 228/229 kannst du feststellen, in welchem Land die Klimastation liegt.

### S. 107

**6** Erkläre, warum Lärchen in sehr kalten, langen Wintern gedeihen können.

▶ Beachte für die Beantwortung der Frage **M 2** auf S. 106.

## Kapitel 5 Landwirtschaftliche Produktion untersuchen

### S. 117

**1** Stelle die natürlichen Grundlagen, die die Landwirtschaft beeinflussen, in einer Mindmap dar (🔧 MK).

▶ Beachte für die Lösung der Aufgabe die Arbeitstechnik ***Eine Mindmap erstellen***. Gehe nach der Schrittfolge zum Erstellen einer Mindmap vor.

**4** Bildet vier Gruppen, wählt je zwei Bauernregeln aus und erläutert diese (**M 3**).

▶ Bei der Lösung der Aufgabe solltet ihr folgende Punkte beachten:
- Klärt zunächst die Bedeutung aller Worte in den Bauernregeln.
- Welche Aussage wird über das Wetter in der Bauernregel getroffen?
- Wie würdet ihr diese Regel heute ausdrücken?

**5** Begründe, warum die Landwirtschaft in den Mittelgebirgen nur wenig ertragreich ist (**M 2**).

▶ Beachte bei der Begründung die Besonderheiten des Niederschlags, der Oberflächenformen und der Sonneneinstrahlung in den Mittelgebirgen.

**6** Prüfe die Aussage: Das Wetter ist für die Landwirte Freud und Leid zugleich.

▶ Überlege dazu zunächst, welche positiven und negativen Auswirkungen das Wetter für die Landwirtschaft haben kann. Erkläre anschließend, ob die Aussage richtig ist.

### S. 119

**1** Beschreibe das Bild (**M 1**).

▶ Gehe bei der Bildbeschreibung nach der Checkliste auf S. 38 vor. Achte besonders auf die Bodennutzung, den Waldanteil und die Dörfer.

**2** Suche die Börden in der Karte und nenne Lagemerkmale der Börden (Karten S. 114 **M1** und S. 224, Atlas).

▶ Gehe so vor:
Lies den Absatz „Lage der Börden" auf S. 118. Die Börden sind nach Städten benannt, in deren Umgebung sie liegen. Suche diese Städte auf der physischen Karte S. 222. Berücksichtige bei der Beschreibung zum Beispiel die Lage zu Mittelgebirgen und großen Flüssen.

**5** Der Weizenanbau erfordert moderne Technik auf dem Acker. Erläutere diese Aussage (**M 1** und **M 4**).

▶ Betrachte das Foto **M 1** und beachte die Größe der Felder, die Beschaffenheit der Böden und die Oberflächenform.

**7** Begründe die Notwendigkeit des Fruchtwechsels (**M 5**).

▶ Überlege, was passieren würde, wenn man immerzu zum Beispiel nur Weizen auf einem Feld anbauen würde. Erläutere, wie sich das auf die Fruchtbarkeit des Bodens und die Erträge auswirken würde.

### S. 121

**1** Beschreibe und erkläre die Entwicklung der Schweinebestände und der Schweine haltenden Betriebe in Deutschland seit 1950 (**M 2**).

▶ Verwende zur Erklärung die Begriffe Intensivierung und Spezialisierung.

**3** Erkläre, warum Paul Averkamp so viele Schweine in einem Jahr mästen kann und welche Probleme dabei auftreten.

▶ Beachte dabei, wie lange die Schweine auf dem Hof bleiben, wie sie gefüttert werden und was sie ausscheiden.

**4** Erstelle ein Säulendiagramm zur Veränderung der Schweineanzahl pro Betrieb seit 1950. Wähle den Maßstab: Zehn Schweine entsprechen einem Millimeter (**M 2**).

▶ Trage auf der waagerechten Achse im Abstand von 1 cm die Jahre ein. Sie muss also 7 cm lang sein. Auf der senkrechten Achse wird die Anzahl der Schweine pro Betrieb eingetragen. Sie muss 12 cm lang sein. Unterteile sie in gleichmäßige Abstände zu je 10 mm und beschrifte sie = 100 Schweine.

▶ Beachte auch die digitale Methode ***Grafiken, Schemata und Diagramme erstellen.***

## S. 123

**2** Nenne Merkmale der ökologischen Viehwirtschaft (**M 1, M 2**).

▶ Hinweise findest du in **M 1** und **M 2** sowie im Text „Ökologische Viehwirtschaft". Suche zunächst nach Oberbegriffen zur ökologischen Viehwirtschaft und ergänze dann, was du zu den Oberbegriffen jeweils findest:
- Tierhaltung: artgerecht, ...
- ...

**3** Erläutere, mit welchen Maßnahmen der Öko-Landwirt die Bodenfruchtbarkeit erhält beziehungsweise verbessert (**M 2**).

▶ Gehe so vor:
Suche in der Grafik das Wort „Bodenfruchtbarkeit". Betrachte alle Pfeile, die zu diesem Wort hinführen, also zeigen, wie Öko-Landwirte diese erhalten beziehungsweise verbessern.
Notiere die Maßnahmen und überlege dabei, ob du sie eventuell gliedern kannst.

**5** Vergleiche herkömmliche und ökologische Betriebe (**M 3**).

▶ Beachte dabei Arbeitsaufwand, Produktionskosten, Erträge und Preise für die Produkte.

## S. 127

**1** Beschreibe die geographische Lage des Allgäus (Karten S. 35 und S. 222).

▶ Beachte dabei zum Beispiel die Lage in Deutschland (Himmelsrichtung), die Großlandschaft, die Höhenlage, Flüsse, Städte und Gebirge:
*Das Allgäu liegt im ... Deutschlands. Es liegt im ... in durchschnittlich ... Metern Höhe. ...*

**3** Begründe, warum Ackerbau im Allgäu nicht sinnvoll ist (**M 3, M 4**).

▶ Beachte dabei die Temperatur- und Niederschlagsverhältnisse im Allgäu.

## S. 129

**3** Beschreibe die geographische Lage der Molkereien, die zur DMK gehören (**M 6**).

▶ Beachte dabei die geographische Lage in Nordrhein-Westfalen, in Deutschland und im angrenzenden Ausland. Stelle jeweils fest, in welchem Bundesland die Molkerei liegt.

## S. 131

**4** Beschreibe, wie das Wasser auf der Erde verteilt ist.

▶ Beachte den Textabschnitt „Wasserverteilung auf der Erde".

**5** Erkläre, warum Trinkwasser ein kostbarer und knapper Rohstoff ist.

▶ Beachte bei deiner Erklärung, dass Wasser nicht gleich Trinkwasser ist und welche Wasservorkommen sich nicht als Trinkwasser eignen.

## S. 133

**1** Beschreibe die geographische Lage von Valencia und seinem Umland (**M 1,** Karte S. 226/227, Atlas).

▶ Beachte bei der Lagebeschreibung folgende Lagemerkmale: die Lage in Europa und in Spanien, die Lage zum Meer, die Oberflächenformen und die Höhenlage.

## S. 135

**4** Erläutere die Aussage: Die Gewächshäuser machen die Landwirte von der Natur unabhängig (**M 1, M 2**).

▶ Beachte dabei Folgendes:
- Wetter und Klima,
- Bodenqualität,
- Wasserversorgung,
- Schädlinge.

## Kapitel 6 Industrie- und Dienstleistungsstandorte beschreiben

### S. 143

**2** Suche im Internet drei weitere Fotos für unterschiedliche Tätigkeiten in den drei Wirtschaftssektoren ( ).

▶ Beachte die Arbeitstechnik und digitale Methode ***Eine Internetrecherche durchführen***.

**6** Nenne Gründe, warum immer weniger Menschen im primären und sekundären Sektor arbeiten (**M 4, M 5**).

▶ Bedenke, dass heute viele Tätigkeiten in der Wirtschaft nicht mehr vom Menschen selbst ausgeführt werden, sondern er zahlreiche „Helfer" hat.

**7** Erstelle eine Tabelle, in der du auflistest, welche Dienstleistungen du im Laufe eines Tages in Anspruch nimmst.

▶ Die Tabelle könnte folgendermaßen aussehen:

| Uhrzeit | Beispiel Dienstleistung |
|---|---|
| 7.00 | Radio hören |
| 7.15 | Wasser zum Duschen vom Wasserwerk |
| ... | ... |

### S. 145

**1** Beschreibe die geographische Lage des Ruhrgebiets (**M 2**, Karte S. 225, Atlas).

▶ Beachte dabei zum Beispiel die Lage in Nordrhein-Westfalen und Deutschland (Himmelsrichtung), die Großlandschaft, die Höhenlage, die Lage zu Flüssen und zum Meer, Städte und Gebirge.

**5** Erkläre den Aufstieg und Niedergang des Steinkohlenbergbaus im Ruhrgebiet. Nutze dazu das Internet und gestalte einen Kurzvortrag ( ).

▶ Beachte dabei die Arbeitstechnik und digitale Methode ***Eine Internetrecherche durchführen*** und die Arbeitstechnik ***Einen Kurzvortrag, ein Kurzreferat halten.***

### S. 147

**3** Benenne Merkmale des Dienstleistungsbereichs.

▶ Beachte das Lexikon.

**4** Gestalte eine Karte des Ruhrgebietes zum Thema: „Das Ruhrgebiet im Wandel". Nutze dazu das Internet ( ).

▶ Nutze dazu die Arbeitstechnik und digitale Methode ***Eine Internetrecherche durchführen.***

**5** Erläutere das Anwachsen des Dienstleistungsbereichs im Ruhrgebiet (**M 4**).

▶ Überlege dazu auch, welche Tätigkeiten zum Dienstleistungsbereich gehören. Sie werden im Textabschnitt „Dienstleitungen auf dem Vormarsch" genannt. Welche Dienstleistungen nutzt deine Familie, welche Dienstleitungen nutzen Unternehmen? Welche neuen Dienstleistungen könnten in Zukunft entstehen?

### S. 149

**3** Nenne Merkmale der Just-in-time-Produktion.

▶ Lies den Absatz „Just-in-time-Produktion".

**4** Gestalte ein Lernplakat zu den Standorten der Autoproduktion in Deutschland (Karte S. 225, ).

▶ Stelle mithilfe der Karte fest, in welchen Städten Autos hergestellt werden. Beachte bei der Gestaltung des Lernplakats die Hinweise zu der Arbeitstechnik ***Lernplakate erstellen***.

### S. 151

**1** Nenne Merkmale von Hightechindustrien (**M 1, M 2, M 4**).

▶ Erkläre, was man unter dem Wort versteht, und nenne Beispiele. Beschreibe **M 1** in Hinblick auf die Beschäftigten und die Produktionsstätte.

**3** Beschreibe die Lage Münchens und erläutere, warum die Stadt bei Hightechbetrieben und ihren Mitarbeitern so beliebt ist (**M 5**, Karte S. 35, Atlas).

▶ Beachte dabei die Verkehrsanbindung, das Umland, Freizeitmöglichkeiten und Besonderheiten der Stadt.

**4** Erläutere, warum die Hightechindustrie auch als „weiße Industrie" bezeichnet wird (**M 1**).

▶ Überlege, durch welche anderen Adjektive du das Adjektiv weiß ersetzen könntest im Hinblick auf die Produktionsbedingungen in Betrieben der Hightechindustrien.

**5** Bildet Gruppen und wählt eine Hightechindustrie aus (**M 2**). Gestaltet dazu eine digitale Pinnwand ( ).

▶ Eure Pinnwand sollte folgende Aspekte beinhalten: Firmen, Produkte und deren Verwendung, Standorte im Raum München. Beachtet die digitale Methode ***Ideen sammeln.***

### S. 155

**1** Beschreibe die Lage des Hamburger Hafens in Deutschland und Europa (Karten S. 222 und S. 226/227, Atlas).

▶ Berücksichtige zum Beispiel die Anbindung ans Meer und ans Hinterland, die Lage zu Industriegebieten und großen Städten und die Verkehrsverbindungen.

**3** Erläutere die Zusammenarbeit im Containerhafen vom Einlaufen bis zum Auslaufen des Schiffes (**M 1**).

▶ Beschreibe die Fotos. Weitere Informationen findest du im Textabschnitt „Ein Containerschiff im Hafen".

### S. 157

**2** Nenne weitere Lagemerkmale für die Stadt Leipzig und beschreibe deren geographische Lage (Karte S. 222, Atlas).

▶ Beschreibe die Lage innerhalb Deutschlands mithilfe von Himmelsrichtungen, die Lage an Flüssen und zu anderen Städten, Großlandschaften und Gebirgen sowie Verkehrsanbindungen (Autobahn, Eisenbahn, Flughafen und Wasserstraßen).

**3** Fertige eine Mindmap an, in der du die verschiedenen Arten von Dienstleistungen in Leipzig darstellst (**M 1** bis **M 4**, MK).

▶ Benenne Bundesländer, die Anteil an der Eifel haben, und beschreibe die geographische Lage innerhalb dieser Bundesländer. Beschreibe mithilfe der Himmelrichtungen, welche Flüsse und Landesgrenzen die Eifel begrenzen. Benenne Städte, die in der Eifel oder an ihrem Rand liegen. Beachte die Methode ***Eine Mindmap erstellen***.

### S. 159

**1** Beschreibe die geographische Lage Finnlands in Europa (Karte S. 226/227, Atlas).

▶ Betrachte die Karte Europas auf S. 226/227. Beschreibe mithilfe der Himmelsrichtungen die geographische Lage Finnlands in Europa. Benenne die Nachbarländer Finnlands.

▶ Beschreibe die Lage großer Städte und Landschaften in Finnland.

▶ Bestimme die Klima- und Vegetationszone, in der Finnland liegt (S. 104 bis 107).

**7** Beurteile, welche Auswirkungen der Einsatz von Vollerntern auf die Arbeitsplätze hat (**M 6**).

▶ Überlege, welche Folgen der Einsatz moderner Maschinen in der Holzwirtschaft hat. Beachte die Menge des Holzes, die mit einem „Vollernter" gefällt werden kann, im Vergleich zu einem Waldarbeiter, der mit Axt und Säge arbeitet. Erläutere die Auswirkungen der unterschiedlichen Holzmenge auf die holzverarbeitende Industrie.

### S. 161

**3** Beschreibe die Lage der Airbus-Standorte in Europa (**M 2, M 5,** Karte S. 226/227).

▶ Beschreibe zum Beispiel die Lage innerhalb Deutschlands mithilfe von Himmelsrichtungen, die Lage an Flüssen oder am Meer, Verkehrsanbindungen (Autobahn, Eisenbahn, Flughafen sowie Wasserstraßen).

## Kapitel 7 **Tourismus und seine Folgen erläutern**

### S. 171

**1** Beschreibe die geographische Lage Grindelwalds sowie der Berner Alpen und benenne die drei höchsten Berge, die du im Sommer-Panoramabild findest (**M 4,** Karte S. 167 unten, Atlas).

▶ Berücksichtige dabei:
- die Lage der Berner Alpen innerhalb der Alpen (Himmelsrichtung),
- das Land, in dem die Berner Alpen und Grindelwald liegen,
- die Lage des Ortes Grindelwald in den Berner Alpen (Nähe zu anderen Orten, Seen, Bergen).

### S. 173

**3** „Der Bergwald ist ein Schutzwald." Erläutere diese Aussage (**M 1**).

▶ Überlege dazu, wo der Bergwald liegt und was dieser in den Alpentälern schützen kann.

### S. 174

**1** Beschreibe die geographische Lage der Eifel (Karte S. 220, Atlas).

▶ Benenne Bundesländer, die Anteil an der Eifel haben, und beschreibe die geographische Lage innerhalb dieser Bundesländer. Beschreibe mithilfe der Himmelsrichtungen, welche Flüsse und Landesgrenzen die Eifel begrenzen. Benenne Städte, die in der Eifel oder an ihrem Rand liegen.

**3** Miss jeweils die Entfernung (Luftlinie) von Aachen, Köln, Bonn und Euskirchen nach Hellenthal in der Eifel.

Begründe, ob für diese Städte die Eifel ein Naherholungsgebiet ist (Karten S. 220 und 221).

- 1. Suche die Städte auf den Karte.
- 2. Miss die Entfernung zwischen den Städten mit einem Lineal.
- 3. Rechne die Entfernung mithilfe des Maßstabs in die Länge um, die sie in der Wirklichkeit beträgt (S. 26/27). Begründe anschließend, ob diese Entfernungen für einen Ausflug oder Kurzurlaub geeignet sind.

**5** Erstelle eine Tabelle mit Gründen für und gegen einen Wochenendausflug in die Eifel (**M 3**).

- Die Tabelle kann folgendermaßen aussehen:

| **Vorteile** | **Nachteile** |
|---|---|
| – Unterschiedliche Freizeitaktivitäten zum Beispiel Wandern, Rad fahren, Tretboot fahren, klettern<br>– .... | – viele Menschen bei schönem Wetter<br>– ... |

## S. 179

**1** Beschreibe die Lage von Wangerooge (Karte S. 47 **M 5**, Atlas).

- Beachte dabei, in welchem Meer die Insel liegt, zu welcher Inselgruppe sie gehört, die Lage zu Nachbarinseln und dem Festland.

## S. 181

**2** Nenne Merkmale, Ursachen und Folgen des Massentourismus. Lege dazu eine Tabelle an (**M 1** bis **M 6**).

- Die Tabelle könnte so aussehen:

| | **Massentourismus** |
|---|---|
| Merkmale | ... |
| Ursachen | ... |
| Folgen | ... |

## S. 183

**1** Beschreibe die geographische Lage von Benidorm (Karten S. 167 oben und S. 226/227, Atlas).

- Beachte dabei die Lage in Europa, in Spanien, das Meer, den Küstenabschnitt.

**3** Erläutere, wie der Massentourismus das Ortsbild von Benidorm verändert hat (**M 1** bis **M 4**).

- Vergleiche dazu die Karten in **M 4**.

# Kapitel 8 Einen Raum untersuchen

## S. 193

**5** „Der wahre Schatz des Raumes lagert in der Tiefe." Begründe diese Aussage.

- Benenne zunächst den Bodenschatz, der in der Tiefe lagert, und begründe dann, warum er so wertvoll ist, dass er als Schatz bezeichnet wird.

## S. 195

**4** Begründe, warum in der Jülich-Zülpicher Börde kaum Viehzucht betrieben wird.

- Denke dabei an die Eigenschaften von Löss.

## S. 197

**2** Erläutere die Arbeitsvorgänge in einem Braunkohlentagebau. Erstelle dazu ein Fließdiagramm (**M 1, M 3,** ).

- Beachte die Arbeitstechnik ***Fließdiagramme zeichnen***.

**4** Stelle in einer Tabelle zusammen, welche Industrien mit hohem Energiebedarf sich im Rheinischen Braunkohlenrevier angesiedelt haben (Karte S. 221, Atlas).

- Deine Tabelle kann folgendermaßen aussehen:

| **Stadt** | **Industrie** |
|---|---|
| Grevenbroich | Aluminiumherstellung |
| Weisweiler | Elektroindustrie |
| ... | ... |

## S. 199

**1** Beschreibe die Lage des Braunkohlengebiets Hambach (**M 1, M 6,** Karte S. 221).

- Beachte dabei die Lage in Deutschland (Himmelsrichtung), die Großlandschaft, die Höhenlage, Flüsse, Städte und Gebirge.

**7** „Die Jülich-Zülpicher Börde – ein Landschaftsraum im Wandel". Erstelle ein Wandplakat mit den Ergebnissen deiner Raumuntersuchung ( MK).

- Beachte bei der Gestaltung des Wandplakats außer den Seiten 201/202 die Arbeitstechniken ***Lernplakate erstellen*** und ***Tipps zum Erstellen von Plakaten und Folien***.

# Arbeitstechniken und Medien

## Audio- und Videobearbeitung

Im Internet gibt es mehrere Apps, mit denen Audioaufnahmen bearbeitet und eigene Videos erstellt werden können.

Audio- und Videobearbeitung:

cornelsen.de/webcodes
Code: yerure

## Blockbilder lesen

Ein Blockbild ist eine geographische Zeichnung. Es zeigt Dinge und Erscheinungen an der Erdoberfläche wie ein Bild. Seitlich werden in einem Blockbild die Höhenunterschiede dargestellt.

- Informiere dich, welche Landschaft dargestellt ist.
- Beschreibe die Lage, die Oberflächenformen, die Nutzung und andere Inhalte des Blockbildes.
- Ordne das Blockbild in eine Karte ein.

## Fließdiagramme zeichnen

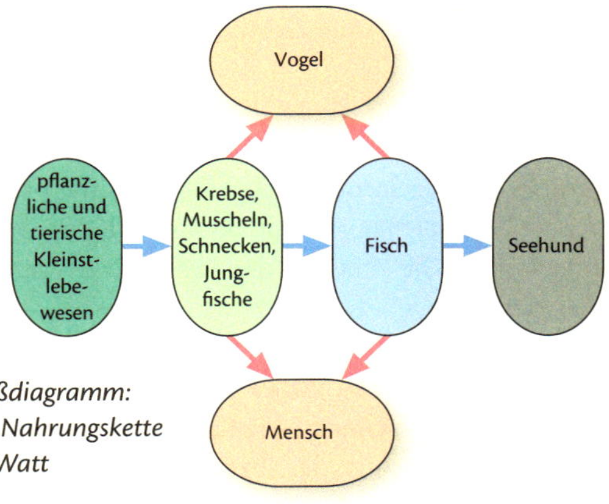


*Fließdiagramm: Die Nahrungskette im Watt*

Mit Fließdiagrammen können Abläufe und Entwicklungen anschaulich dargestellt werden, wie bei diesem Beispiel die Nahrungskette im Watt.

## Mit Geo-Daten orientieren

Mithilfe von interaktiven Karten und Luftbildern kannst du dich räumlich orientieren und informieren.

Mit Geo-Daten orientieren:

cornelsen.de/webcodes
Code: duqure

## Grafiken, Schemata und Diagramme erstellen

Mithilfe dieser Tools kannst du deine Ideen, Rechercheergebnisse, Konzepte usw. visualisieren, indem du z. B. einfach und schnell Grafiken und Schaubilder selbst erstellst. Du kannst diese u. a. auch zu Postern oder Collagen zusammenführen.

Grafiken, Schemata und Diagramme erstellen:

cornelsen.de/webcodes
Code: todayu

## Ideen sammeln

Verschiedene Apps eignen sich dazu, Gedanken übersichtlich festzuhalten. So kannst du zum Beispiel mit einer App eine digitale Pinnwand erstellen und verschiedene Themen schnell und übersichtlich darstellen. Andere Apps eignen sich dazu, gemeinsam in der Klasse Ideen zu einem Thema zu sammeln.

Ideen sammeln:

cornelsen.de/webcodes
Code: mefoyo

## Eine Internetrecherche durchführen

Eine gute Möglichkeit, Informationen zu beschaffen, bietet das Internet. Allerdings solltet ihr folgende Hinweise bei der Arbeit mit dem Internet beachten.
Zunächst solltet ihr prüfen, ob die Internetrecherche sinnvoll ist. Sie kann sinnvoll sein, wenn

- ihr schnell Informationen benötigt,
- ihr aktuelles Datenmaterial sucht,
- ihr Material benötigt, über das die örtlichen Bibliotheken nicht oder nicht so schnell verfügen können,
- ihr vielleicht noch nicht genau wisst, welche Informationen es zu einem Thema gibt.

**Wie finde ich was im Internet?**
Am einfachsten ist es, wenn man die Adresse kennt. Sehr häufig wird inzwischen in Zeitungen, Zeitschriften und im Fernsehen die Internetadresse angegeben – sie beginnt mit „www". Achtet darauf, die Adresse genau anzugeben – vor allem die Punkte. Manche Adressen sind naheliegend: www.deutschland.de
Viele Adressen sind hingegen unbekannt. Sie müssen über „Suchmaschinen" herausgefunden werden. Wichtige Suchmaschinen sind: www.google.de, www.metager.de, www.yahoo.de. Und die bekanntesten Suchmaschinen für Kinder findet ihr unter: www.blindekuh.de oder www.fragfinn.de

**Mit Suchmaschinen arbeiten**
**1. Schritt:** Gib den Namen der gewünschten Suchmaschine ein.
**2. Schritt:** Auf der Startseite der Suchmaschine gibst du den Suchbegriff ein: „Wattenmeer". Die Suchmaschine durchforstet das ganze Web und du erhältst innerhalb kürzester Zeit auf dem Bildschirm eine Liste mit Internetadressen. An der Statuszeile kannst du ablesen, wie viele Einträge diese Liste umfasst.
**3. Schritt:** Die Liste ist zu lang? Du kannst deine Auswahl auch durch zwei oder mehr Suchbegriffe einschränken (z. B. „Gefährdungen", „Naturschutzpark").

**4. Schritt:** Sobald du eine vielversprechende Adresse hast, klickst du mit dem Mauszeiger auf diesen Link. Findest du unter der angezeigten Seite Informationen, die du zur Lösung deiner Fragestellung gebrauchen kannst, solltest du sie komplett oder in Auszügen auf der Festplatte deines Computers speichern und ausdrucken. Gib die Adresse dieser Seite als „Quelle" an, auch wenn du nur Auszüge verwendest. **Und Achtung:** Jeder kann im Internet Inhalte ungeprüft veröffentlichen. Du musst also auch prüfen, von wem die Informationen stammen und – soweit dies geht – ob sie sachlich richtig sind.

## Informationen recherchieren

Informationen recherchieren:

cornelsen.de/webcodes
Code: saxene

## Karikaturen auswerten

Karikaturen sind bewusst übertriebene Darstellungen eines Sachverhalts oder eines Problems. Um die Aussage einer Karikatur herauszufinden, musst du so vorgehen:

- Betrachte die Karikatur genau und beschreibe, was dargestellt wird. Welche Bedeutung haben die dargestellten Personen und Gegenstände?
- Stelle fest, auf welchen Sachverhalt, welches Problem sich die Karikatur bezieht.
- Wie sieht der Zeichner die Situation/das Problem? Welche Meinung hast du zur Aussage der Karikatur?

## Einen Kurzvortrag, ein Kurzreferat halten

Ein Kurzvortrag ist eine mündliche Form der Präsentation, also der Darstellung eines Themas. Ein Kurzvortrag ist in drei Abschnitte gegliedert: Einleitung – Hauptteil – Schluss. Wenn du einen Kurzvortrag zu einem bestimmten Thema halten sollst, beachte folgende Schritte:

1. Das Thema/Problem erfassen: Wie genau lautet das Thema deines Vortrages? Formuliere eine passende Überschrift oder Fragestellung.
2. Informationen recherchieren, sammeln und ordnen: Informationsquellen können dein Schulbuch, weitere Bücher aus Bibliotheken oder das Internet sein. Angesichts der Fülle der Informationen musst du Schwerpunkte festlegen und das vorhandene Material sortieren.
3. Erstelle eine Gliederung für dein Referat. Bedenke, dass es sich um einen kurzen Vortrag handelt (etwa fünf bis zehn Minuten).
4. Du kannst bei deinem Vortrag auch Anschauungsmaterial einsetzen: Bilder, Gegenstände, Tabellen, ein Poster oder Ähnliches sowie Schlüsselwörter an die Tafel schreiben.
5. Referate sollen frei vorgetragen werden. Dabei hilft dir eine Zusammenstellung der wichtigsten Stichwörter auf Karteikarten. Achte dabei auf eine gut lesbare und große Schrift. Beschränke dich auf das Wesentliche. Vermeide komplizierte und verschachtelte Sätze.
6. Damit euer Minireferat gelingt, müsst ihr den Vortrag üben. Es empfiehlt sich, alles einem Freund oder einer Freundin oder der Familie vorzutragen.
7. **Tipps für den eigentlichen Vortrag:**
   - Stelle dich so hin, dass dich alle sehen können.
   - Versuche frei zu sprechen.
   - Orientiere dich an deinen Stichwörtern.
   - Schau beim Sprechen die Zuhörer/Mitschüler an.
8. Nach dem Vortrag können die Zuhörer Rückfragen stellen, um Begriffe und Sachverhalte präzisieren zu können.

## Lernplakate erstellen

Das Lernplakat dient der Ergebnissicherung. Mit einem Lernplakat kann man wichtige Lernergebnisse zusammenfassen und das veranschaulichen, was man sich unbedingt merken will und anderen mitteilen möchte.

Lernplakate können gut in Gruppen entworfen werden:

1. Die Teilnehmer legen den Inhalt des Lernplakats fest.
2. Sie verständigen sich über die Aussage, die ihr Plakat vermitteln soll.
3. Sie sammeln Ideen für Materialien und die Überschriften.

Für die Fertigstellung werden Plakatkarton und dicke Filzstifte benötigt. Für kurze Sprüche ist ein Hochformat besser geeignet als ein Querformat. Format, Bild und Text müssen gut zusammenwirken. Die Aussage des Plakats muss auf weite Entfernung lesbar sein.

## Tipps zum Erstellen von Plakaten und Folien

Überschrift: Jedes Plakat/jede Folie hat einen Namen.

- Große Schrift: Nur so ist der Text auch lesbar. Bei Plakaten am besten dicke Stifte verwenden.
- Struktur: Der Aufbau muss mit einem Blick erkennbar sein. Da helfen
  - Blockbildung,
  - Trennlinien,
  - Kästen.
- Sinneinheiten sollen räumlich nah beieinander stehen.
- Wichtiges hervorheben: Dies lässt sich durch farbige Schrift, Unterstreichen, Umrahmen oder Schraffieren erreichen.
- Farben: Sie beleben das Plakat/die Folie. Pro Darstellung maximal drei Farben verwenden.
- Bild schlägt Wort: Nicht nur Text, sondern auch Schemazeichnungen, Diagramme oder Bilder verwenden.
- Mut zur Lücke: Auch Freiflächen sind Gestaltungselemente. Mindestens ein Drittel freilassen.
- Fernwirkung: Aus mindestens fünf Metern Entfernung müssen Plakate noch gut lesbar sein. Bei Folien sollte dies auch vom hinteren Bereich des Raumes möglich sein.

## Eine Mindmap erstellen

Eine Mindmap ist eine Gedankenlandkarte. Sie hilft, Informationen zu ordnen und besser im Gedächtnis zu behalten. Bei einer Mindmap fängt man in der Mitte an. Mindmaps bestehen aus Hauptästen und Nebenästen. Es werden immer nur Stichwörter aufgeschrieben.

Eine Mindmap zu erstellen, funktioniert in drei Schritten:

- Nehmt ein unliniertes Blatt Papier und schreibt euer Thema/den zentralen Begriff in die Mitte des Blattes.
- Überlegt, welche wichtigen Oberbegriffe euch zu dem Thema einfallen. Von der Mitte ausgehend zeichnet ihr für jeden gefundenen Oberbegriff die Hauptstränge (Äste) und an jedem Ast notiert ihr den Oberbegriff.
- Von den Ästen gehen Zweige ab, an denen ihr die untergeordneten Gesichtspunkte und Begriffe notieren könnt.

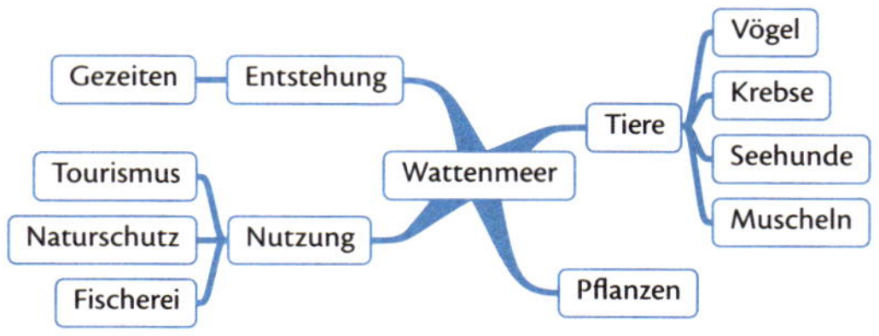


*Grundstruktur einer Mindmap*

## Eine Mindmap erstellen

Mit verschiedenen Apps kannst du eine digitale Mindmap erstellen. In einer Mindmap kannst du deine Arbeitsergebnisse oder deine Überlegungen zu einer Leitfrage zusammenfassen und grafisch darstellen.

Eine Mindmap erstellen:

cornelsen.de/webcodes
Code: riguvo

## Eine Präsentation erstellen

**1. Schritt:** Lege das Thema deiner Präsentation fest.

**2. Schritt:** Besorge dir Informationen zu deinem Thema. Achtung: Wenn du Materialien in deine Präsentation übernimmst, musst du die Quelle angeben.

**3. Schritt:** Erstelle eine Gliederung der Präsentation. Achte dabei darauf, dass sie sinnvoll aufgebaut und der Raum auf einer Karte lokalisiert werden kann. Überlege dir einen Einstieg, der neugierig auf das Thema macht und das Interesse der Zuschauer/Zuhörer weckt.

**4. Schritt:** Lege fest, welches Präsentationsmedium du einsetzen willst, und stelle sicher, dass die erforderlichen Geräte zur Verfügung stehen.

**5. Schritt:** Stelle die Präsentation zusammen. Ordne die Materialien in der richtigen Reihenfolge deinem Vortragstext zu. Achte darauf, dass Abbildungen gut erkennbar sowie Text und Zahlen in Grafiken und Diagrammen lesbar sind.

**6. Schritt:** Übe deine Präsentation, denn sie sollte möglichst frei vorgetragen und nicht abgelesen werden. Beachte, dass die Medien deinen Vortrag nur unterstützen sollen. Setze sie sparsam an den Stellen ein, an denen es sinnvoll ist.

## Ein Quiz erstellen

Mithilfe einer App kannst du ein digitales Quiz mit eigenen Fragen erstellen. Alternativ dazu kannst du mithilfe einer Internetseite ein Wortsuchrätsel erstellen und ausdrucken. Aus dem Wortsuchrätsel müssen wichtige Begriffe herausgearbeitet werden.

Ein Quiz erstellen:

cornelsen.de/webcodes
Code: hejene

# Lexikon

**Abraum** (S. 147): Gesteins- oder Erdmassen, die abgetragen werden müssen, um Bodenschätze abbauen zu können, zum Beispiel beim Braunkohlentagebau.

**Ackerbau** (S. 118): Teil der Landwirtschaft, bei dem Nutzpflanzen (z. B. Weizen, Mais, Kartoffeln) auf unterschiedlich großen Feldern angebaut werden. Zum Ackerbau gehören das Pflügen und der → *Fruchtwechsel*.

**Alm** (S. 59): in den Sommermonaten genutzte Weideflächen und Wirtschaftsgebäude in höher gelegenen Bereichen der Alpen.

**Äquator** (S. 18): (lat. *aequus* = gleich) der Kreis um die Erdkugel, der an allen Punkten denselben Abstand von den → *Polen* hat. Er teilt die Erde in Nord- und Südhalbkugel und hat eine Länge von rund 40 000 Kilometern. Im → *Gradnetz* ist ihm 0° Breite zugewiesen und er ist der größte → *Breitenkreis*.

**Arbeitsplatz** (S. 68): der Platz, an dem ein Arbeitnehmer seine Arbeit verrichtet. Beispiele: Der Arbeitsplatz eines Verkäufers ist in einem Geschäft, der einer Bäckerin ist in einer Backstube.

**arid** (S. 103): (lat. = trocken) In einem ariden Gebiet fallen weniger → *Niederschläge* als Wasser verdunsten könnte. Das kann sich auf Monate oder das Jahr (arides Klima) beziehen.

**Aufriss** (S. 66): Ansicht eines räumlichen Objektes wie z. B. eines Hauses von vorne.

**Bannwald** (S. 173): Wald, der unter Schutz gestellt worden ist und der nicht gerodet werden darf. Er dient in Gebirgen als Schutz vor → *Lawinen*.

**Baustil** (S. 67): Zu unterschiedlichen Zeiten wurden Gebäude in unterschiedlichen Stilen gebaut. Diese Baustile weisen jeweils bestimmte Merkmale auf.

**Bebauung** (S. 172): Gebäude auf einem Grundstück. Diese können z. B. Wohngebäude, Fabrikgebäude, eine Kirche, eine Schule und auch eine Sporthalle sein.

**Bergwald** (S. 173): Wald in Gebirgen, der zumeist zwischen 700 und 1400 Metern Höhe wächst.

**Bevölkerungsdichte** (S. 66): Ergebnis der Teilung aus der Bevölkerungszahl und der Fläche eines Gebietes; meist auf ein Land oder einen Landesteil bezogen und in „Einwohner/km²" angegeben.

**Bewässerungsfeldbau** (S. 133): Die zur Bodennutzung jahreszeitlich oder ganzjährig fehlende Niederschlagsmenge wird durch Bewässerung aus Brunnen-, Fluss-, Kanal- oder gespeichertem Regenwasser zugeführt.

**Bildung** (S. 71): Wissenserwerb durch Ausbildung und Erziehung.

**Bildungseinrichtung** (S. 68): Institution, an der → *Bildung* erworben werden kann, das heißt gelernt und studiert werden kann. Bildungseinrichtungen sind Schulen, Hochschulen und Universitäten, aber auch Einrichtungen zur Weiterbildung und Kultur.

**Boden** (S. 108): oberste Verwitterungsschicht der Erdkruste, die außer zerkleinertem Gestein auch Humus, kleine Lebewesen, Luft und Wasser enthält.

**Börde** (S. 118): ebene und baumarme Landschaft am Nordrand der → *Mittelgebirge*. Auf den fruchtbaren Böden, die sich auf den Ablagerungen des → *Löss* entwickelt haben, werden vorwiegend Weizen, Zuckerrüben und Gerste angebaut.

**Breitenkreis** (S. 20): im → *Gradnetz* Linien, die parallel, d. h. mit gleichem Abstand zum → *Äquator* um die Erde verlaufen.

**Bundeshauptstadt** (S. 74): Sitz der Regierung und des Parlaments eines Bundesstaates.

**City** (S. 68): die Innenstadt von → *Großstädten*, in der sich das Geschäftsviertel befindet.

**Deich** (S. 44): künstlich aufgeschütteter Damm zum Schutz vor Überflutungen an Meeresküsten und Flussufern.

**Dienstleistung** (S. 142): Tätigkeit, die eng mit den Begriffen bedienen, beraten, vermitteln und organisieren verbunden ist. Dazu gehören Verwaltungen, Schulen, Krankenhäuser, Banken und Geschäfte. Aber auch Rechtsanwälte, Ärzte, Friseure und Reinigungen gehören dazu.

**Dorf** (S. 76): ländliche Siedlung mit überwiegend bäuerlichen Betrieben; heute auch Bezeichnung für eine Siedlung, die nicht die Merkmale einer Stadt hat.

**Ebbe** (S. 42): → *Gezeiten*.

**Einkaufspendler** (S. 78): → *Pendler*, die zum Zwecke des Einkaufens vom → *Umland* in die → *Stadt* fahren, um das größere und besondere Warenangebot in der Stadt zu nutzen.

**Eiszeit** (S. 50): Vor etwa zwei Millionen Jahren begann ein Zeitabschnitt der Erde, der durch den Wechsel von wärmeren und kälteren Abschnitten gekennzeichnet ist. Es gab mehrere → *Kaltzeiten*, die von → *Warmzeiten* unterbrochen waren. Während der Kaltzeiten drangen Gletscher aus Skandinavien bis nach Norddeutschland vor. Die letzte Eiszeit endete vor ca. 10 000 Jahren.

**Endmoräne** (S. 51): eine wallartige Hügelkette aus Lehm, Sand, Kies und Steinen, die vor dem Rand des → *Inlandeises* entstand.

**Erdgas** (S. 144): brennbares Gas, das bei der Bildung von → *Erdöl* entsteht und gemeinsam mit Erdöl in dessen Lagerstätten vorkommt; Erdgas wird bei der Strom- und Wärmeerzeugung eingesetzt.

**Erdöl** (S. 142): wichtiger Brennstoff, entstanden unter Luftabschluss und Druck aus organischem Material; Erdöl ist Ausgangsstoff zur Herstellung von Treibstoff, chemischen Produkten, Kunststoffen, Arzneimitteln usw.

**Erdrotation** (S. 13): Eigendrehung der Erde um ihre Achse von West nach Ost, die im Zeitraum von 24 Stunden vollzogen wird. Sie bewirkt die Entstehung von Tag und Nacht.

**Erdzeitalter** (S. 15): zeitliche Einteilung der Erdgeschichte vom Entstehen der Erde bis heute.

**Erholung** (S. 68): Vorgang, bei dem der Mensch nach anstrengender geistiger oder körperlicher Tätigkeit oder nach Krankheit wieder zu Kräften kommt. Erholung wird oft in Verbindung mit Urlaub und Freizeitaktivitäten gebracht.

**Flächenbedarf** (S. 161): für eine Nutzung wie Wohnen, Verkehr, Gewerbe oder Industrie benötigte Fläche.

**Flöz** (S. 197): Schicht von Bodenschätzen (z. B. Steinkohle oder Braunkohle), deren Abbau sich lohnt.

**Flut** (S. 42): → *Gezeiten*.

**Forschung** (S. 71): Tätigkeiten zum Gewinn von neuen wissenschaftlichen Erkenntnissen.

**Fossil** (S. 15): Fossilien sind Überreste oder Spuren von Lebewesen aus früheren → *Erdzeitaltern*. Meist handelt es sich um versteinerte Körperteile oder Abdrücke von Lebewesen. Auch in Bernstein, Eis und Moor wurden Lebewesen erhalten.

**Freihafen** (S. 153): Gebiet in einem Hafen, das nicht zum Zollgebiet eines Landes gehört. Ein Freihafen dient dem zollfreien Umschlag und der zollfreien Lagerung von Waren für den Außenhandel.

**Freizeitpendler** (S. 78): Menschen, die regelmäßig für Freizeitangebote wie Erholung, Sport oder Kulturveranstaltungen vom → *Umland* in die → *Stadt* pendeln.

**Fruchtwechsel** (S. 119): eine mehrjährige Abfolge unterschiedlicher Anbaufrüchte auf demselben Feld. Der Fruchtwechsel verhindert, dass der Boden einseitig beansprucht wird.

**Gewächshaus** (S. 134): Haus aus Glas oder Plastik, in dem Nutzpflanzen oder Blumen unter künstlichen Bedingungen gedeihen. Dank der Bewässerung und der Heizung wachsen die Pflanzen auch in trockenen oder kalten Jahreszeiten.

**Gezeiten** (S. 42): das regelmäßige Heben und Senken des Meeresspiegels an der Küste. Das Sinken des Wassers wird als „Ebbe“ bezeichnet, das Ansteigen als „Flut“.

**glaziale Serie** (S. 51): Abfolge von Oberflächenformen, die durch das → *Inlandeis* und durch seine Schmelzwässer während des → *Eiszeitalters* entstanden sind; die Oberflächenformen der glazialen Serie sind: → *Grundmoräne*, → *Endmoräne*, Schotterfeld (→ *Sander*) und → *Urstromtal*.

**Globus** (S. 18): (lat. Kugel) ein verkleinertes, kugelförmiges Abbild der Erde. Er ist gewöhnlich mit einer durch die → *Pole* gehenden Achse befestigt und drehbar.

**Golfstrom** (S. 104): warme Meeresströmung, die, vom Golf von Mexiko kommend, den Atlantischen Ozean quert und bis an die Küsten West- und Nordeuropas führt. Sie beeinflusst das west- und nordeuropäische Klima.

**Gradnetz** (S. 18): ein Netz aus (gedachten) → *Längen- und* → *Breitenkreisen*, das den → *Globus* überzieht. Es dient der Orientierung und der genauen Lagebestimmung von Orten auf der Erdkugel.

**Großlandschaft** (S. 38): Deutschland wird in drei Großlandschaften eingeteilt:

**Norddeutsches Tiefland**: tief gelegenes Land mit geringen Höhenunterschieden. Die Landhöhen betragen zwischen 2 und 3 Meter unter dem Meeresspiegel bis 200 Meter über dem Meeresspiegel.

**Mittelgebirgsland**: abwechslungsreiche Landschaft mit gerundeten Formen und Höhen bis zu 1500 Meter.

**Alpenvorland und Alpen**: Höhen von 500 bis 1500 Meter (Alpenvorland) und über 1500 Meter (Alpen).

**Großstadt** (S. 68): Stadt mit mehr als 100 000 Einwohnern, die eine deutlich ausgeprägte → *City* aufweist und durch die vielen Arbeitsplätze und Dienstleistungen eine große Bedeutung für das → *Umland* hat.

**Grundmoräne** (S. 51): im Gletscher mitgeführtes Material (Sand, Geröll, Felsblöcke = Findlinge), welches beim Schmelzen abgelagert wurde.

**Grundriss** (S. 66): Ansicht eines räumlichen Objektes, z. B. eines Hauses von senkrecht oben wie in einer Karte.

**Grünlandwirtschaft** (S. 126): landwirtschaftliche Nutzung von Grünflächen wie Weiden oder Wiesen durch Beweidung oder Mähen.

**Hightechindustrie** (S. 150): Sparte der Industrie, die sich mit Hochtechnologien beschäftigt. Dazu gehören etwa Biotechnologie und Medizintechnik sowie optische Technologien und Raumfahrttechnik.

**Hochgebirge** (S. 58): deutlich höher als → *Mittelgebirge* und weisen schroffe Formen auf. In Europa haben sie Höhen von 2000 und mehr Metern.

**Hochofen** (S. 144): industrielles Bauwerk, in dem bei Temperaturen von über 1500 °C aus Eisenerz Roheisen herausgeschmolzen wird.

**Hochwasser** (S. 42): Zustand von Meeren und Fließgewässern, bei denen der Wasserstand deutlich über dem durchschnittlichen Pegelstand liegt.

**Höhenlage** (S. 29): Lage eines Punktes der Erdoberfläche in Bezug auf seine Höhe über dem → *Meeresspiegel*.

**Höhenlinie** (S. 28): verbindet alle Punkte, die in gleicher Höhe über dem → *Meeresspiegel* liegen. Mithilfe solcher Höhenlinien stellt man Geländeformen auf Karten dar.

**Höhenpunkt** (S. 29): Punkt in einer Karte, dessen Höhe über dem → *Meeresspiegel* bekannt und angegeben ist.

**Höhenschicht** (S. 29): Durch → *Höhenlinien* begrenzte Schicht der Erdoberfläche; wird in → *physischen Karten* als Fläche abgebildet.

**humid** (S. 103): (lat. = feucht, nass) feuchte Gebiete oder Jahreszeiten, in denen mehr → *Niederschlag* fällt als verdunstet und so eine hohe Luftfeuchtigkeit vorherrscht.

**Inlandeis** (S. 50): mehrere tausend Meter dicke Eismasse, die große Teile einer Landfläche bedeckt (z. B. Grönland, Antarktis).

**Just-in-time-Produktion** (S. 148): Dieser Begriff wird heute in der Industrie eingesetzt und bedeutet, dass Materialien bzw. Teile zur Produktion genau dann angeliefert werden, wenn sie gebraucht werden. So ersparen sich Hersteller zum Beispiel bei der Autoproduktion die Lagerhaltung.

**Kaltzeit** (S. 50): Zeitraum, in dem die Mitteltemperatur der Erde unter der aktuellen (etwa +15 °C) lag und kühles bis kaltes Klima herrschte. Sie unterscheidet sich von der → *Eiszeit*, die zusätzlich durch die Ausdehnung der Eismassen gekennzeichnet ist.

**Klima** (S. 183): Zum Klima gehören Temperatur, Niederschlag, Luftdruck, Wind, Luftfeuchtigkeit, Sonnenscheindauer und Bewölkung. Das Klima eines Raumes wird über einen langen Zeitraum (circa 30 Jahre) gemessen.

**Klimazone** (S. 104): Zone mit gleichartigem Klima, die sich in einem breiten Gürtel um die Erde erstreckt; es werden polare, subpolare, gemäßigte, subtropische und tropische (immerfeuchte und wechselfeuchte) Klimazonen unterschieden.

**Kompass** (S. 22): Gerät zur Bestimmung der Nordrichtung und somit auch aller anderen Himmelsrichtungen. Die gebräuchlichste Form des Kompasses besitzt eine Magnetnadel, die sich durch das → *Magnetfeld* der Erde in Nord-Süd-Richtung einpendelt.

**Kontinent** (S. 16): (lat. continens = zusammenhängend) Bezeichnung für die großen Festlandsmassen im Gegensatz zu Meeren und Inseln. Die sieben Kontinente (Erdteile) sind Europa, Asien, Afrika, Australien, Nordamerika, Südamerika und die Antarktis (Antarktika). Größter Kontinent ist Asien, kleinster Australien.

**Landklima** (S. 104): (Kontinentalklima) Klimatyp der gemäßigten → *Klimazone*; durch die größere Entfernung vom → *Ozean* fehlt dessen ausgleichende Wirkung auf die Lufttemperatur, deshalb sind die Sommer wärmer und die Winter kälter und es fallen weniger → *Niederschläge*.

**ländlicher Raum** (S. 84): Landschaftsraum, der anders als → *Großstädte* und stadtähnliche Siedlungsräume eine geringe → *Bevölkerungsdichte* und einen höheren Flächenanteil an Landwirtschafts- und Naturflächen hat.

**Landschaft** (S. 174): Teil der Landoberfläche, wird durch sein äußeres Bild und das Zusammenwirken seiner Bestandteile bestimmt (z. B. Klima, Relief, Boden, Vegetation, Siedlung, Verkehr, Industrie, Landwirtschaft).

**Längenkreis** (S. 20): Kreis, der durch beide → *Pole* senkrecht zum → *Äquator* um die Erdkugel verläuft. Ein Längenkreis besteht aus zwei Halbkreisen (→ *Meridiane*).

**Lawine** (S. 173): die an Gebirgshängen plötzlich abrutschenden großen Schnee- und Eismassen.

**Legende** (S. 29): Zusammenstellung und Erläuterung der auf einer Karte verwendeten Signaturen (Zeichen).

**Löss** (S. 57): gelbliches, kalkhaltiges Lockergestein. In Deutschland wurde es während der → *Eiszeit* als Staub vom Wind am Nordrand der → *Mittelgebirge* abgelagert.

**Magnetfeld** (S. 22): Jeder Magnet ist von einem Magnetfeld umgeben, in dem seine magnetische Kraft wirkt. Das Magnetfeld der Erde, das bei der Richtungsbestimmung mit einem → *Kompass* wirkt, wird durch den magnetischen Nordpol und den magnetischen Südpol gebildet.

**Marsch** (S. 45): Ablagerung von Feinsand und Schlick an Flachküsten und Flussmündungen, die durch den Ablauf der → *Gezeiten* geprägt sind.

**Massentourismus** (S. 172, 181): Sonderform des Fremdenverkehrs, bei dem sehr hohe Gästezahlen erreicht werden. Oft ändert sich das Landschaftsbild durch die großen Besucherströme erheblich, weil zumeist Flughafenanlagen, viele Hotels, Wege, Straßen, Parkplätze und andere Versorgungseinrichtungen gebaut werden müssen. Damit ist auch oft eine hohe Umweltbelastung in den jeweiligen Reisegebieten verbunden.

**Maßstab** (S. 27): Angabe auf Karten, die das Maß der Verkleinerung gegenüber der Wirklichkeit ausweist (Beispiel: 1 : 5000 = ein Zentimeter in der Karte = 5000 Zentimeter = 500 Dezimeter = 50 Meter in der Natur). Durch den Maßstab ist das Bestimmen von Entfernungen in der Karte erst möglich.

**Meeresspiegel** (S. 28): Bezeichnung für die Höhe der Oberfläche des Meeres. Er wird als Bezugsfläche für Höhenmessungen herangezogen. Der mittlere Meeresspiegel entspricht Normalnull (NN). So liegt der Kahle Asten im Sauerland 842 Meter über NN.

**Meridian** (S. 20): Halbkreis im → *Gradnetz*, senkrecht zum → *Äquator*, der von → *Pol* zu Pol verläuft. Meridiane werden auch als „Längengrade" bezeichnet.

**Mittelgebirge** (S. 52): Gebirge mit einer Höhenlage von 200 bis 1500 m. Die Berge haben weniger schroffe und steile Formen und sind waldreich, häufig bis in die Gipfellagen.

**Naherholungsgebiet** (S. 174): Gebiet, das der Erholung und der Freizeitgestaltung dient. Naherholungsgebiete werden meist am Wochenende genutzt und liegen weitgehend in der Nähe der Wohnung bzw. nicht weiter als 100 km oder zwei Stunden Fahrzeit vom Wohnort entfernt.

**Nationalpark** (S. 47): großer natürlicher Landschaftsraum, der wegen seiner besonderen Eigenart und Einmaligkeit erhalten werden soll und deshalb unter Schutz gestellt ist, wie das → *Wattenmeer* an der Nordseeküste.

**Naturschutz** (S. 59): Maßnahmen zur Erhaltung und Wiederherstellung von Natur.

**Niederschlag** (S. 50): alle aus der Atmosphäre zur Erdoberfläche fallenden oder sich dort erst bildenden Formen des Wassers. Von den fallenden Niederschlägen wie Regen, Schnee und Graupel werden die abgesetzten Niederschläge wie Tau und Reif, die sich unmittelbar an der Erdoberfläche ausbilden, unterschieden.

**Nordpol** (S. 20): → *Pol.*

**ökologische Landwirtschaft** (S. 122): (auch biologische oder alternative Landwirtschaft) Form der Landwirtschaft, die die Erhaltung des natürlichen Gleichgewichts und der Nährstoffkreisläufe anstrebt. Hierbei wird ein vielfältiger Ackerbau mit artgerechter Haltung von Tieren kombiniert. Da keine chemischen Pflanzenschutzmittel und Dünger verwendet werden, sinkt der Ertrag und der Arbeitsaufwand wird höher. Folglich müssen die Betriebe klein sein. Die Landwirte können davon leben, weil viele Menschen bereit sind, für gesündere Nahrungsmittel höhere Preise zu bezahlen.

**Ozean** (S. 16): (griech. okeanos = Weltmeer) Durch die Lage der → *Kontinente* wird die Wassermasse der Erde in drei Ozeane geteilt, den Pazifischen, den Atlantischen und den Indischen Ozean. Zu den Ozeanen gehören die Nebenmeere, die von den Ozeanen durch Inseln oder Halbinseln abgetrennt sind.

**Patent** (S. 151): zeitlich begrenztes gewerbliches Schutzrecht für eine Erfindung oder ein neues Verfahren. Der Inhaber des Patents ist berechtigt, anderen die Benutzung der Erfindung zu untersagen.

**Pendler** (S. 78): Viele Menschen leben im Umland großer Städte, obwohl sie ihren → *Arbeitsplatz*, ihre Schule oder Universität in der → *Stadt* haben. Deshalb fahren sie täglich vom → *Umland* in die Stadt und nach Arbeits- oder Schulschluss wieder ins Umland zurück. Sie sind Pendler.

**physische Karte** (S. 29): Karte der Oberflächengestalt der Erde oder eines bestimmten Raumes; neben Gebirgen, Tiefländern und Gewässern enthält sie zur Orientierung Grenzen, Orte und Verkehrswege.

**Planet** (S. 12): Himmelskörper, der sich auf einer festen Bahn um eine Sonne bewegt.

**Pol** (S. 20): Unter den geographischen Polen versteht man die beiden als → *Nordpol* und → *Südpol* bezeichneten Endpunkte der Erdachse.

**Priel** (S. 46): natürliche Entwässerungsrinne im → *Watt*, in der das Meerwasser bei Ebbe abfließt.

**primärer Sektor** (S. 142): → *Wirtschaftssektor.*

**Regenfeldbau** (S. 132): → *Ackerbau*, bei dem der Wasserbedarf der Nutzpflanzen ausschließlich durch → *Niederschläge* gedeckt wird.

**Rekultivierung** (S. 198): Neugestaltung eines durch wirtschaftliche Nutzung (z. B. Braunkohlentagebau) stark veränderten und verwüsteten Landschaftsraumes. Die Folgelandschaft kann landwirtschaftlich, forstwirtschaftlich oder als Erholungsgebiet genutzt werden.

**Rohstoff** (S. 130): Naturstoffe, die in der Erdkruste oder in Gewässern vorgefunden oder durch Land- und Forstwirtschaft erzeugt werden.

**Sander** (S. 51): aus Sand bestehende Schmelzwasserablagerungen außerhalb der → *Endmoränen*(-wälle).

**Sandstein** (S. 192): Gestein, das aus verfestigten Sand- und Tonablagerungen besteht.

**sanfter Tourismus** (S. 174): Reisen im Einklang mit der Natur und der Kultur der besuchten Gebiete.

**Schaltjahr** (S. 13): Der Erdumlauf um die Sonne dauert 365 Tage und ungefähr 6 Stunden. Die Abweichung zum Kalenderjahr, das 365 Tage umfasst, wird dadurch ausgeglichen, dass jedes vierte Jahr ein Schaltjahr ist, das mit dem zusätzlichen Tag, dem 29. Februar, 366 Tage hat. Die nächsten Schaltjahre sind 2020 und 2024.

**Schiefer** (S. 56): Gesteine, die sich in dünne Platten aufspalten lassen; Schiefer entstehen durch Verfestigung von zunächst lockeren Ablagerungen zu einem festen Gestein.

**Seeklima** (S. 104): Klimatyp der gemäßigten → *Klimazone*; das Meerwasser des Ozeans verursacht eine hohe Luftfeuchtigkeit und wirkt ausgleichend auf die Lufttemperatur, deshalb sind die Sommer kühl und die Winter mild. Seeklima ist ganzjährig feucht.

**sekundärer Sektor** (S. 142): → *Wirtschaftssektor.*

**Sonderkultur** (S. 124): Sammelbegriff für arbeits- und kapitalintensive Kulturen in der Landwirtschaft. Sie sind ein- oder mehrjährig und stellen oft auch besondere Ansprüche an Boden und Klima. Beispiele sind Feldgemüse, Spargel, Wein, Obst, Hopfen und Tabak.

**Sonnensystem** (S. 12): Zum Sonnensystem gehören die Sonne, die → *Planeten* und ihre Monde sowie alle übrigen die Sonne umkreisenden Himmelskörper.

**Stadt** (S. 66): große Siedlung mit mindestens 2000 Einwohnern und mehr. Eine Stadt weist eine dichte → *Bebauung* auf und ist meist Mittelpunkt eines größeren → *Umlandes.*

**Stadtviertel** (S. 68): In einer Stadt befinden sich je nach der Nutzung, der Bebauung oder dem Alter unterschiedliche Stadtviertel, z. B. Geschäftszentrum, Altstadt, Industrieviertel.

**Steinkohlenbergbau** (S. 146): Gewinnung von Steinkohle durch Förderung in einem Steinkohlebergwerk oder Abbau im Tagebau. Steinkohle ist steinharte schwarze Kohle, aus Bäumen von Sumpfwäldern entstanden, die beim Verbrennen viel Wärme abgibt.

**Sturm** (S. 44): starker Wind mit einer Geschwindigkeit über 74 km/h. Gemessen werden Stürme nach der Beaufort-Skala, die von 1 bis 12 reicht. Ein Sturm mit Geschwindigkeiten von 75 bis 88 km/h erreicht Beaufort 9. Noch stärkere Stürme ab 117 km/h werden als Orkan bezeichnet. Ein Orkan erreicht auf der Beaufort-Skala die Stufe 12.

**Sturmflut** (S. 44): beim zeitlichen Zusammentreffen von → *Flut* und einem aus gleicher Richtung kommenden → *Sturm* entstehendes außergewöhnlich hohes → *Hochwasser.*

**Suburbanisierung** (S. 78): Abwanderung von Stadtbewohnern oder städtischen Funktionen in das → *Umland* einer → *Stadt* und in den → *ländlichen Raum*.

**Südpol** (S. 20): → *Pol*.

**Temperatur** (S. 116): gibt an, wie kalt oder warm ein fester Körper, eine Flüssigkeit oder ein Gas ist. Sie wird in Grad Celsius (°C) gemessen.

**tertiärer Sektor** (S. 142): → *Wirtschaftssektor*.

**thematische Karte** (S. 114): Darstellung von Sachverhalten in einer Karte, die nicht wie bei einer topographischen Karte oder → *physischen Karte* der Darstellung der Oberflächengestalt und der Orientierung dient, zum Beispiel Bodennutzungskarten, Industriekarten, Wirtschaftskarten und Wetterkarten.

**Tidenhub** (S. 42): Unterschied des Wasserstandes zwischen Hoch- und Niedrigwasser in Zentimetern.

**Tourismus** (S. 180): gleichbedeutend mit Fremdenverkehr; er umfasst alle Bereiche, die mit dem Reisen und dem Umsorgen der Gäste zu tun haben.

**Übergangsklima** (S. 104): klimatischer Übergangsbereich zwischen dem feuchten → *Seeklima* und dem trockenen → *Landklima* (Kontinentalklima).

**Umland** (S. 67): Vororte rund um eine → *Stadt*, dessen Einwohner eng mit der Stadt verbunden sind, weil sie dort ihre → *Arbeitsplätze* haben, zur Schule gehen oder einkaufen. Viele Stadtbewohner sind in das stadtnahe Umland gezogen; sie arbeiten in der Stadt und wohnen im Grünen.

**Umwelt** (S. 173): die Umgebung der Lebewesen mit denen sie in einer Beziehung stehen. Lebewesen sind von ihrer Umwelt (Luft, Wasser, Boden) abhängig und umgekehrt. Mit Umwelt wird oft die gesamte Natur gemeint.

**Urstromtal** (S. 51): vom Schmelzwasser des → *Inlandeises* geschaffene Talform; in Mitteleuropa flossen die Schmelzwasser in nordwestlicher Richtung zur Nordsee.

**Vegetationszone** (S. 106): Großraum der Erde mit gleicher Vegetation, die durch die weitgehend gleichen Klimabedingungen geprägt ist. Vegetationszonen lassen sich daher den → *Klimazonen* zuordnen, z. B. Tundra, borealer Nadelwald und tropischer Regenwald.

**Verdichtungsraum** (S. 81): Gebiet oder Raum, in dem sehr viele Menschen leben. Kennzeichnend ist eine Vielzahl von Wohn- und Arbeitsstätten und ein dicht ausgebautes Verkehrsnetz. Oft wachsen so Städte zusammen.

**Verkehrsweg** (S. 67): Strecke, auf der Personen oder Güter von einem zu einem anderen Ort oder transportiert werden können, z. B. auf Straßen, Schienen, Wasserwegen oder in der Luft im Flugzeug.

**Versorgung** (S. 68): Beschaffen, Transport und Bereitstellen von Waren und Gütern wie Lebensmitteln, Elektrizität, Wasser, Wärme oder Gas.

**Warmzeit** (S. 50): längerfristiger wärmerer Klimaabschnitt zwischen zwei → *Kaltzeiten*, mit einer globalen Durchschnittstemperatur von etwa +15 °C.

**Wattenmeer** (S. 46): Küstensaum an der Nordseeküste, der im Wirkungsbereich der → *Gezeiten* liegt. Durch → *Ebbe* und → *Flut* werden schlickige Bestandteile angelandet. Bei Ebbe ist der Meeresboden wasserfrei, bei Flut vom Meerwasser bedeckt (z. B. an der deutschen Nordseeküste zwischen dem Festland und den vorgelagerten Inseln). Das Watt ist reich an Lebewesen. Der bei Ebbe wasserfreie Meeresboden ist das Watt.

**Windrose** (S. 20): ist die mit einer Gradeinteilung versehene Skala in einem → *Kompass*, aber auch die Bezeichnung für die Scheibe, auf der sie sich befindet. Sie ist mit einer von Nord über Ost, Süd und West verlaufenden Gradeinteilung (0° bis 360°) versehen, an der man die Himmelsrichtungen ablesen kann.

**Wirtschaftssektor** (S. 142): Der primäre Sektor (z. B. Landwirtschaft), der sekundäre Sektor (z. B. Industrie) und der tertiäre Sektor (→ *Dienstleistungen*) bilden zusammen die drei Wirtschaftssektoren.

**Wohnort** (S. 68): der Ort, an dem eine Person wohnt, häufig im Gegensatz zum Arbeitsort.

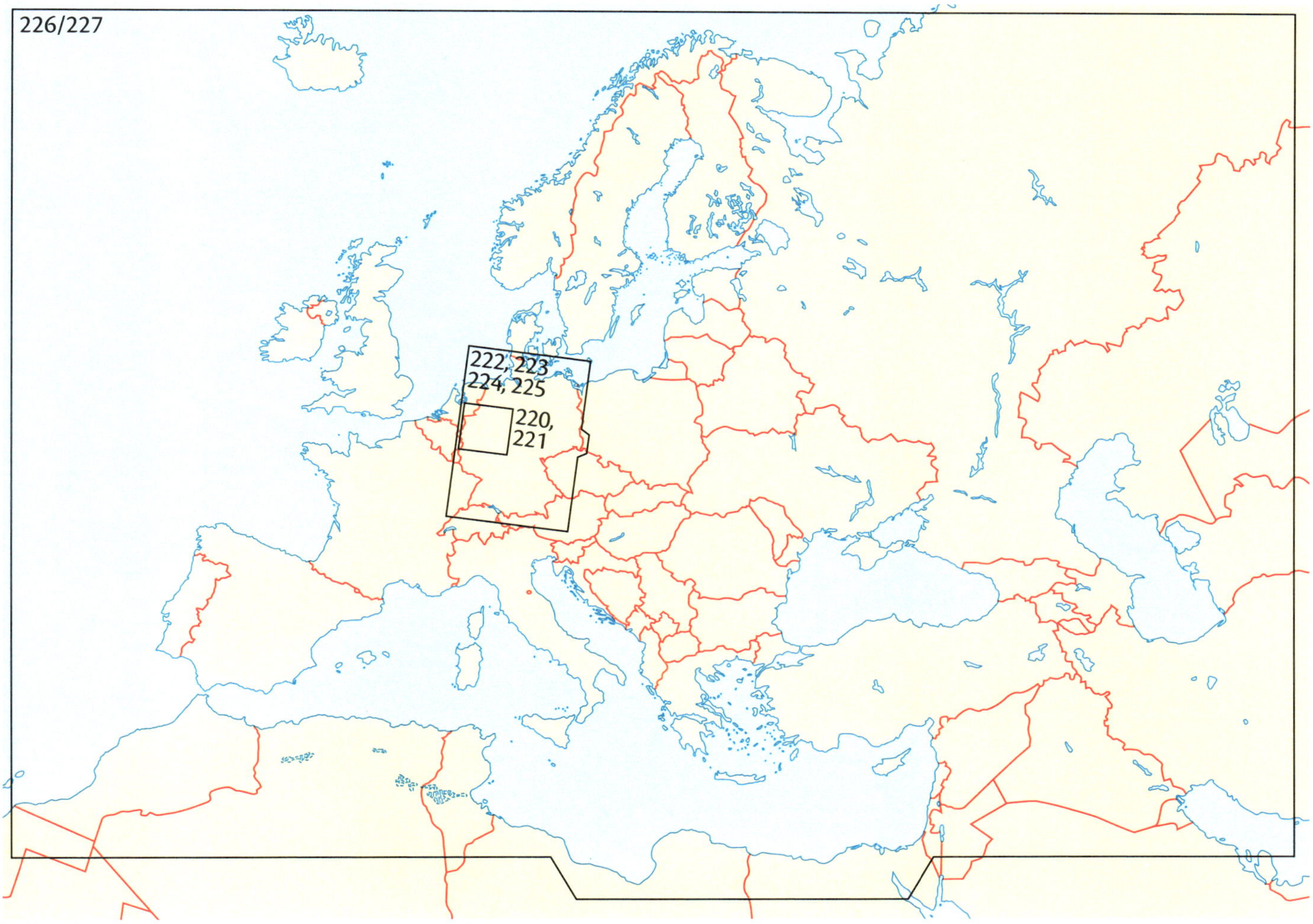
226/227
222, 223
224, 225
220,
221

## ① Physische Karte

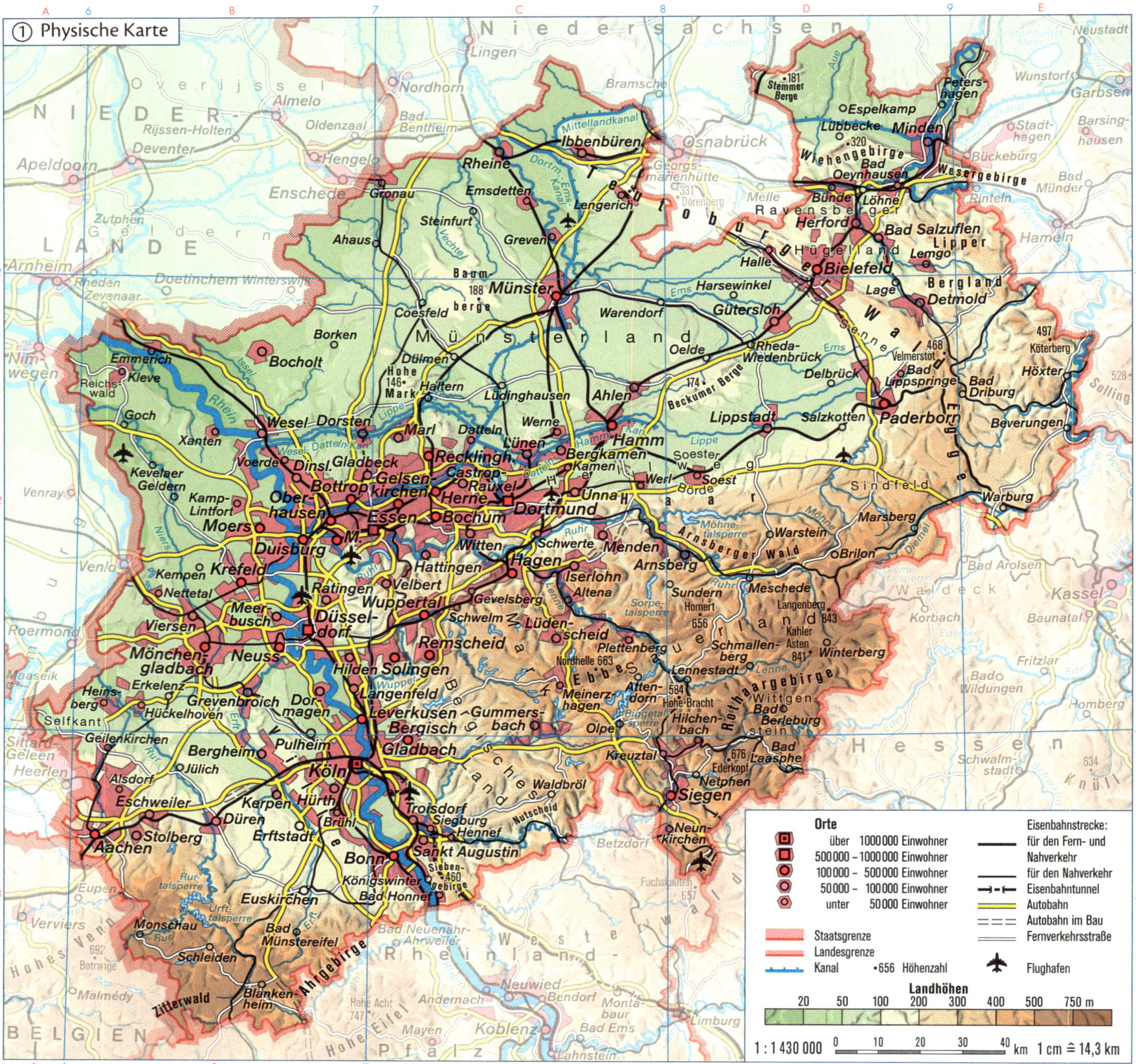


## ② Bevölkerungsverteilung

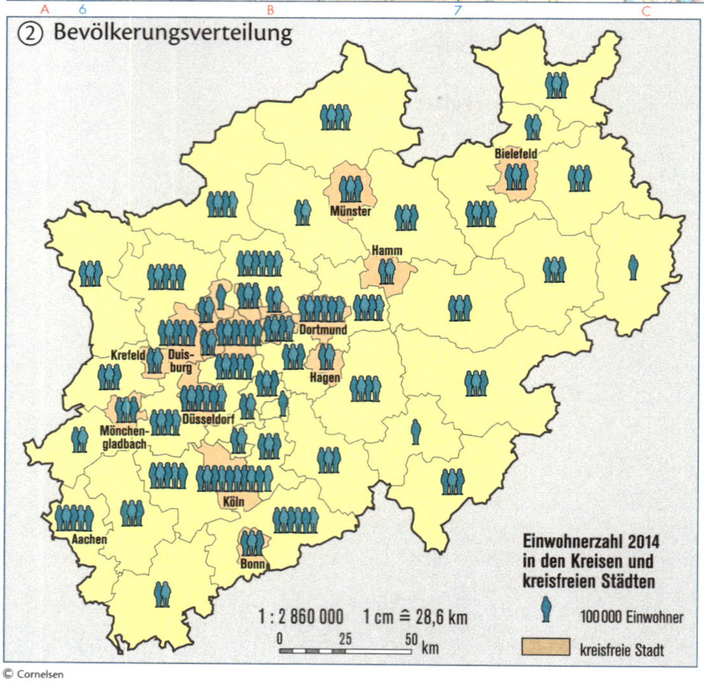


## ③ Bodenbedeckung und Bodennutzung

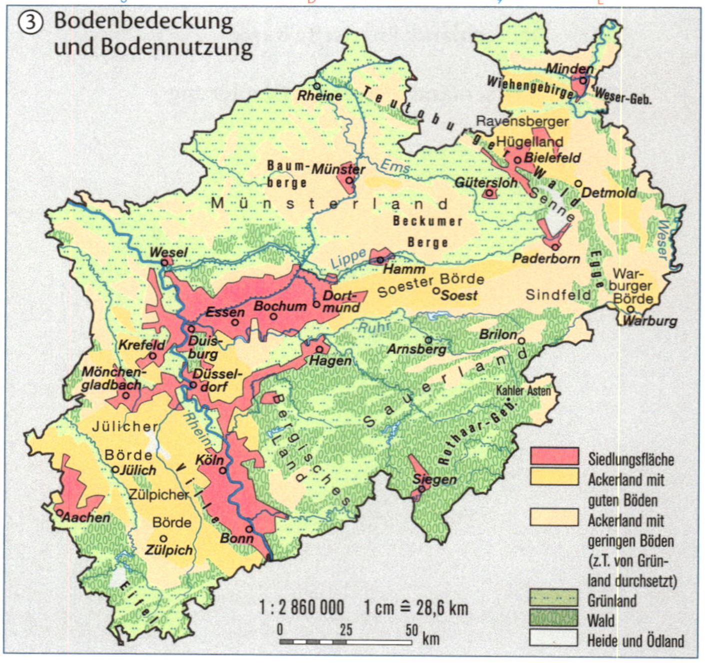

① Wirtschaftskarte

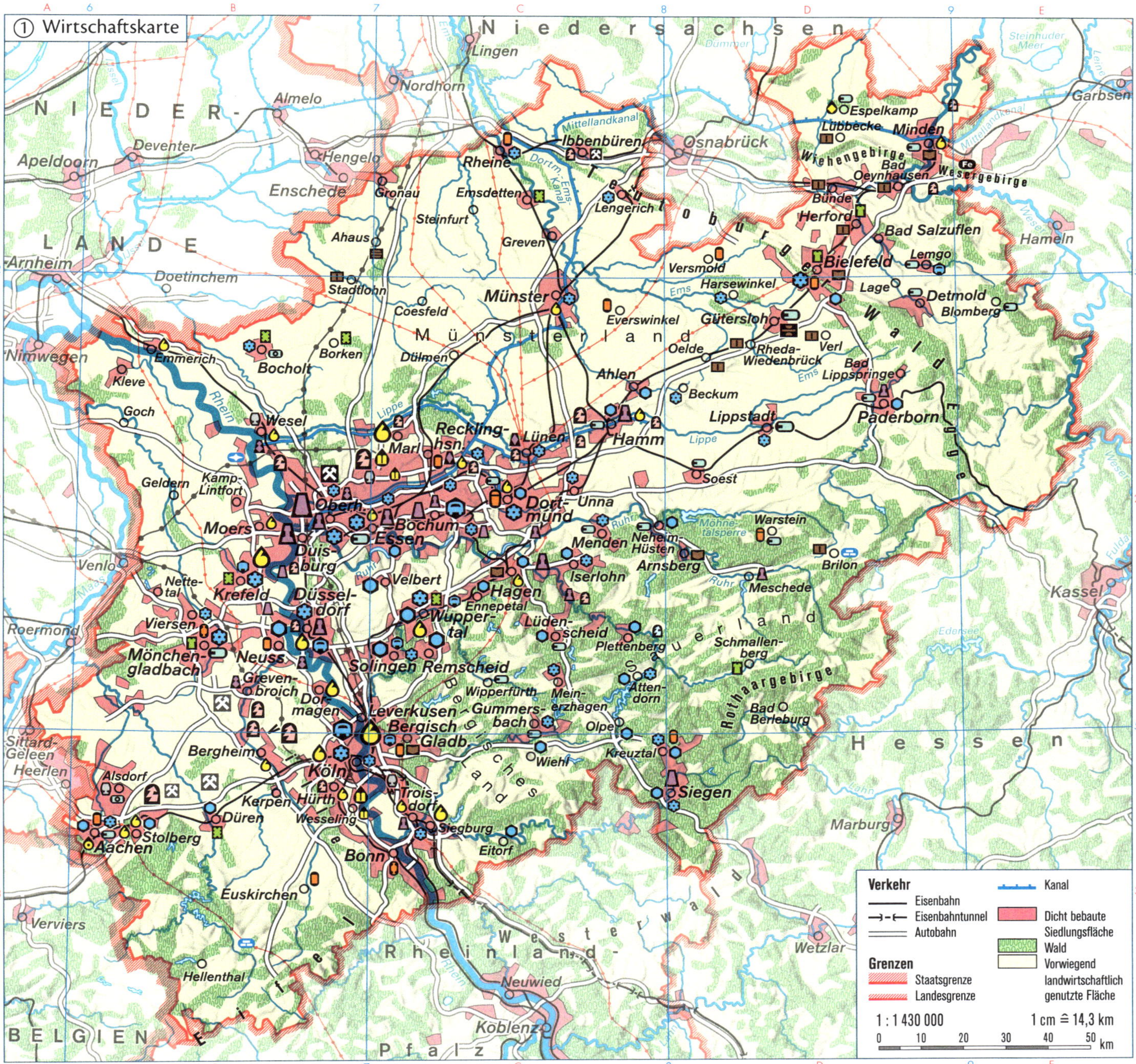


② Sonderkulturen

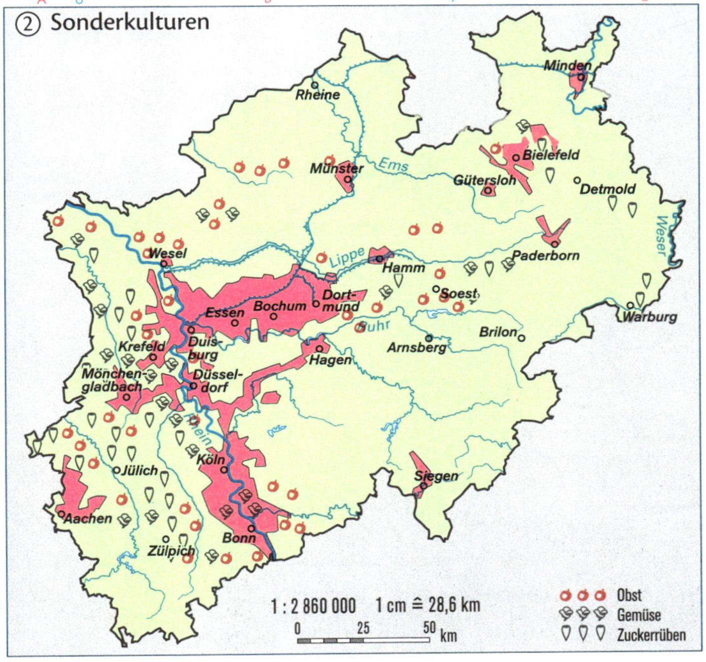


③ Viehhaltung

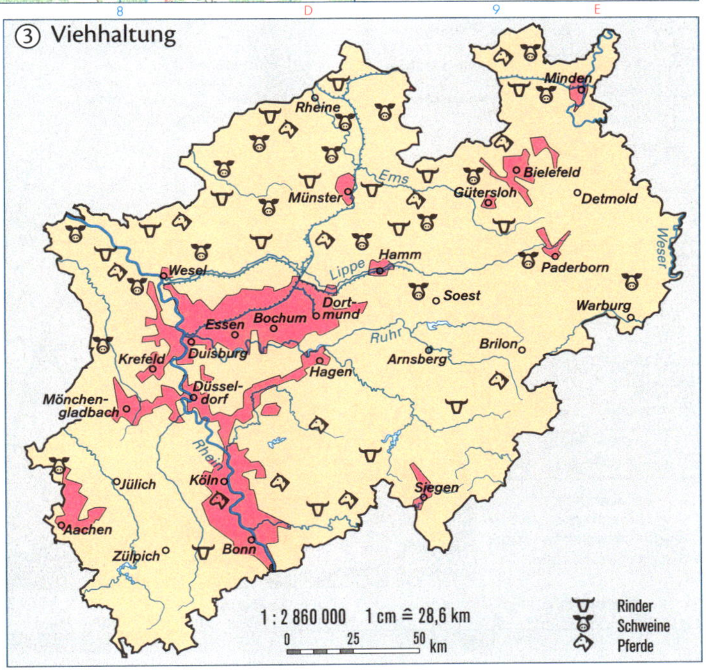

# Deutschland: Physische Karte

8 östl. Länge von Greenwich

1 : 3 300 000 0 50 100 150 200 km 1 cm ≙ 33 km

1 : 3 300 000 0 50 100 150 200 km 1 cm ≙ 33 km

1 : 3 300 000 0 50 100 150 200 km 1 cm ≙ 33 km

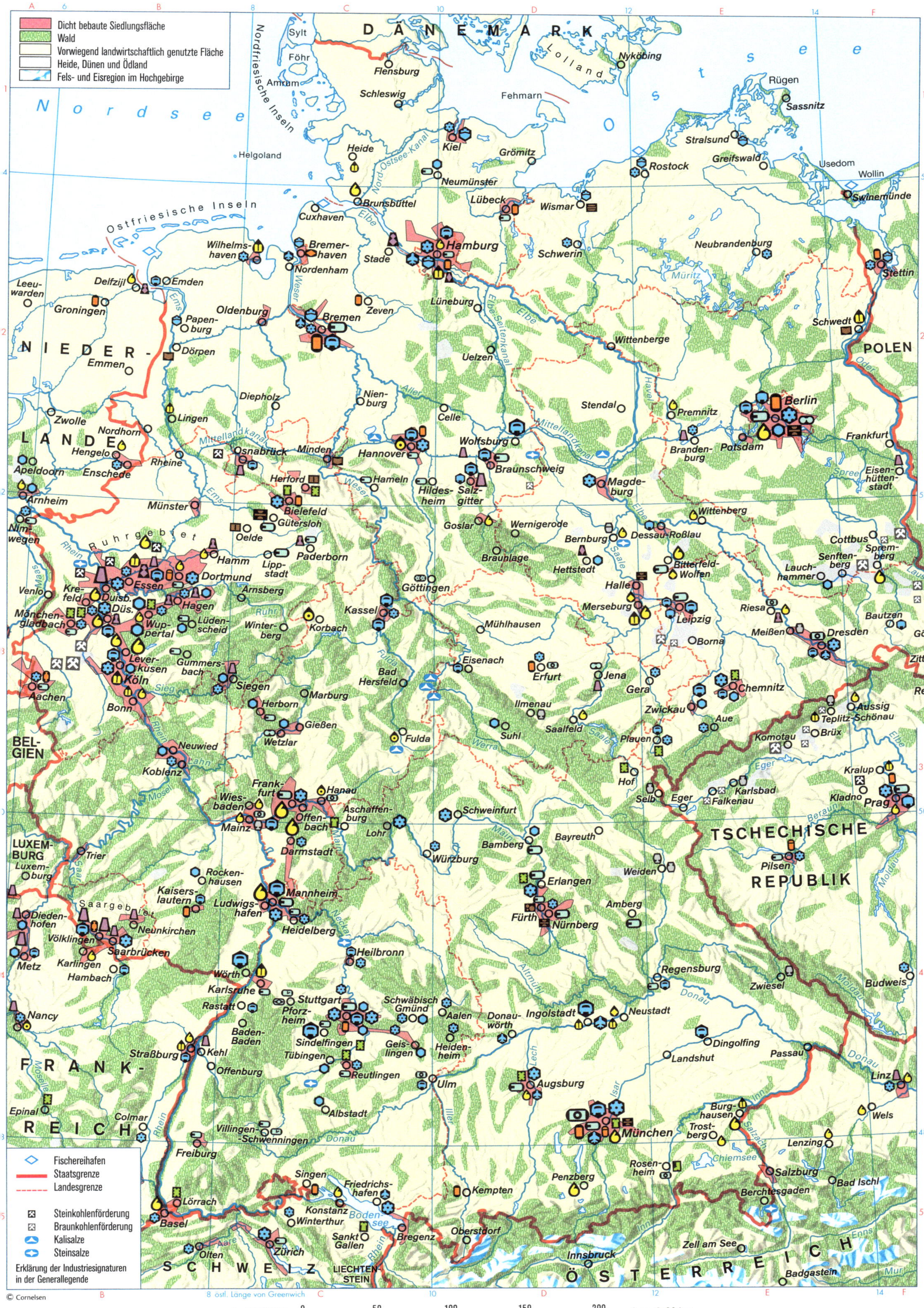


1 : 3 300 000 0 50 100 150 200 km 1 cm ≙ 33 km

1 : 16 500 000 0 100 200 300 400 500 600 700 800 900 1000 km 1 cm ≙ 165 km

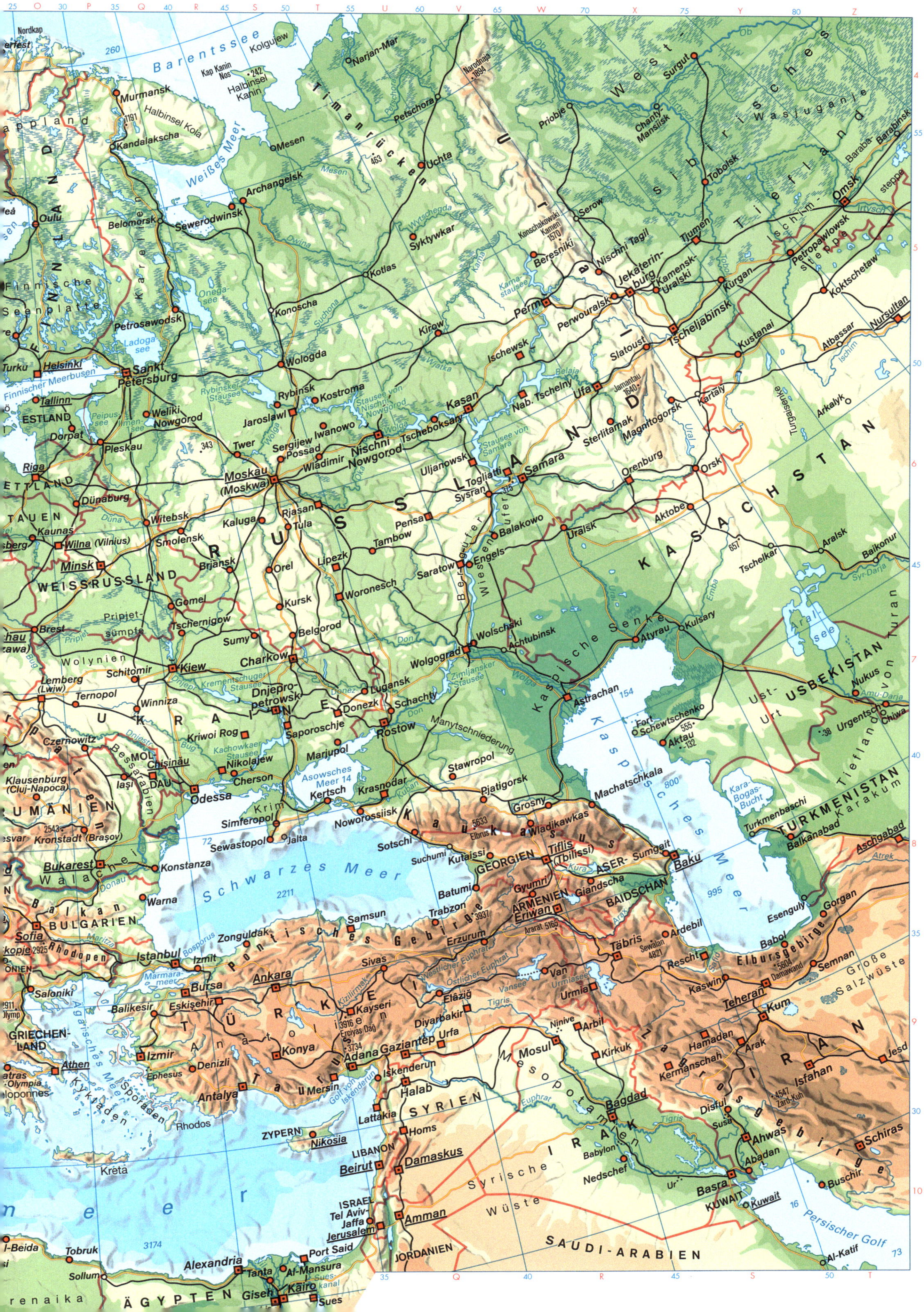
Barentssee
Weißes Meer
Nordkap
Murmansk
Halbinsel Kola
Kandalakscha
Kolgujew
Kap Kanin Nos
Halbinsel Kanin
Mesen
Narjan-Mar
Petschora
Timanrücken
Uchta
Archangelsk
Sewerodwinsk
Belomorsk
Oulu
FINNLAND
Finnische Seenplatte
Karelien
Petrosawodsk
Onegasee
Ladogasee
Konoscha
Kotlas
Syktywkar
Wologda
Helsinki
Sankt Petersburg
Finnischer Meerbusen
Tallinn
ESTLAND
Peipussee
Weliki Nowgorod
Dorpat
Pleskau
Rybinsk
Rybinsker Stausee
Kostroma
Jaroslawl
Twer
Sergijew Possad
Iwanowo
Nischni Nowgorod
Wladimir
Moskau (Moskwa)
Riga
LETTLAND
LITAUEN
Dünaburg
Kaunas
Wilna (Vilnius)
Minsk
WEISSRUSSLAND
Witebsk
Smolensk
Kaluga
Rjasan
Tula
Brjansk
Orel
Lipezk
Tambow
Pensa
Kursk
Woronesch
Gomel
Tschernigow
Pripjetsümpfe
Brest
Wolynien
Sumy
Belgorod
Charkow
Kiew
Schitomir
Lemberg (Lwiw)
Ternopol
Winniza
UKRAINE
Dnjepropetrowsk
Donezk
Lugansk
Saporoschje
Kriwoi Rog
Nikolajew
Cherson
Odessa
Chişinău
MOLDAU
Czernowitz
Bessarabien
Iaşi
Klausenburg (Cluj-Napoca)
RUMÄNIEN
Kronstadt (Braşov)
Bukarest
Walachei
Konstanza
Warna
Balkan
BULGARIEN
Sofia
Rhodopen
Saloniki
Marjupol
Asowsches Meer
Kertsch
Krim
Simferopol
Sewastopol
Jalta
Schwarzes Meer
Rostow
Schachty
Krasnodar
Noworossijsk
Sotschi
Suchumi
Kutaissi
GEORGIEN
Batumi
Trabzon
Samsun
Zonguldak
Pontisches Gebirge
Istanbul
Bosporus
Izmit
Marmarameer
Bursa
Ankara
Sivas
Erzurum
Kaukasus
Elbrus
Stawropol
Pjatigorsk
Grosny
Wladikawkas
Tiflis (Tbilissi)
Gyumri
ARMENIEN
Eriwan
Ararat
ASERBAIDSCHAN
Giandscha
Sumgait
Baku
Machatschkala
Kaspisches Meer
Astrachan
Kaspische Senke
Atyrau
Wolgograd
Wolschski
Achtubinsk
Zimljansker Stausee
Manytschniederung
Saratow
Engels
Balakowo
Samara
Togliatti
Sysran
Uljanowsk
Kasan
Tscheboksary
Kirow
Ischewsk
Nab. Tschelny
Perm
Kamastausee
Ufa
Sterlitamak
Magnitogorsk
Orenburg
Orsk
Uralsk
Aktobe
Ural
Beresniki
Serow
Nischni Tagil
Jekaterinburg
Perwouralsk
Kamensk-Uralski
Slatoust
Tscheljabinsk
Kurgan
Tjumen
Tobolsk
Surgut
Chanty-Mansisk
Priobje
Westsibirisches Tiefland
Wasjugan
Omsk
Petropawlowsk
Koktschetaw
Nursultan
Atbassar
Kustanai
Kartaly
Arkalyk
Turgaisenke
KASACHSTAN
RUSSLAND
Baikonur
Aralsk
Tschelkar
Aralsee
Kulsary
Ust-Urt
USBEKISTAN
Nukus
Urgentsch
Chiwa
Turan Tiefland
Fort Schewtschenko
Aktau
Kara-Bogas-Bucht
Turkmenbaschi
TURKMENISTAN
Balkanabad
Karakum
Aschgabad
Esengul
Gorgan
Babol
Elbursgebirge
Damawand
Semnan
Große Salzwüste
Ardebil
Täbris
Sawalan
Rescht
Kaswin
Teheran
Kum
Hamadan
Arak
Kermanschah
IRAN
Isfahan
Jesd
Zagrosgebirge
Disful
Susa
Ahwas
Abadan
Schiras
Buschir
Persischer Golf
Al-Katif
KUWAIT
Kuwait
Basra
Nedschef
Babylon
Bagdad
IRAK
Mesopotamien
Kirkuk
Mosul
Ninive
Arbil
Urmia
Urmiasee
Van
Vansee
TÜRKEI
Anatolien
Kayseri
Erciyas Dağ
Elazığ
Diyarbakir
Urfa
Gaziantep
Adana
Mersin
Konya
Eskişehir
Balikesir
Izmir
Denizli
Antalya
Taurus
Ephesus
Rhodos
Kykladen
Sporaden
Ägäisches Meer
GRIECHENLAND
Athen
Olymp
Peloponnes
Kreta
Mittelmeer
ZYPERN
Nikosia
Iskenderun
Halab
SYRIEN
Lattakia
Homs
LIBANON
Beirut
Damaskus
Syrische Wüste
ISRAEL
Tel Aviv-Jaffa
Jerusalem
Amman
JORDANIEN
SAUDI-ARABIEN
Euphrat
Tigris
Port Said
Al-Mansura
Tanta
Alexandria
Kairo
Giseh
Sues
ÄGYPTEN
Tobruk
Sollum
Kyrenaika

## ① Politische Gliederung

## ② Kontinente und Ozeane

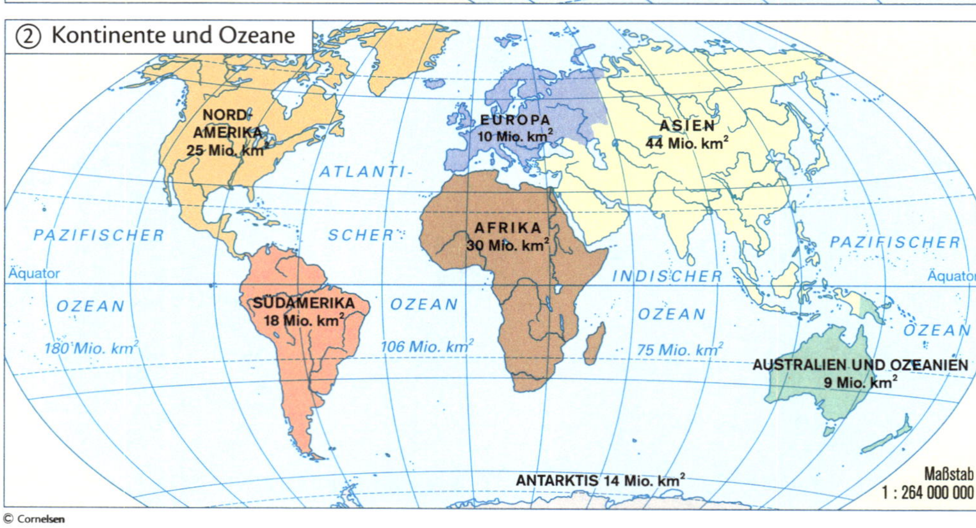


## ③ Klimazonen

Franz-Josef-Land (russ.)
Sewernaja Semlja
Nowaja Semlja
Murmansk
FINNLAND
Sankt Petersburg
Moskau
Perm
Jekaterinburg
Nowosibirsk
Samara
WEISSRUSSLAND
UKRAINE
Kiew
Charkow
Wolgograd
Odessa
RUMÄNIEN
R U S S L A N D
(Russische Föderation)
Nördlicher Polarkreis
Jenissei
Lena
Ob
Wolga
Amur
Irkutsk
Tschita
Ulan-Bator
MONGOLEI
Chabarowsk
Sachalin
Kamtschatka
Sankt-Lorenz-Insel (USA)
Aleuten (USA)
Kurilen (russ.)
Nursultan
KASACHSTAN
Bischkek
Almaty
KIRG.
Taschkent
USBEKISTAN
TURKMENISTAN
Aschgabad
Duschanbe
TAD.
Tiflis
Baku
GE.
ARM.
AS.
Eriwan
Istanbul
Ankara
TÜRKEI
ZYPERN
LIB.
IS.
JORD.
SYRIEN
IRAK
Bagdad
Teheran
IRAN
KUWAIT
BAHRAIN
KATAR
V.A.E.
AFGHANISTAN
Kabul
Islamabad
PAKISTAN
Karachi
OMAN
SAUDI ARABIEN
Riad
Mekka
JEMEN
Kairo
ÄGYPTEN
Nil
Khartum
Asmara
ERITREA
SUDAN
DSCHIBUTI
Addis Abeba
ÄTHIOPIEN
SÜDSUDAN
ZENTRALAFRIKAN. REPUBLIK
SOMALIA
Mogadischu
Sokotra (jem.)
KENIA
Nairobi
UGANDA
Kisangani
DEM. REP. KONGO
TANSANIA
Dodoma
Daressalam
SAMBIA
Lubumbashi
MALAWI
MOSAMBIK
Harare
SIMBABWE
BOTSUANA
Pretoria
Maputo
SWASILAND
LESOTHO
SÜDAFRIKA
KOMOREN
MADAGASKAR
Antananarivo
Réunion (frz.)
MAURITIUS
Rodrigues (maurit.)
SEYCHELLEN
Amiranten (zu Seych.)
Diego Garcia (brit.)
Tschagosinseln (brit.)
MALEDIVEN
Lakkadiven (ind.)
Neu-Delhi
Tibet
Lhasa
NEPAL
BH.
Ganges
INDIEN
Kolkata
B.D.
Mumbai
Haiderabad
Chennai
Colombo
SRI LANKA
Andamanen (ind.)
Nikobaren (ind.)
MYANMAR
Yangon
THAILAND
Bangkok
LAOS
KAMB.
VIETNAM
Hanoi
Ho-Tschi-Minh-Stadt
CHINA
Peking
Xian
Nanking
Schanghai
Tschungking
Macau
Hongkong
Taipeh
TAIWAN
NORD-KOREA
SÜD-KOREA
Seoul
Pusan
Wladiwostok
JAPAN
Tokio
Osaka
Nanseiinseln (jap.)
Boninınseln (jap.)
Vulkaninseln (jap.)
Marianen (USA)
Guam (USA)
Jap (USA-Verw.)
PALAU
MIKRONESIEN
Karolinen (USA-Verw.)
MARSHALLINSELN
Wake-I. (USA)
Midway-In. (USA)
Nördlicher Wendekreis
PAZIFISCHER
PHILIPPINEN
Manila
MALAYSIA
BRUNEI
SINGAPUR
Sumatra
Borneo
Celebes
Molukken
INDONESIEN
Jakarta
Java
OST-TIMOR
West-irian
PAPUA-NEUGUINEA
Port Moresby
SALOMONEN
NAURU
KIRIBATI
Äquator
TUVALU
Wallis-In. (frz.)
SAMOA
Samoa
VANUATU
FIDSCHI
TONGA
Neukaledonien (frz.)
INDISCHER
Kokosinseln (austr.)
Christmasinsel (austr.)
AUSTRALIEN
Südl. Wendekreis
Perth
Brisbane
Canberra
Sydney
Melbourne
Tasmanien
OZEAN
OZEAN
Norfolkinsel (austr.)
Kermadec-In. (neus.)
NEUSEELAND
Auckland
Wellington
Chathaminseln (neus.)
Aucklandinseln (neus.)
Campbellinsel (neus.)
Macquarieinseln (austr.)
Amsterdam
Sankt Paul (frz.)
Prinz-Eduard-Inseln (südafr.)
Crozetinseln (frz.)
Kerguelen (frz.)
Heardinsel (austr.)
McDonald-Inseln (austr.)
Australischer Anspruch
Frz. Anspruch
Austr. Anspruch
Norw. Anspruch
Maßstab 1 : 88000000

Klimazone
Tropische Klimazone
Subtropische Klimazone
Klimazone
Maßstab 1 : 264 000 000


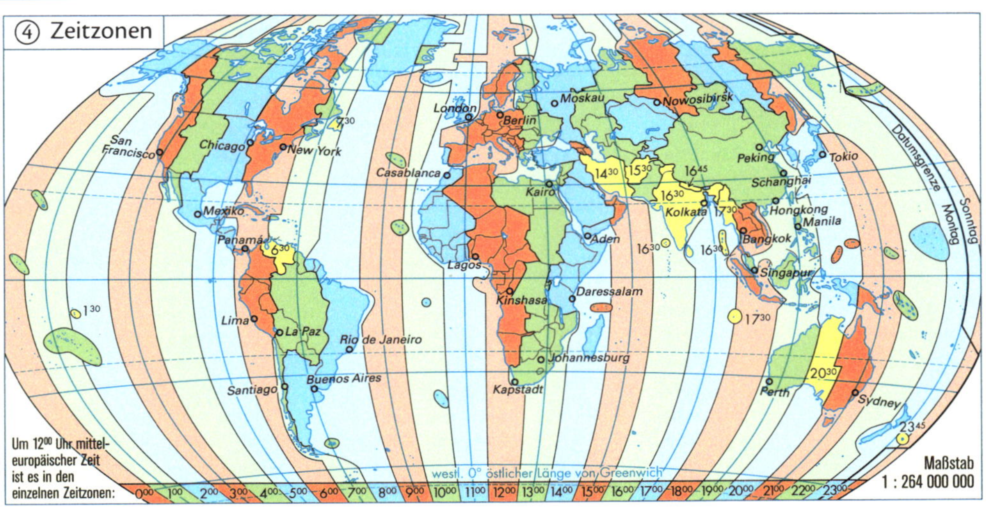

④ Zeitzonen
San Francisco
Chicago
New York
Mexiko
Panamá
Lima
La Paz
Rio de Janeiro
Santiago
Buenos Aires
London
Berlin
Moskau
Nowosibirsk
Casablanca
Kairo
Lagos
Kinshasa
Daressalam
Aden
Johannesburg
Kapstadt
Peking
Tokio
Schanghai
Kolkata
Hongkong
Manila
Bangkok
Singapur
Perth
Sydney
Datumsgrenze
Sonntag
Montag
westl. 0° östlicher Länge von Greenwich
Um 12⁰⁰ Uhr mitteleuropäischer Zeit ist es in den einzelnen Zeitzonen:
Maßstab 1 : 264 000 000

# Atlasregister

## I



## J



## K



## L



## M

## N



## O



## P



## Q



## R

## S



## T

# Bildquellen

**Cover u. Rückcover:** LOOK-foto/Click-Alps
**S. 1 ob. (Logo):** National Geographic Deutschland
**S. 1 mi. (Logo):** Cornelsen/Zweimanns Creative Industries
**S. 2:** PEFC Deutschland e.V.
**S. 3 ob.:** MyWorld/stock.adobe.com
**S. 3 mi. re.:** dpa Picture-Alliance/Bildagentur-online
**S. 4 mi. li.:** Shutterstock.com/Stockr
**S. 4 un.:** Herrndorff/stock.adobe.com
**S. 5:** www.colourbox.de/BELOUSOVA JULIA
**S. 6 ob. li.:** vschlichting/stock.adobe.com
**S. 6 ob. re.:** imago/Panthermedia
**S. 6 mi. li.:** mauritius images/Arpad Radoczy/Alamy Stock Photo
**S. 6 mi. re.:** action press/KOLLER, PIUS SURSEE
**S. 6 un. li.:** ClipDealer GmbH/rainer-albiez
**S. 6 un. re.:** eAlisa/stock.adobe.com
**S. 6 HG:** www.colourbox.de
**S. 7 M3:** F1online
**S. 7 M4, li.:** Imago Stock & People GmbH/imagebroker/theissen
**S. 7 M4, mi.:** dpa Picture-Alliance/Zentralbild/Arno Burgi
**S. 7 M4, re.:** action press/Georg Hilgemann
**S. 8 ob. (Logo):** Cornelsen/Zweimanns Creative Industries
**S. 10/11:** Astrofoto/Shigemi Numazawa
**S. 15 M3:** dpa Picture-Alliance/Zentralbild/Stefan Sauer
**S. 18 M1, li.:** mauritius images/alamy stock photo/K-PHOTOS
**S. 18 M1, re.:** Gomaespumoso/stock.adobe.com
**S. 20 M1:** dpa Picture-Alliance/dpa-web/Zentralbild/Jens Büttner
**S. 20 M3:** stock.adobe.com/Wilm Ihlenfeld
**S. 20 M4:** stock.adobe.com/Przemo
**S. 22 ob.:** Shutterstock.com/Lopolo
**S. 25 M2, ob.:** Deutsche Bahn AG/Wolfgang Klee
**S. 25 M2, un.:** Imago Stock & People GmbH/Ralph Peters
**S. 30 M1 u. M2:** Land NRW (2019) / Datenlizenz Deutschland - Namensnennung - Version 2.0
**S. 31 M3:** Land NRW (2019) / Datenlizenz Deutschland - Namensnennung - Version 2.0
**S. 34 M8:** ISBN 9783060640928 Atlas-Cover: Klein &Halm/u. V.:Corbis, Michael Kulka
**S. 36/37:** Norbert Rosing, Grafrath
**S. 38 M1:** LOOK-foto/Karl Johaentges
**S. 38 M2:** yourphototoday/EAH/Günter Gräfenhain
**S. 38 M3:** Huber-Images/Radelt/Hans Peter Huber
**S. 39 M4:** action press/Euroluftbild.de/Hans Blossey
**S. 41 M2,1:** dpa Picture-Alliance/ Zentralbild/Euroluftbild/
**S. 41 M2,2:** dpa Picture-Alliance/OKAPIA KG/H. Farkaschovsky
**S. 41 M2,3:** dpa Picture-Alliance/Zentralbild/Euroluftbild/Gerhard Launer
**S. 41 M2,4:** dpa Picture-Alliance/Zentralbild/Peter Förster
**S. 41 M2,5:** yourphototoday/EAH/Günter Gräfenhain
**S. 42 M1:** mauritius images/Klaus Neuner
**S. 43 M5:** mauritius images/Peter Lehner
**S. 43 M6:** VISUM/Launer/Euroluftbild
**S. 44 M1:** F1online/Staudt
**S. 46 M1:** dpa Picture-Alliance/dpa-Fotoreport/Ingo Wagner
**S. 46 M3:** Imago Stock & People GmbH/Schöning
**S. 48 ob.:** dpa Picture-Alliance/Willi Rolfes/OKAPIA
**S. 48 mi.:** Juniors Bildarchiv GmbH/J. Mallwitz
**S. 48 un. u. HG.:** Norbert Rosing, Grafrath
**S. 49 ob.:** F1online/M. Schäf
**S. 49 un. li.:** Norbert Rosing, Grafrath
**S. 49 un. re.:** dpa Picture-Alliance/Christian Hager
**S. 50 M1:** mauritius images/imageBROKER/Hans Blossey
**S. 51 M3:** Verein für Heimatpflege Tonnenheide e.V., Rahden/Rudolf Langer
**S. 52 M1:** Attentorner Tropfsteinhöhle/Schifffahrt Biggesee/Panorama-Atelier Königs
**S. 53 M2:** Imago Stock & People GmbH/Hans Blossey
**S. 53 M3:** F1online/imageBROKER/Siegfried Kuttig
**S. 55 M2:** Jürgen Fälchle/stock.adobe.com
**S. 55 M3:** Imago Stock & People GmbH/blickwinkel
**S. 57 M2:** mauritius images/imageBroker/Hans Blossey
**S. 57 M4:** Udo Kruse/stock.adobe.com
**S. 57 M3:** mauritius images/imageBroker/Hans Blossey
**S. 57 M5:** dpa Picture-Alliance/DUMONT Bildarchiv
**S. 58 M1:** Imago Stock & People GmbH/Rainer Mirau
**S. 59 M5:** dpa Picture-Alliance/KEYSTONE/Christof Schürpf
**S. 60 M3:** Nationalparkverwaltung Niedersächsisches Wattenmeer
**S. 60 M3, un. li.:** Imago Stock & People GmbH/Jochen Tack

S. 60 M3, un. re.: mauritius images/imageBroker/Jochen Tack
S. 62 M6: Das Luftbild-Archiv
S. 64: mauritius images/imageBroker/Hans Blossey
S. 65: blickwinkel/Euroluftbild/Robert Grahn
S. 66 M1: Euroluftbild/Hans Blossey/Süddeutsche Zeitung Photo
S. 66 M2: blickwinkel/Stefan Ziese
S. 67 M5: blickwinkel/Stefan Ziese
S. 67 M6: LOOK-foto/Michael Zegers
S. 67 M7: action press/Christoph Hardt/Future Image
S. 68 M1 un. M2: Cornelsen/Johannes Völker
S. 69 M3 un. M4: Cornelsen/Johannes Völker
S. 70 M1: Düsseldorf Tourismus GmbH
S. 70 M2: Landtag NRW/Foto: B. Schälte
S. 71 M6: stock.adobe.com/Gelpi
S. 71 M5: action press/imagebroker/Stefan Ziese
S. 71 M4: mauritius images/ imagebroker/Hans Blossey
S. 72 M1: stock.adobe.com/pureshot
S. 72 M2: Süddeutsche Zeitung Photo/Sepp Spiegl
S. 74 M1: dpa Picture-Alliance/Euroluftbild/Zentralbild/bsf swissphoto
S. 75 M4: stock.adobe.com/rbkelle
S. 75 M5: Senatsverwaltung für Inneres und Sport, Berlin/Ottfried Neubecker
S. 76 M2: Cornelsen/Henriette Dieterle
S. 77 M3: stock.adobe.com/Syda Productions
S. 80 M1: OKAPIA KG/imagebroker/Jochen Tack
S. 84 M1: Imago Stock & People GmbH/Westend61
S. 84 M2: dpa Picture-Alliance/Euroluftbild/Zentralbild/Werner Riehm
S. 84 M3: dpa Picture-Alliance/Euroluftbild/dpa-Zentralbild/Hans Blossey
S. 85 M4: Imago Stock & People GmbH/Westend61
S. 86 M1: SZ Photo/Stephan Rumpf
S. 86 M2: imago stock&people
S. 87 M4: Imago Stock & People GmbH/imagebroker/imago
S. 90 M5: dpa Picture-Alliance/Ina Fassbender
S. 92/93: NASA/ Robert Simmon
S. 95 M3, ob. li.: mauritius images/Frank Lukasseck
S. 95 M3, ob. re.: stock.adobe.com/Alexander Erdbeer
S. 95 M3, un. li.: mauritius images/age fotostock/Geoffrey Clive
S. 95 M3, un. re.: mauritius images/age fotostock/Rico S. Rostro
S. 97 M2: mauritius images/Jörg Bodenbender
S. 97 M3: mauritius images/CuboImages/Federico Meneghetti
S. 97 M4: Euroluftbild/Süddeutsche Zeitung Photo
S. 98 M1: mauritius images/Juice Images
S. 99 M4: mauritius images/jkb-ne
S. 100 ob.: Deutsche Bahn AG/Jochen Schmidt
S. 100 M1: dpa Picture-Alliance/dpa-Zentralbild/Karl-Heinz-Schindler
S. 100 M2: mauritius images/imageBroker/Kurt Möbus
S. 101 M3: mauritius images/imageBroker/FB-Fischer
S. 106 M1: mauritius images/imageBroker/Thomas Sbampato
S. 106 M2: laif/Bryan & Cherry Alexander/Arcticphoto
S. 106 M3: mauritius images/Raimund Linke
S. 106 M4: mauritius images/Ulrich Wiede
S. 107 M5: www.colourbox.de/gkuna
S. 107 M6: mauritius images/Haag u. Kropp
S. 109 M4: F1online; Picture-Alliance
S. 110 M6: mauritius images/David Ball
S. 110 M7: mauritius images/nature picture library/Lesniew/Wild Wonders of Europe
S. 110 M10: Shutterstock.com/Matteo Fes
S. 112/113: Gerhard Launer, WFL-GmbH, Rottendorf
S. 116 M1: mauritius images/alamy stock photo/mediacolor's
S. 116 M2: mauritius images/Andre Pöhlmann
S. 117 M3: stock.adobe.com/Dusan Kostic
S. 118 M1: picture alliance/ZB/euroluftbild/Hans Blossey
S. 119 M4, ob.: mauritius images/blickwinkel/Christian Ohde
S. 119 M4: dpa Picture-Alliance/Zentralbild/Stefan Thomas
S. 120 M1: agrar-press/Krick
S. 121 ob. li.: stock.adobe.com/GIROMIN Studio
S. 122 M1: Archiv Erich Hoyer, Galenbeck
S. 122 M2: dpa Picture-Alliance/dpa-infografik
S. 123 M4, ob. 1.: Naturland e.V., Gräfelfing
S. 123 M4, ob. 2.: Bundesanstalt für Landwirtschaft und Ernährung Geschäftsstelle (BÖLN), Bonn
S. 123 M4, ob. 3.: Bioland e.V., Mainz
S. 123 M4, ob. 4: Biokreis e.V., Passau
S. 123 M4, un. li.: Demeter e.V., Darmstadt
S. 123 M4, un. mi.: Agricultural and Rural Development/European Comission
S. 123 M4, un. re.: BIOPARK e.V., Güstrow
S. 125 M2 ob. u. un.: Esther Barth
S. 126 M1: dpa Picture-Alliance/chromorange
S. 128 M1: Imago Stock & People GmbH/Rainer Weisflog
S. 128 M2: mauritius images/alamy stock photo/Zoonar GmbH
S. 128 M3: stock.adobe.com/Fotolyse
S. 130 M1: Wasserwerke Westfalen/www.neubauerphotos.com
S. 130 M2: mauritius images/imageBroker/Hans Blossey
S. 132 M2: Cornelsen/Ulrich Theißen
S. 132 M3: LOOK-foto/age fotostock/Valentin Rodriguez
S. 134 M1: ddp images/ddp images - dapd/Jens Köhler
S. 135 M2: F1online/sodapix
S. 136 M4: stock.adobe.com/F.C.G.
S. 136 M1: Imago Stock & People GmbH/Martin Wagner
S. 136 M2: dpa Picture-Alliance/Rolf Vennenbernd
S. 136 M3: stock.adobe.com/Jan Schuler
S. 137 M7: Bundesanstalt für Landwirtschaft und Ernährung, Bonn
S. 140/141: thyssenkrupp Steel Europe AG/Marko Kosczowsky
S. 142 M1: action press/BECKER u. BREDEL GbR
S. 142 M2: www.colourbox.de
S. 142 M3: Shutterstock.com/stockfour
S. 144 M1: SZ Photo/Manfred Vollmer
S. 145 M3, ob.: thyssenkrupp Steel Europe AG
S. 145 M3, mi.: thyssenkrupp Steel Europe AG
S. 145 M3, un.: thyssenkrupp Steel Europe AG/Rainer Schröer
S. 146 M1: akg-images/euroluftbild.de/Hans Blossey
S. 146 M2: Dr. Uwe Muuß, Altenholz
S. 147 M3, klein: Imago Stock & People GmbH/Jochen Tack
S. 147 M3: Imago Stock & People GmbH/blickwinkel
S. 148 M1–M3: Ford-Werke GmbH, Köln/F. Stark
S. 149 M4: Ford-Werke GmbH, Köln/F. Stark
S. 150 M1: Thomas Pflaum / VISUM
S. 150 M2: ClipDealer GmbH/Andrey Armyagov
S. 154 M1, ob.: akg-images/euroluftbild.de/Martin Elsen
S. 154 M1, mi.: laif/Christian O. Bruch
S. 154 M1, un.: laif/Joerg Modrow
S. 155 M4: Shutterstock.com/zentilia
S. 156 M1: Leipziger Messe GmbH/Bertram Kober Punctum
S. 156 M2: dpa Picture-Alliance/dpa-Zentralbild/Jan Woitas
S. 157 M3: dpa Picture-Alliance/dpa-Zentralbild/Jan Woitas
S. 157 M4: EVENT PARK GmbH BELANTIS | EmiR Entertainment, Leipzig/Eric Kemnitz / www.SK-PICTURE.com
S. 158 M1: stock.adobe.com/Anterovium
S. 158 M2: OKAPIA KG/Björn Svensson
S. 159 M4: Shutterstock.com/Popova Valeriya
S. 159 M6, ob.: Adobe Stock/binagel
S. 159 M6, un.: dpa Picture-Alliance/Zentralbild/Patrick Pleul
S. 160 M1: Deutsche Lufthansa AG/Alex Tino Friedel - ATF Pictures
S. 161 M3: AIRBUS/ JB. Accariez
S. 161 M4: AIRBUS/B. Lange
S. 162 M1: Imago Stock & People GmbH/Frank Sorge
S. 165 M3: Imago Stock & People GmbH/Emil Umdorf
S. 165 M4 u. M6: Imago Stock & People GmbH/Westend61
S. 165 M5: Shutterstock.com/Dejan Dundjerski
S. 165 M7: laif/Dirk Kruell
S. 165 M8: VISUM/VISUM creative/Rolf Schulten
S. 166 M10: mauritius images/Alamy Stock Photo/RJH_RF
S. 168/169: mauritius images/Jose Fuste Raga
S. 170 M1: Jungfrau Region Tourismus AG/David Birri
S. 170 M2: Jungfrau Region Tourismus AG
S. 171 M4: jungfrauregion.ch
S. 172 M2: Jungfrau Region Tourismus AG/Markus Greber
S. 174 M1: Panther Media GmbH/Peter Eckert
S. 174 M2: Imago Stock & People GmbH/blickwinkel
S. 175 M3: Archiv Eifel Tourismus GmbH
S. 176 re.: Kooperationsgemeinschaft Römer-Lippe-Route c/o Ruhr Tourismus GmbH, Oberhausen
S. 176 M1: Imago Stock & People GmbH/Jochen Tack
S. 177 M5: F1online/Ojo Images
S. 178 M1: VISUM/Joerg Axel Fischer
S. 178 M2: mauritius images/Thomas Hellmann
S. 178 M4: stock.adobe.com/Fotolyse
S. 180 M1: Shutterstock.com/Prometheus72
S. 180 M2: mauritius images/alamy stock photo/Peter Alvey
S. 182 M1: mauritius images/imageBroker/Fabian von Poser
S. 183 M2: mauritius images/United Archives
S. 185 M5: Cornelsen/Peter Hürzeler
S. 185 M6: Pfuschi Cartoon/Heinz Pfister
S. 186 M7: mauritius images/Westend61/Bernados
S. 186 M9: ddp images/www.allover.cc/Karl Thomas
S. 186 M8: mauritius images/United Archives
S. 188/189: mauritius images/Alamy Stock Photo/Hans Blossey
S. 190 M1: stock.adobe.com/Siegmar
S. 191 M3: akg-images/euroluftbild.de/Hans Blossey
S. 192 M1: akg-images/euroluftbild.de/Gerhard Launer
S. 193 M3: stock.adobe.com/Marion Kraschl
S. 194 M2, ob.: Imago Stock & People GmbH/Rust
S. 194 M2, mi.: dpa Picture-Alliance/Julian Stratenschulte
S. 194 M2, un.: ddp images/Jens-Ulrich Koch
S. 194 M1: Juniors/D. Harms
S. 195 M3: ddp images/Ian Lishman/Juice Ima
S. 196 M1: dpa Picture-Alliance/dpaweb/Oliver Berg
S. 197 M4: RWE Power AG, Essen
S. 198 M2: Imago Stock & People GmbH/JOKER
S. 199 M3: ddp images/United Archives
S. 199 M4: RWE Power AG, Essen

**Illustrationen, Karten, Grafiken, Icons**
**Volkhard Binder:** S. 127 M3, S. 28 M1, S. 29 M2, S. 40 M1, S. 42 M2, S. 47 M5, S.68, S. 69 M5; S. 73 M4, S. 88 M1, S. 94 M2, S. 98 M3, S. 101 M4, S. 102 M2, S. 103 M3, S. 105 M2, S. 144 M2, S. 147 M4, S. 151 M4 u. M5, S. 160 M2, S. 184 M2, S. 181 M4 u. M6
**Otto Götzl:** S. 115 M2, S. 126 M2, S. 172 M1, S. 173 M3, S. 173 M3
**Oliver Hauptstock:** S. 12 M1 u. M2, S. 13 M3, S. 21 M5 u. M6, S. 25 M3, S. 47 M4, S. 77 M4, S. 79 M3, S. 127 M4, S. 145 M3, re., S. 158 M3, S. 159 M6 re., S. 159 M5
**Peter Kast:** S. 24 M1, S. 26 M1 u. M2, S. 34 M7, S. 35, S. 63, S. 75 M3, S. 76 M1, S. 90 M4, S. 91, S. 95 M4, S. 96 M1, S. 104 M1, S. 107 M7 (Bearbeitung: Michael Kunz), S. 111, S. 139, S. 124 M1, S. 167, S. 176 M2, S. 177 M4, S. 179 M5, S. 183 M4, S. 187, S. 198 M1, S. 199 M6, S. 220–228, S. 114 M1
**Michael Kunz:** U3, S. 16 M1–M5, S. 19 M3, S. 20 M2, S. 32 M1–M4, S. 41 M3, S. 42 M3, S. 50 M2, S. 56 M1, S. 60 M1, S. 61 M5, S. 78 M1, S. 99 M5, S. 103 M4, S. 110, S. 119 M5, S. 123 M5, S. 129 M6, S. 138 M8, S. 152 M1, S. 153 M2, S. 166 M9, S. 191 M4, S. 192 M2 u. M4, S. 213, S. 219
**Lob & Koelle:** S. 14 M1 u. M2, S. 48
**Sandra Menke:** S. 21 M7
**Katrin Pfeil:** S. 175 M3, S. 211
**Matthias Pflügner:** S.22, S. 23 ob. u. un., S. 27 M3, S. 54 M2, S. 54 M1, S. 55 M2, S. 55 un. u. re., S. 82 M1, M3, M4, S. 89 M3, S. 118 M2, S. 121 M3, S. 125 M3, S. 129 M5, S. 135 M4, S. 162 M2 u. M4
**Volkmar Rinke:** S. 44 M2, S. 45 M3, S. 195 M4, S. 196 M2, S. 197 M3
**Dieter Stade:** S. 81 M4, S. 86 M3, S. 87 M5, S. 117 M4, S. 119 M3, S. 131 M3 u. M4, S. 132 M1, S. 133 M4–M6, S. 143 M4 u. M5, S. 180 M3
**Michael Teßmer:** S. 46 M2
**Hans Wunderlich:** S. 18 M2, S. 51 M4, S. 58 M3, S. 58 M2, S. 155 M3
**Josephine Wolf:** S. 59 M4
**Gestaltung der Icons: Stan Hema, Berlin 2017/2018:** Icon Medienkompetenz